超值版

电脑办公（Windows 10 + Office 2013）入门与提高

龙马高新教育 编著

人 民 邮 电 出 版 社
北 京

图书在版编目（CIP）数据

电脑办公（Windows 10 + Office 2013）入门与提高：超值版 / 龙马高新教育编著. -- 北京 : 人民邮电出版社，2017.4
ISBN 978-7-115-45075-3

Ⅰ. ①电… Ⅱ. ①龙… Ⅲ. ①Windows操作系统②办公自动化—应用软件 Ⅳ. ①TP316.7②TP317.1

中国版本图书馆CIP数据核字(2017)第035921号

内容提要

本书通过精选案例引导读者深入学习，系统地介绍了电脑办公的相关知识和应用技巧。

全书共 13 章。第 1 章主要介绍电脑办公的基础知识；第 2 章主要介绍 Windows 10 的基本操作；第 3 章主要介绍打字方法；第 4～5 章主要介绍 Word 2013 的使用方法，包括 Word 文档的制作、美化和排版等；第 6～7 章主要介绍 Excel 2013 的使用方法，包括 Excel 表格的制作、数据的计算与管理等；第 8～9 章主要介绍 PowerPoint 2013 的使用方法，包括 PPT 演示文稿的制作、幻灯片的设计与放映等；第 10～12 章主要介绍办公局域网的组建方法、高效电脑办公及电脑的优化与维护方法等；第 13 章主要介绍电脑办公的实战秘技，包括 Office 组件间的协作应用、使用 OneDrive 同步数据以及在手机和平板电脑中移动办公的方法等。

在本书附赠的 DVD 多媒体教学光盘中，包含了与图书内容同步的教学录像及所有案例的配套素材和结果文件。此外，还赠送了大量相关学习内容的教学录像及扩展学习电子书等。

本书不仅适合 Windows 10 和 Office 2013 的初、中级用户学习使用，也可以作为各类院校相关专业学生和计算机培训班学员的教材或辅导用书。

◆ 编　　著　龙马高新教育
责任编辑　张　翼
责任印制　彭志环

◆ 人民邮电出版社出版发行　　北京市丰台区成寿寺路 11 号
邮编　100164　　电子邮件　315@ptpress.com.cn
网址　http://www.ptpress.com.cn
三河市中晟雅豪印务有限公司印刷

◆ 开本：700×1000　1/16
印张：15
字数：350 千字　　2017 年 4 月第 1 版
印数：1 – 2 500 册　　2017 年 4 月河北第 1 次印刷

定价：32.00 元（附光盘）

读者服务热线：(010)81055410　印装质量热线：(010)81055316
反盗版热线：(010)81055315
广告经营许可证：京东工商广字第 8052 号

前言 PREFACE

随着社会信息化的不断普及，计算机已经成为人们工作、学习和日常生活中不可或缺的工具，而计算机的操作水平也成为衡量一个人综合素质的重要标准之一。为满足广大读者的实际应用需要，我们针对不同学习对象的接受能力，总结了多位计算机高手、国家重点学科教授及计算机教育专家的经验，精心编写了这套“入门与提高”系列图书。本套图书面市后深受读者喜爱，为此我们特别推出了对应的单色超值版，以便满足更多读者的学习需求。

写作特色

从零开始，循序渐进

无论读者是否从事计算机相关行业的工作，是否接触过电脑办公，都能从本书中找到最佳的学习起点，循序渐进地完成学习过程。

紧贴实际，案例教学

全书内容均以实例为主线，在此基础上适当扩展知识点，真正实现学以致用。

紧凑排版，图文并茂

紧凑排版既美观大方，又能够突出重点、难点。所有实例的每一步操作，均配有对应的插图和注释，以便读者在学习过程中能够直观、清晰地看到操作过程和效果，提高学习效率。

单双混排，超大容量

本书采用单、双栏混排的形式，大大扩充了信息容量，从而在有限的篇幅中为读者奉送了更多的知识和实战案例。

独家秘技，扩展学习

本书在每章的最后，以“高手私房菜”的形式为读者提炼了各种高级操作技巧，为知识点的扩展应用提供了思路。

书盘结合，互动教学

本书配套的多媒体教学光盘内容与书中知识紧密结合并互相补充。在多媒体光盘中，我们模拟工作、生活中的真实场景，通过互动教学帮助读者体验实际应用环境，从而全面理解知识点的运用方法。

光盘特点

11 小时全程同步教学录像

光盘涵盖本书所有知识点的同步教学录像，详细讲解每个实战案例的操作过程及关键步骤，帮助读者更轻松地掌握书中所有的知识内容和操作技巧。

超多、超值资源

除了与图书内容同步的视频教学录像外，光盘中还赠送了大量相关学习内容的教学录像、扩展学习电子书及本书所有案例的配套素材和结果文件等，以方便读者扩展学习。

配套光盘运行方法

（1）将光盘放入光驱中，几秒钟后系统会弹出【自动播放】对话框。

（2）单击【打开文件夹以查看文件】链接以打开光盘文件夹，用鼠标右键单击光盘文件夹中的MyBook.exe文件，并在弹出的快捷菜单中选择【以管理员身份运行】菜单项，打开【用户账户控制】对话框，单击【是】按钮，光盘即可自动播放。

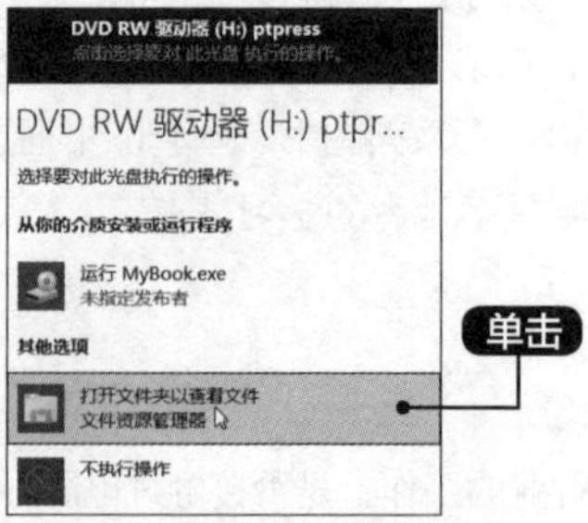

（**3**）光盘运行后会首先播放片头动画，之后进入光盘的主界面。其中包括【课堂再现】、【龙马高新教育 APP 下载】、【支持网站】3 个学习通道和【素材文件】、【结果文件】、【赠送资源】、【帮助文件】、【退出光盘】5 个功能按钮。

（**4**）单击【课堂再现】按钮，进入多媒体同步教学录像界面。在左侧的章号按钮上单击鼠标左键，在弹出的快捷菜单上单击要播放的节名，即可开始播放相应的教学录像。

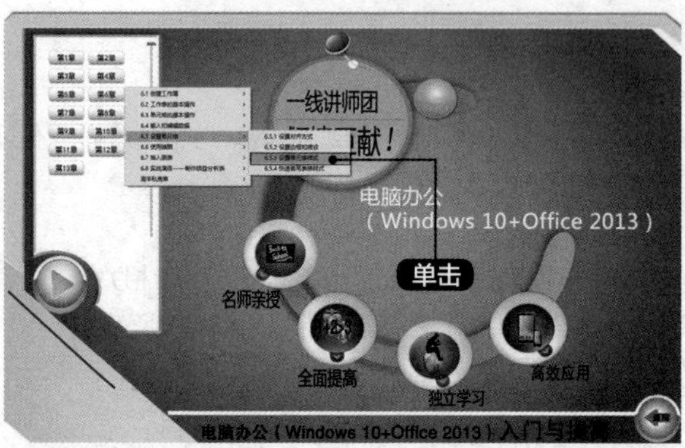

（**5**）单击【龙马高新教育 APP 下载】按钮，在打开的文件夹中包含有龙马高新教育的 APP 安装程序，可以使用 360 手机助手、应用宝将程序安装到手机中，也可以将安装程序传输到手机中进行安装。

（**6**）单击【支持网站】按钮，用户可以访问龙马高新教育的支持网站，在网站中进行交流学习。

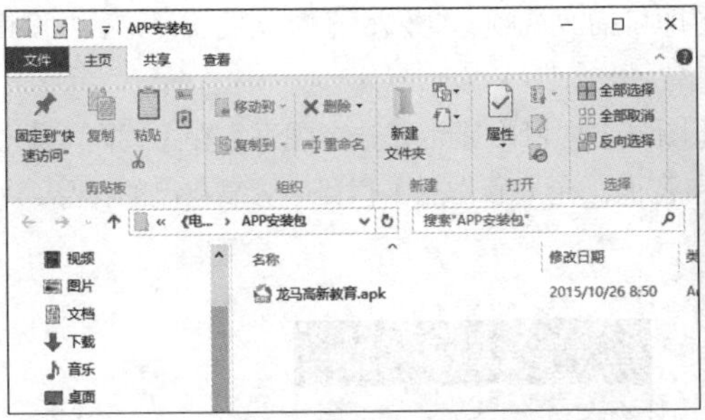

（7）单击【素材文件】、【结果文件】、【赠送资源】按钮，可以查看对应的文件和学习资源。

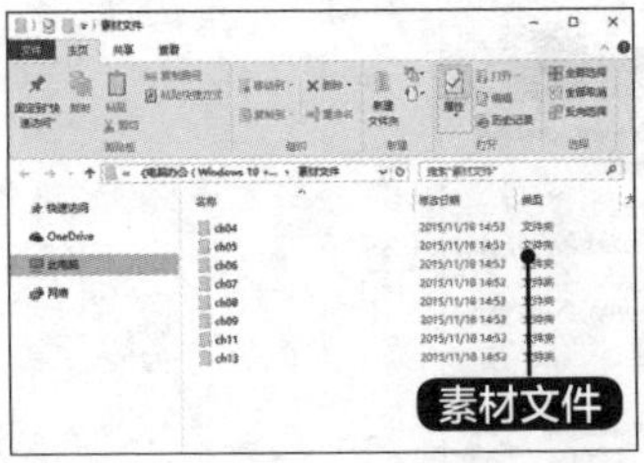

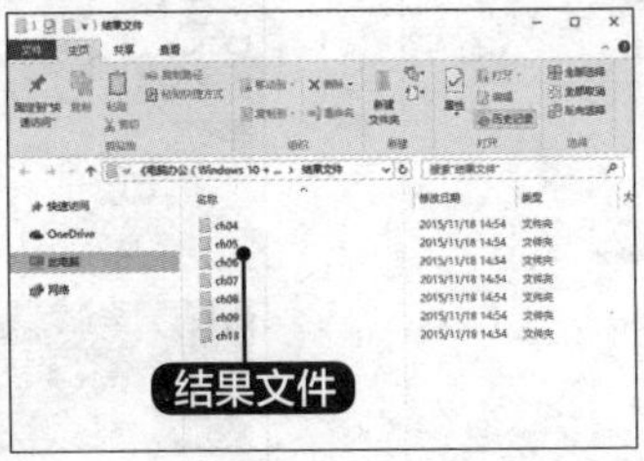

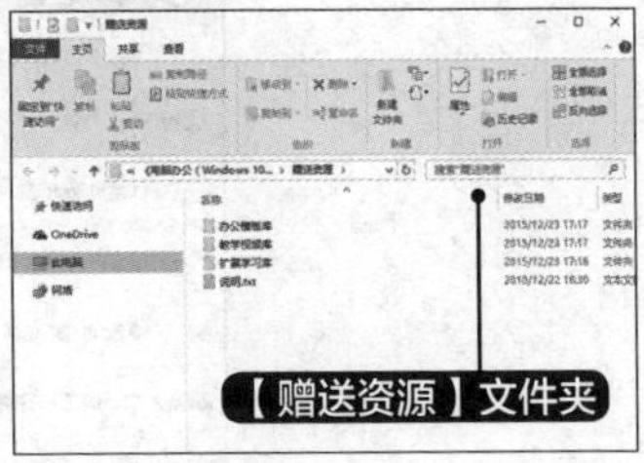

（8）单击【帮助文件】按钮，可以打开“光盘使用说明.pdf”文档，该说明文档详细介绍了光盘在电脑上的运行环境和运行方法。

（9）单击【退出光盘】按钮，即可退出本光盘系统。

龙马高新教育 APP 使用说明

（1）下载、安装并打开龙马高新教育 APP，可以直接使用手机号码注册并登录。在【个人信息】界面，用户可以订阅图书类型、查看问题及添加的收藏、与好友交流、管理离线缓存、反馈意见并更新应用等。

（2）在首页界面单击顶部的【全部图书】按钮，在弹出的下拉列表中可查看订阅的图书类型，在上方搜索框中可以搜索图书。

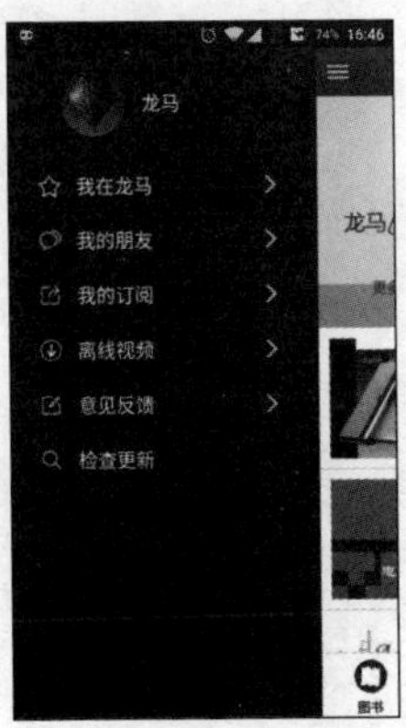

（3）进入图书详细页面，单击要学习的内容即可播放视频。此外，还可以发表评论、收藏图书并离线下载视频文件等，如左下图所示。

（4）首页底部包含 4 个栏目，用户可以在【图书】栏目中显示并选择图书，在【问同学】栏目中与同学讨论问题，在【问专家】栏目中向专家咨询，在【晒作品】栏目中分享自己的作品，如右下图所示。

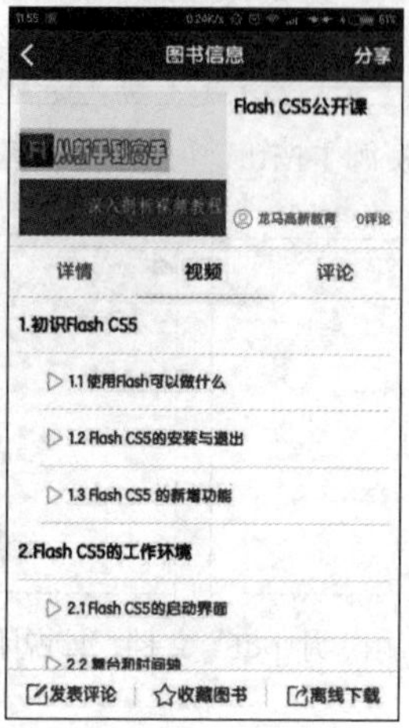

创作团队

本书由龙马高新教育策划，孔长征任主编，李震、赵源源任副主编。参与本书编写、资料整理、多媒体开发及程序调试的人员有孔万里、周奎奎、张任、张田田、尚梦娟、李彩红、尹宗都、王果、陈小杰、左琨、邓艳丽、崔姝怡、侯蕾、左花苹、刘锦源、普宁、王常吉、师鸣若、钟宏伟、陈川、刘子威、徐永俊、朱涛和张允等。

在本书的编写过程中，我们竭尽所能地将最好的内容呈现给读者，但也难免有疏漏和不妥之处，敬请广大读者不吝指正。读者在学习过程中有任何疑问或建议，可发送电子邮件至 zhangyi@ptpress.com.cn。

编者

目录 CONTENTS

第 1 章 电脑办公基础

本章视频教学时间 23 分钟

第 2 章 Windows 10的基本操作

本章视频教学时间 37 分钟

第 3 章 高效打字轻松学

本章视频教学时间 23 分钟

第 4 章 制作Word文档

本章视频教学时间
1 小时 30 分钟

第 5 章 Word 2013文档的美化与排版

本章视频教学时间
51 分钟

第 6 章 制作Excel表格

本章视频教学时间
1 小时 22 分钟

第 7 章 Excel 2013数据的计算与管理

本章视频教学时间
1 小时 4 分钟

第 8 章 制作PPT演示文稿

本章视频教学时间
1 小时 6 分钟

第 9 章 幻灯片的设计与放映

本章视频教学时间 44 分钟

第 10 章 办公局域网的组建

本章视频教学时间 39 分钟

第 11 章 高效电脑办公

本章视频教学时间 21 分钟

第 12 章 电脑的优化与维护

本章视频教学时间 17 分钟

第 13 章 办公实战秘技

本章视频教学时间 21 分钟

DVD 光盘赠送资源

扩展学习库

- Excel 函数查询手册
- Office 2013 快捷键查询手册
- Word/Excel/PPT 2013 技巧手册
- 常用五笔编码查询手册
- 电脑技巧查询手册
- 电脑维护与故障处理技巧查询手册
- 网络搜索与下载技巧手册
- 移动办公技巧手册

教学视频库

- Windows 10 操作系统安装教学录像
- Office 2013 软件安装教学录像
- 7 小时 Photoshop CC 教学录像
- 12 小时电脑选购 / 组装 / 维护与故障处理教学录像

办公模板库

- 2000 个 Word 精选文档模板
- 1800 个 Excel 典型表格模板
- 1500 个 PPT 精美演示模板

第 1 章

电脑办公基础

重点导读

本章视频教学时间：23分钟

使用电脑办公不仅高效，而且节约成本，这已经成为目前最常用的办公方式。本章从电脑办公的基础开始讲解，帮助用户全面认识电脑办公。

学习效果图

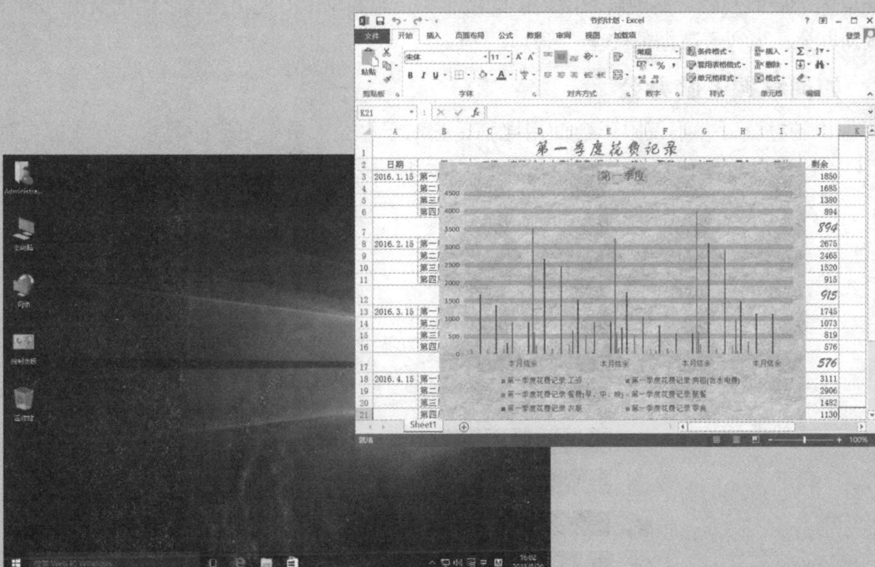

1.1 认识电脑办公

本节视频教学时间 / 4分钟

目前，电脑已成为工作中密不可分的一部分，它使传统的办公转向了无纸化办公，使用计算机、手机、平板电脑等现代化办公工具，实现不用纸张和笔进行各种业务以及事务处理。

1.1.1 电脑办公的优势

与传统的办公相比，电脑办公则有了很大的优势，具体包括以下几方面。

1. 有效地提高工作效率

电脑办公主要出发点是提高效率、信息共享、协同办公。通过电脑办公，可以方便、快捷、高效地工作，使原本繁杂冗余的工作，只需鼠标轻点一下就可以轻松完成。

2. 节省大量的办公费用

无纸化办公除了处理省力、能提高工作效率之外，省钱也是一个重要的原因。利用网络进行无纸化办公，不知不觉中可节约大量的资源，如传真、复印用纸、笔墨、订书钉、曲别针、大头针等办公耗材，从而可削减巨额的办公经费。

3. 减少流通的环节

网络化办公，减少了文件上传下达的中间环节，节约了发送纸质文件所需的邮资、路费、通信费和人力，不仅有效地提高了办公效率，节省了大量的相关办公开支，更主要的是可以将机关、单位部分人员从大量的“文山会海”中解脱出来，客观上节约了大量的人力和物力。

4. 实现局域网办公

在建立内部局域网后，实现局域网内部的信息和资源共享，方便了员工之间的交流互传。另外使用局域网办公，更利于数据的安全。

1.1.2 如何掌握电脑办公

要掌握电脑办公，并不仅限于会使用电脑，它对于办公人员有更广的要求，如掌握电脑的基本使用、Office办公软件和办公设备的使用等，下面提供了一幅图帮助读者理解电脑办公的相关内容，如下图所示。

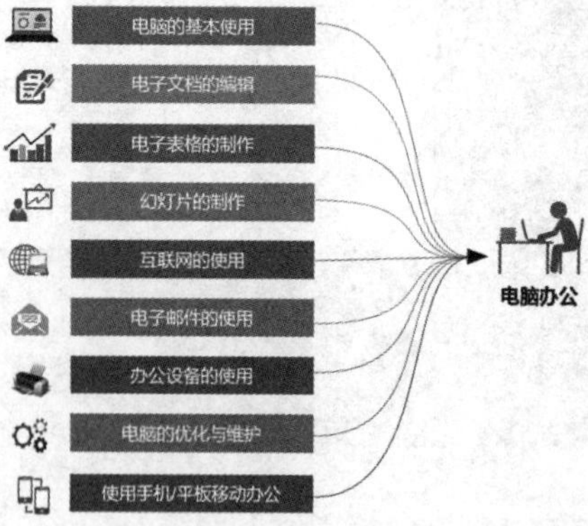

上面图中所示的这些知识也将在本书中详细介绍，帮助读者掌握电脑办公。

1.2 搭建电脑办公硬件平台

本节视频教学时间 / 8分钟

电脑由硬件和软件以及一些外部设备组成。硬件是指组成电脑系统中看得见的各种物理部件，是实实在在的器件。本节主要介绍这些硬件的基本知识。

1.2.1 电脑基本硬件设备

一台完整的电脑（以下用台式电脑举例），主要包括主机、显示器、键盘和鼠标等。本节主要介绍这些硬件设备。

1. 电脑主机

主机是电脑的主要组成部分，是用于放置主板及其他主要部件的控制箱体，包括CPU、主板、内存、硬盘、电源、显卡、声卡、网卡、光驱等，具体如下图所示。

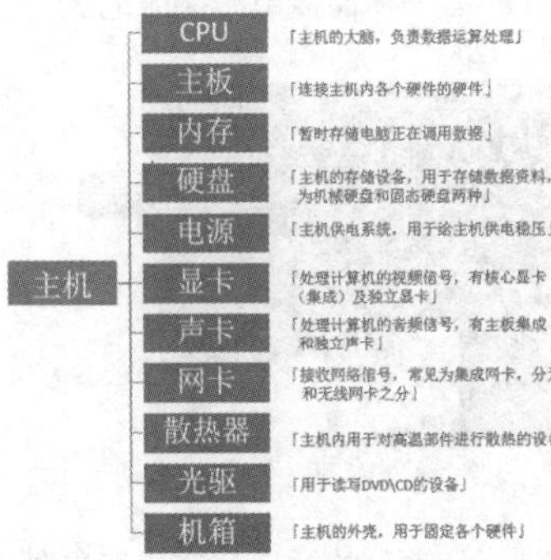

2. 显示器

显示器是电脑重要的输出设备。电脑操作的各种状态、结果、编辑的文本、程序、图形等都是在显示器上显示出来的。下图为液晶显示器。

3. 鼠标

鼠标用于确定指针在屏幕上的位置。在应用软件的支持下，鼠标可以快速、方便地完成某种特定的功能。鼠标包括鼠标右键、鼠标左键、鼠标滚轮、鼠标线和鼠标插头。鼠标按照插头的类型，可分为USB接口的鼠标、PS/2接口的鼠标和无线鼠标。

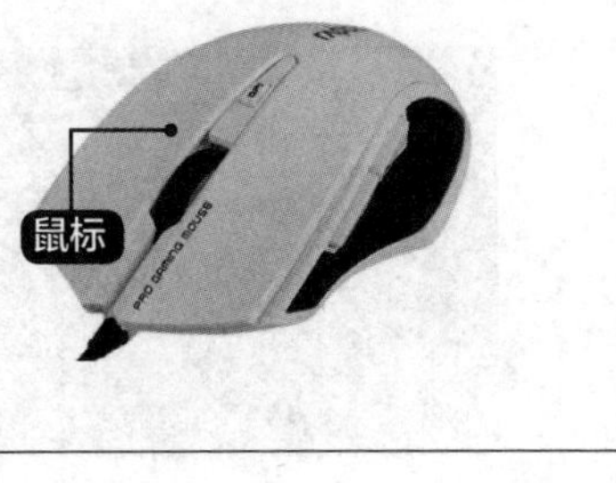

4. 键盘

键盘是电脑最基本的输入设备。用户给电脑下达的各种命令、程序和数据都可以通过键盘输入电脑中。按照键盘的结构可以将键盘分为机械式键盘和电容式键盘，按照键盘的外形可以将键盘分为标准键盘和人体工学键盘，按照键盘的接口可以将键盘分为AT接口（大口）、PS/2接口（小口）、USB接口、无线等种类的键盘。

1.2.2 电脑接口的连接

电脑上的接口有很多，主机上主要有电源接口、USB接口、显示器接口、网线接口、鼠标接口、键盘接口等，显示器上主要有电源接口、主机接口等。在连接主机外设之间的连线时，只要按照“辨清接头，对准插上”这一要领去操作，即可顺利地完成电脑与外设的连接。另外，在连接电脑与外设前，一定要先切断用于给电脑供电的插座电源。

1. 连接显示器

主机上连接显示器的接口在主机的后面。连接的方法是将显示器的信号线，即15针的信号线接在显卡上，插好后拧紧接头两侧的螺丝即可。显示器电源一般都是单独连接电源插座的。

2. 连接键盘和鼠标

键盘接口在主机的后部，是一个紫色圆形的接口。一般情况下，键盘的插口会在机箱的外侧，同时键盘插头上有向上的标记，连接时按照这个方向插好即可。PS/2鼠标的接口也是圆形的，位于键盘接口旁边，按照指定方向插好即可。

USB接口的鼠标和键盘连接方法更为简单，可直接接入主机后端的USB端口。

3. 连接网线

网线接口在主机的后面。将网线一端的水晶头按指示的方向插入网线接口中，就完成了网线的连接。

4. 连接音箱

将音箱的音频线接头分别连接到主机声卡的接口中，即可连接音箱。

5. 连接主机电源

主机电源线的接法很简单，只需要将电源线接头插入电源接口即可。

1.2.3 其他常用的办公设备

电脑常用的外部相关设备包括打印机、复印机、扫描仪等。有了这些外部设备，可以充分地发挥电脑的优异性能，如虎添翼。

1. 打印机

打印机是使用电脑办公必不可少的一个组成部分，是重要的输出设备之一。通常情况下，只要是使用电脑办公的公司都会配备打印机。通过打印机，用户可以将在电脑中编辑好的文档、图片等数据资料打印输出到纸上，从而方便用户将资料进行长期存档，或向上级（或部门）报送资料，以及一些其他用途。

2. 复印机

我们通常所说的复印机是指静电复印机，它是一种利用静电技术进行文书复制的设备。复印机是从书写、绘制或印刷的原稿得到等倍、放大或缩小的复印品的设备。

3. 扫描仪

扫描仪的作用是将稿件上的图像或文字输入电脑中。如果是图像，则可以直接使用图像处理软件进行加工；如果是文字，则可以通过OCR软件，将图像文本转化为电脑识别的文本文件，这样可以节省把字符输入电脑的时间，大大提高输入速度。

4. 投影仪

投影仪又称投影机，是一种可以将图像或视频投射到幕布上的设备，可以通过不同的接口，同计算机、VCD、DVD、BD、游戏机、DV等相连接播放相应的视频信号。根据应用环境可分为家庭影院型、便携商务型投影仪、教育会议型投影仪、主流工程型投影仪、专业剧院型投影仪和测量投影仪。

5. 路由器

路由器，是用于连接多个逻辑上分开的网络的设备，可以用来建立局域网，可实现家庭中多台电脑同时上网，也可将有线网络转换为无线网络。

1.3 打造电脑办公系统平台——Windows 10

本节视频教学时间 / 5分钟

操作系统是一款管理电脑硬件与软件资源的程序，同时也是电脑系统的内核与基石。目前，微软操作系统主要有Windows XP、Windows 7、Windows 8\8.1和Windows 10等，本书将主要讲述Windows 10在办公中的应用。

1.3.1 认识Windows 10操作系统

Windows 10是微软公司最新推出的新一代跨平台及设备应用的操作系统，涵盖PC、平板电脑、手机、XBOX和服务器端等。

Windows 10重新使用了【开始】按钮，但采用全新的【开始】菜单，在菜单右侧增加了Modern风格的区域，将传统风格和现代风格有机地结合在一起，兼顾了老版本系统用户的使用习惯，如图所示即为Windows 10开始屏幕。

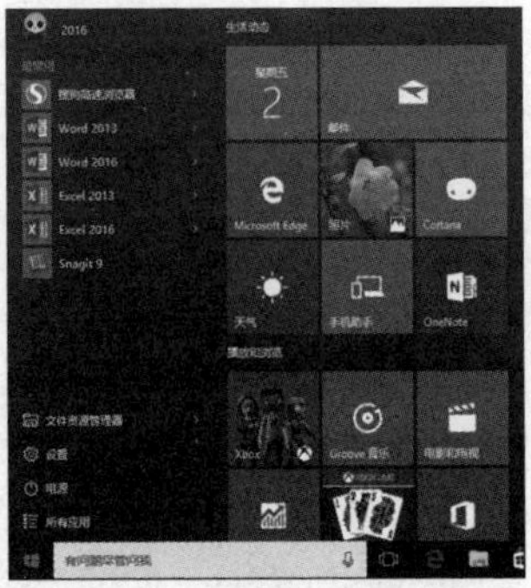

在Windows 10中，增加了个人智能助理——Cortana（小娜），它可以记录并了解用户的使用习惯，帮助用户在电脑上查找资料、管理日历、跟踪程序包、查找文件、跟你聊天，还可以推送关注的资讯等。另外，Windows 10提供了一种新的上网方式——Microsoft Edge，它是一款新推出的Windows浏览器，用户可以更方便地浏览网页、阅读、分享、做笔记等，而且可以在地址栏中输入搜索内容，快速搜索浏览。

除了上面的新功能外，Windows 10还有许多新功能和改进，如增加了云存储OneDrive，用户可以将文件保存在网盘中，方便在不同电脑或手机中访问；增加了通知中心，可以查看各应用推送的信息；增加了Task View(任务视图)，可以创建多个传统桌面环境；另外还有平板模式、手机助手等。相信读者可以在接下来的学习和使用中，可以更好地体验新一代的操作系统。

1.3.2 Windows 10桌面的组成

进入Windows 10操作系统后，首先看到的是Windows 10的桌面。Windows 10桌面的组成元素主要包括桌面背景、桌面图标、【开始】按钮、【搜索】框、通知区域和任务栏等组成。

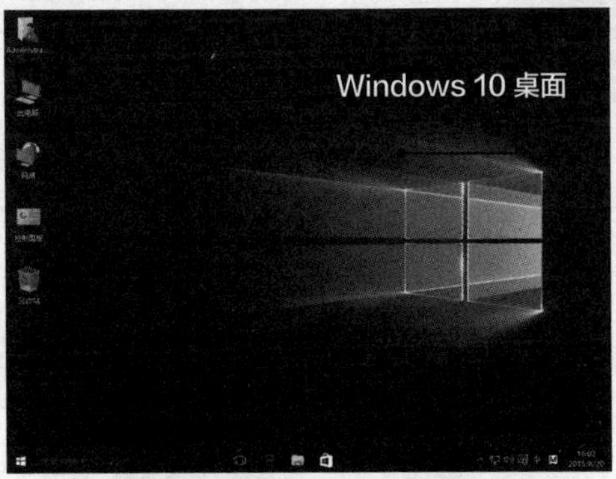

1. 桌面背景

桌面背景是指Windows 10桌面的背景图案，也称为墙纸。

2. 桌面图标

在Windows 10操作系统中，所有的文件、文件夹和应用程序等都由相应的图标表示。桌面图标一般是由文字和图片组成，文字说明图标的名称或功能，图片是它的标识符。

3. 任务栏

任务栏是桌面底部的长条，包括【开始】按钮、搜索栏、程序区域、通知区域和【显示桌面】按钮等。

4.【开始】按钮

单击桌面左下角的【开始】按钮⊞或按Windows徽标键，即可打开“开始”菜单，左侧依次为用户账户头像、常用的应用程序列表及快捷选项，右侧为“开始”屏幕。

5. 搜索框

Windows 10中，搜索框和Cortana高度集成，在搜索框中直接输入关键词，或打开“开始”菜单输入关键词，即可搜索，可搜索相关的桌面程序、网页、我的资料等。

1.3.3 退出Windows 10——关机

“开始”菜单的回归，使得Windows 10并不像Windows 8那样，找不到关机按钮。本节将介绍3种关机方法。

1. 使用“开始”菜单

打开“开始”菜单，单击【电源】选项，在弹出的菜单中选择【关机】命令，即可关闭计算机。

2. 使用快捷键

在桌面环境中，按【Win+F4】快捷键，打开【关闭Windows】对话框，其默认选项为【关机】，单击【确定】按钮，即可关闭计算机。

3. 右键快捷菜单

用右键单击【开始】按钮，或按【Win+X】快捷键，在打开的菜单中选择【关机或注销】➤【关机】命令，进行关机操作。

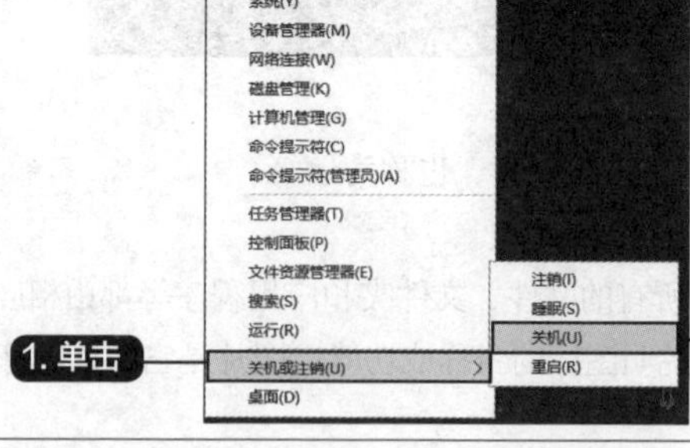

1.4 电脑办公的软件平台

本节视频教学时间 / 4分钟

软件是电脑的管家，用户借助软件可以完成各项工作，这大大提高了电脑的性能。

1.4.1 电脑办公常用软件

在电脑上办公，不仅需要掌握常用的办公器材，还需要掌握一些办公软件。离开这些办公软件，电脑办公将会很困难。

1. 文件处理类

电脑办公离不开文件的处理。常见的文件处理软件有Office、WPS、Adobe Acrobat等。

(1) Office电脑办公软件

Office是最常用的办公软件之一，使用人群较广。Office办公软件包含Word、Excel、PowerPoint、Outlook、Access、Publisher、Infopath和OneNote等组件。Office中最常用的4大办公组件是：Word、Excel、PowerPoint和Outlook。

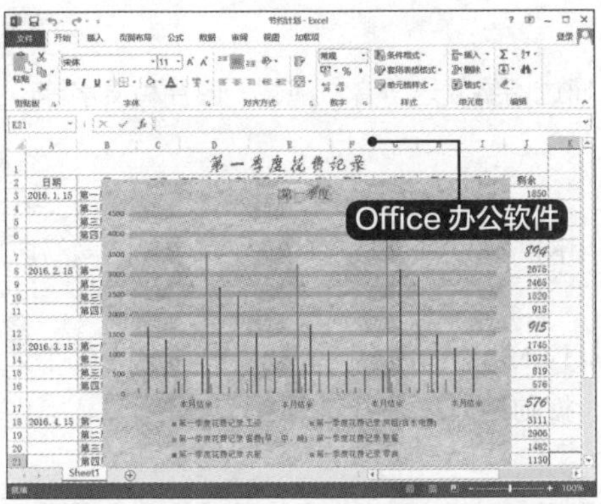

(2) WPS Office

WPS（Word Processing System），中文意为文字编辑系统，是金山软件公司的一种办公软件，可以实现办公软件最常用的文字、表格、演示等多种功能，而且软件完全免费，目前最新版为WPS Office 2013。

2. 文字输入类

输入法软件有：搜狗拼音输入法、QQ拼音输入法、微软拼音输入法、智能拼音输入法、全拼输入法、五笔字型输入法等。下面介绍几种常用的输入法。

(1) 搜狗输入法

搜狗输入法是国内主流的汉字拼音输入法之一，其最大特点是实现了输入法和互联网的结合。搜狗拼音输入法是基于搜索引擎技术的输入法产品，用户可以通过互联网备份自己的个性化词库和配置信息。搜狗拼音输入法为国内主流汉字拼音输入法之一。下图所示为搜狗拼音输入法的状态栏。

⑵ QQ拼音输入法

QQ输入法是腾讯旗下的一款拼音输入法，与大多数拼音输入法一样，QQ拼音输入法支持全拼、简拼、双拼3种基本的拼音输入模式。而在输入方式上，QQ拼音输入法支持单字、词组、整句的输入方式。目前QQ拼音输入法由搜狗公司提供的客户端软件，与搜狗输入法无太大区别。

3. 沟通交流类

常见的办公文件中便于沟通交流的软件有：飞鸽、QQ、微信等。

⑴ 飞鸽传书

飞鸽传书（FreeEIM）是一款优秀的企业即时通信工具。它具有体积小、速度快、运行稳定、半自动化等特点，被公认为是目前企业即时通信软件中比较优秀的一款。

⑵ QQ

腾讯QQ有在线聊天、视频电话、点对点续传文件、共享文件等多种功能，是在办公中使用率较高的一款软件。

⑶ 微信

微信是腾讯公司推出的一款即时聊天工具，可以通过网络发送语音、视频、图片和文字等。主要在手机中使用最为普遍。

4. 网络应用类

在办公中，有时需要查找资料或是下载资料，使用网络可快速完成这些工作。常见的网络应用软件有：浏览器、下载工具等。

浏览器是指可以显示网页服务器或者文件系统的HTML文件内容，并让用户与这些文件交互的一种软件。常见的浏览器有Microsoft Edge浏览器、搜狗浏览器、360安全浏览器等。

5. 安全防护类

在电脑办公的过程中，有时会出现电脑的死机、黑屏、重新启动，以及电脑反应速度很慢，或者中毒的现象，使工作成果丢失。为防止这些现象的发生，防护措施一定要做好。常用的免费安全防护类软件有360安全卫士、腾讯电脑管家等。

360安全卫士是一款由奇虎360推出的功能强、效果好、受用户欢迎的上网安全软件。360安全卫士拥有查杀木马、清理插件、修复漏洞、电脑体检、保护隐私等多种功能，并独创了“木马防火墙”功能。360安全卫士使用极其方便实用，用户口碑极佳，用户较多。

电脑管家是腾讯公司出品的一款免费专业安全软件，集合“专业病毒查杀、智能软件管理、系统安全防护”于一身，同时还融合了清理垃圾、电脑加速、修复漏洞、软件管理、电脑诊所等一系列辅助电脑管理功能，满足用户杀毒防护和安全管理的双重需求。

6. 影音图像类

在办公中，有时需要作图，或播放影音等，这时就需要使用影音图像工具。常见的影音图像工具有PS、暴风影音、会声会影等。

Adobe Photoshop，简称“PS”，主要处理以像素所构成的数字图像，使用其众多的编修与绘图工具，可以更有效地进行图片编辑工作。PS是比较专业的图形处理软件，使用难度较大。

会声会影是一个功能强大的“视频编辑” 软件，具有图像抓取和编修功能，可以抓取并提供有超过100 多种的编制功能与效果，可以导出多种常见的视频格式，甚至可以直接制作成DVD和VCD光盘。会声会影支持各类编码，包括音频和视频编码，是最简单好用的DV、HDV影片剪辑软件。

1.4.2 软件的安装与卸载

通过安装各种需要的软件，可以大大提高计算机的性能。但如果计算机中安装的应用程序过多，会导致计算机运行速度过慢，此时用户需要将不需要的软件卸载。

1. 软件安装

软件的安装与卸载过程大致相同，这节以“Microsoft Office Professional Plus 2013”为例介绍软件安装，安装软件的具体操作步骤如下。

1 放入光盘

将光盘放入计算机的光驱中，系统会自动弹出安装提示窗口，在弹出的对话框中阅读软件许可证条款，选中【我接受此协议的条款】复选框后，单击【继续】按钮。

2 选择安装类型

在弹出的对话框中选择安装类型，这里单击【立即安装】按钮。

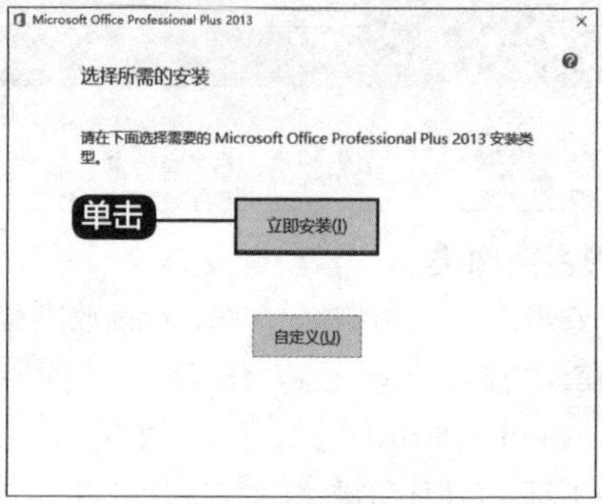

> **提示**
>
> 单击【立即安装】按钮，可以在默认的安装位置安装默认组件；单击【自定义】按钮，可以自定义安装的位置和组件。

3 安装

系统开始进行安装，如图所示。

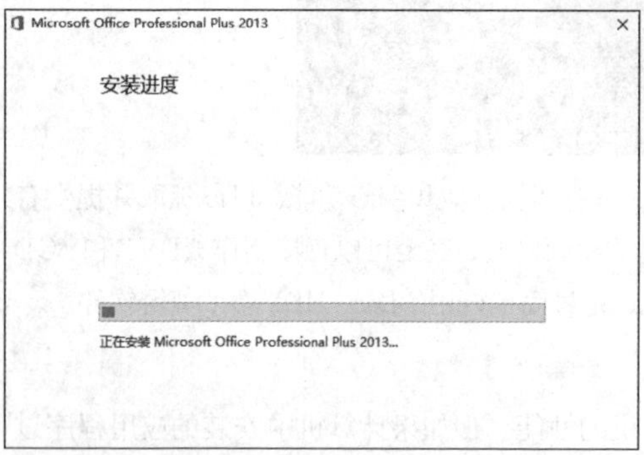

4 完成

安装完成之后，单击【关闭】按钮，即可完成安装。

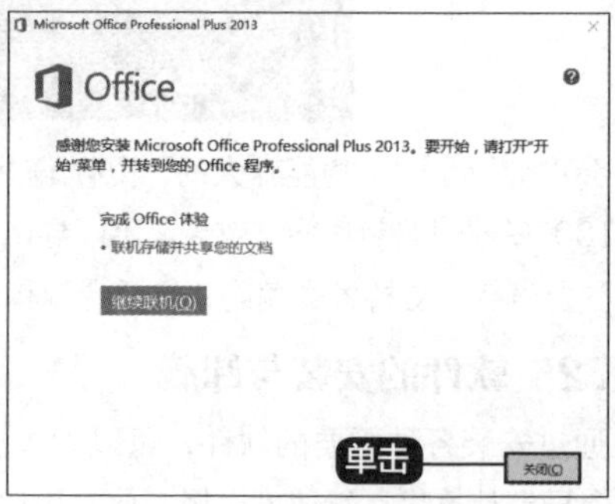

2. 软件卸载

软件的卸载主要有以下几种方法。

方法1：右键快捷卸载

打开“开始”菜单，在常用程序列表或所有应用列表中，选择要卸载的软件，单击鼠标右键，在弹出的菜单中选择【卸载】命令，则可根据提示进行卸载。

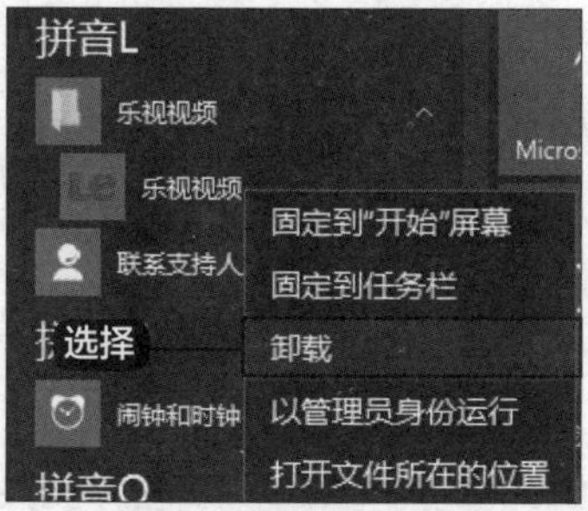

方法2：使用软件自带的卸载程序

有些软件自带有卸载程序，单击【开始】按钮，在所有程序列表中选择需要卸载的软件，在展开的列表中，选择对应的卸载命令，进行卸载。

方法3：使用第三方软件卸载

用户还可以使用第三方软件，如360软件管家、电脑管家等来卸载不需要的软件，打开360软件管家界面，单击【软件卸载】选项卡，选择需要卸载的软件，单击【卸载】按钮即可。

另外，还可以按【Win+X】快捷键，在打开的菜单中选择【控制面板】命令，打开【控制面板】窗口，单击【卸载】超链接，进行卸载。也可以按【Win+I】快捷键，打开【设置】界面，选择【系统】➤【应用和功能】命令，在应用列表中，选择要卸载的程序，单击【卸载】按钮，进行卸载。

高手私房菜

技巧.使用Windows 10滑动关机功能

Windows 10除了1.3.3小节介绍的关机方法外，下面介绍一种酷炫的关机方法，使用鼠标滑动关机，具体操作步骤如下。

1 输入命令

按【Win+R】快捷键，打开【运行】对话框，在文本框中输入“C:\Windows\System32\SlideToShutDown.exe”命令，单击【确定】按钮。

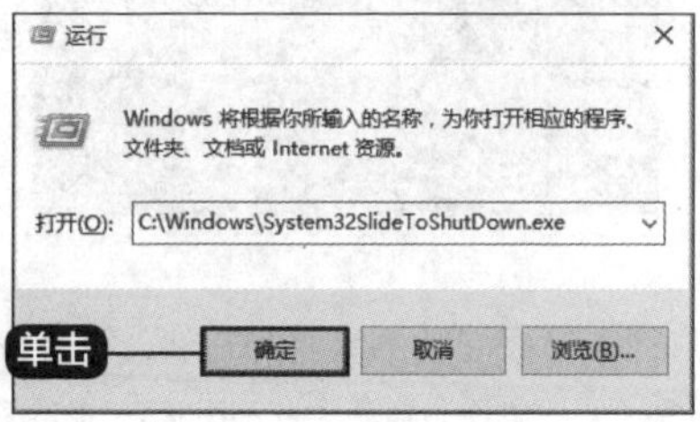

2 滑动关机

即可显示下图界面， 使用鼠标向下滑动则可关闭电脑，向上滑动则可取消操作。如果使用电脑支持触屏操作，也可以手指向下滑动进行关机操作。

提示

输入的命令表示执行C盘Windows\System32文件夹下的SlideToShutDown.exe应用，如果Windows 10中没有C盘，则将C修改为对应的盘符即可，如D、E等。另外，也可以进入对应路径下，找到SlideToShutDown.exe应用，将其发送到桌面方便使用。

第2章 Windows 10的基本操作

重点导读

本章视频教学时间：37分钟

了解电脑办公的基本知识后，还需要进一步学习操作系统的相关知识。对于首次接触Windows 10的初学者，首先需要掌握系统的基本操作。本章将主要介绍Windows 10的基本操作，包括图标设置、Microsoft账户设置、桌面的个性化设置、开始菜单的使用等。

学习效果图

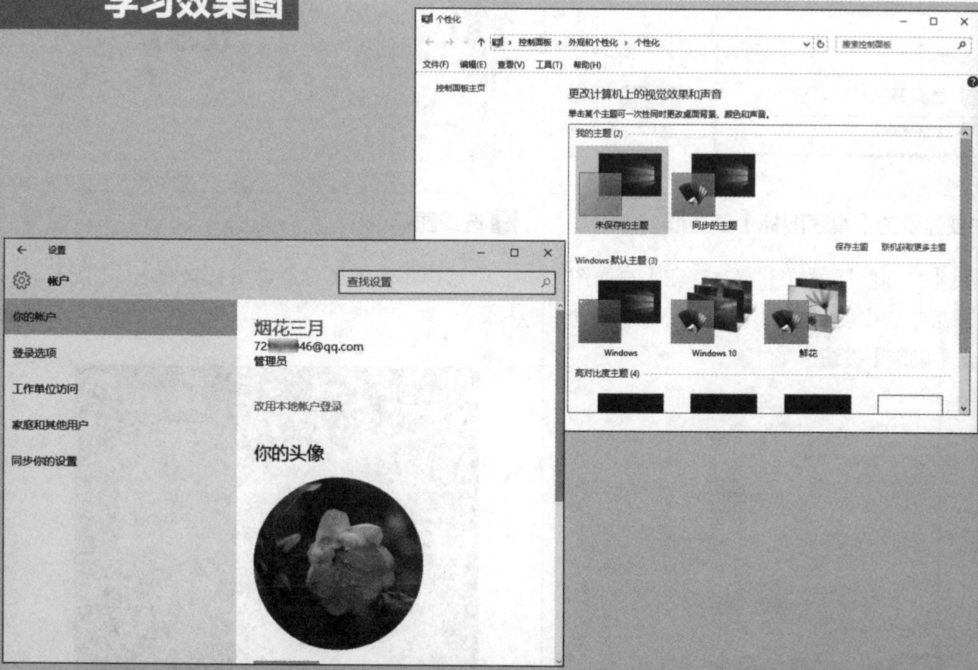

2.1 图标设置

本节视频教学时间 / 3分钟

在Windows 10操作系统中，所有的文件、文件夹及应用程序都有形象化的图标表示。在桌面上的图标被称为桌面图标，双击桌面图标可以快速打开相应的文件、文件夹或应用程序。本节将介绍桌面图标的基本操作。

2.1.1 找回系统图标

刚装好Windows 10操作系统时，桌面上只有【回收站】一个图标，用户可以添加【此电脑】、【网络】和【控制面板】等图标，具体操作步骤如下。

1 选择【个性化】菜单命令

在桌面上空白处单击鼠标右键，在弹出的快捷菜单中选择【个性化】命令。

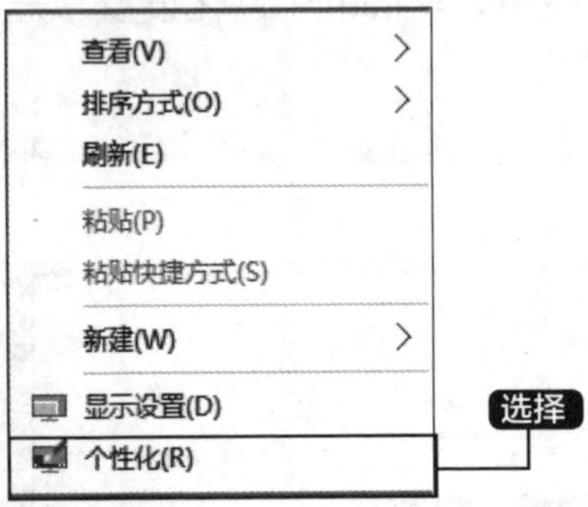

2 单击【桌面图标设置】选项

在弹出的【设置】窗口中，单击【主题】➤【桌面图标设置】选项。

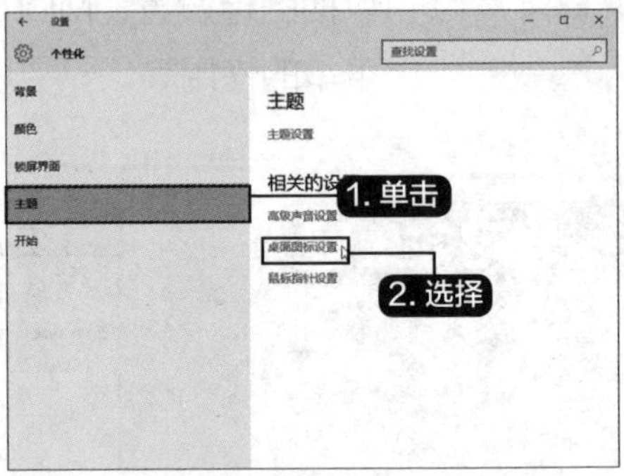

3 选中要显示的【桌面图标】复选框

弹出【桌面图标设置】窗口，在【桌面图标】选项组中选中要显示的【桌面图标】复选框，单击【确定】按钮。

4 选择图标

选择相应的图标后即可在桌面上添加该图标。

2.1.2 设置桌面图标的大小和排列方式

如果桌面上的图标比较多，会显得很乱，这时可以通过设置桌面图标的大小和排列方式等来整理桌面。

1. 设置图标大小

在桌面的空白处单击鼠标右键，在弹出的快捷菜单中选择【查看】命令，在弹出的子菜单中显示3种图标大小，包括大图标、中等图标和小图标。选择对应的命令，即可调整图标大小。

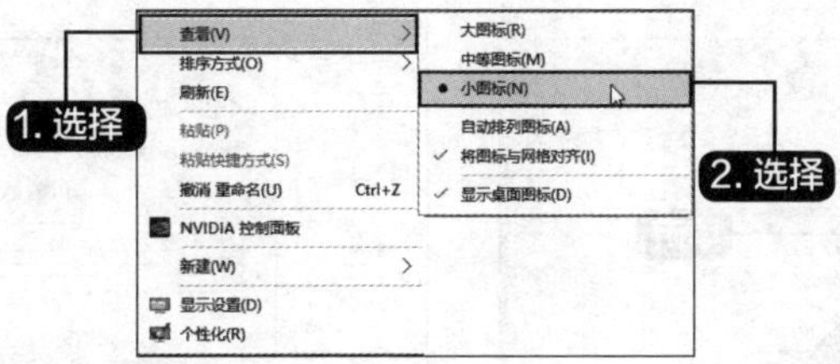

另外，按住【Ctrl】键不放，向上滚动鼠标滑轮，则缩小图标，向下滚动鼠标滑轮，则放大图标。

2. 排列图标顺序

在桌面的空白处单击鼠标右键，然后在弹出的快捷菜单中选择【排列方式】命令，在弹出的子菜单中有4种排列方式，分别为“名称”“大小”“项目类型”和“修改日期”。选择对应的命令，即可对图标进行排列。

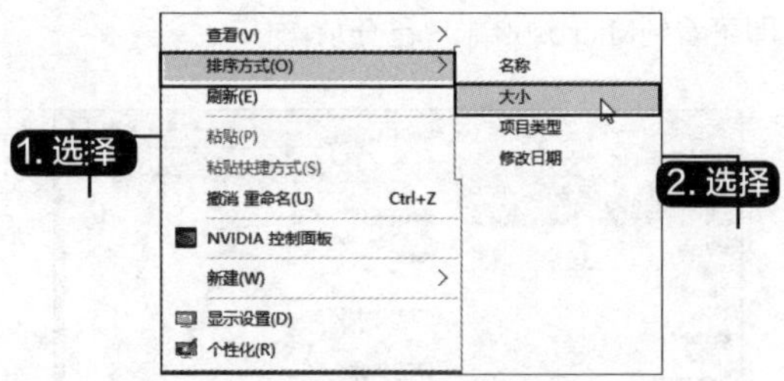

2.2 Microsoft账户设置

本节视频教学时间 / 6分钟

在Windows 10中，系统中集成了很多Microsoft服务，如Outlook.com、Hotmail、Office 365、OneDrive、Skype、Xbox等，用户都需要使用Microsoft账户进行访问和使用，而且登录Microsoft账户后，还可以在多个Windows 10设备上同步设置，本节主要介绍Microsoft账户的设置。

2.2.1 登录Microsoft账户

在首次使用Windows 10时，系统会以计算机的名称创建本地账户，如果需要改用Microsoft账户，就需要登录Microsoft账户。具体操作步骤如下。

1 打开设置界面

打开“开始”菜单，单击【设置】选项，或按【Win+I】快捷键，打开设置界面。然后选择【账户】➤【你的账户】选项，单击【改用Microsoft账户登录】超链接。

2 登录

弹出【个性化设置】对话框，输入Microsoft账户和密码，单击【登录】按钮。如果没有Microsoft账户，则单击【创建一个】超链接，根据提示进行注册并验证。

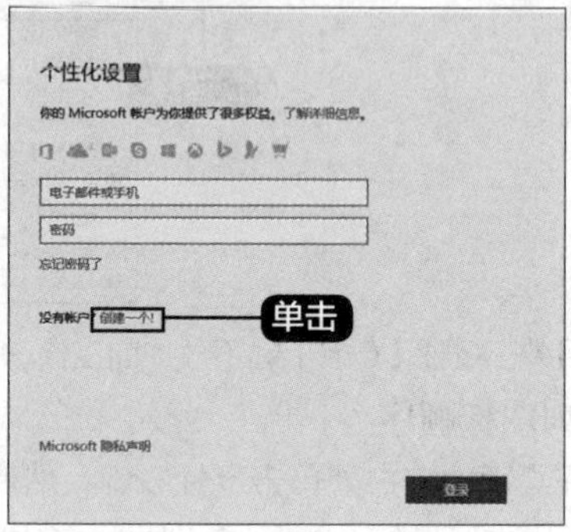

3 返回界面

返回【账户】界面，即可看到Microsoft账户已登录。

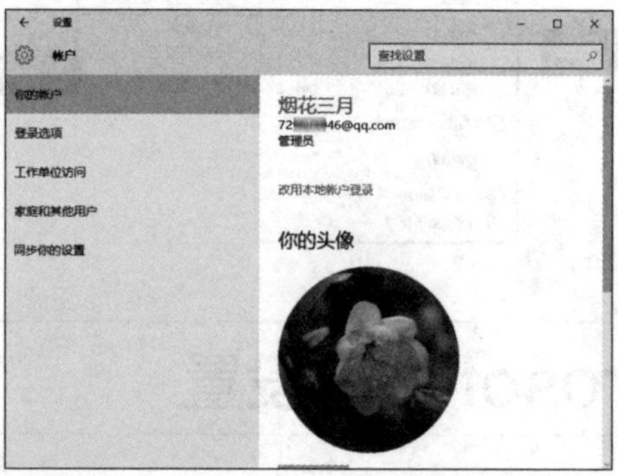

提示

在登录时，可能需要输入确认代码来验证用户的身份。Microsoft会将确认代码发送到对应的邮箱或手机中。

2.2.2 设置Microsoft账户

Microsoft账户登录后，用户可以根据需求对账户进行设置，以方便自己的使用。下面主要介绍添加PIN码和添加账户的内容。

1. 添加PIN码

PIN 码是为了方便移动、手持设备登录设备、验证身份的一种密码措施，在Windows 8中已被使用，设置PIN码之后，在登录系统时，只要输入设置的数字字符，不需要按回车键或单击鼠标，即可快速登录系统，也可以访问Microsoft服务的应用。

部分用户在注册或登录Microsoft账户时，即被提示设置PIN码，如果并未设置的用户，可参照下面步骤进行设置。

1 单击【添加】按钮

在【账户】界面，单击【登录选项】选项，然后单击【PIN】区域下的【添加】按钮。

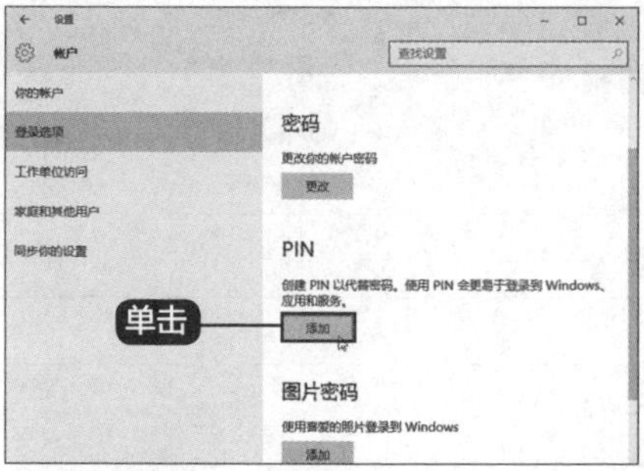

2 设置PIN

弹出【设置PIN】界面，在文本框中输入数字字符，至少4位的数字字符，不可为字母，单击【确定】按钮，即可完成设置。

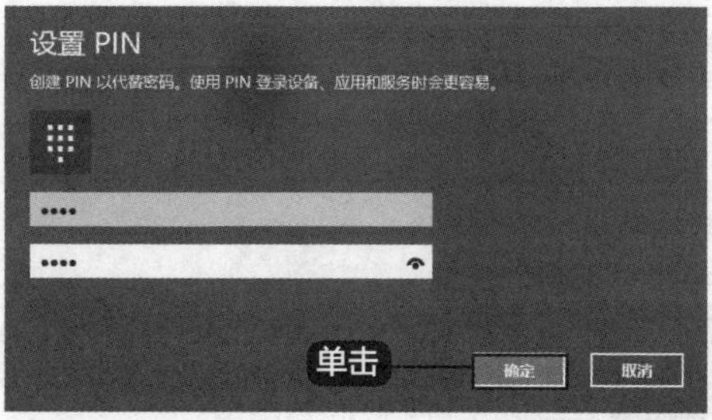

设置完毕后，再次登录系统时，则可输入PIN码，进行登录。

2. 添加账户

如果多人使用一台电脑，可以添加多个Microsoft账户，这样每个用户都有属于自己的文件、浏览器收藏夹及桌面。

1 添加超链接

在【账户】界面，单击【你的账户】选项，然后单击【你使用的其他账户】区域中的【添加Microsoft账户】超链接。

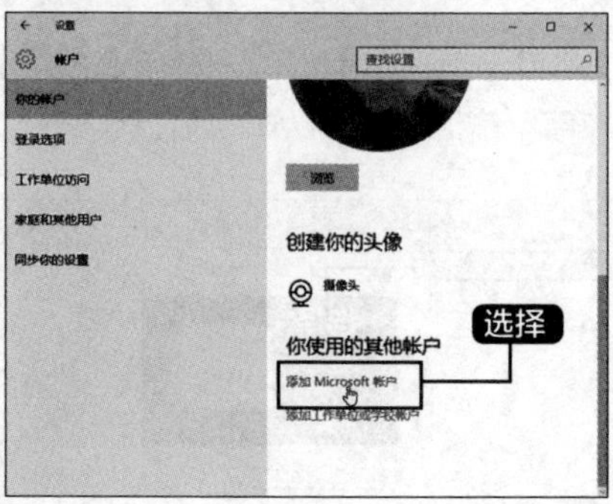

2 登录

弹出【添加你的Microsoft账户】窗口，输入账号和密码后，单击【登录】按钮。

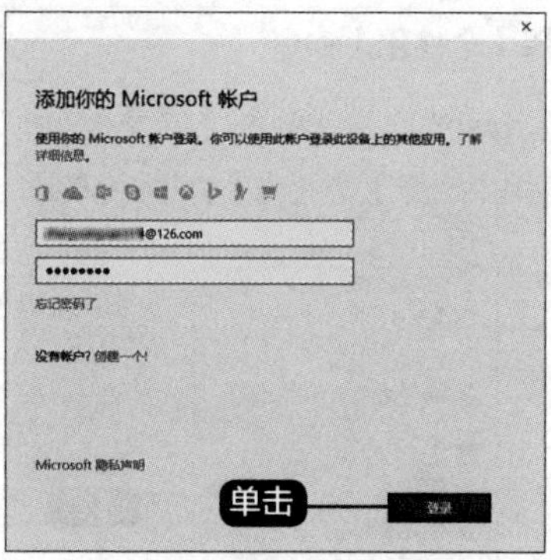

3 单击账户

返回【你的账户】界面，即可看到添加的账户，单击该账户，即可显示【管理】和【删除】按钮，用户可以进行相应的操作。

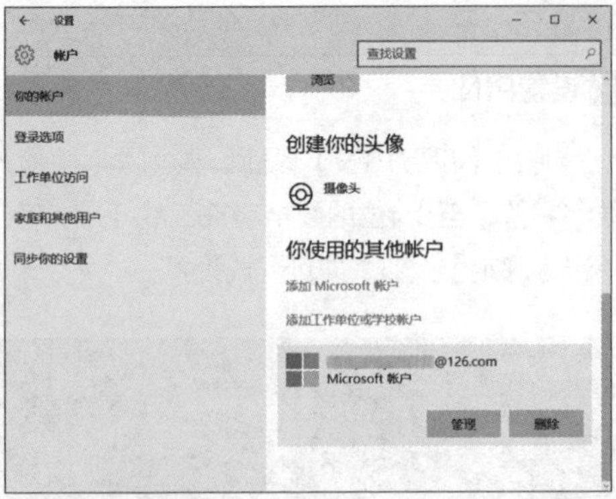

4 其他账户

另外，也可以选择【家庭和其他用户】➤【其他账户】下的【将其他人添加到此电脑】选项，添加其他用户。

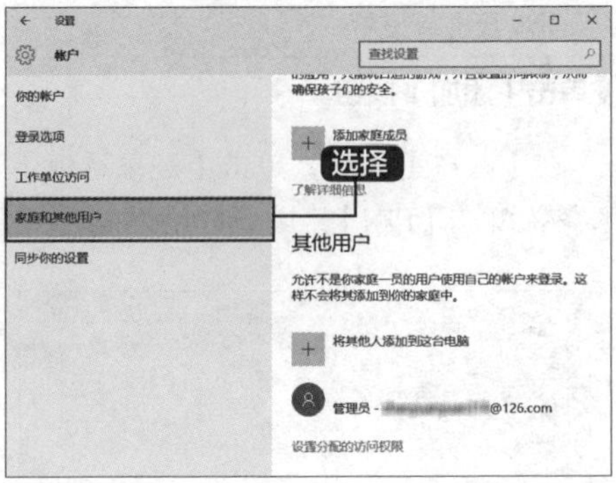

2.3 桌面的个性化设置

本节视频教学时间 / 5分钟

桌面是打开电脑并登录Windows之后看到的主屏幕区域。用户可以对它个性化设置，可以让屏幕看起来更漂亮更舒服。

2.3.1 设置桌面背景和颜色

桌面背景可以是个人收集的数字图片、Windows提供的图片、纯色或带有颜色框架的图片，也可以显示幻灯片图片。

Windows 10操作系统自带了很多漂亮的背景图片，用户可以从中选择自己喜欢的图片作为桌面背景，除此之外，用户还可以把自己收藏的精美图片设置为桌面背景。

1 选择【个性化】命令

在桌面的空白处单击鼠标右键，在弹出的快捷菜单中选择【个性化】命令。

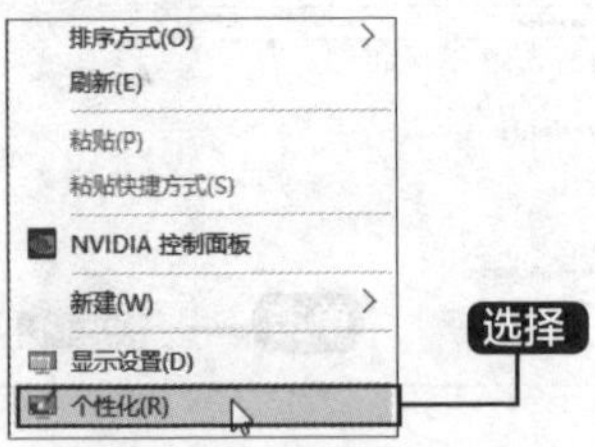

2 选择【背景】选项

弹出【个性化】窗口，选择【背景】选项，在其右侧区域即可设置桌面背景。

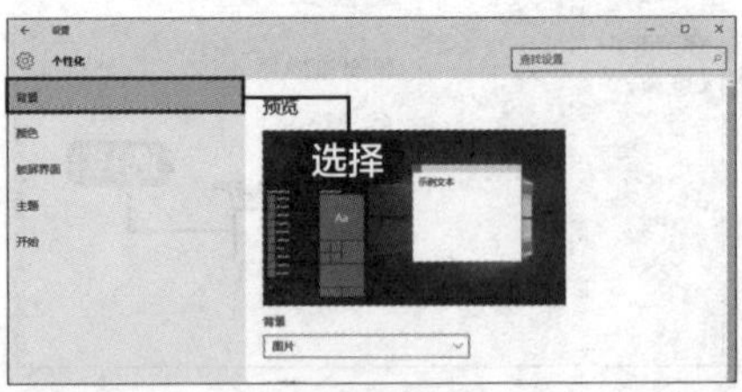

3 设置桌面背景

设置桌面背景。桌面背景主要包含“图片”“纯色”和“幻灯片放映”3种方式，用户可在图片缩略图中，选择要设置的背景图片，也可以单击【浏览】按钮，选择本地图片，作为桌面背景图。

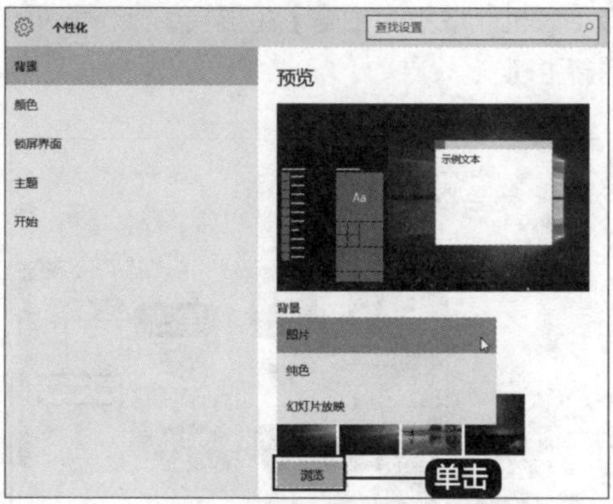

4 设置桌面颜色

设置桌面颜色。单击【颜色】选项，可以让Windows 从背景中抽取一个主题色，也可以自己选择喜欢的主题色。

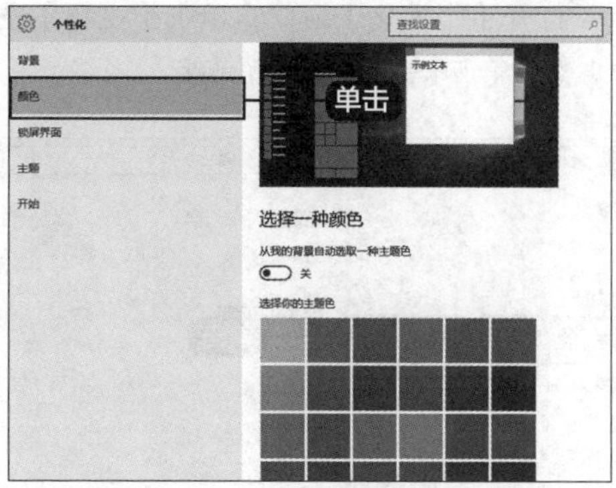

2.3.2 设置锁屏界面

用户可以根据自己的喜好，设置锁屏界面的背景、显示状态的应用等，具体操作步骤如下。

1 设置锁屏界面

打开【个性化】窗口，单击【锁屏界面】选项，用户可以将背景设置为喜欢的图片或幻灯片。

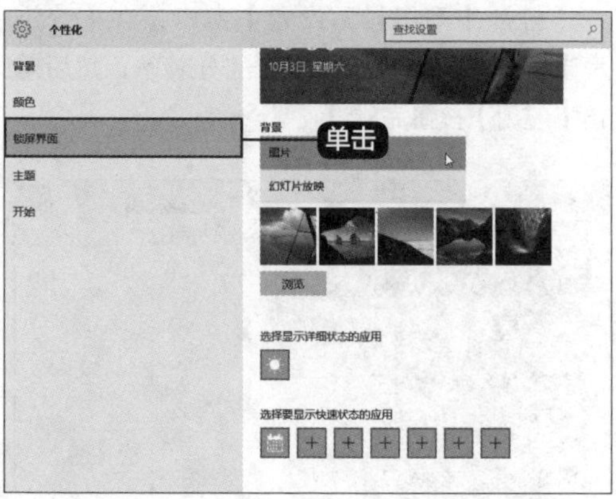

2 选择任意组合

另外，也可以选择显示详细状态和快速状态应用的任意组合，可以方便向用户显示即将到来的日历事件、社交网络更新，以及其他应用和系统通知。

2.3.3 设置主题

主题是桌面背景图片、窗口颜色和声音的组合，Windows 10采用了新的主题方案，无边框设计的窗口、扁平化设计的图标等，使其更具现代感。本节主要介绍如何设置系统主题。

1 设置超链接

打开【个性化】窗口，单击【主题】选项，然后单击【主题设置】超链接。

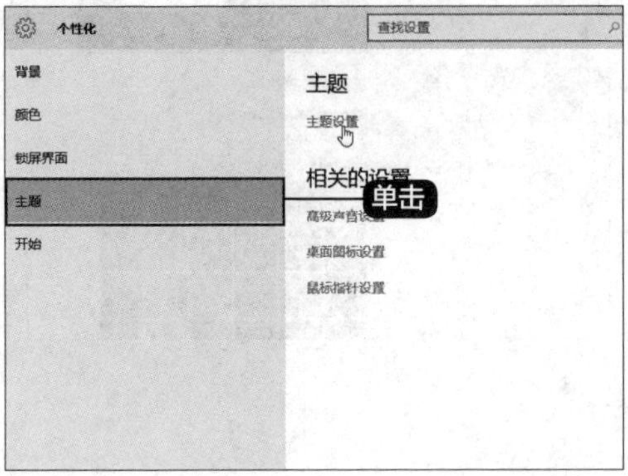

2 应用主题

在打开的窗口中，即可看到系统自带的默认主题，单击选择即可应用该主题，也可以选择【联机获取更多主题】超链接，来下载更多的新主题。

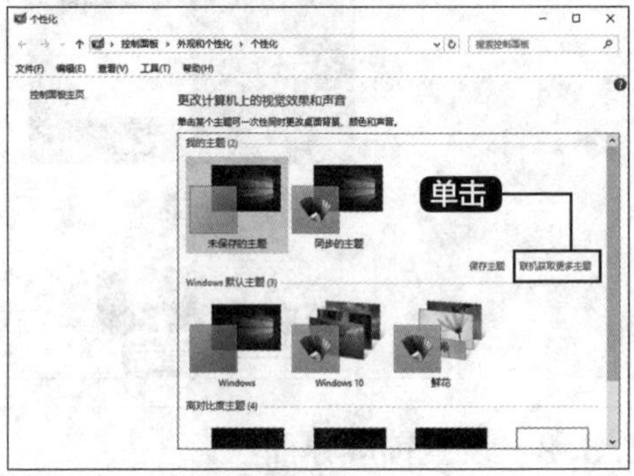

2.3.4 设置屏幕分辨率

屏幕分辨率指的是屏幕上显示的文本和图像的清晰度。分辨率越高，项目越清楚。同时屏幕上的项目越小，因此屏幕可以容纳越多的项目。分辨率越低，在屏幕上显示的项目越少，但尺寸越大。 设置适当的分辨率，有助于提高屏幕上图像的清晰度。具体操作步骤如下。

1 单击超链接

在桌面上空白处单击鼠标右键，在弹出的快捷菜单中选择【显示设置】命令，然后单击【显示】➤【高级显示设置】超链接。

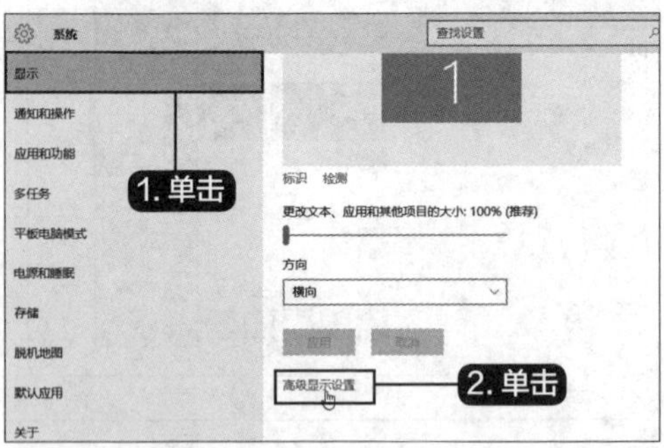

2 选择分辨率

打开【高级显示设置】窗口，在【分辨率】列表中，可以选择适合的分辨率，然后单击【应用】按钮完成设置

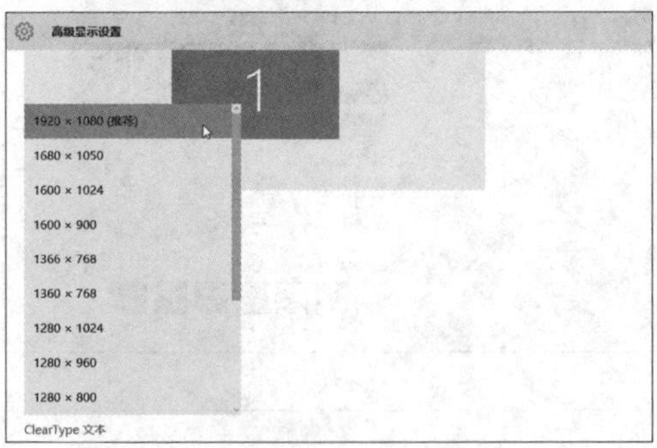

提示

如果显卡驱动安装正常的情况下，建议用户选择推荐的分辨率。如果将监视器设置为它不支持的屏幕分辨率，那么该屏幕在几秒钟内将变为黑色，监视器则还原至原始分辨率。

2.4 “开始”菜单的基本操作

本节视频教学时间 / 6分钟

在Windows 10操作系统中，“开始”菜单重新回归，与Windows 7系统中的“开始”菜单相比，界面经过了全新的设计，右侧集成了Windows 8操作系统中的“开始”屏幕。本节将主要介绍“开始”菜单的基本操作。

2.4.1 在“开始”菜单中查找程序

打开“开始”菜单，即可看到最常用程序列表或所有应用选项。最常用程序列表主要罗列了最近使用最为频繁的应用程序，可以查看最常用的程序。单击应用程序选项后面的 › 按钮，即可打开跳转列表。

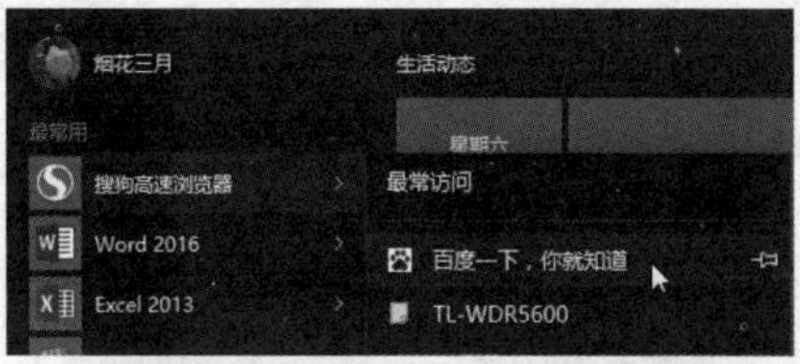

单击【所有应用】选项，即可显示系统中安装的所有程序，并以数字和首字母升序排列，单击排列的首字母，可以显示排序索引，通过索引开始快速查找应用程序。

另外，也可以在“开始”菜单下的搜索框中，输入应用程序关键词，快速查找应用程序。

2.4.2 将程序固定到“开始”屏幕

系统默认下，“开始”屏幕主要包含了生活动态及播放和浏览的主要应用，用户可以根据需要添加到“开始”屏幕上。

打开“开始”菜单，在最常用程序列表或所有应用列表中，选择要固定到“开始”屏幕的程序，单击鼠标右键，在弹出的菜单中选择【固定到“开始”屏幕】命令，即可固定到“开始”屏幕中。如果要从“开始”屏幕取消固定，用右键单击“开始”屏幕中的程序，在弹出的菜单中选择【从“开始”屏幕取消固定】命令即可。

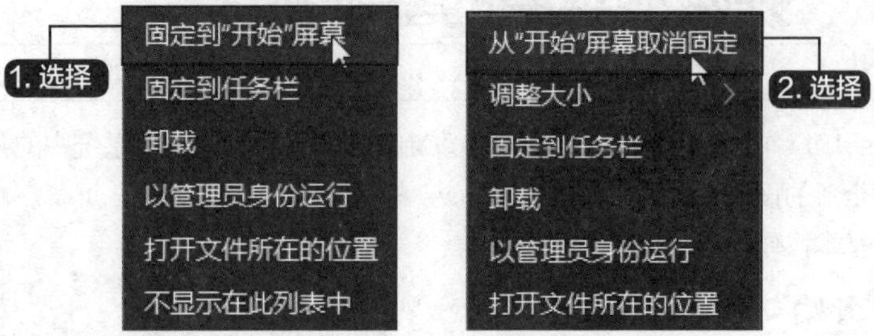

2.4.3　动态磁贴的使用

动态磁贴（Live Tile）是“开始”屏幕界面中的图形方块，也叫“磁贴”，通过它可以快速打开应用程序，磁贴中的信息是根据时间或发展活动的，如左下图即为“开始”屏幕中的日历程序，开启了动态磁贴，右下图则未开启动态磁贴，对比发现，动态磁贴显示了当前的日期和星期。

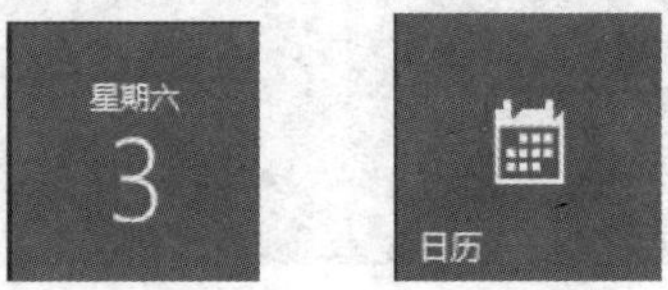

1. 调整磁贴大小

在磁贴上单击鼠标右键，在弹出的快捷菜单中选择【调整大小】命令，在弹出的子菜单中有4种显示方式，包括小、中、宽和大，选择对应的命令，即可调整磁贴大小。

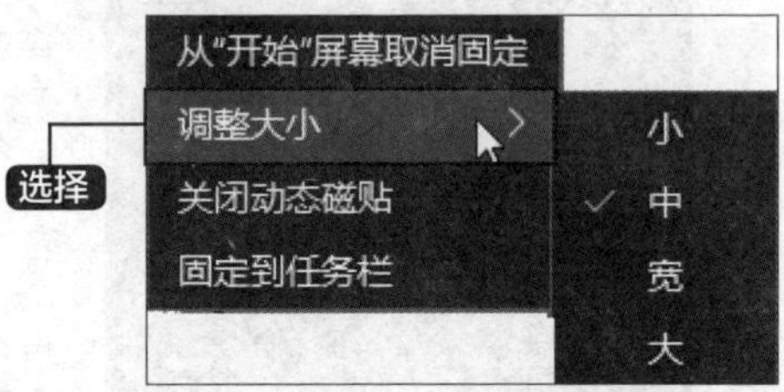

2. 打开\关闭磁贴

在磁贴上单击鼠标右键，在弹出的快捷菜单中选择【关闭动态磁贴】或【打开动态磁贴】命令，即可关闭或打开磁贴的动态显示。

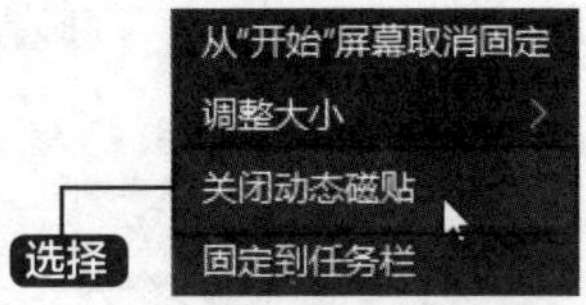

3. 调整磁贴位置

选择要调整位置的磁贴，单击鼠标左键不放，拖曳至任意位置或分租，松开鼠标即可完成位置调整。

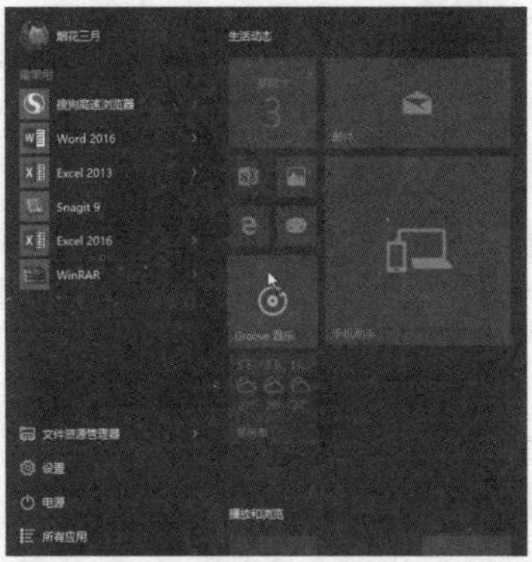

2.4.4 调整“开始”屏幕大小

在Windows 8系统中，“开始”屏幕是全屏显示的，而在Windows 10中，其大小并不是一成不变的，用户可以根据需要调整大小，也可以将其设置为全屏幕显示。

调整“开始”屏幕大小，是极为方便的，用户只要将鼠标指针放在“开始”屏幕边栏右侧，待鼠标指针变为⇔形状，即可横向调整其大小，如下图所示。

如果要全屏幕显示“开始”屏幕，按【Win+I】快捷键，打开【设置】对话框，单击【个性化】➤【开始】选项，将【使用全屏幕“开始”菜单】设置为“开”即可。

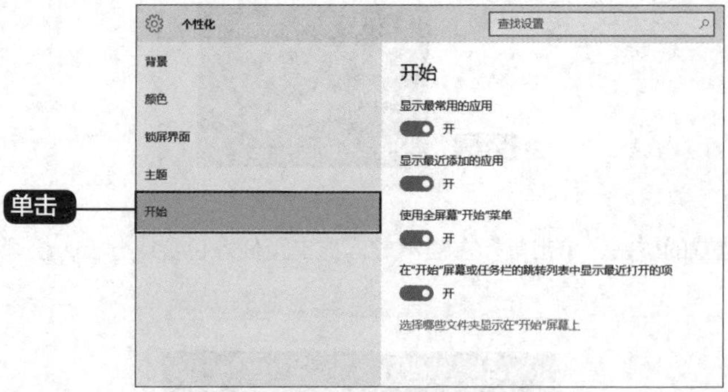

2.5 文件和文件夹的管理

本节视频教学时间 / 9分钟

文件和文件夹是Windows 10操作系统资源的重要组成部分。只有掌握好管理文件和文件夹的基本操作，才能更好地运用操作系统完成工作和学习。

2.5.1 认识文件和文件夹

在Windows 10操作系统中，文件夹主要用来存放文件，是存放文件的容器。双击桌面上的【此电脑】图标，任意进入一个本地磁盘，即可看到分布的文件夹，如下图所示。

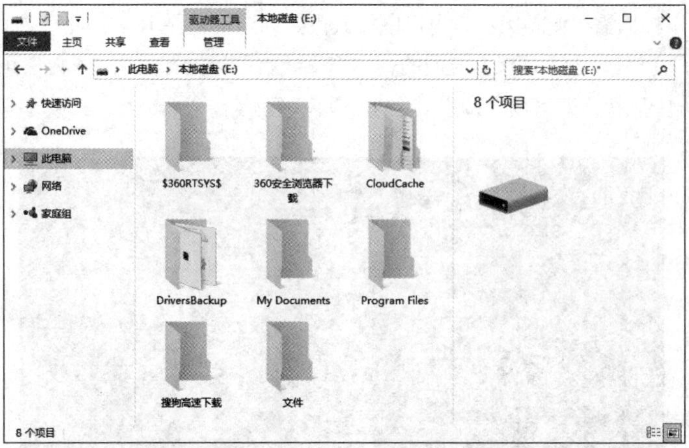

文件是Windows存取磁盘信息的基本单位，一个文件是磁盘上存储的信息的一个集合，可以是文字、图片、影片和一个应用程序等。每个文件都有自己唯一的名称，Windows 10正是通过文件的名字来对文件进行管理的。

文件的种类是由文件的扩展名来标示的，由于扩展名是无限制的，所以文件的类型自然也就是无限制的。文件的扩展名是Windows 10操作系统识别文件的重要方法，因而了解常见的文件扩展名，对于学习和管理文件有很大的帮助。

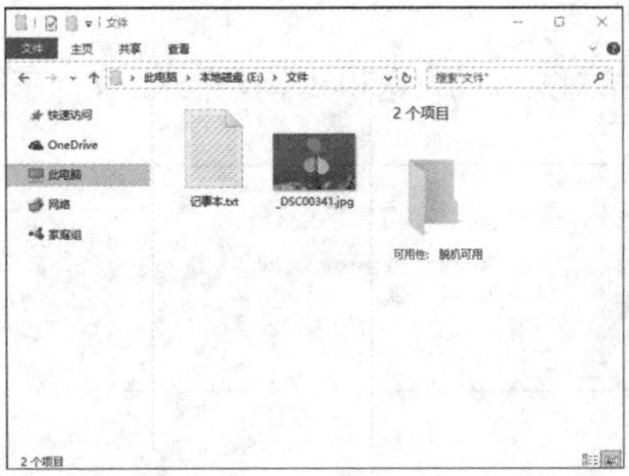

2.5.2 文件资源管理功能区

在Windows 10操作系统中，文件资源管理器采用了Ribbon界面，其实它并不是首次出现，在Office 2007到Office 2016都采用了Ribbon界面，最明显的标识就是采用了标签页和功能区的形式，便于用户的管理。而在本节介绍Ribbon界面，主要目的是方便用户可以通过新的功能区，对文件和文件夹进行管理。

在文件资源管理器中，默认隐藏功能区，用户可以单击窗口最右侧的向下按钮或按【Ctrl+F1】快捷键展开或隐藏功能区。另外，单击标签页选项卡，也可显示功能区。

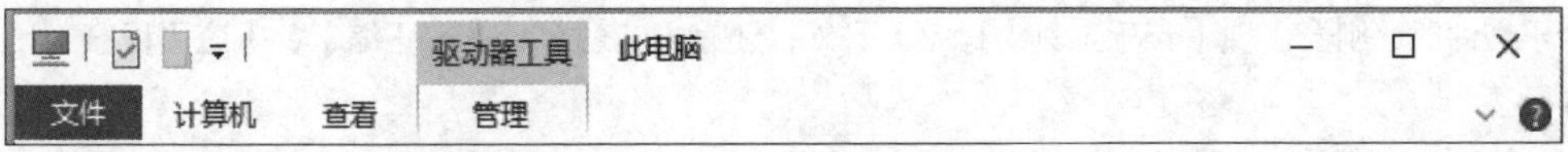

在Ribbon界面中，主要包含计算机、主页、共享和查看4种标签页，单击不同的标签页，则包含同类型的命令。

1. 计算机标签页

双击【此电脑】图标，进入【此电脑】窗口，则默认显示计算机标签页，主要包含了对电脑的常用操作，如磁盘操作、网络位置、打开设置对话框、程序卸载、查看系统属性等。

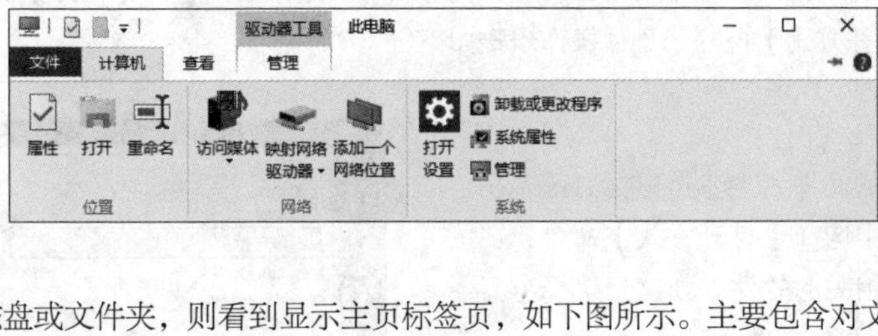

2. 主页标签页

打开任意磁盘或文件夹，则看到显示主页标签页，如下图所示。主要包含对文件或文件夹的复制、移动到、粘贴、重命名、删除、属性和选择等操作。

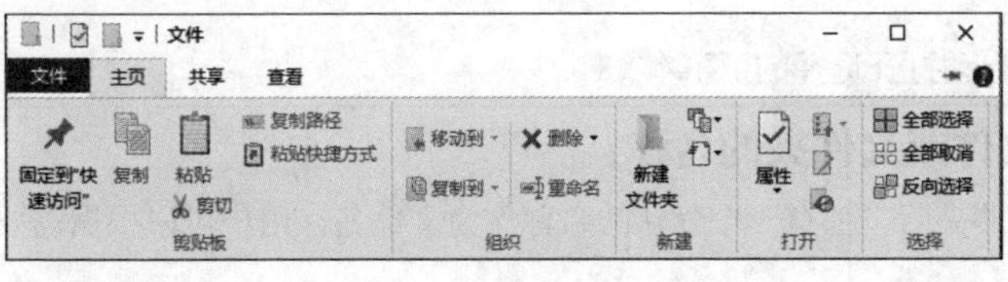

3. 共享标签页

在共享标签页，主要包括对文件的发送和共享操作，如文件压缩、刻录、打印等。

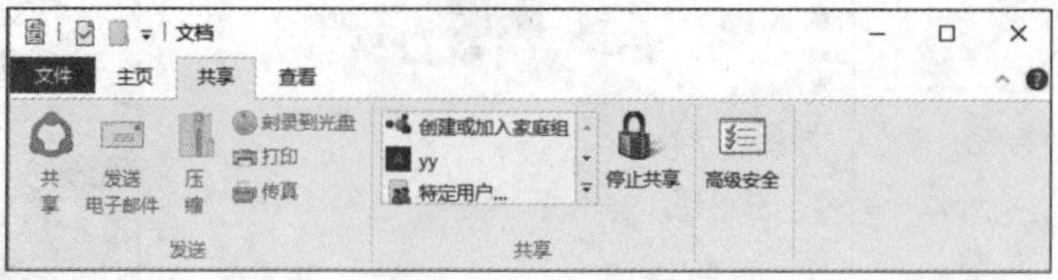

4. 查看标签页

在查看标签页中，主要包含对窗口、布局、视图和显示/隐藏等操作，如文件或文件夹显示方式、排列文件或文件夹、显示/隐藏文件或文件夹都可在该标签页下进行操作。

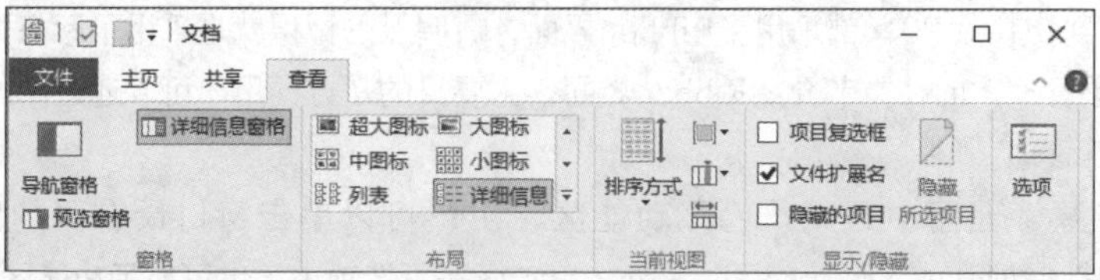

除了上述主要的标签页外，当文件夹包含图片时，则会出现【图片工具】标签；当文件夹包含音乐文件时，则会出现【音乐工具】标签。另外，还有【管理】、【解压缩】、【应用程序工具】等标签。

2.5.3 打开/关闭文件或文件夹

对文件或文件夹进行最多的操作就是打开和关闭，下面就介绍打开和关闭文件或文件夹的常用方法。

1. 打开文件

⑴ 双击要打开的文件。

⑵ 在需要打开的文件名上单击鼠标右键，在弹出的快捷菜单中选择【打开】命令。

⑶ 利用【打开方式】打开，具体操作步骤如下。

1 选择打开方式

在需要打开的文件名上单击鼠标右键，在弹出的快捷菜单中选择【打开方式】命令，在其子菜单中选择相关的软件，如这里选择【写字板】方式打开记事本文件。

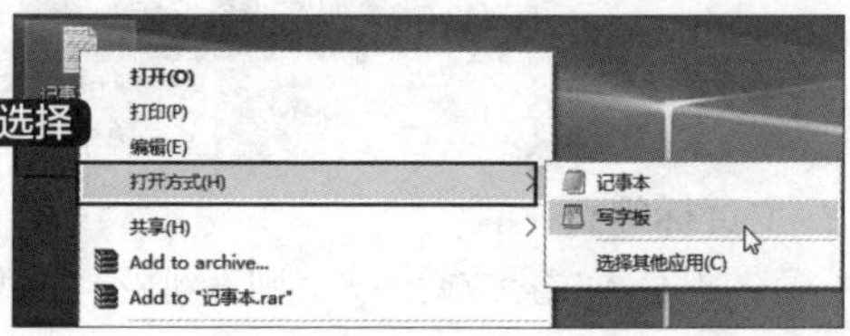

2 完成

写字板软件将自动打开选择的记事本文件。

2.5.4 更改文件或文件夹的名称

新建文件或文件夹后，都有一个默认的名称作为文件名，用户可以根据需要给新建的或已有的文件或文件夹重新命名。

更改文件名称和更改文件夹名称的操作类似，主要有3种方法。

1. 使用功能区

选择要重新命名的文件或文件夹，单击【主页】标签，在【组织】功能区中，单击【重命名】按钮，文件或文件夹即可进入编辑状态，输入要命名的名称，单击【Enter】进行确认。

2. 右键菜单命令

选择要重新命名的文件或文件夹，单击鼠标右键，在弹出的菜单命令中，选择【重命名】命令，文件或文件夹即可进入编辑状态，输入要命名的名称，单击【Enter】进行确认。

3. F2快捷键

选择要重新命名的文件或文件夹，按【F2】键，文件或文件夹即可进入编辑状态，输入要命名的名称，单击【Enter】进行确认。

提示 在重命名文件时，不能改变已有文件的扩展名，否则可能会导致文件不可用。

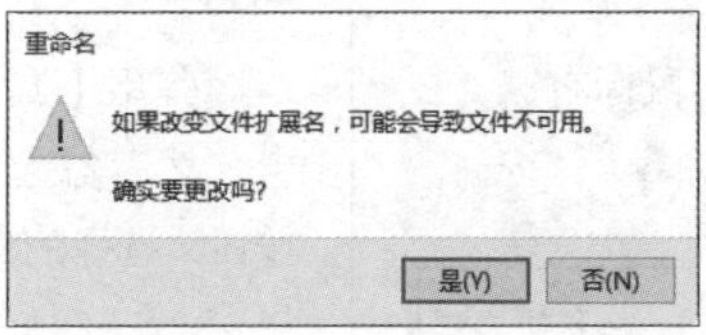

2.5.5 复制/移动文件或文件夹

对一些文件或文件夹进行备份，也就是创建文件的副本，或者改变文件的位置，这就需要对文件或文件夹进行复制或移动操作。

1. 复制文件或文件夹

复制文件或文件夹的方法有以下几种。

(1) 在需要复制的文件或文件夹名上单击鼠标右键，并在弹出的快捷菜单中选择【复制】命令。选定目标存储位置，并单击鼠标右键，在弹出的快捷菜单中选择【粘贴】命令即可。

(2) 选择要复制的文件或文件夹，按住【Ctrl】键并拖动到目标位置。

(3) 选择要复制的文件，按住鼠标右键并拖动到目标位置，在弹出的快捷菜单中选择【复制到当前位置】命令。

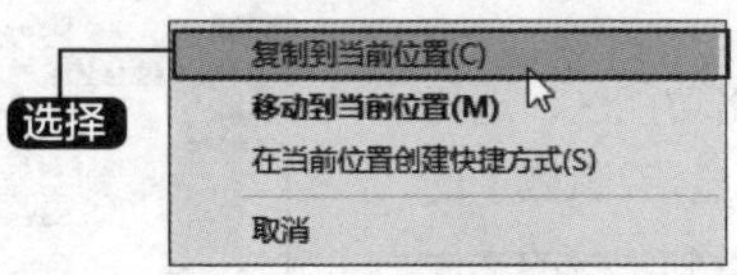

(4) 选择要复制的文件或文件夹，按【Ctrl+C】快捷键，然后在目标位置按【Ctrl+V】快捷键即可。

2. 移动文件或文件夹

移动文件的方法有以下几种。

(1) 在需要移动的文件或文件夹名上单击鼠标右键，并在弹出的快捷菜单中选择【剪切】命令。选定目标存储位置，并单击鼠标右键，在弹出的快捷菜单中选择【粘贴】命令即可。

(2) 选择要移动的文件或文件夹，按住【Shift】键并拖动到目标位置。

(3) 选中要移动的文件或文件夹，用鼠标直接拖动到目标位置，即可完成文件的移动，这也是最简单的一种操作。

(4)选择要移动的文件或文件夹，按【Ctrl+X】快捷键，然后在目标位置按【Ctrl+V】快捷键即可。

2.5.6 隐藏/显示文件或文件夹

隐藏文件或文件夹可以增强文件的安全性，同时可以防止误操作导致的文件丢失现象。隐藏与显示文件或文件夹的操作步骤类似，本节以隐藏和显示文件为例介绍。

1. 隐藏文件

隐藏文件的操作步骤如下。

1 选择需要隐藏的文件

选择需要隐藏的文件并单击鼠标右键，在弹出的快捷菜单中选择【属性】命令。

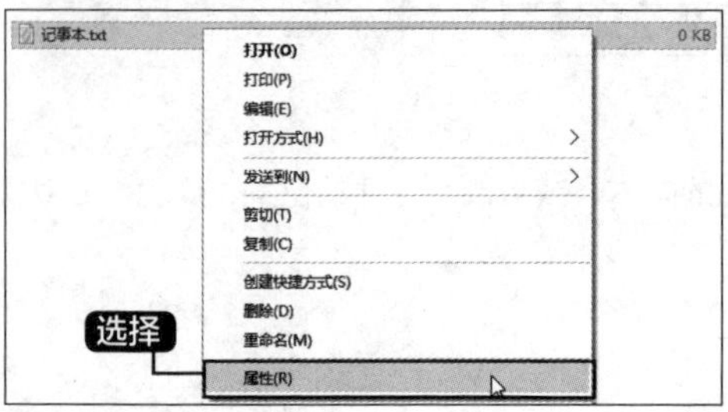

2 隐藏

弹出【属性】对话框，选择【常规】选项卡，然后勾选【隐藏】复选框，单击【确定】按钮，选择的文件被成功隐藏。

2. 显示文件

文件被隐藏后，用户要想调出隐藏文件，需要显示文件，具体操作步骤如下。

1 查看隐藏文件

按下【Alt】功能键，调出功能区，选择【查看】标签页，单击勾选【显示/隐藏】的【隐藏的项目】复选框，即可看到隐藏的文件或文件夹。

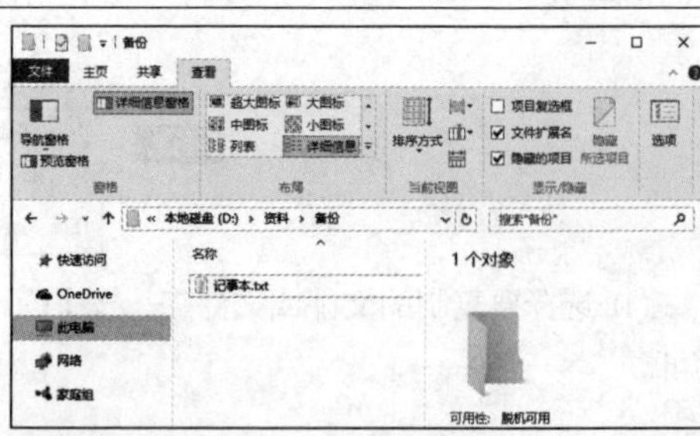

2 显示隐藏的文件

用右键单击该文件，弹出【属性】对话框，选择【常规】选项卡，然后取消对【隐藏】复选框的选择，单击【确定】按钮，成功显示隐藏的文件。

2.6 综合实战——虚拟桌面的创建和使用

本节视频教学时间 / 4分钟

虚拟桌面是Windows 10操作系统中新增的功能，可以创建多个传统桌面环境，给用户带来更多的桌面使用空间，在不同的虚拟桌面中，放置不同的窗口。

1 显示窗口

按任务栏上的【任务视图】按钮[□]或【Win+Tab】快捷键，即可显示当前桌面环境中的窗口，用户可单击不同的窗口，进行切换或者关闭该窗口。如果要创建虚拟桌面，单击右下角的【新建桌面】选项。

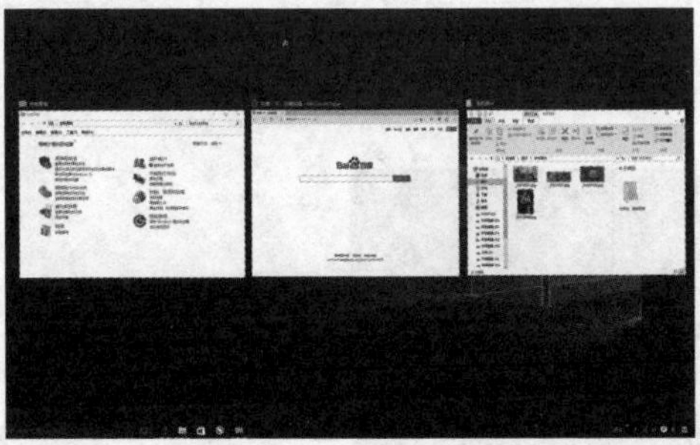

2 创建虚拟桌面

此时，即可看到创建的虚拟桌面列表。同时，用户可以单击【新建桌面】选项创建多个虚拟桌面，且没有数量限制。

提示 按【Win+Ctrl+D】组合键也可以快速创建虚拟桌面。

3 打开虚拟桌面

创建虚拟桌面后，用户可以单击不同的虚拟桌面缩略图，打开该虚拟桌面，也可以按【Win+Ctrl+左/右方向】组合键，快速切换虚拟桌面。

4 在桌面打开程序

选择虚拟桌面后，用户可在该桌面打开程序，就会在这个桌面上显示，如下图所示。

5 移动虚拟桌面

虽然虚拟桌面之间并不冲突，但是用户可以将任意一个桌面上的窗口移动到另外一个桌面上。用右键单击要移动的窗口，在弹出的快捷菜单中选择【移动到】命令，然后在子菜单中选择要移动至的桌面，单击即可。

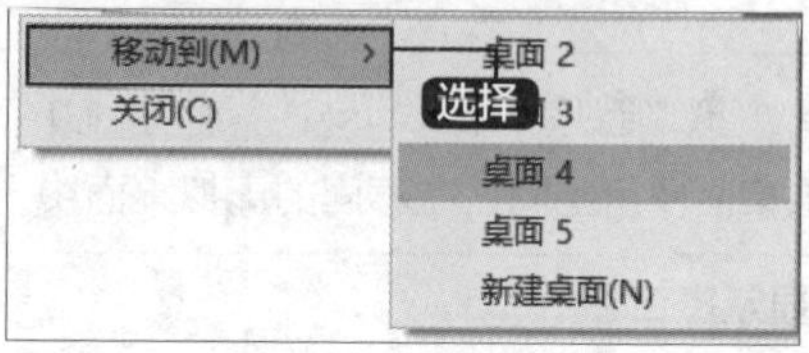

提示　也可以选择要移动的窗口，单击鼠标左键不放，拖曳至其他桌面完成移动。

6 关闭虚拟桌面

如果要关闭虚拟桌面，单击虚拟桌面列表右上角的“关闭”按钮即可，也可以在需要删除的虚拟桌面环境中按【Win+Ctrl+F4】组合键关闭。

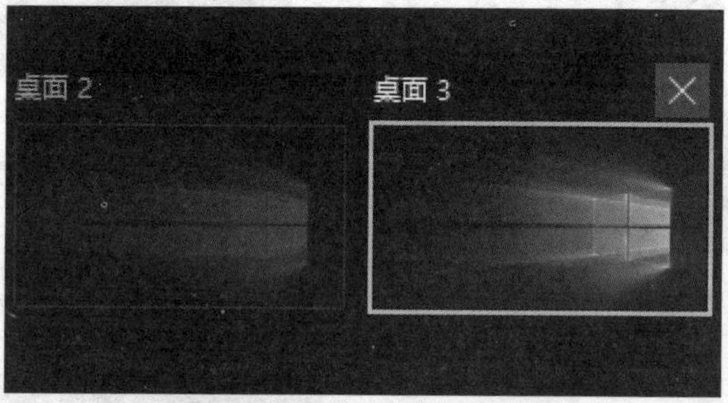

高手私房菜

技巧1：开启“上帝模式”

上帝模式，即“GodMode”，或称为“完全控制面板”，是系统中隐藏的一个简单的文件夹窗口，但包含了几乎所有Windows系统的设置，用户只需通过这一个窗口就能实现所有的操控。下面介绍一下如何打开该窗口。

1 重命名文件夹

在桌面上创建一个文件夹，按【F2】键，将其重命名为“GodMode{ED7BA470-8E54-465E-825C-99712043E01C}”，单击桌面任意位置完成命名，即可看到该文件夹变为“GodMode”命名的图标。

2 打开GodMode窗口

双击GodMode图标，打开GodMode窗口，即可看到该窗口包含了各种系统设置选项和工具，而且清晰明了，双击任意选项，即可打开对应的系统设置或工具窗口。

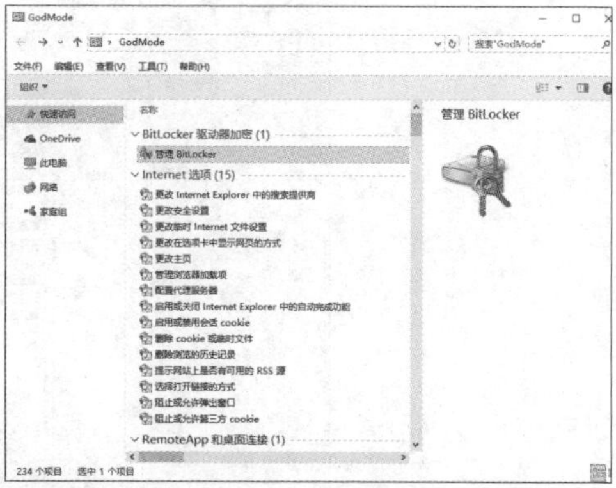

技巧52：取消显示开机锁屏界面

虽然开机锁屏界面，给人以绚丽的视觉效果，但是不免影响了开机的时间和速度，用户可以根据需要取消系统启动后的锁屏界面，具体操作步骤如下。

1 输入命令

按【Win+R】快捷键，打开【运行】对话框，输入“gpedit.msc”命令，按【确定】按钮。

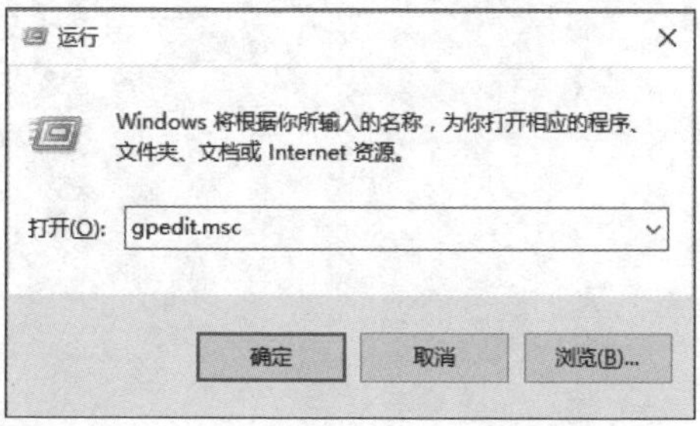

2 打开【不显示锁屏】命令

弹出【本地组策略编辑器】对话框，单击【计算机配置】➤【管理模板】➤【控制面板】➤【个性化】命令，在【设置】列表中双击【不显示锁屏】命令，即可打开该命令。

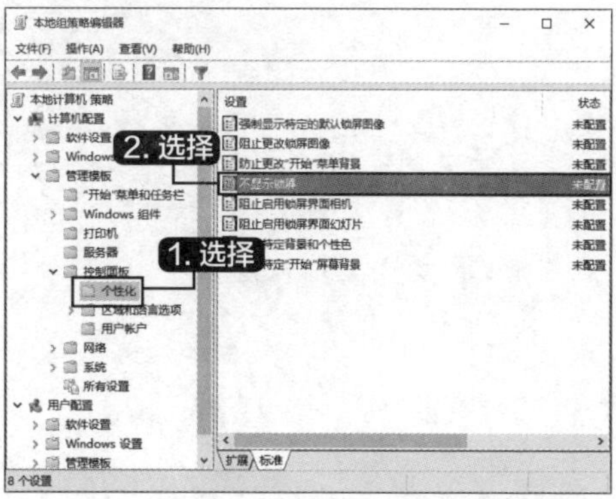

3 取消显示开机锁屏界面

弹出【不显示锁屏】对话框，选择【已启用】单选项，单击【确定】按钮，即可取消显示开机锁屏界面。

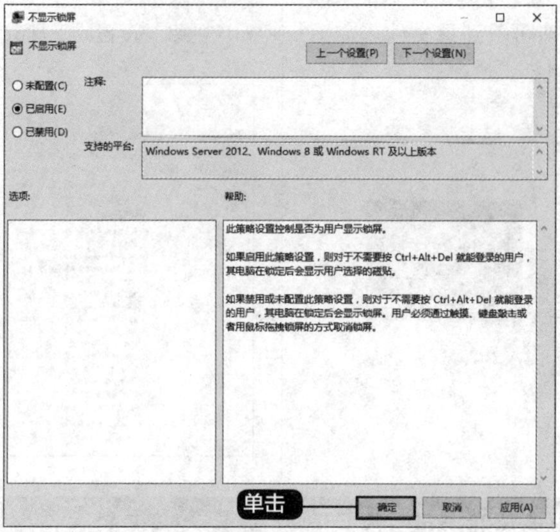

第3章 高效打字轻松学

重点导读

本章视频教学时间：23分钟

学会输入文字是使用电脑的第一步。对于英文，只要按照键盘上的字符输入就可以了。但汉字却不能像英文字母那样直接输入到电脑中，需要使用英文字母和数字对汉字进行编码，然后通过输入编码得到所需的汉字，这就是汉字输入法。

学习效果图

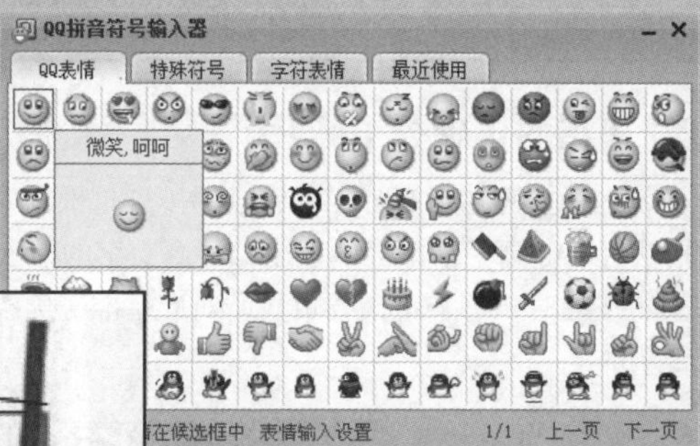

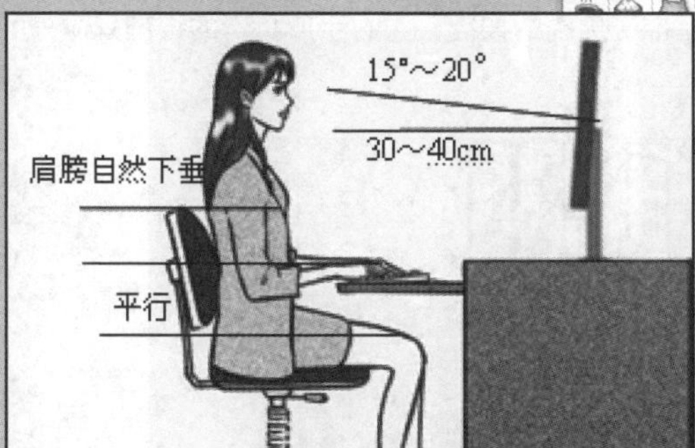

3.1 正确的指法操作

本节视频教学时间 / 5分钟

如果准备在电脑中输入文字或输入操作命令，通常需要使用键盘进行输入。使用键盘时，为了防止坐姿不对造成身体疲劳，以及指法不对造成手臂疲劳的现象发生，用户一定要有正确的坐姿及击键要领，劳逸结合，尽量减小使用电脑过程中造成的身体疲劳，达到事半功倍的效果。本节将介绍使用键盘的基本方法。

3.1.1 手指的基准键位

为了保证指法的出击迅速，在没有击键时，十指可放在键盘的中央位置，也就基准键位上，这样无论是敲击上方的按键还是下方的按键，都可以快速进行击键，然后返回。

键盘中有8个按键被规定为基准键位，基准键位位于主键盘区，是打字时确定其他键位置的标准，从左到右依次为：【A】、【S】、【D】、【F】、【J】、【K】、【L】和【；】。在敲击按键前，将手指放在基准键位时，手指要虚放在按键上，注意不要按下按键，具体情况如图所示。

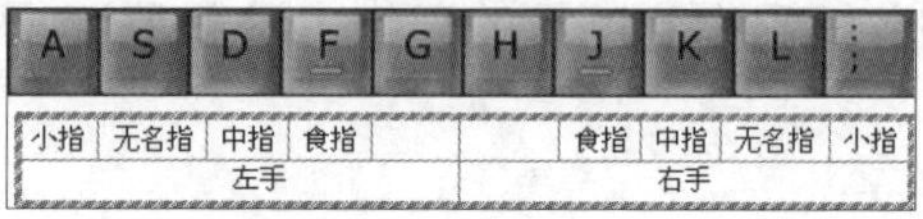

提示

基准键共有8个，其中【F】键和【J】键上都有一个凸起的小横杠，用于盲打时手指通过触觉定位。另外，两手的大姆指要放在空格键上。

3.1.2 手指的正确分工

指法就是指按键的手指分工。键盘的排列是根据字母在英文打字中出现的频率而精心设计的，正确的指法可以提高手指击键的速度，提高文字的输入速度，同时也可以减少手指疲劳。

在敲击按键时，每个手指要负责所对应基准键周围的按键，左右手所负责的按键具体分配情况如下图所示。

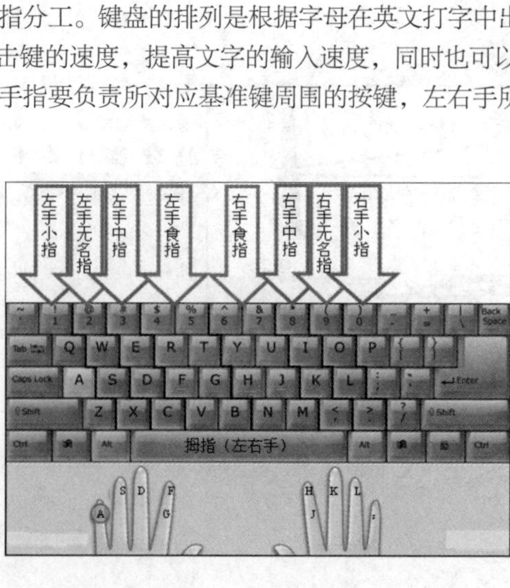

图中用不同颜色和线条区分了双手十指具体负责的键位，具体如下所述。

(1) 左手

食指负责的键位有“4、5、R、T、F、G、V、B”8个键；中指负责“3、E、D、C”4个键；无名指负责“2、W、S、X”4个键；小指负责“1、Q、A、Z”及其左边的所有键位。

(2) 右手

食指负责“6、7、Y、U、H、J、N、M”8个键；中指负责“8、I、K、，”4个键，无名指负责“9、O、L、。”4个键；小指负责“0、P、；、/”及其右边的所有键。

(3) 拇指

双手的拇指用来控制空格键。

> **提示** 在敲击按键时，手指应该放在基准键位上，迅速出击，快速返回。一直保持手指在基准键位上，才能达到快速的输入。

3.1.3 正确的打字姿势

在使用键盘进行编辑操作时，正确的坐姿可以帮助用户提高打字速度，减少疲劳。正确的姿势应当注意以下几点。

(1) 座椅高度合适，坐姿端正自然，两脚平放，全身放松，上身挺直并稍微前倾。

(2) 眼睛距显示器的距离为30～40厘米，并让视线与显示器保持15° ～20° 的角度。

(3) 两肘贴近身体，下臂和腕向上倾斜，与键盘保持相同的斜度；手指略弯曲，指尖轻放在基准键位上，左右手的大拇指轻轻放在空格键上。

(4) 大腿自然平直，与小脚之间的角度为90° ，双脚平放于地面上。

(5) 按键时，手抬起伸出要按键的手指按键，按键要轻巧，用力要均匀。

下图为电脑操作的正确姿势。

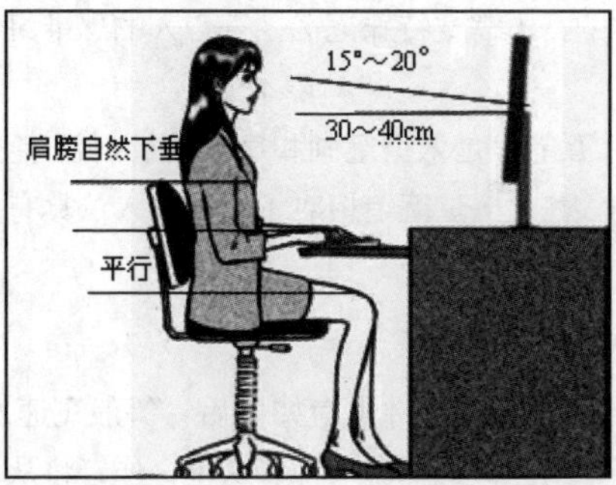

> **提示** 使用电脑的过程中要适当休息，连续坐了两小时后，就要让眼睛休息一下，防止眼睛疲劳，以保护视力。

3.1.4 按键的敲打要领

了解指法规则及打字姿势后即可进行输入操作。击键时要按照指法规则，十个手指各司其职，采用正确的击键方法。

⑴ 按键前，除拇指外的8个手指要放置在基准键位上，指关节自然弯曲，手指的第一关节与键面垂直，手腕要平直，手臂保持不动。

⑵ 按键时，用各手指的第一指腹击键。以与指尖垂直的方向，向键位瞬间爆发冲击力，并立即反弹，力量要适中。做到稳、准、快，不拖拉犹豫。

⑶ 按键后，手指立即回到基准键位上，为下一次按键做好准备。

⑷ 不按键的手指不要离开基本键位。

⑸ 需要同时按两个键时，若两个键分别位于左右手区，则由左右手各按相对应的键。

⑹ 按键时，喜欢单手操作是初学者的习惯，在打字初期一定要克服这个毛病，进行双手操作。

3.2 输入法的管理

本节视频教学时间 / 6分钟

本节主要介绍输入法的基本概念、安装和删除输入法，以及如何设置默认的输入法。

3.2.1 输入法种类

输入法是指为了将各种符号输入计算机或其他设备而采用的编码方法。汉字输入的编码方法基本上都是将音、形、义与特定的键相联系，再根据不同汉字进行组合来完成汉字的输入。

目前，键盘输入的解决方案有区位码、拼音、表形码和五笔字型等。在这几种输入方案中，又以拼音输入法和五笔字型输入法为主。

拼音输入是常见的一种输入方法，用户最初的输入形式基本都是从拼音开始的。拼音输入法是按照拼音规定来进行输入汉字的，不需要特殊记忆，符合人的思维习惯，只要会拼音就可以输入汉字。

而五笔字型输入法（简称五笔）是依据笔画和字形特征对汉字进行编码，是典型的形码输入法。五笔是目前常用的汉字输入法之一。五笔相对于拼音输入法具有重码率低的特点，熟练后可快速输入汉字。

3.2.2 挑选合适的输入法

随着网络的快速发展，各类输入法软件也有如雨后春笋般飞速发展。面对如此多的输入法软件，很多人都觉得很迷茫，不知道应该选择哪一种。这里，作者将从不同的角度出发，告诉您如何挑选一款适合自己的输入法。

1. 根据自己的输入方式

有些人不懂拼音，就适合使用五笔输入法；相反，有些人对于拆分汉字很难上手，那么，这些人最好是选择拼音输入法。

2. 根据输入法的性能

功能上更胜一筹的输入法软件，显然可以更好地满足需求。那么，如何去了解各大输入法的性能呢？我们可以去那些输入法的官方网站了解，在了解的过程中，可以从以下几方面入手。

(1) 输入法的基本操作，有些软件在操作上比较人性化，有些则相对有所欠缺，选择时要注意。

(2) 在功能上，可以根据各输入法软件的官方介绍，联系自己的实际需要，去对比它们各自不同的功能，相信您总会选择到一种适合自己的输入法。

(3) 看输入法的其他设计是否符合个人需要，比方说皮肤、字数统计等功能。

3. 根据有无特殊需求选择

有些人选择输入法，是有着一些特殊的需求的。例如，好多朋友选择QQ输入法，因为他们本身就是腾讯的用户，而且登录使用QQ输入法可以加速QQ升级。有不少人是因为类似的特殊需要才会选择某种输入法的。

选择到一种适合自己的输入法，可以使工作和社交变得更加开心和方便。

3.2.3 安装与删除输入法

Windows 10操作系统虽然自带了微软拼音输入法，但不一定能满足用户的需求。用户可以自行安装其他输入法。安装输入法前，用户需要先从网上下载输入法程序。

下面以QQ拼音输入法的安装为例，讲述安装输入法的一般方法。

1 下载安装文件

双击下载的安装文件，即可启动QQ拼音输入法安装向导。单击选中【已阅读和同意用户使用协议】复选框，单击【自定义安装】按钮。

提示

如果不需要更改设置，可直接单击【一键安装】按钮。

2 自定义安装

在打开的界面中的【安装目录】文本框中输入安装目录，也可以单击【更改目录】按钮选择安装位置，设置完成，单击【立即安装】按钮。

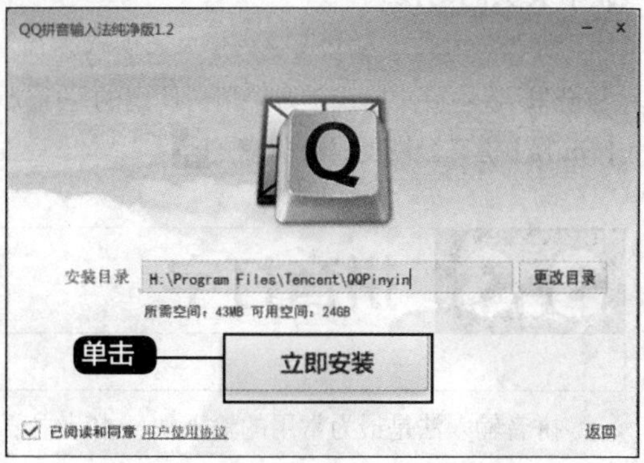

3 安装

即可开始安装。

4 完成

安装完成，在弹出的界面中单击【完成】按钮即可。

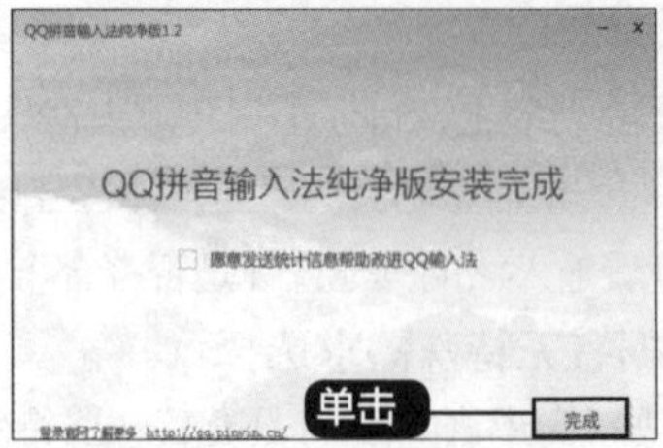

3.2.4 输入法的切换

在文本输入中，会经常用到中英文输入，或者使用不同的输入法，在使用过程中就需要快速切换到需要使用的输入法，下面介绍具体操作方法。

1. 输入法的切换

按【Windows+空格】快捷键，可以快速切换输入法。另外单击桌面右下角通知区域的输入法图标M，在弹出的输入法列表中，单击鼠标进行选择，即可完成切换。

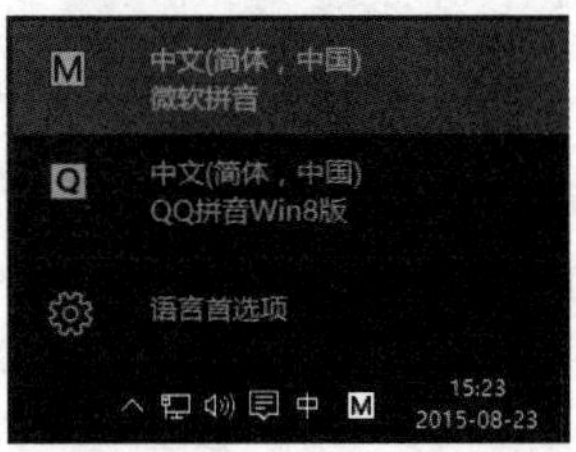

2. 中英文的切换

输入法主要分为中文模式和英文模式，在当前输入法中，可按【Shift】键或【Ctrl+空格】快捷键切换中英文模式，如果用户使用的是中文模式中，可按【Shift】键切换英文模式英，再按【Shift】键又会恢复成中文模式中。

3.3 拼音打字

本节视频教学时间 / 5分钟

拼音输入法是最为常用的输入法，本节主要以搜狗输入法为例介绍拼音打字的知识。

3.3.1 使用简拼、全拼混合输入

使用简拼和全拼的混合输入，可以使打字更加顺畅。

例如要输入“计算机”，在全拼模式下需要从键盘中输入“jisuanji”，如图所示。

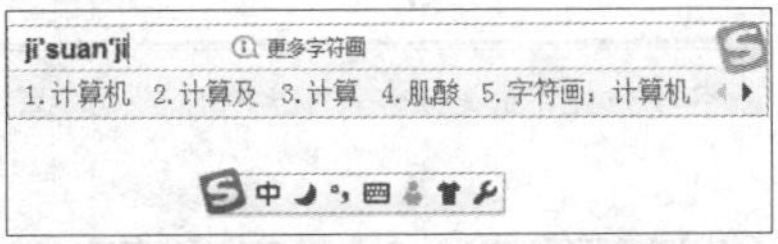

而使用简拼只需要输入“jsj”即可，如下图所示。

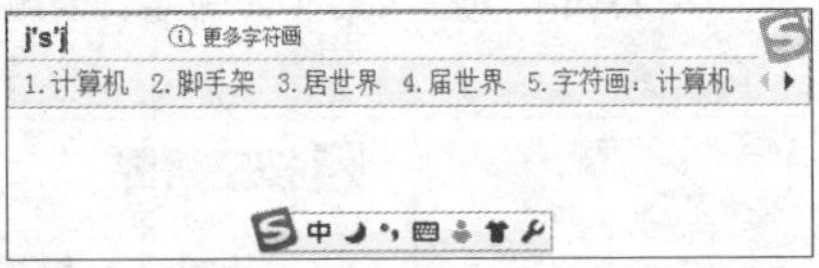

但是，简拼由于候选词过多，使用双拼又需要输入较多的字符，开启双拼模式后，就可以采用简拼和全拼混用的模式，这样能够兼顾最少输入字母和输入效率。例如，想输入“龙马精神”，从键盘输入“longmajs”“lmjings” “lmjshen” “lmajs” 等都是可以的。打字熟练的人会经常使用全拼和简拼混用的方式。

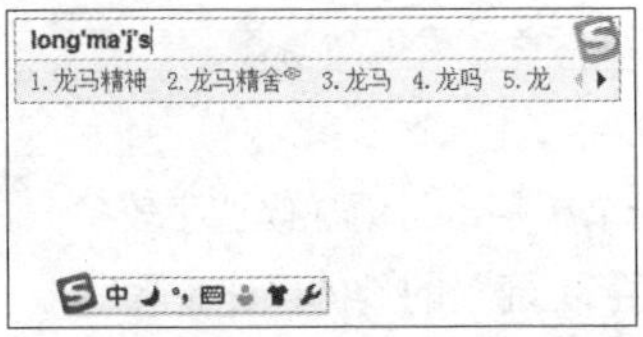

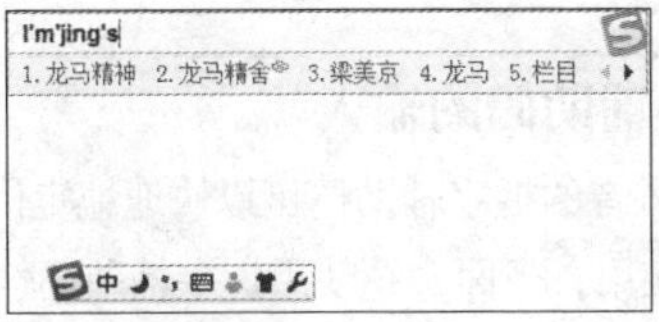

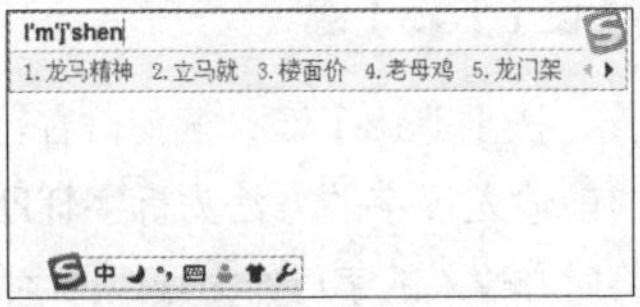

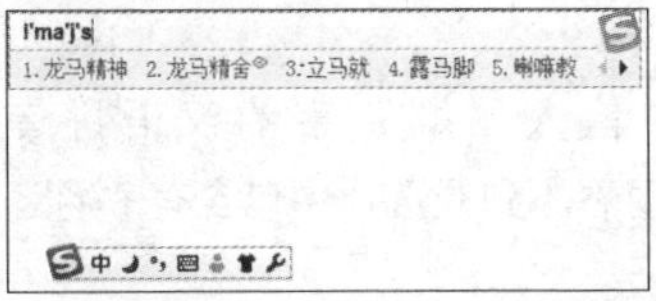

3.3.2 中英文混合输入

在平时输入时需要输入一些英文字符，搜狗拼音自带了中英文混合输入功能，便于用户快速地在中文输入状态下输入英文。

1. 通过按【Enter】键输入拼音

在中文输入状态下，如果要输入拼音，可以在输入拼音的全拼后，直接按【Enter】键输入。下面以输入“搜狗”的拼音“sougou”为例介绍。

1 中文状态输入

在中文输入状态下，通过键盘输入“sougou”。

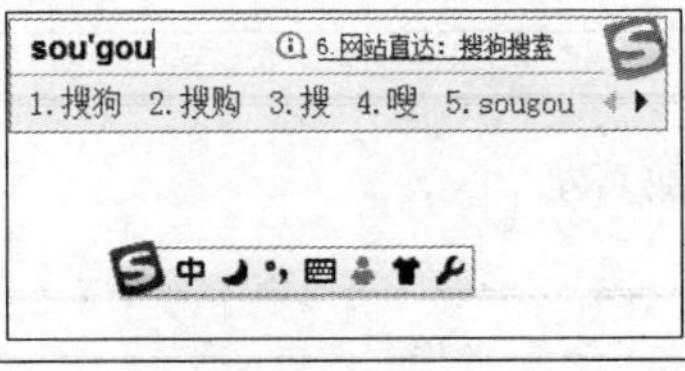

2 输入英文字符

直接按【Enter】键即可输入英文字符。

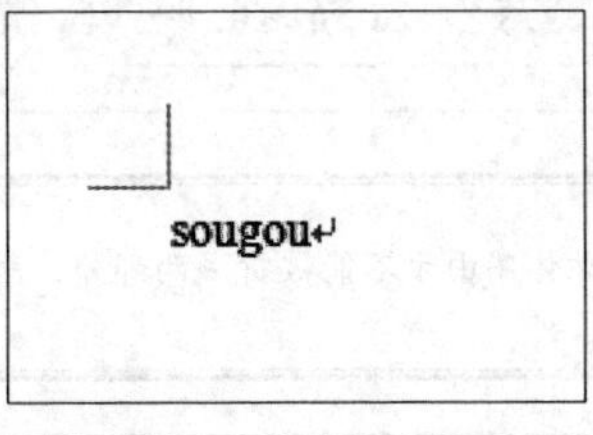

提示 如果要输入一些常用的包含字母和数字的验证码，如“q8g7”，也可以直接输入“q8g7”，然后按【Ener】键。

2. 中英文混合输入

在输入中文字符的过程中，如果要在中间输入英文，例如，要输入“你好的英文是hello”的具体操作步骤如下。

1 输入

在键盘中输入“nihaodeyingwenshihello”。

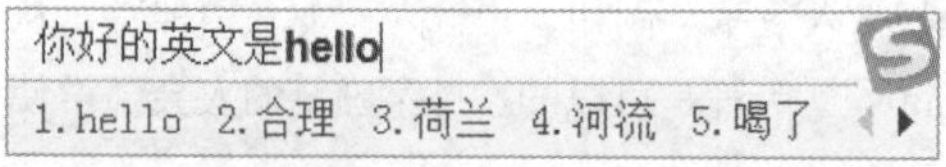

2 按空格键

此时，直接按空格键或者按数字键【1】，即可输入“你好的英文是hello”。

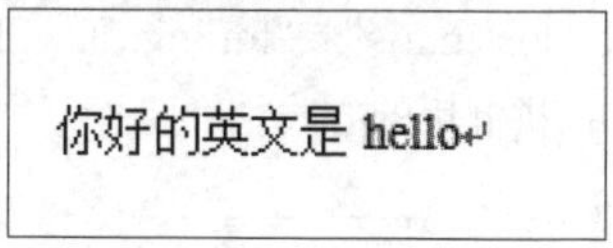

3.3.3 拆字辅助码的输入

使用搜狗拼音的拆字辅助码可以快速地定位到一个单字，常用在候选字较多，并且要输入的汉字比较靠后时使用，下面介绍使用拆字辅助码输入汉字“娴”的具体操作步骤。

1 输入拼音

从键盘中输入“娴”字的汉语拼音“xian”。此时看不到候选项中包含有“娴”字。

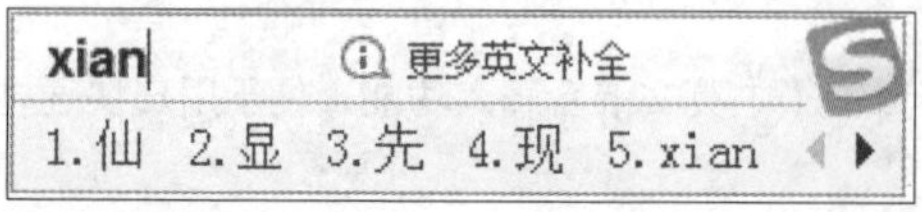

2 按【Tab】键

按【Tab】键，搜狗拼音输入法即可识别当前输入汉字的方法为拆字辅助码输入，避免将后方输入的字母作为其他汉字的拼音。

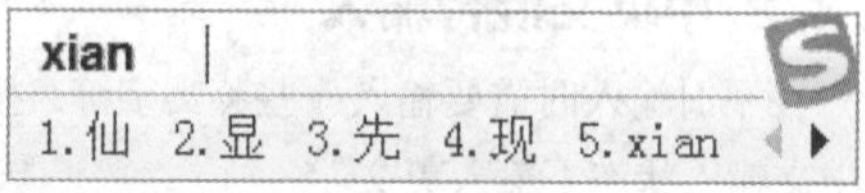

3 显示“娴”

再输入“娴”的两部分【女】和【闲】的首字母nx，就可以看到“娴”字了。

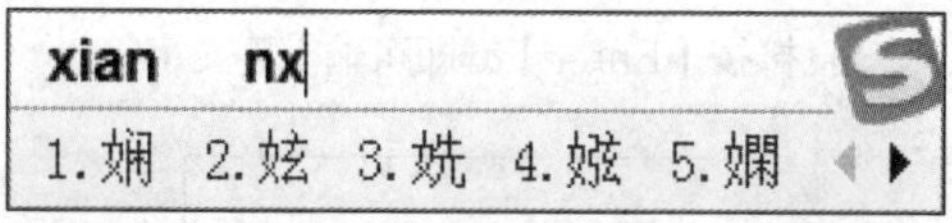

4 完成

按空格键即可完成输入。

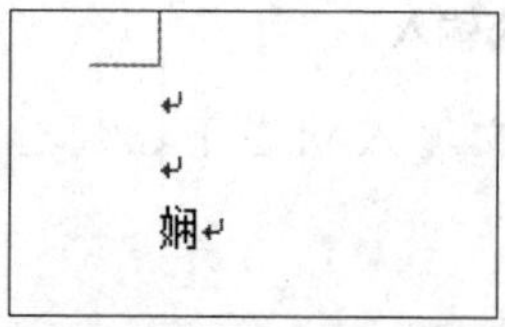

提示 独体字由于不能被拆成两部分，所以独体字是没有拆字辅助码的。

3.3.4 快速插入当前日期时间

如果需要插入当前的日期，使用搜狗拼音输入法，即可快速插入当前的日期时间。具体操作步骤如下。

1 查看日期

直接从键盘输日期的简拼“rp”，即在键盘上按【R】和【Q】键，即可在候选字中看到当前的日期。

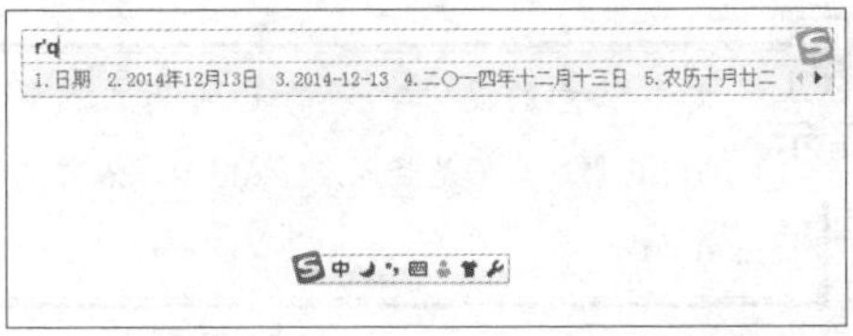

2 插入日期

直接单击要插入的日期，即可完成日期的插入。

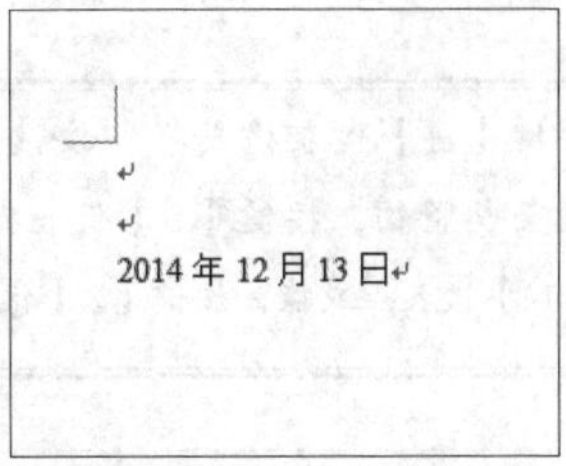

3 插入当前时间

使用同样的方法，输入时间的简拼“sj”，可快速插入当前时间。

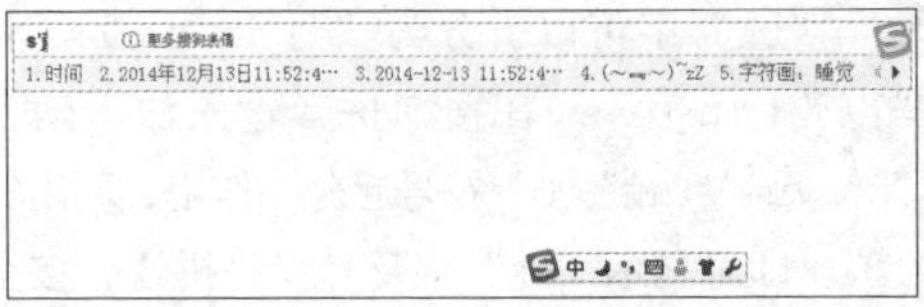

4 输入当前星期

使用同样的方法还可以快速输入当前星期。

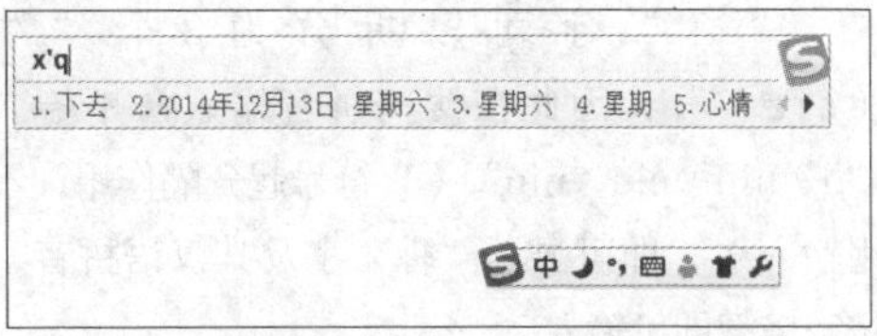

3.4 陌生字的输入方法

本节视频教学时间 / 2分钟

在输入汉字的时候，经常会遇到不知道读音的陌生汉字，此时可以使用输入法的U模式通过笔画、拆分的方式来输入。以搜狗拼音输入法为例，使用搜狗拼音输入法也可以通过启动U模式来输入陌生汉字，在搜狗输入法状态下，输入字母“U”，即可打开U模式。

> **提示** 在双拼模式下可按【Shift+U】快捷键启动U模式。

(1) 笔画输入

常用的汉字均可通过笔画输入的方法输入。如输入“囧”的具体操作步骤如下。

1 启动U模式

在搜狗拼音输入法状态下，按字母“U”，启动U模式，可以看到笔画对应的按键。

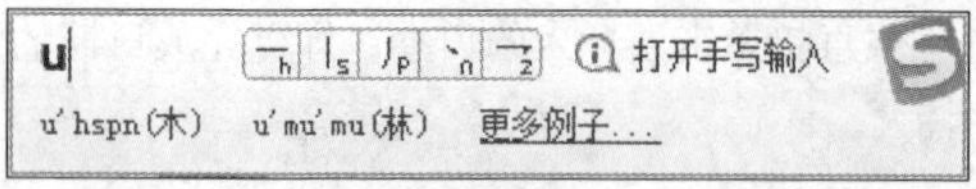

提示

按键【H】代表横或提，按键【S】代表竖或竖钩，按键【P】代表撇，按键【N】代表点或捺，按键【Z】代表折。

2 显示读音并插入

据“囧”的笔画依次输入“szpnsz”，即可看到显示的汉字及其正确的读音。按空格键，即可将“囧”字插入到鼠标光标所在位置。

提示

需要注意的是“忄”的笔画是点点竖（dds），而不是竖点点（sdd）、点竖点（dsd）。

(2) 拆分输入

将一个汉字拆分成多个组成部分，U模式下分别输入各部分的拼音即可得到对应的汉字。例如分别输入“犇”“肫”“滰”的方法如下。

1 输入“犇”

“犇”字可以拆分为3个“牛（niu）”，因此在搜狗拼音输入法下输入“u' niu' niu' niu”（'符号起分隔作用，不用输入），即可显示“犇”字及其汉语拼音，按空格键即可输入。

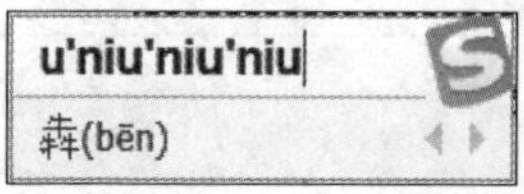

2 输入“肫”字

“肫”字可以拆分为“月（yue）”和“屯（tun）”，在搜狗拼音输入法下输入“u' yue' tun”（'符号起分隔作用，不用输入）。即可显示“肫”字及其汉语拼音，按空格键即可输入。

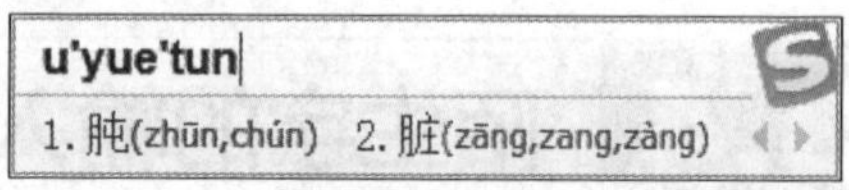

3 输入“滰”字

“滰”字可以拆分为“氵（shui）”和“亮（liang）”，在搜狗拼音输入法下输入“u' shui' liang”（'符号起分隔作用，不用输入）。即可显示“滰”字及其汉语拼音，按数字键“2”即可输入。

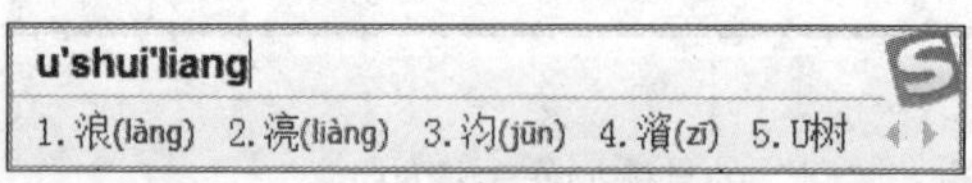

提示

在搜狗拼音输入法中将常见的偏旁都定义了拼音，如下图所示。

偏旁部首	输入	偏旁部首	输入
阝	fu	忄	xin
卩	jie	钅	jin
讠	yan	礻	shi
辶	chuo	廴	yin
冫	bing	氵	shui
宀	mian	冖	mi
扌	shou	犭	quan
纟	si	幺	yao
灬	huo	罒	wang

⑶ 笔画拆分混输

除了使用笔画和拆分的方法输入陌生汉字外，还可以使用笔画拆分混输的方法输入，输入“绎”字的具体操作步骤如下。

1 输入“u’si”

“绎”字左侧可以拆分为“纟（si）”，输入“u’si”（’符号起分隔作用，不用输入）。

2 输入“znhhs”

右侧部分可按照笔画顺序，输入“znhhs”，即可看到要输入的陌生汉字及其正确读音。

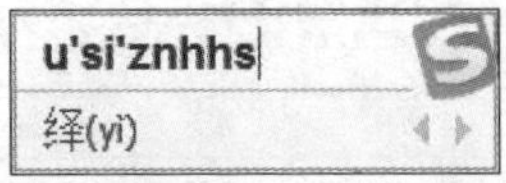

3.5 实战演练——使用拼音输入法写一封信

本节视频教学时间 / 3分钟

本节以使用QQ拼音输入法写一封信为例，介绍拼音输入法的使用。

第1步：设置信件开头

1 打开文档

打Word 2013软件，即可创建新的Word文档，输入信的开头，在键盘中按【V】键，然后输入“Dear”，单击第1个选项。

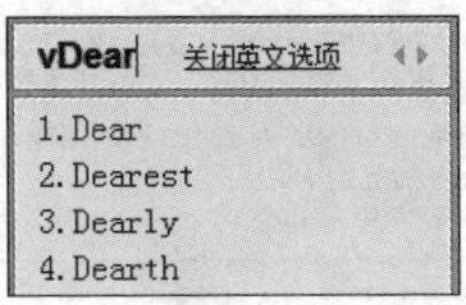

2 输入“Dear”

即可输入英文单词“Dear”。

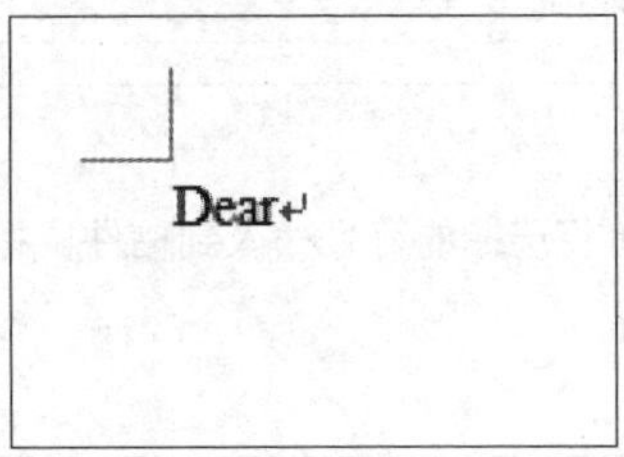

3 插入姓名

然后直接输入姓名的拼写“xiaoming”，选择正确的名称，并将其插入到文档中。

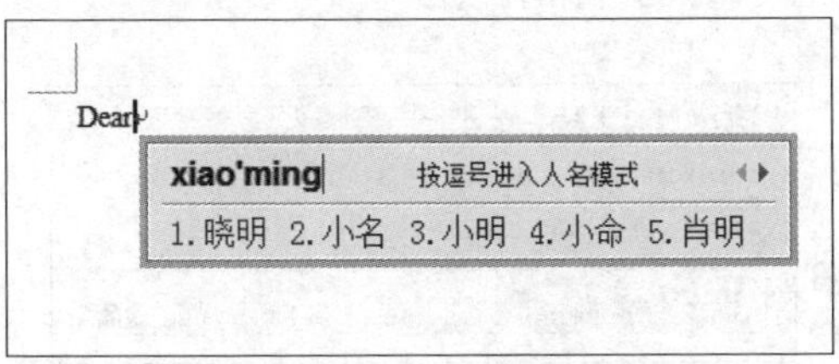

4 输入冒号

在键盘上按【Shift+；】快捷键，输入冒号“：”。

第2步：输入信件正文

1 输入正文

按【Enter】键换行，然后直接输入信件的正文。输入正文时汉字直接按相应的拼音，数字可直接按小键盘中的数字键。

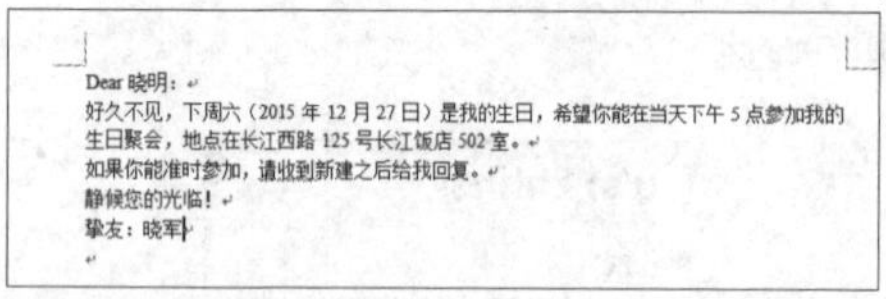

2 选定光标位置

将鼠标光标定位至第4行的最后。

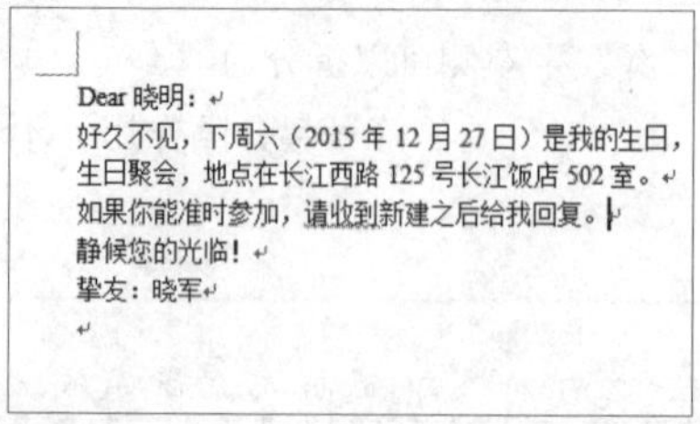

3 单击【符号】按钮

在QQ拼音状态栏中单击【打开工具箱】按钮，在弹出的列表中单击【符号】按钮。

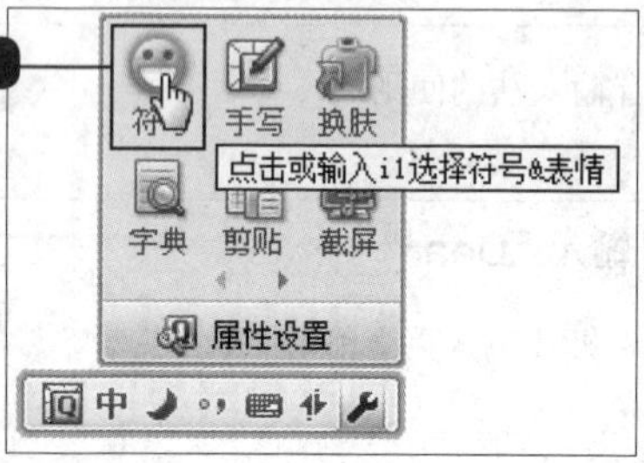

4 插入符号

弹出【QQ拼音符号输入器】窗口，选择【QQ表情】选项卡，选择并单击要插入的符号。

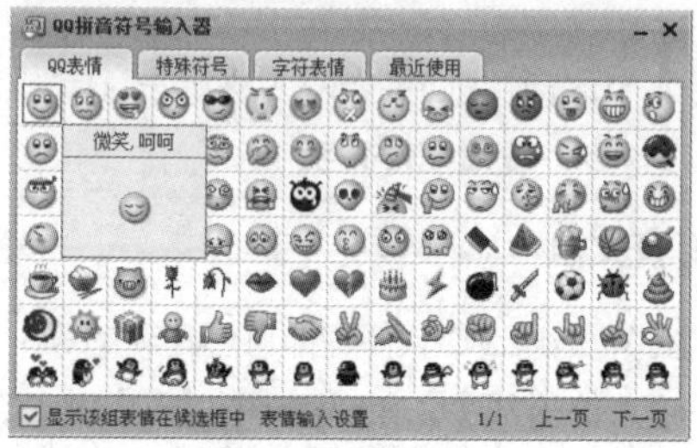

5 完成

即可将选择的符号插入到信件鼠标光标所在的位置。

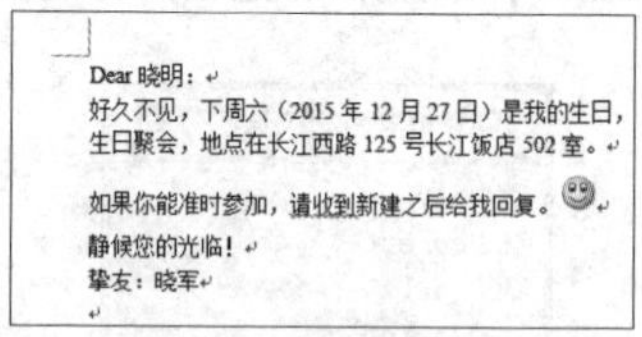

第3步：输入日期并设置信件格式

1 选定光标位置

将鼠标光标定位在Word文档的最后一个段落标记前。

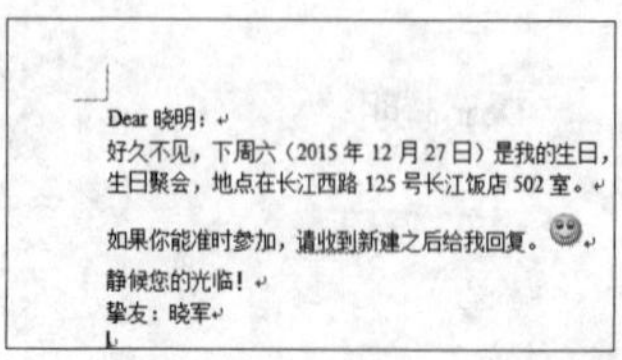

2 输入“r”“q”

直接从键盘输入【r】和【q】，即可在候选字中看到当前的日期。

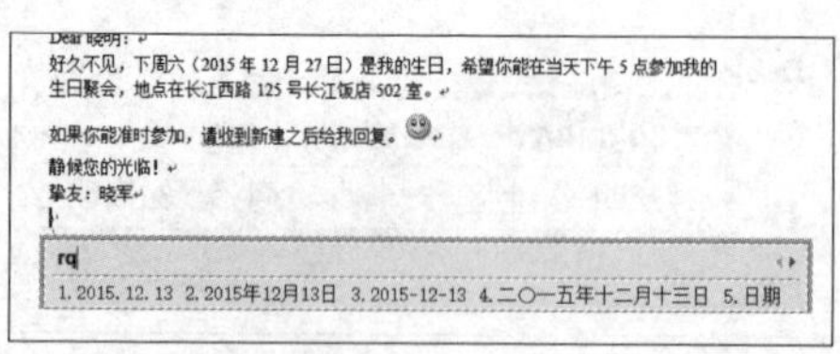

3 输入日期

直接按【Enter】键，即可完成当前日期的输入。

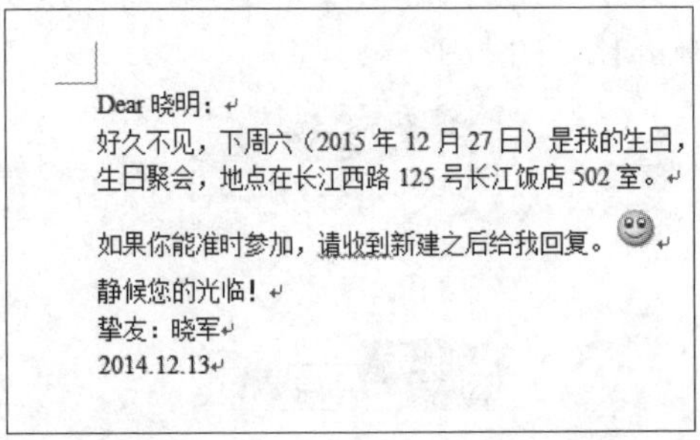
Dear 晓明：
好久不见，下周六（2015 年 12 月 27 日）是我的生日，
生日聚会，地点在长江西路 125 号长江饭店 502 室。
如果你能准时参加，请收到新建之后给我回复。
静候您的光临！
挚友：晓军
2014.12.13

4 设置格式

根据需要设置信件内容的格式，最终效果如下图所示。至此，就完成了使用QQ拼音输入法写一封信的操作。只要将制作的文档保存即可。

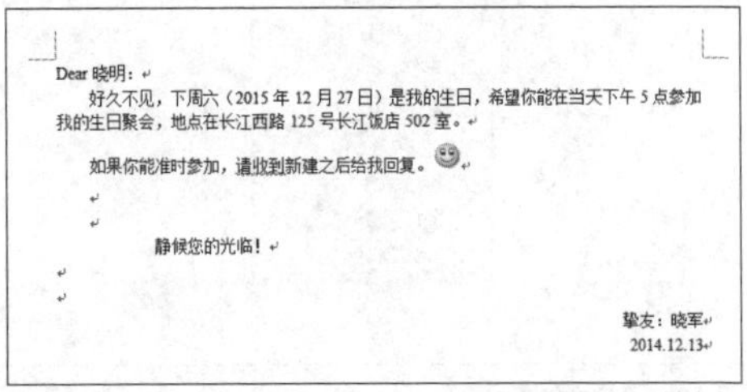
Dear 晓明：
好久不见，下周六（2015 年 12 月 27 日）是我的生日，希望你能在当天下午 5 点参加我的生日聚会，地点在长江西路 125 号长江饭店 502 室。
如果你能准时参加，请收到新建之后给我回复。
静候您的光临！
挚友：晓军
2014.12.13

高手私房菜

技巧1:使用软键盘输入特殊字符

使用拼音输入法的软键盘可以输入特殊的字符。下面以使用QQ拼音输入法的软键盘输入特殊字符为例进行介绍。

1 选择【特殊字符】选项

在QQ拼音输入法的【软键盘】图标上单击鼠标右键，在弹出的菜单中选择【特殊字符】选项。

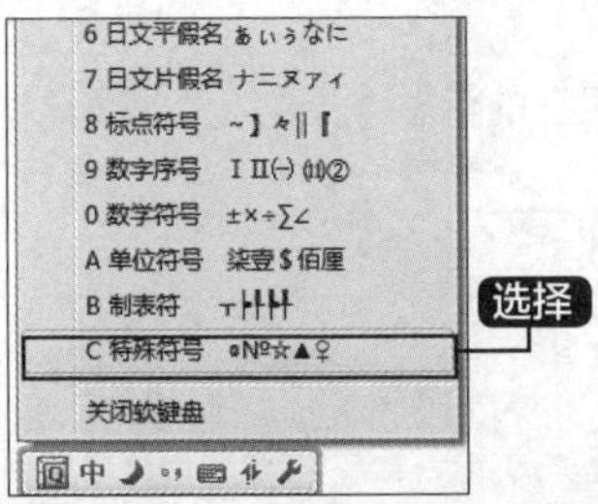

2 插入特殊字符

即可弹出包含特殊字符的软键盘，单击要插入的特殊字符按键，即可完成使用软键盘输入特殊字符的操作。

技巧2:造词

造词工具用于管理和维护自造词词典及自学习词表，用户可以对自造词的词条进行编辑、删除，设置快捷键，导入或导出到文本文件等，使下次输入可以轻松完成。在QQ拼音输入法中定义用户词和自定义短语的具体操作步骤如下。

1 启动“i”模式

在QQ拼音输入法下按【I】键，启动i模式，并按功能键区的数字【7】。

2 设置用户词

弹出【QQ拼音造词工具】对话框，选择【用户词】选项卡。如果经常使用“扇淀”这个词，可以在【新词】文本框中输入该词，并单击【保存】按钮。

3 输入拼音

在此，在输入法中输入拼音“shandian”，即可在第1个位置上显示设置的新词“扇淀”。

4 自定义短语

【自定义短语】选项卡，在【自定义短语】文本框中输入“吃葡萄不吐葡萄皮”，在【缩写】文本框中设置缩写，例如输入“cpb”，单击【保存】按钮。

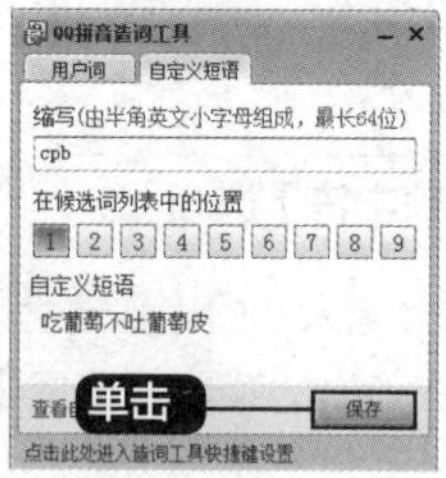

5 输入拼音

在输入法中输入拼音“cpb”，即可在第1个位置上显示设置的新短语。

第4章 制作Word文档

重点导读

本章视频教学时间：1小时30分钟

Word是最常用的办公软件之一，也是目前使用最多的文字处理软件，使用Word 2013可以方便地完成各种办公文档的制作、编辑及排版等。本章主要介绍Word 2013基本文档制作内容，主要包括Word文档的创建与保存、文本的输入、文本的基本操作、格式化文本、插入图片和表格等内容。

学习效果图

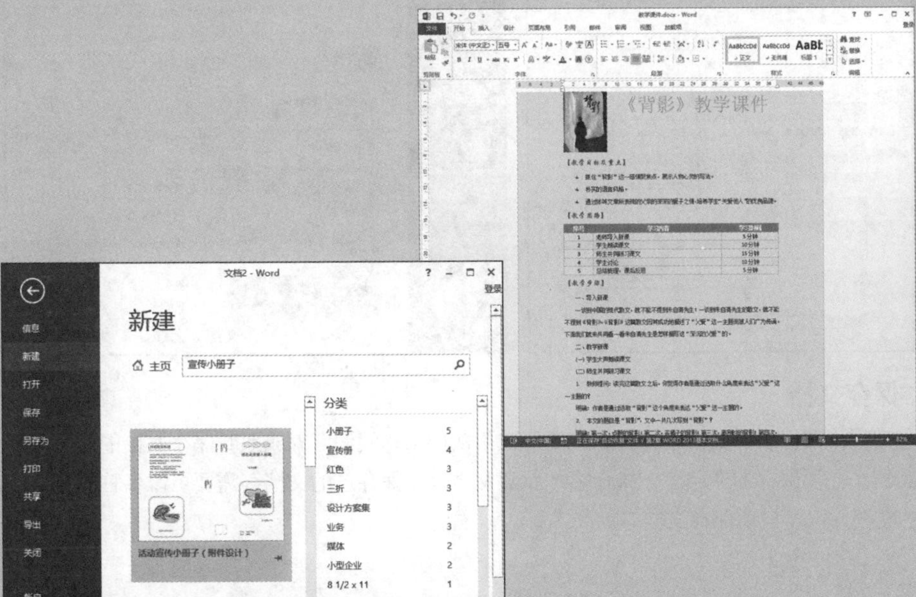

4.1 新建与保存Word文档

本节视频教学时间 / 11分钟

新建和保存Word文档，是最为基本的操作，本节主要介绍其操作方法。

4.1.1 新建文档

在使用Word 2013处理文档之前，首先需要创建一个新文档。新建文档的方法有以下两种。

1. 创建空白文档

默认情况下，每一次新建的文档都是空白文档，新建空白文档有几种方法。

⑴ 单击快速访问工具栏中的【新建】按钮，也可以创建Word文档。

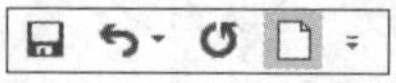

⑵ 在打开的现有文档中，按【Ctrl+N】快捷键即可创建空白文档。

⑶ 在打开的Word文档中选择【文件】选项卡，在其列表中选择【新建】选项，在【新建】区域单击【空白文档】选项,即可新建空白文档。

2. 使用模板新建文档

使用模板新建文档，系统已经将文档的模式预设好了，用户在使用的过程中，只需在指定位置填写相关的文字即可。

电脑在联网的情况下，可以在“搜索联机模板”文本框中，输入模板关键词进行搜索并下载。

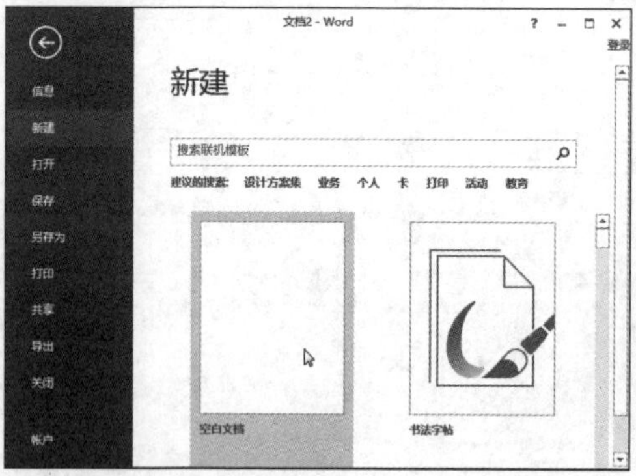

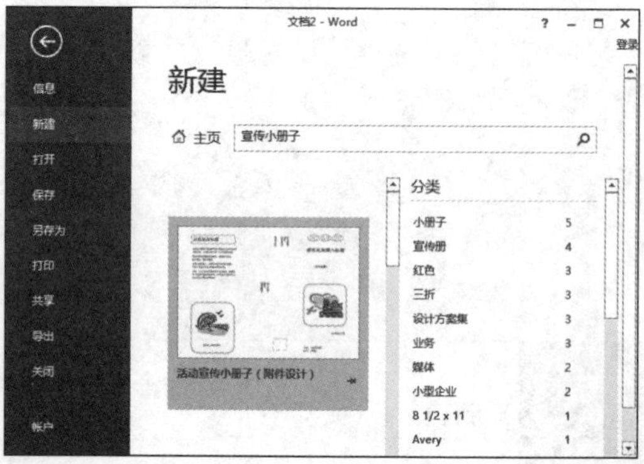

4.1.2 保存文档

文档创建或修改好后，如果不保存，就不能被再次使用，我们应养成随时保存文档的好习惯。在Word 2013中需要保存的文档有：未命名的新建文档、已保存过的文档、需要更改名称、格式或存放路径的文档，以及自动保存文档等。

1. 保存新建文档

在第1次保存新建文档时，需要设置文档的文件名、保存位置和格式等，然后保存到电脑中，具体操作步骤如下。

1 保存

单击【快速访问工具栏】上的【保存】按钮，或单击【文件】选项卡，在打开的列表中选择【保存】选项。

提示 按快捷键【Ctrl+S】可快速进入【另存为】界面。

2 单击【浏览】按钮

在【文件】选项列表中，单击【另存为】选项，在右侧的【另存为】区域单击【浏览】按钮。

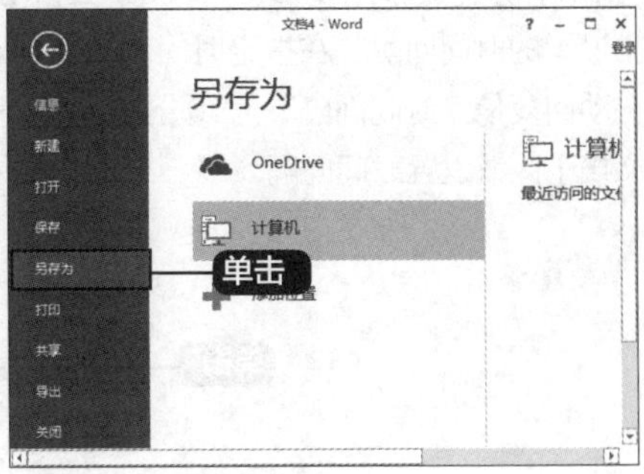

3 另存为

在弹出的【另存为】对话框中设置保存路径和保存类型并输入文件名称，然后单击【确定】按钮，即可将文件另存。

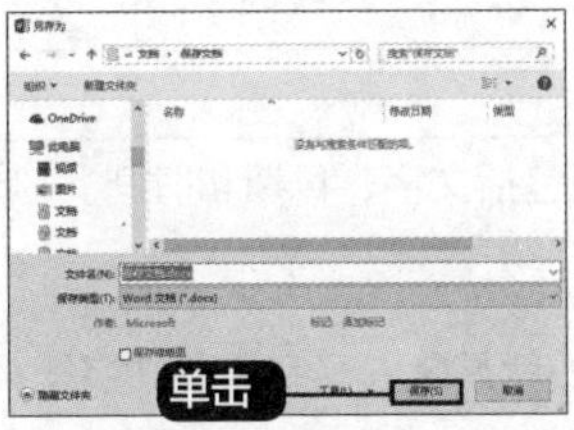

2. 保存已保存过的文档

对于已保存过的文档，如果对该文档修改后，单击【快速访问工具栏】上的【保存】按钮，或者按【Ctrl+S】快捷键可快速保存文档，且文件名、文件格式和存放路径不变。

3. 另存为文档

如果对已保存过的文档编辑后，希望修改文档的名称、文件格式或存放路径等，则可以使用【另存为】命令，对文件进行保存。

例如将文档保存为Office 2003兼容的格式。选择【文件】➤【另存为】➤【计算机】命令，在弹出的【另存为】对话框中，输入要保存的文件名，并选择所要保存的位置，然后在【保存类型】下拉列表框中选择【Word 97-2003文档（*.doc）】选项，单击【保存】按钮，即可保存为Office 2003兼容的格式。

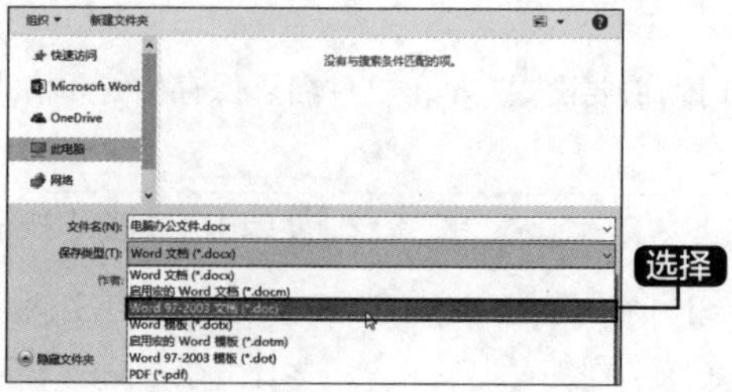

4. 自动保存文档

在编辑文档的时候，Office 2013会自动保存文档，在用户非正常关闭Word的情况下，系统会根据设置的时间间隔，在指定时间对文档自动保存，用户可以恢复最近保存的文档状态。默认“保存自动回复信息时间间隔”为10分钟，用户可以选择【文件】➤【选项】➤【保存】命令，在【保存文档】区域设置时间间隔。

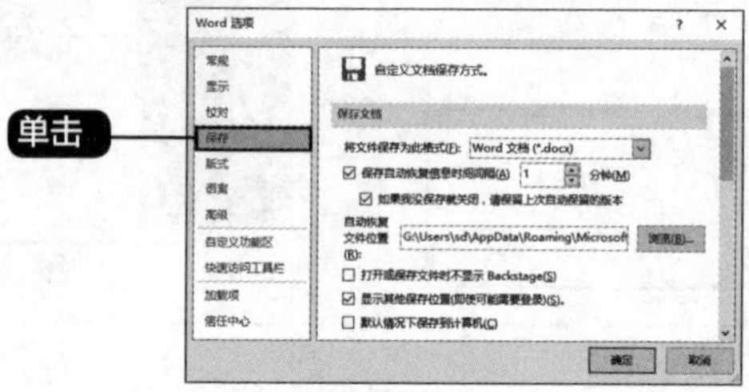

4.2 内容输入

本节视频教学时间 / 5分钟

在Word文档中可以输入的内容包括文字、日期和时间。

4.2.1 输入文本

用户在对文档编辑时，最主要的就是输入汉字和英文字符。Word 2013的输入功能十分易用，学习了第3章的电脑打字就可以方便地在文档中输入文字内容。

输入文字时，如果输入错误，可以按【Backspace】键删除错误的字符，再输入正确的字符。同时，在输入的过程中，当文字到达一行的最右端时，输入的文本会自动跳转到下一行。如果在未输入完一行时就要换行输入，则可按【Enter】键来结束一个段落，这样会产生一个段落标记“↵”。如果按【Shift+Enter】快捷键来结束一个段落，这样也会产生一个段落标记“↓”，虽然此时也能达到换行输入的目的，但这样并不会结束这个段落，而只是换行输入而已，实际上前一个段落与后一个段落仍为一个整体，在Word中仍默认它们为一个段落。

4.2.2 输入日期和时间

日期和时间在文档中使用得很多，而且简单、明了，容易理解。在文档中输入日期和时间的具体步骤如下。

1 单击【时间和日期】按钮

单击【插入】选项卡下【文本】组中【时间和日期】按钮日期和时间。

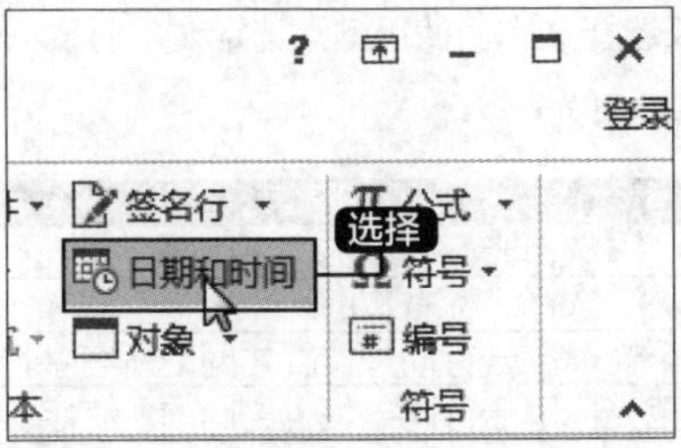

2 设置自动更新

在弹出的【日期和时间】对话框中，选择第3种日期和时间的格式，然后单击选中【自动更新】复选框，单击【确定】按钮。

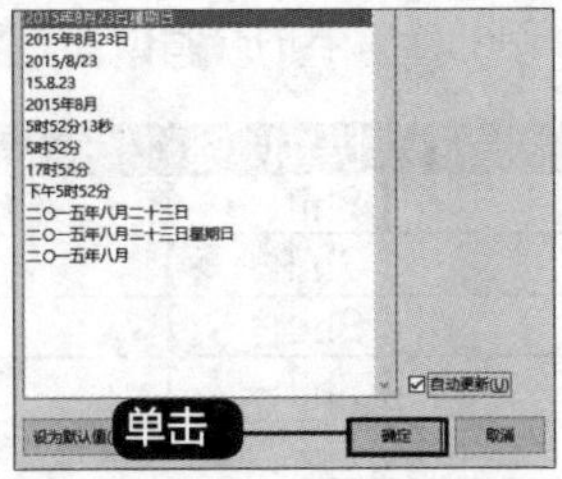

3 完成插入

此时即可将时间插入文档中，且插入文档的日期和时间会根据时间自动更新。

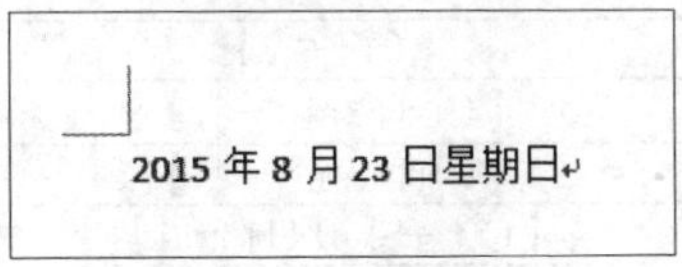

4.3 文本的基本操作

本节视频教学时间 / 22分钟

熟练掌握文本的操作方法，可以提高Word文档编辑效率，其中包括选择文本、复制文本、剪切文本、粘贴文本、查找与替换文本等。

4.3.1 选择文本

选择文本时既可以选择单个字符，也可以选择整篇文档。选定文本的方法主要有以下几种。

1. 使用鼠标选择文本

使用鼠标可以方便地选择文本，如某个词语、选择整行、段落、选择区域或全选等，下面介绍鼠标选择文本的方法。

(1) 选中区域。将鼠标光标放在要选择的文本的开始位置，按住鼠标左键并拖曳，这时选中的文本会以阴影的形式显示，选择完成后，释放鼠标左键，鼠标光标经过的文字就被选定了。

(2) 选中词语。将鼠标光标移动到某个词语或单词中间，双击鼠标左键即可选中该词语或单词。

(3) 选中单行。将鼠标指针移动到需要选择行的左侧空白处，当指针变为箭头形状时，单击鼠标左键，即可选中该行。

(4) 选中段落。将鼠标指针移动到需要选择段落的左侧空白处，当指针变为箭头形状时，双击鼠标左键，即可选中该段落。也可以在要选择的段落中，快速单击3次鼠标左键，即可选中该段落。

(5) 选中全文。将鼠标指针移动到需要选择段落的左侧空白处，当指针变为箭头形状时，单击鼠标左键3次，则选中全文。也可以选择【开始】➤【编辑】➤【选择】➤【全选】命令，选中全文。

2. 使用键盘选择文本

在不使用鼠标的情况下，我们可以利用键盘组合键来选择文本。使用键盘选定文本时，需先将插入点移动到将选文本的开始位置，然后按相关的组合键即可。

快捷键	功能
【Shift+←】	选择光标左边的一个字符
【Shift+→】	选择光标右边的一个字符
【Shift+↑】	选择至光标上一行同一位置之间的所有字符
【Shift+↓】	选择至光标下一行同一位置之间的所有字符
【Ctrl+ Home】	选择至当前行的开始位置
【Ctrl+ End】	选择至当前行的结束位置
【Ctrl+A】	选择全部文档
【Ctrl+Shift+↑】	选择至当前段落的开始位置
【Ctrl+Shift+↓】	选择至当前段落的结束位置
【Ctrl+Shift+Home】	选择至文档的开始位置
【Ctrl+Shift+End】	选择至文档的结束位置

4.3.2 移动和复制文本

在编辑文档的过程中，如果发现某些句子、段落在文档中所处的位置不合适，或者要多次重复出现，使用文本的移动和复制功能，即可避免烦琐的重复输入工作。

1. 移动文本

在文档的编辑过程中，经常需要将整块文本移动到其他位置，用来组织和调整文档结构。下面介绍几种移动文本的方法。

(1) 拖曳指针到目标位置，即虚线指向的位置，然后松开鼠标左键，即可移动文本。

(2) 选择要移动的文本，单击鼠标右键，在弹出的快捷菜单中选择【剪切】命令，在目标位置单击鼠标右键，在弹出的快捷菜单中选择【复制】命令粘贴文本。

(3) 选择要移动的文本，单击【开始】➤【剪贴板】组中的【剪切】按钮 剪切，在目标位置单击【粘贴】按钮 粘贴 粘贴文本。

(4) 选择要移动的文本，按【Ctrl+X】快捷键剪切文本，在目标位置按【Ctrl+V】快捷键粘贴文本。

(5) 选择要移动的文本，将鼠标指针移到选定的文本上，按住鼠标左键，指针变为形状，拖曳指针到目标位置，然后松开鼠标，即可移动选中的文本。

2. 复制文本

在文档编辑过程中，复制文本可以简化文本的输入工作。下面介绍几种复制文本的方法。

(1) 选择要复制的文本，单击鼠标右键，在弹出的快捷菜单中选择【复制】命令，在目标位置单击鼠标右键，在弹出的快捷菜单中选择【复制】命令粘贴文本。

(2) 选择要复制的文本，单击【开始】➤【剪贴板】组中的【复制】按钮 复制，在目标位置单击【粘贴】按钮 粘贴 粘贴文本。

(3) 选择要复制的文本，按【Ctrl+C】快捷键剪切文本，在目标位置按【Ctrl+V】快捷键粘贴文本。

(4) 选定将要复制的文本，将鼠标指针移到选定的文本上，按住【Ctrl】键的同时，按住鼠标左键，鼠标指针变为形状，拖曳鼠标到目标位置，然后松开鼠标，即可复制选中的文本。

4.3.3 查找与替换文本

查找和替换功能可以帮助读者快速找到要查找的内容，将文本或文本格式替换为新的文本或格式。

1. 查找文本

查找功能可以帮助用户定位到目标位置以便快速找到想要的信息。

在打开的文档中，单击【开始】选项卡下【编辑】组中的【查找】按钮右侧的下拉按钮，选择【查找】命令，或者按【Ctrl+F】快捷键，打开导航窗格。在"搜索文档"文本框中，输入要查找的关键词，即可快速显示搜索的结果，可单击【标题】、【页面】、【结果】选项卡，进行分类查看，也可以单击【上一个】按钮或【下一个】按钮进行查看。

2. 替换文本

替换功能可以帮助用户快捷地更改查找到的文本或批量修改相同的内容。

在打开的文档中，单击【开始】选项卡下【编辑】组中的【替换】按钮，或者按【Ctrl+H】快捷键，打开【查找和替换】对话框，在【查找内容】文本框中输入需要被替换掉的内容，如"2015年"，在【替换为】文本框中输入替换后的内容，如"2016年"，单击【查找下一处】按钮，定位到从当前光标所在位置起，第1个满足查找条件的文本位置，并以灰色背景显示，单击【替换】按钮即可替换为新的内容，并跳转至第2个查找内容。如果用户需要将文档中所有相同的内容都替换掉，单击【全部替换】按钮即可替换所有查找到的内容。

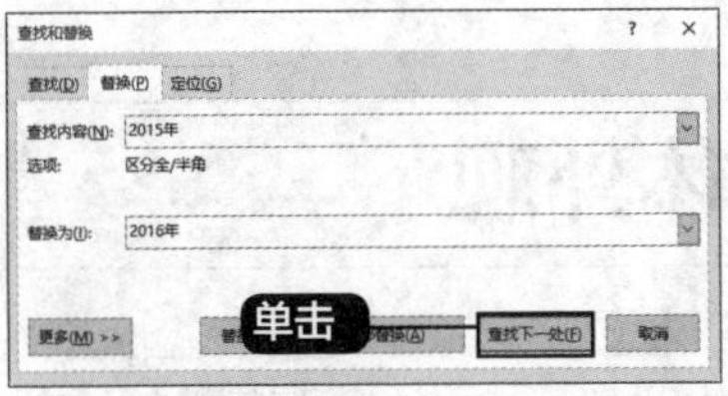

4.3.4 删除文本

删除错误的文本或使用正确的文本内容替换错误的文本内容，是文档编辑过程中常用的操作。删除文本的方法有以下几种。

1. 使用【Delete】键

删除光标后的字符。

2. 使用【Backspace】键

删除光标前的字符。

3. 删除大块文本

⑴ 选定文本后，按【Delete】键删除。

⑵ 选定文本后，单击鼠标右键，在弹出的快捷菜单中选择【剪切】命令，或单击【Ctrl+X】快捷键进行剪切。

4.3.5 撤销和恢复

在Word 2013的快速工具栏中有3个很有用的按钮，就是【撤销】按钮和【重复】按钮和【恢复】按钮。

> **提示**
> 重复操作是在没有进行过撤销操作的前提下重复对Word文档进行的最后一次操作。例如改变某一段文字的字体后，也想对另外几个段落进行同样的字体设置，那么就可以选定这些段落，然后使用【重复】按钮，重新对它们进行字体设置。
>
> 在进行撤销操作之后，【重复】按钮将会变为【恢复键入】按钮。

1. 撤销

每按一次【撤销】按钮可以撤销前一步的操作；若要撤销连续的前几步操作，则可单击【撤销】按钮右边的下拉按钮，在弹出的下拉列表中拖动鼠标选择要撤销的前几步操作。单击鼠标左键，就可以实现选中操作的撤销。

2. 重复

编辑文档时，有些内容需要重复输入或重复操作，如果按照常规一个一个地输入将是一件很费时费力的事。Word有这方面的记忆功能，当下一步输入的还是这些内容或操作相同时，可以使用【重复】按钮实现这些内容的重复操作。

3. 恢复

在进行撤销操作时，如果撤销的操作步骤太多，希望恢复撤销前的文本内容，可单击快速访问工具栏中的【恢复】按钮。

4.4 设置字体外观

本节视频教学时间 / 8分钟

在Word文档中，字符格式的设置最基本的就是对文档的字体、字号、字体颜色、字符间距和文字艺术效果等的设置。本节就来讲解一下如何在Word 2013中设置字体格式。

4.4.1 设置字体格式

在Word 2013中，文本默认为宋体、五号、黑色，用户可以根据不同的内容，对其进行修改，其主要有3种方法。

1. 使用【字体】选项组设置字体

在【开始】选项卡下的【字体】组中单击相应的按钮，来修改字体格式是最常用的字体格式设置方法。

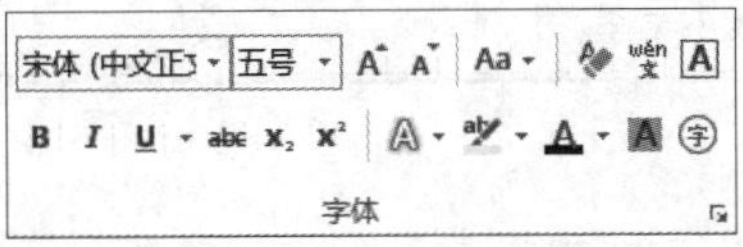

2. 使用【字体】对话框来设置字体

选择要设置的文字,单击【开始】选项卡下【字体】组右下角的按钮，或单击鼠标右键，在弹出的快捷菜单中选择【字体】命令，都会弹出【字体】对话框，从中可以设置字体的格式。

3. 使用浮动工具栏设置字体

选择要设置字体格式的文本，此时选中的文本区域右上角弹出一个浮动工具栏，单击相应的按钮来修改字体格式。

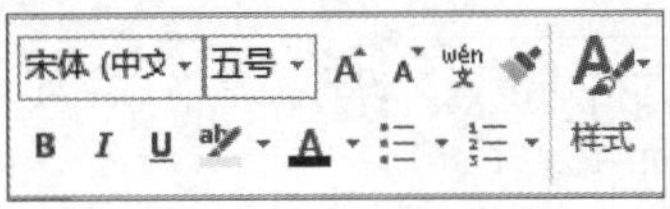

4.4.2 设置字符间距

字符间距主要表示文档中字与字之间的间距、位置等，按【Ctrl+D】快捷键打开【字体】对话框，选择【高级】选项卡，在【字符间距】区域，即可设置字体的【缩放】、【间距】和【位置】等。

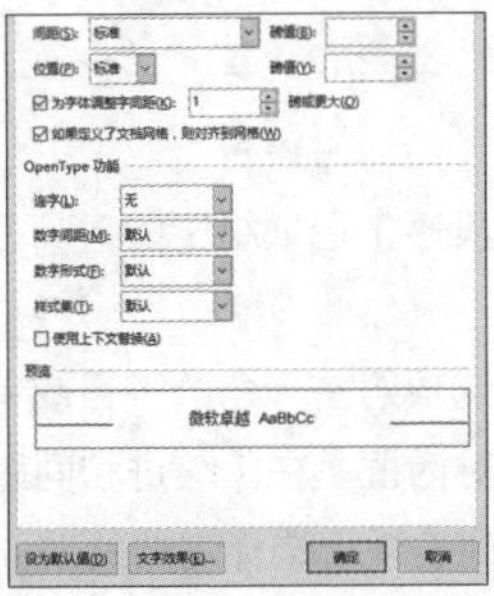

提示

【间距】：增加或减小字符之间的间距。在“磅值”框中键入或选择一个数值。

【为字体调整字间距】：自动调整特定字符组合之间的间距量，以使整个单词的分布看起来更加均匀。此命令仅适用于TrueType和Adobe PostScript字体。若要使用此功能，在“磅或更大”框中键入或选择要应用字距调整的最小字号。

4.4.3 设置文字效果

为文字添加艺术效果，可以使文字看起来更加美观。

1 选择文本效果

选择要设置的文本，在【开始】选项卡【字体】组中，单击【文本效果和版式】按钮 A·，在弹出的下拉列表中可以选择文本效果，如选择第2行第2个效果。

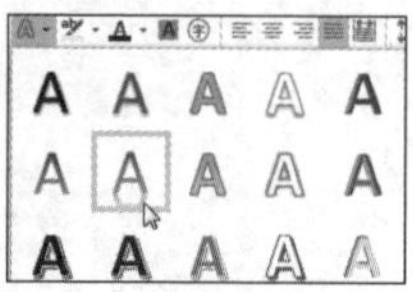

2 应用文本效果

所选择文本内容，即会应用文本效果，如下图所示。

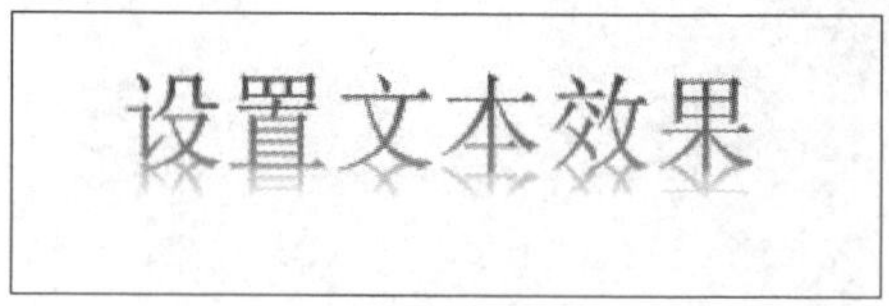

4.5 设置段落样式

本节视频教学时间 / 8分钟

段落格式是指以段落为单位的格式设置。设置段落格式主要是指设置段落的对齐方式、设置段落缩进，以及设置行间距和段落间距等。

4.5.1 段落的对齐方式

整齐的排版效果可以使文本更为美观，对齐方式就是段落中文本的排列方式。Word中提供了5种常用的对齐方式，分别为左对齐、右对齐、居中对齐、两端对齐和分散对齐。

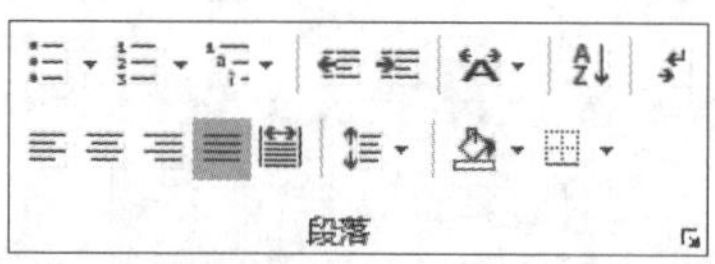

用户不仅可以通过工具栏中的【段落】选项组中的对齐方式按钮来设置对齐，还可以通过【段落】对话框，来设置对齐。

单击【开始】选项卡下【段落】选项组右下角的按钮或单击鼠标右键，在弹出的快捷菜单中选择【段落】命令，都会弹出【段落】对话框。在【缩进和间距】选项卡下，单击【常规】组中【对齐方式】右侧的下拉按钮，在弹出的列表中可选择需要的对齐方式。

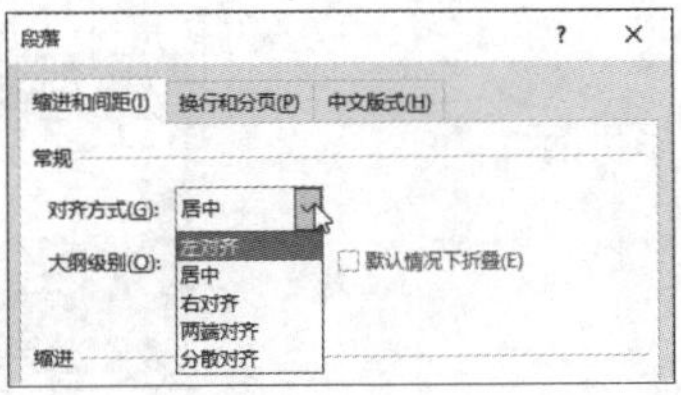

4.5.2 段落的缩进

段落缩进指段落的首行缩进、悬挂缩进和段落的左右边界缩进等。

段落缩进的设置方法有多种，可以使用精确的菜单方式、快捷的标尺方式，也可以使用【Tab】键和【开始】选项卡下的工具栏等。

1 设置段落格式

打开随书光盘中的“素材\ch04\办公室保密制度.docx”文件，选中要设置的缩进文本，单击【段落】选项组右下角 按钮，打开【段落】对话框，单击【特殊格式】下方文本框右侧的下拉按钮，在弹出的列表中选择【首行缩进】选项，在【缩进值】文本框输入“2字符”，单击【确定】按钮。

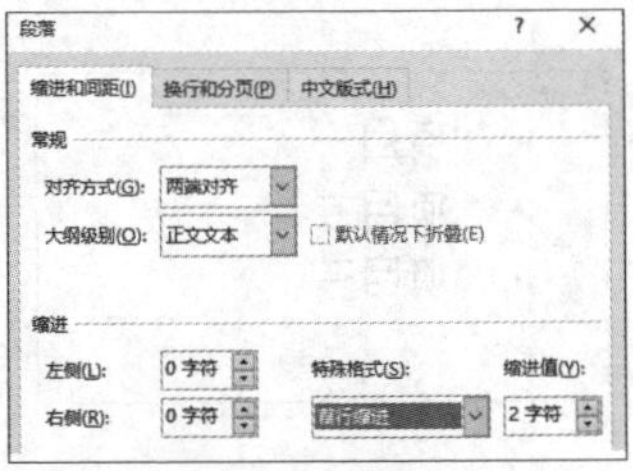

2 设置段落样式

在【开始】选项卡下【段落】组中单击【减小缩进量】按钮 和【增加缩进量】按钮 也可以调整缩进。

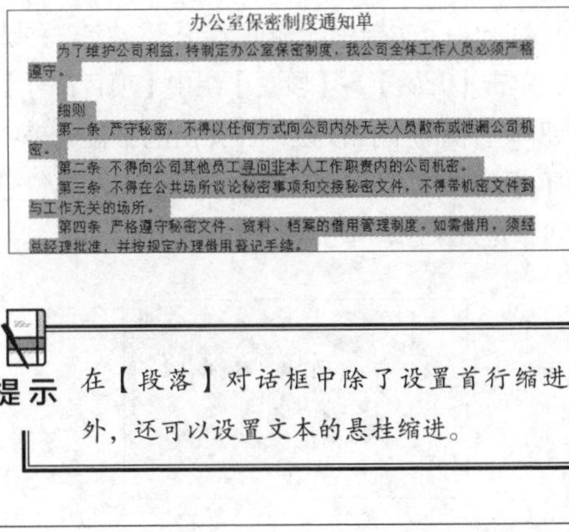
办公室保密制度通知单

为了维护公司利益，特制定办公室保密制度，我公司全体工作人员必须严格遵守。

细则

第一条 严守秘密，不得以任何方式向公司内外无关人员散布或泄漏公司机密。

第二条 不得向公司其他员工窃问非本人工作职责内的公司机密。

第三条 不得在公共场所谈论秘密事项和交接秘密文件，不得带机密文件到与工作无关的场所。

第四条 严格遵守秘密文件、资料、档案的借用管理制度，如需借用，须经总经理批准，并按规定办理借用登记手续。

提示 在【段落】对话框中除了设置首行缩进外，还可以设置文本的悬挂缩进。

4.5.3 段落间距及行距

段落间距是指两个段落之间的距离，它不同于行距，行距是指段落中行与行之间的距离。使用菜单栏设置段落间距的操作方法如下。

1 设置段落间距

打开随书光盘中的“素材\ch04\办公室保密制度.docx”文件，选中文本，单击【段落】选项组右下角 按钮，在弹出的【段落】对话框中，选择【缩进和间距】选项卡。在【间距】组中分别设置段前和段后为“0.5行”；在【行距】下拉列表中选择【1.5倍行距】选项。

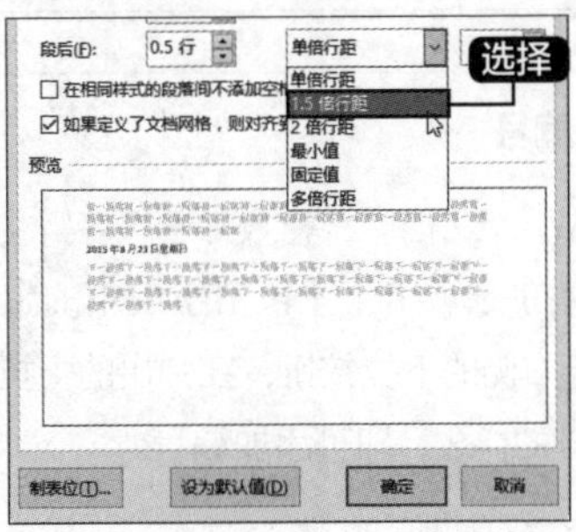

2 效果图

单击【确定】按钮，效果如右图所示。

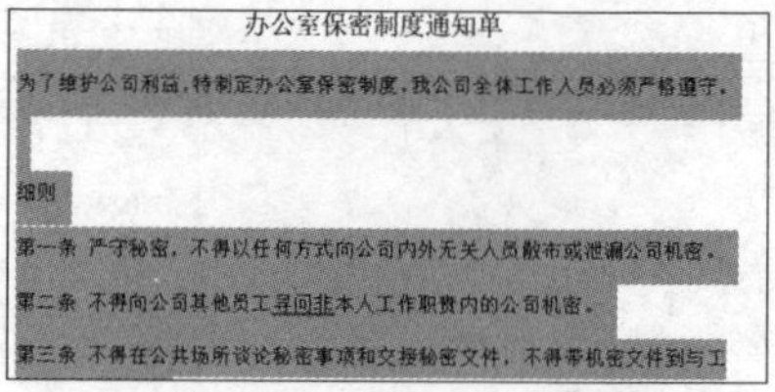

4.6 使用项目符号和编号

本节视频教学时间 / 5分钟

添加项目符号和编号可以美化文档，精美的项目符号、统一的编号样式可以使单调的文本内容变得更生动、专业。项目符号就是在一些段落的前面加上完全相同的符号。而编号是按照大小顺序为文档中的行或段落添加编号。下面介绍如何在文档中添加项目符号和编号，具体的操作步骤如下。

1 添加项目符号

在Word文档中，输入若干行文字，并选中，单击【开始】➤【段落】组中【项目符号】按钮 ☰ 右侧的下拉按钮，在弹出的下拉列表中选择可添加的项目符号，指针浮过某个项目符号即可预览效果图，单击该符号即可应用。

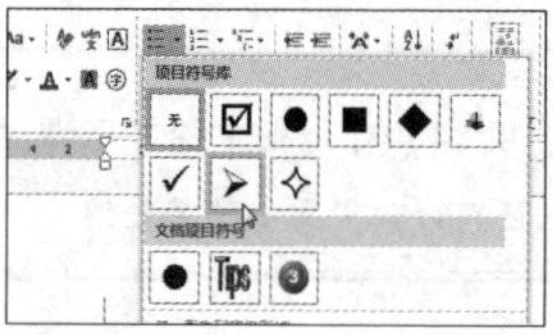

提示 单击【定义新项目符号】选项，可定义更多的符号、选择图片等作为项目符号。

2 完成列表

应用该符号后，按【Enter】键换行时会自动添加该项目符号。如果要完成列表，按两次【Enter】键，或按【Backspace】键删除列表中的最后一个项目符号或编号。

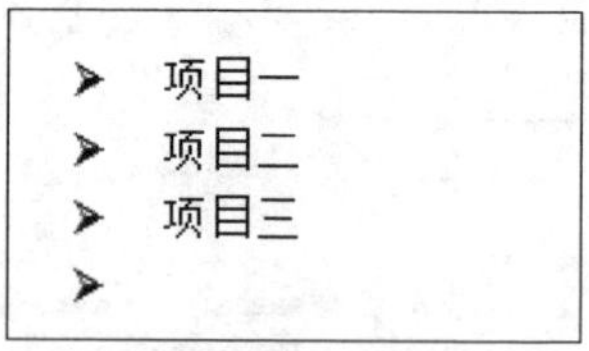

提示 用户还可以选中要添加项目符号的文本内容，单击鼠标右键，然后在弹出的快捷菜单中选择【项目符号】命令即可。

3 添加编号

在Word文档中，输入并选择多行文本，单击【开始】选项卡下【段落】组中的【编号】按钮 ☰ 右侧的下拉按钮，在弹出的下拉列表中选择编号的样式，即可添加编号。

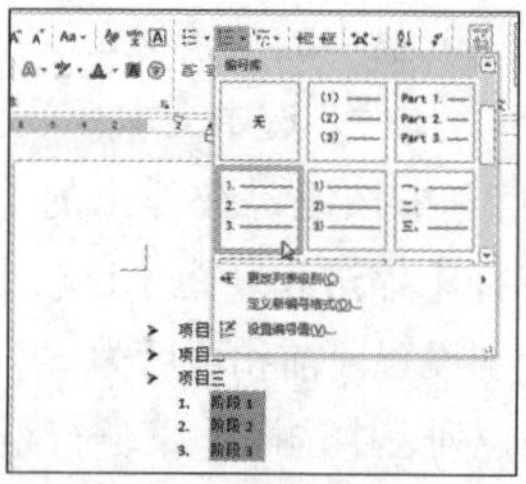

> **提示**
> 单击【定义新编号格式】选项，可定义新的编号样式。单击【设置编号值】选项，可以设置编号起始值。

4.7 插入图片

本节视频教学时间 / 7分钟

在文档中插入图片元素，可以使文档看起来更加生动、形象、充满活力。在Word文档中插入的图片主要包括本地图片和联机图片。

4.7.1 插入本地图片

在Word 2013文档中可以插入本地电脑中的图片。

1. 插入本地图片

Word 2013支持更多的图片格式，例如“.jpg”“.jpeg”“.jfif”“.jpe”“.png”“.bmp”“.dib”和“.rle”等。在文档中添加图片的具体步骤如下。

1 新建文档

新建一个Word文档，将光标定位于需要插入图片的位置，然后单击【插入】选项卡下【插图】组中的【图片】按钮。

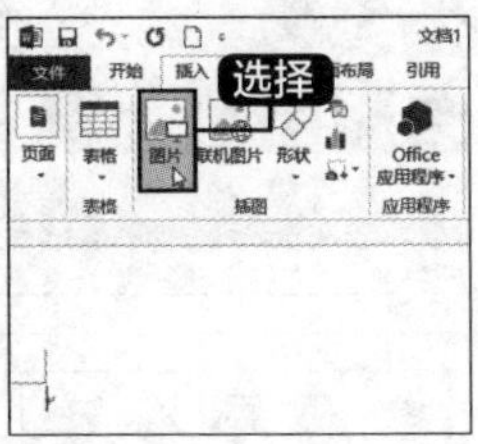

2 选择要插入的图片

在弹出的【插入图片】对话框中选择需要插入的图片，单击【插入】按钮，即可插入该图片。或者直接在文件窗口中双击需要插入的图片。

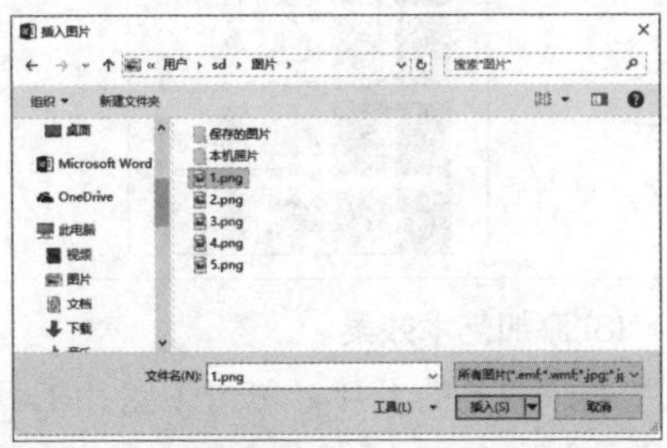

3 插入

此时即可在文档中光标所在的位置插入所选择的图片。

2. 更改图片样式

插入图片后，选择插入的图片，单击【图片工具】➤【格式】选项卡下【图片样式】组中的按钮，在弹出的下拉列表中选择任意一个选项，即可改变图片的样式。

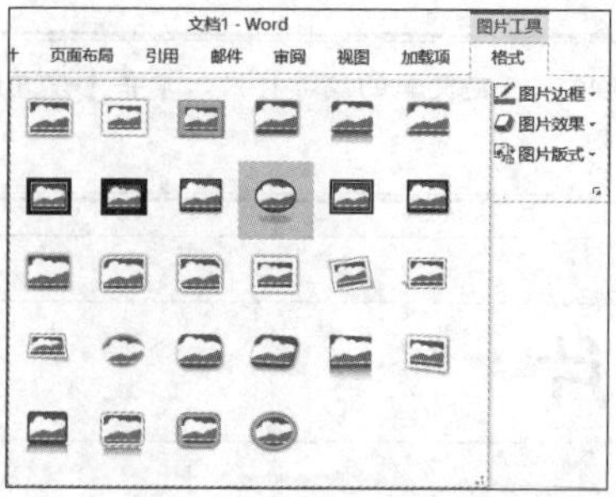

3. 调整图片

(1) 更正图片

选择插入的图片，单击【图片工具】➤【格式】选项卡下【调整】组中【更正】按钮右侧的下拉按钮 更正 ，在弹出的下拉列表中选择任意一个选项，即可改变图片的锐化/柔化以及亮度/对比度。

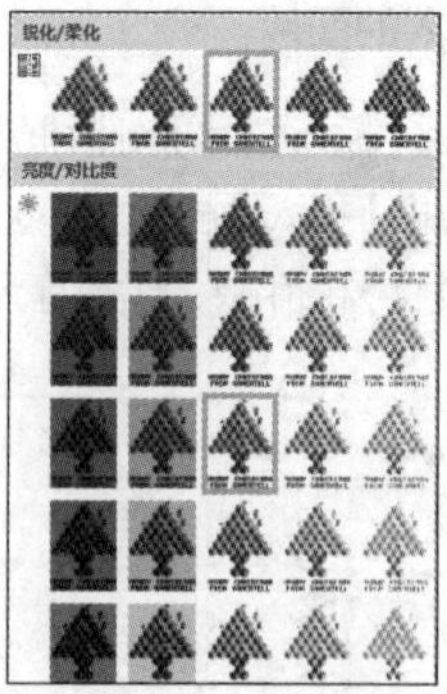

(2) 调整颜色

选择插入的图片，单击【图片工具】➤【格式】选项卡下【调整】组中【颜色】按钮右侧的下拉按钮 颜色 ，在弹出的下拉列表中选择任意一个选项，即可改变图片的饱和度和色调。

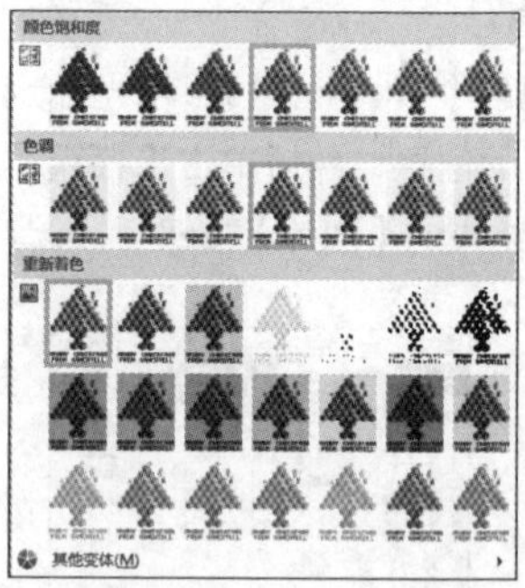

(3) 添加艺术效果

选择插入的图片，单击【图片工具】➤【格式】选项卡下【调整】组中【艺术效果】按钮右侧的下拉按钮 艺术效果 ，在弹出的下拉列表中选择任意一个选项，即可改变图片的艺术效果。

4.7.2 插入联机图片

插入联机图片是Word 2013的新增功能。可以从各种联机来源中查找和插入图片。

1 搜索联机图片

将光标定位于需要插入图片的位置，然后单击【插入】选项卡下【插图】组中的【联机图片】按钮，弹出【插入图片】对话框，在【必应Bing图像搜索】文本框中输入要搜索的图片类型，这里输入“玫瑰花”，单击【搜索】按钮 。

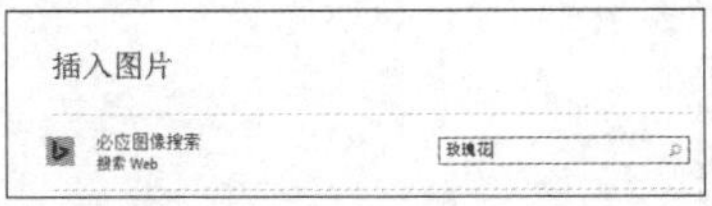

2 插入

显示搜索结果，选择需要的图片，单击【插入】按钮，即可插入文档中。

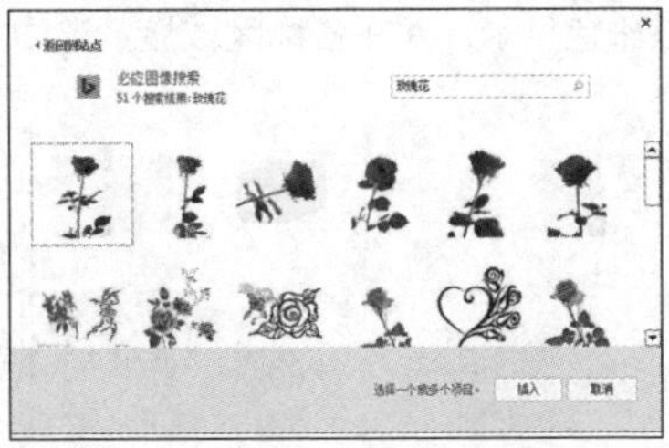

4.8 插入表格

本节视频教学时间 / 8分钟

表格是由多个行或列的单元格组成，用户可以在单元格中添加文字或图片。在编辑文档的过程中，经常会用到数据的记录、计算与分析，此时表格是最理想的选择，因为表格可以使文本结构化、数据清晰化。

4.8.1 插入表格

Word 2013提供有多种插入表格的方法，用户可根据需要进行选择。

1. 创建快速表格

可以利用Word 2013提供的内置表格模型来快速创建表格，但提供的表格类型有限，只适用于建立特定格式的表格。

1 选择表格类型

新建Word文档，将鼠标光标定位至需要插入表格的地方。单击【插入】选项卡下【表格】组中的【表格】按钮，在弹出的下拉列表中选择【快速表格】选项，在弹出的子菜单中选择需要的表格类型，这里选择“带格式列表”选项。

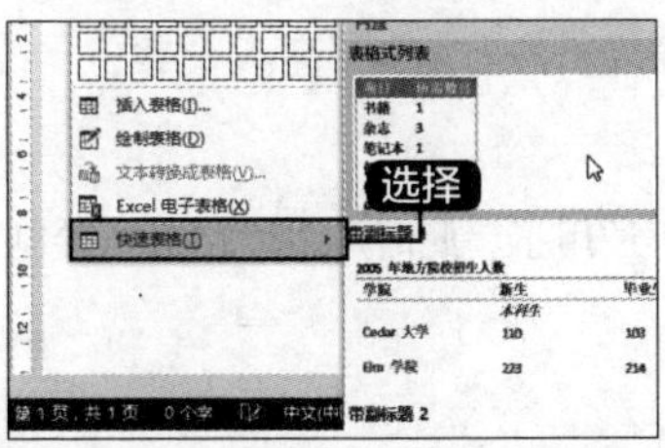

2 替换数据

即可插入选择的表格类型，并根据需要替换模板中的数据。

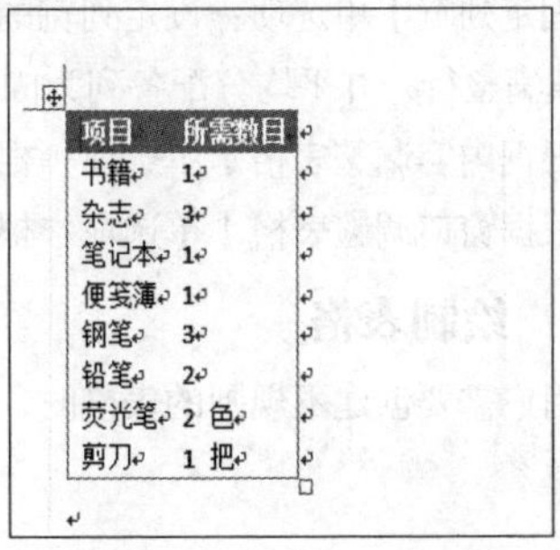

2. 使用表格菜单创建表格

使用表格菜单适合创建规则的、行数和列数较少的表格。最多可以创建8行10列的表格。

将鼠标光标定位在需要插入表格的地方。单击【插入】选项卡下【表格】组中的【表格】按钮，在【插入表格】区域内选择要插入表格的行数和列数，即可在指定位置插入表格。选中的单元格将以橙色显示，并在名称区域显示选中的行数和列数。

3. 使用【插入表格】对话框创建表格

使用表格菜单创建表格固然方便，可是由于菜单所提供的单元格数量有限，因此只能创建有限的行数和列数。而使用【插入表格】对话框，则不受数量限制，并且可以对表格的宽度进行调整。

将鼠标光标定位至需要插入表格的地方。单击【插入】选项卡下【表格】组中的【表格】按钮，在其下拉菜单中选择【插入表格】选项，在弹出的【插入表格】对话框中可以设置表格尺寸。

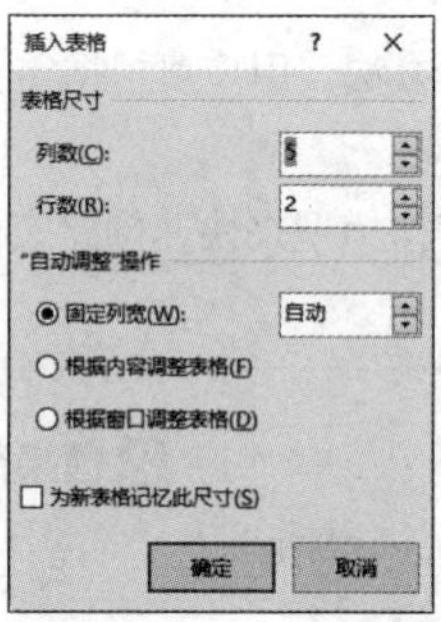

【“自动调整”操作】区域中各个单选项的含义如表所示。

【固定列宽】单选项：设定列宽的具体数值，单位是厘米。当选择为自动时，表示表格将自动在窗口填满整行，并平均分配各列为固定值。

【根据内容调整表格】单选项：根据单元格的内容自动调整表格的列宽和行高。

【根据窗口调整表格】单选项：根据窗口大小自动调整表格的列宽和行高。

4.8.2 绘制表格

当用户需要创建不规则的表格时，以上的方法可能就不适用了。此时可以使用表格绘制工具来创建表格。

1. 绘制表格

1 选择【绘制表格】选项

单击【插入】选项卡下【表格】组中的【表格】按钮，在下拉菜单中选择【绘制表格】选项，鼠标指针变为铅笔形状。

2 绘制表格外边界

在需要绘制表格的地方单击并拖曳鼠标绘制出表格的外边界，形状为矩形。

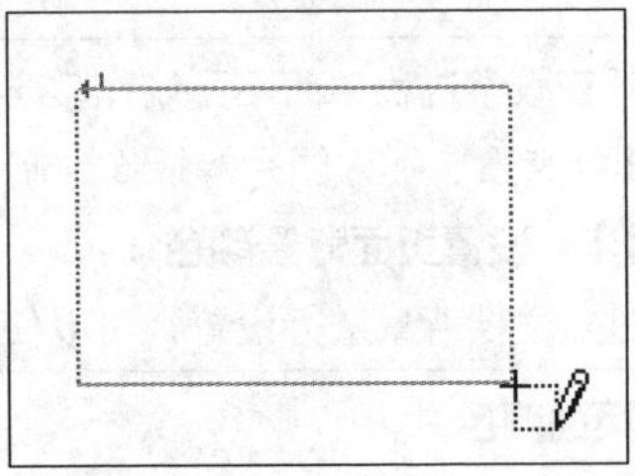

3 绘制线

在该矩形中绘制行线、列线或斜线，直至满意为止。

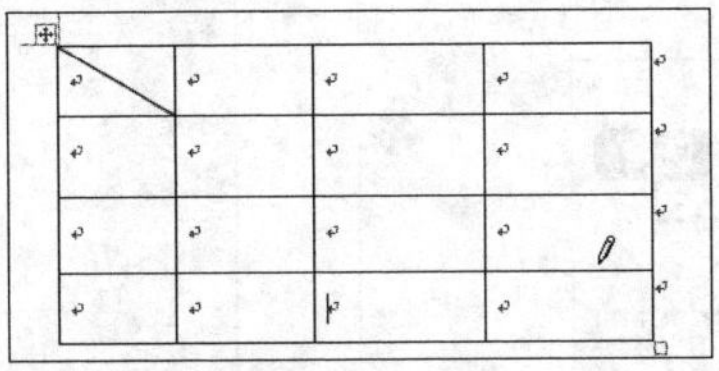

2. 使用橡皮擦修改表格

在建立表格的过程中，可以使用橡皮擦工具将多余的行线或列线擦掉。

1 单击【擦除】按钮

在需要修改的表格内单击，单击【表格工具】➤【布局】选项卡下【绘图】组中的【擦除】按钮橡皮擦，鼠标指针变为橡皮擦形状。

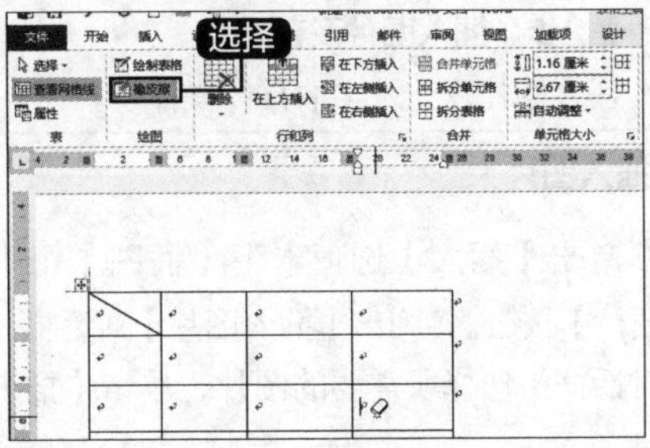

2 擦除

单击需要擦除的行线或列线即可。

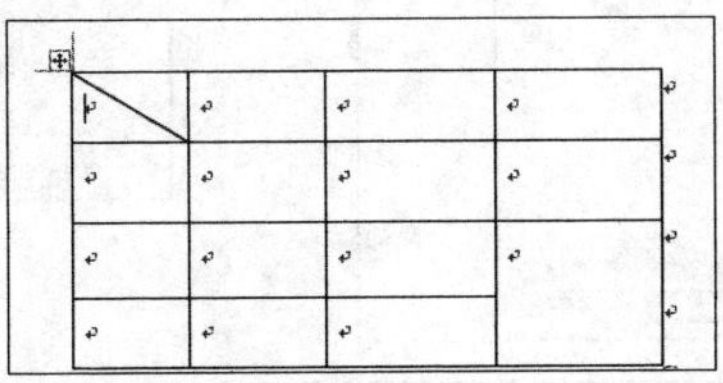

4.9 实战演练——制作教学课件

本节视频教学时间 / 14分钟

教师在教学过程中离不开制作教学课件。一般的教案内容枯燥、繁琐，在这一节中通过在文档中设置页面背景、插入图片等操作，制作更加精美的教学教案，使阅读者心情愉悦。

第1步：设置页面背景颜色

通过对文档背景进行设置，可以使文档更加美观。

1 设置页面颜色

新建一个空白文档，保存为“教学课件.docx”，单击【设计】选项卡下【页面背景】组中的【页面颜色】按钮，在弹出的下拉列表中选择“灰色-25%，背景2”选项。

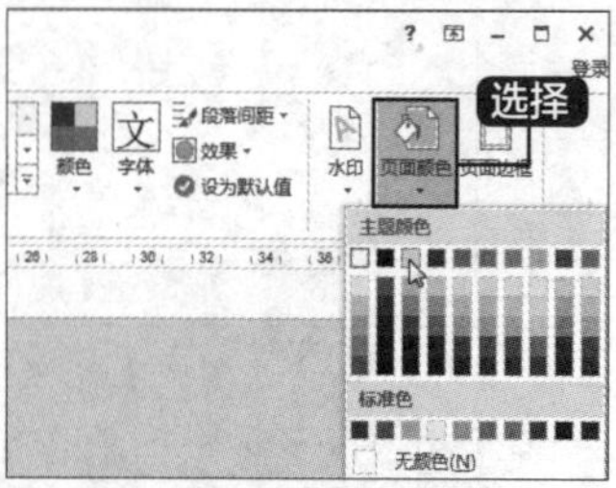

2 完成

此时就将文档的背景颜色设置为“灰色”。

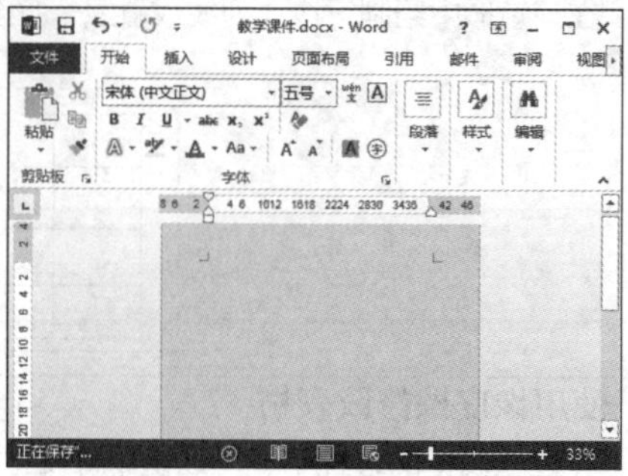

第2步：插入图片及艺术字

插入图片及艺术字的具体操作步骤如下。

1 插入图片

单击【插入】选项卡下【插图】组中的【图片】按钮，弹出【插入图片】对话框，在该对话框中选择所需要的图片，单击【插入】按钮。

2 调整大小

此时就将图片插入到文档中，调整图片大小后的效果如下图所示。

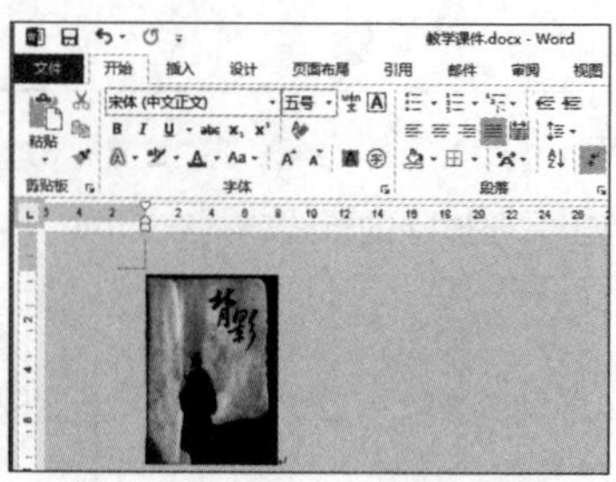

3 选择艺术字样式

单击【插入】选项卡下【文本】组中的【艺术字】按钮，在弹出的下拉列表中选择一种艺术字样式。

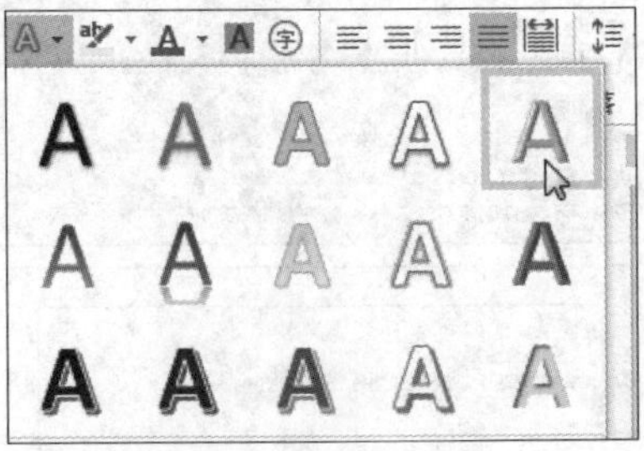

4 调整艺术字位置

在“请在此放置你的文字”处输入文字，设置【字号】为“小初”，并调整艺术字的位置。

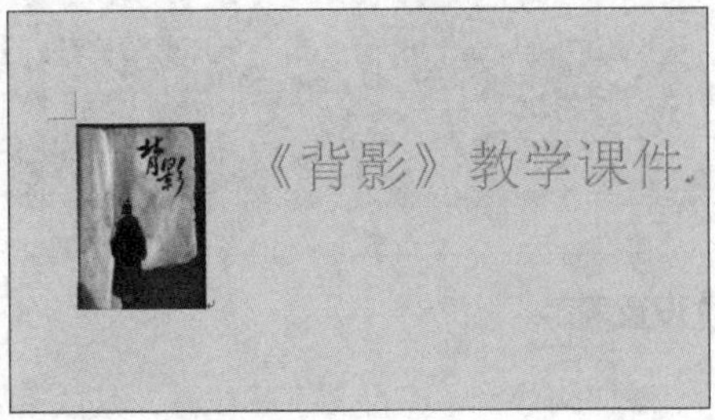

第3步：设置文本格式

设置完标题后，就需要对正文进行设置，具体步骤如下。

1 输入文本内容

在文档中输入文本内容（用户不必全部输入，可打开随书光盘中的“素材\ch04\教学课件.txt”记事本，复制并粘贴到新建文档中即可）。

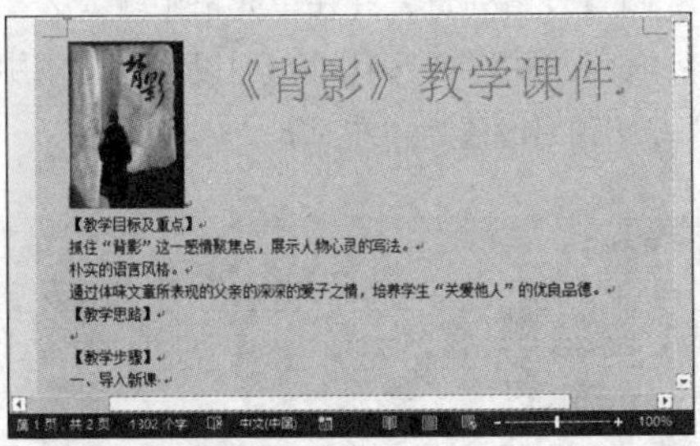

2 设置字体格式

将标题【教学目标及重点】、【教学思路】、【教学步骤】字体格式设置为“华文行楷、四号、蓝色”。

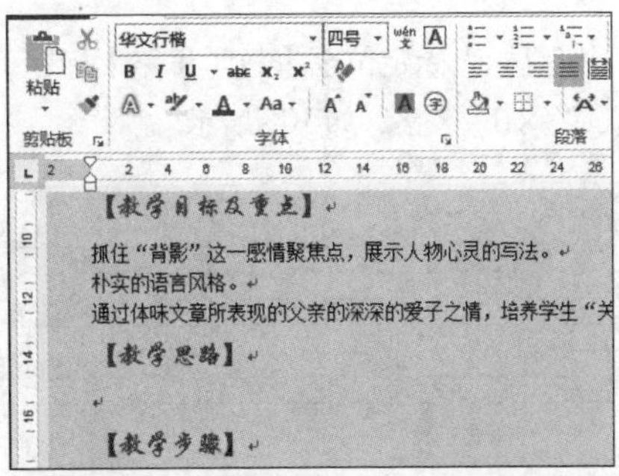

3 设置正文字体格式

将正文字体格式设置为“华文宋体、五号”，首行缩进设置为“2字符”、行距设置为“1.5倍行距”，如右图所示。

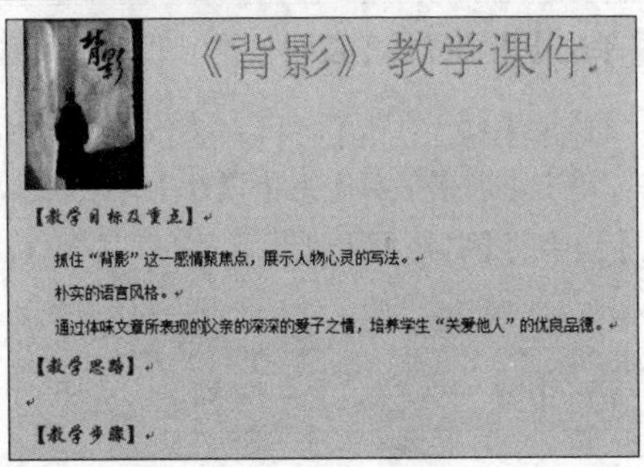

4 设置项目符号

为【教学目标及重点】标题下的正文设置项目符号，如下图所示。

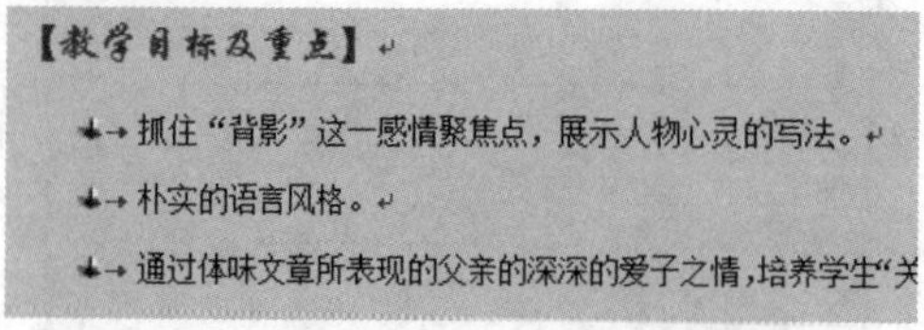

5 设置编号

为【教学步骤】标题下的正文设置编号，如下图所示。

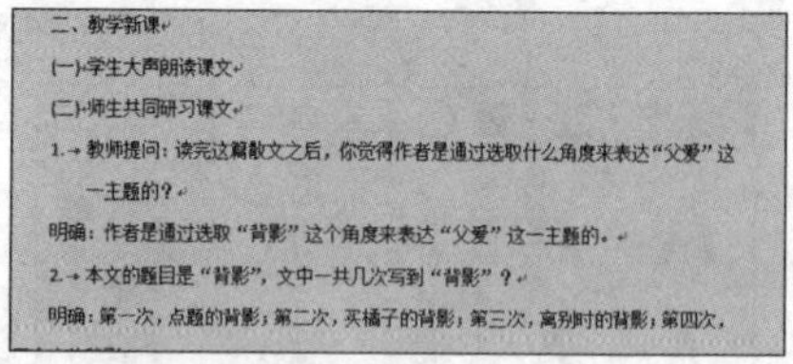

6 设置段落

添加编号后，多行文字的段落，其段落缩进会发生变化，使用【Ctrl】键选择这些文本，然后打开【段落】对话框，将“左侧缩进”设置为“0”，“首行缩进”设置为“2字符”。

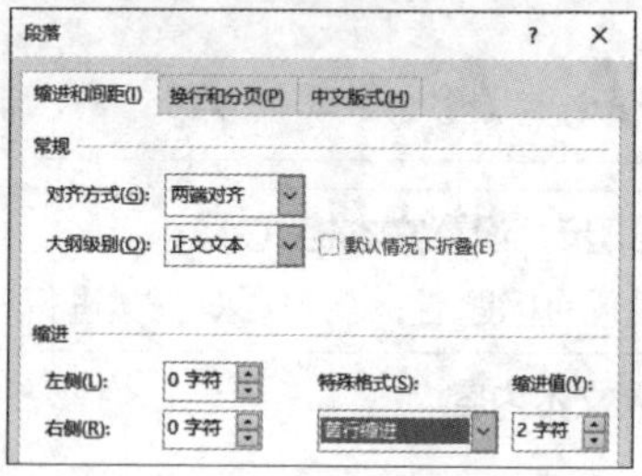

第4步：绘制表格

文本格式设置完后，可以为【教学思路】添加表格，具体步骤如下。

1 插入表格

将鼠标光标定位至【教学思路】标题下，插入“3×6”表格，如下图所示。

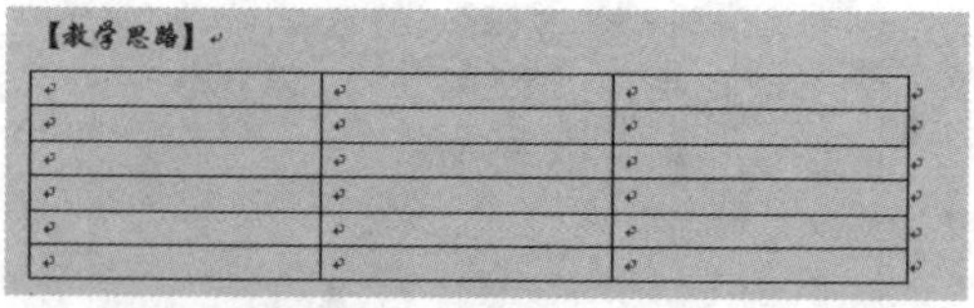

2 调整表格列宽

调整表格列宽，并在单元格中输入表头和表格内容，并将第1列和第3列设置为“居中对齐”，第2列设置为“左对齐“。

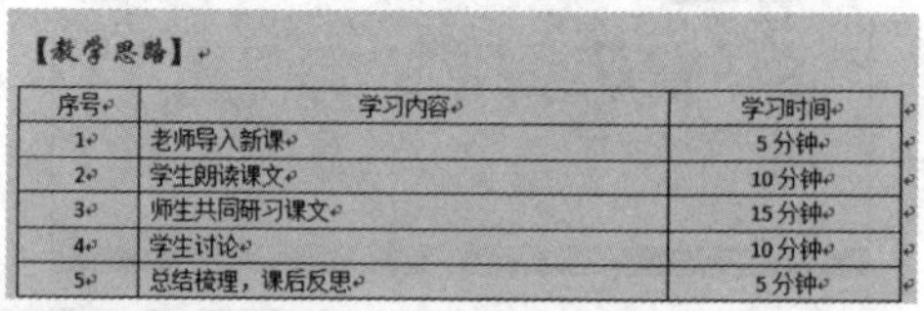
【教学思路】

序号	学习内容	学习时间
1	老师导入新课	5分钟
2	学生朗读课文	10分钟
3	师生共同研习课文	15分钟
4	学生讨论	10分钟
5	总结梳理，课后反思	5分钟

3 单击【表格样式】按钮

单击表格左上角的[+]按钮，选中整个表格，单击【表格工具】➤【设计】➤【表格样式】组中的【其他】按钮[▼]。

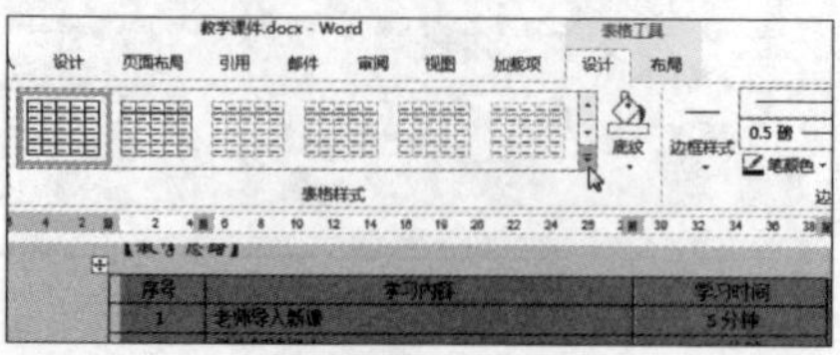

4 选择表格样式

在展开的表格样式列表中，单击并选择所应用的样式即可，如下图所示。

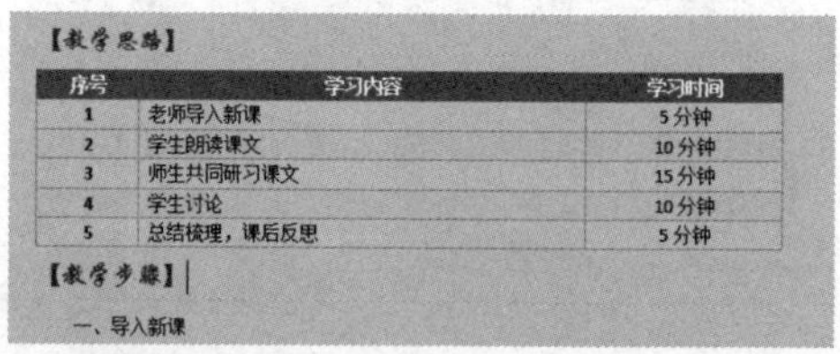
【教学思路】

序号	学习内容	学习时间
1	老师导入新课	5分钟
2	学生朗读课文	10分钟
3	师生共同研习课文	15分钟
4	学生讨论	10分钟
5	总结梳理，课后反思	5分钟

【教学步骤】

一、导入新课

5 保存文档

此时，教学课件即制作完毕，按【Ctrl+S】快捷键保存文档，最终效果图如下所示。

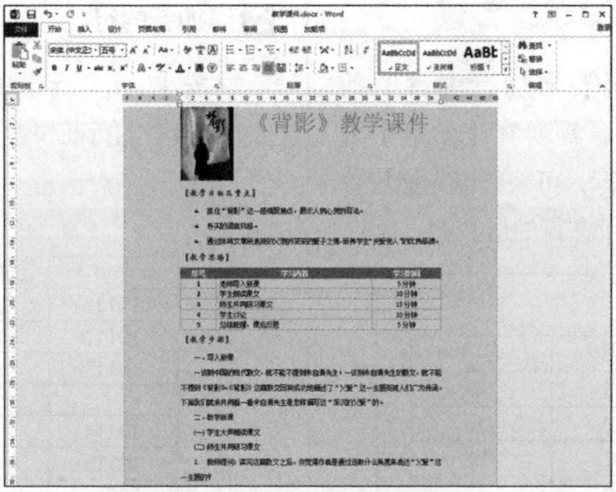

高手私房菜

技巧1：自动更改大小写字母

Word 2013提供了更多的单词拼写检查模式,例如【句首字母大写】、【全部小写】、【全部大写】、【半角】和【全角】等检查更改模式。

1 单击更改的单词

单击需要更改的大小写的单词、句子或段落。在【开始】选项卡的【字体】组中单击【更改大小写】按钮 Aa ▾ 。

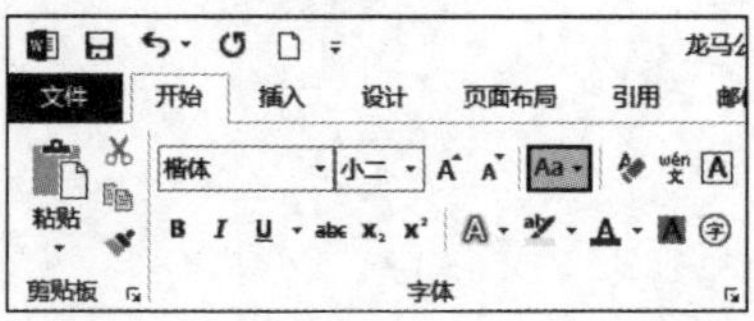

2 选择更改的选项

在弹出的下拉菜单中选择所需要的选项即可。

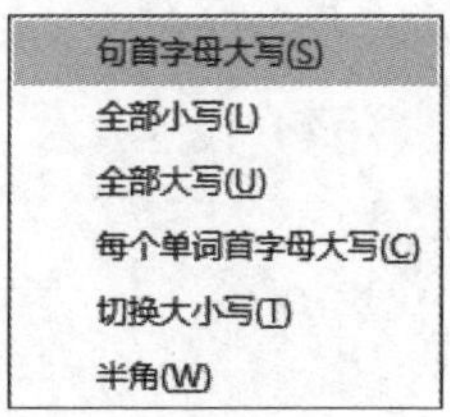

3 效果图

更改后的效果如下图所示。

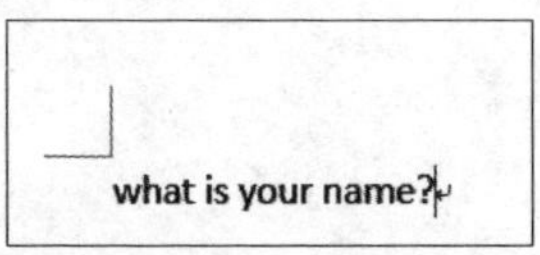

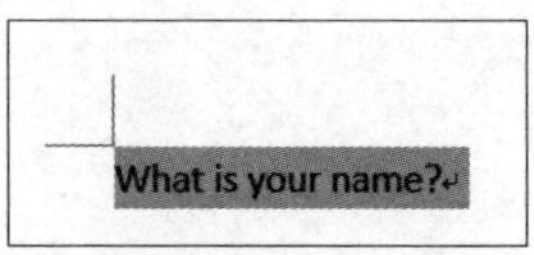

技巧52：使用【Enter】键增加表格行

在Word 2013中可以使用【Enter】键来快速增加表格行。

1 选择增加位置

将鼠标光标定位至要增加行位置的前一行右侧，如在下图中，需要在【学号】为“10114”的行前添加一行，可将鼠标光标定位至【学号】为“10113”所在行的最右端。

学号	总成绩	名次
10111	605	4
10112	623	1
10113	601	5
10114	598	6
10115	583	8
10116	618	2
10117	590	7
10118	615	3

2 添加新的行

按【Enter】键，即可在【学号】为“10114”的行前快速增加新的行。

学号	总成绩	名次
10111	605	4
10112	623	1
10113	601	5
10114	598	6
10115	583	8
10116	618	2
10117	590	7
10118	615	3

第5章 Word 2013文档的美化与排版

重点导读

本章视频教学时间：51分钟

Word具有强大的排版功能，尤其是处理长文档时，可以快速地对其进行排版。本章主要介绍Word 2013高级排版应用，主要包括页面设置、使用样式、设置页眉和页脚、插入页码和创建目录等内容。

学习效果图

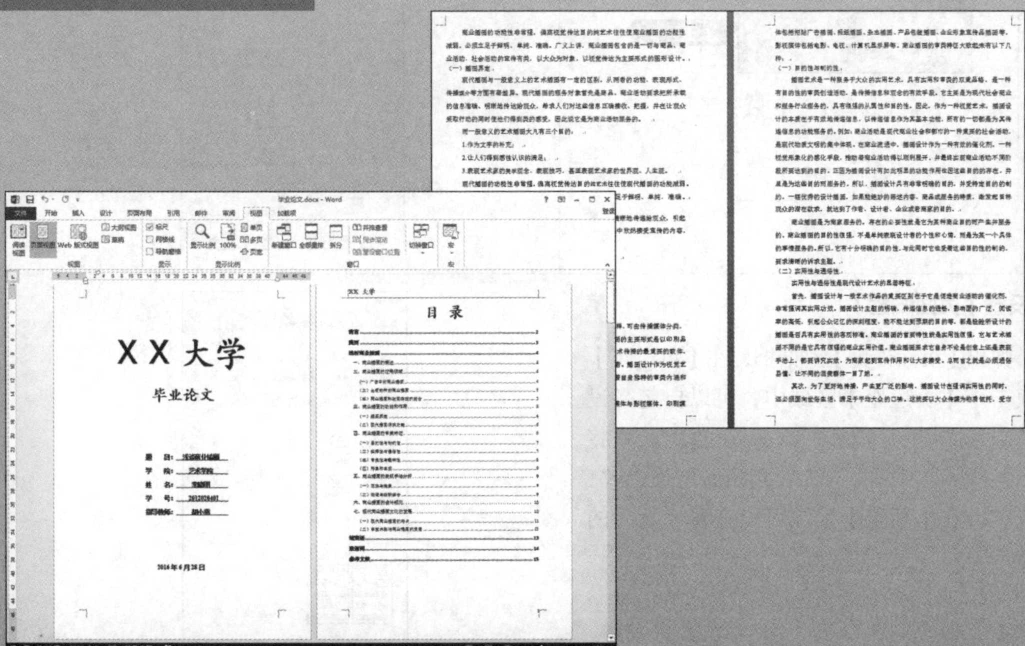

5.1 页面设置

本节视频教学时间 / 4分钟

页面设置是指对文档页面布局的设置，主要包括设置文字方向、页边距、纸张大小、分栏等。Word 2013有默认的页面设置，但默认的页面设置并不一定适合所有用户，用户可以根据需要对页面进行设置。

5.1.1 设置页边距

页边距有两个作用：一是出于装订的需要；二是形成更加美观的文档。设置页边距，包括上、下、左、右边距，以及页眉和页脚距页边界的距离，使用该功能来设置页边距十分精确。

1 选择页边距样式

在【页面布局】选项卡的【页面设置】组中单击【页边距】按钮，在弹出的下拉列表中选择一种页边距样式并单击，即可快速设置页边距。

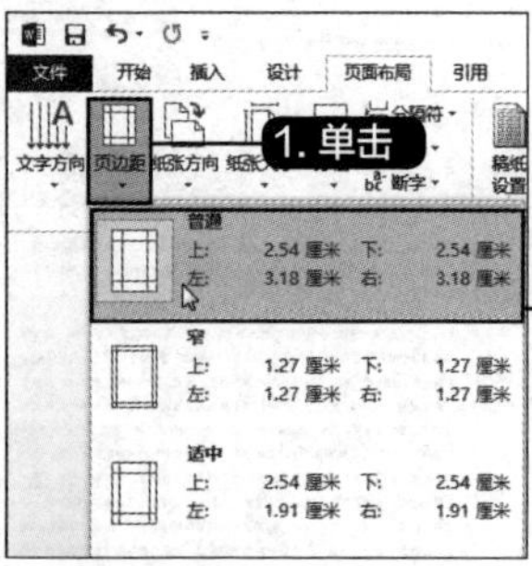

2 自定义页边距

除此之外，还可以自定义页边距。单击【页面布局】选项卡下【页面设置】组中的【页边距】按钮，在弹出的下拉列表中单击选择【自定义边距（A）】命令。

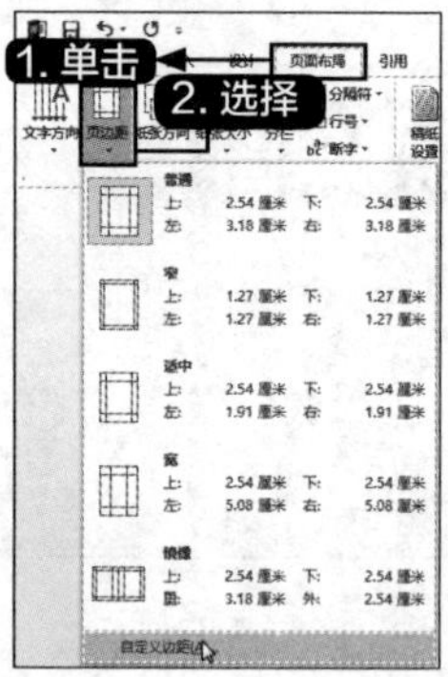

3 设置【页面设置】

弹出【页面设置】对话框，在【页边距】选项卡下【页边距】区域中，可以自定义设置“上”“下”“左”“右”页边距，如将“上”“下”“左”“右”页边距均设为“1厘米”，在【预览】区域可以查看设置后的效果。

5.1.2 设置页面大小

纸张的大小和纸张方向，也影响着文档的打印效果，因此设置合适的纸张在Word文档制作过程中也是非常重要的。设置纸张包括设置纸张的方向和大小,具体操作步骤如下。

1 设置纸张方向

单击【页面布局】选项卡下【页面设置】组中的【纸张方向】按钮 纸张方向，在弹出的下拉列表中可以设置纸张方向为“横向”或“纵向”，如单击【横向】命令。

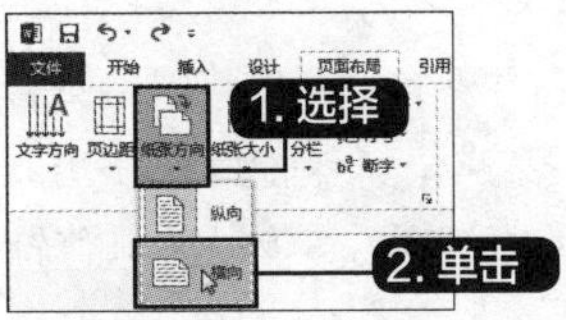

提示

也可以在【页面设置】对话框中的【页边距】选项卡中，在【纸张方向】区域设置纸张的方向。

2 选择纸张大小

单击【页面布局】选项卡【页面设置】组中的【纸张大小】按钮 纸张方向，在弹出的下拉列表中可以选择纸张大小，如单击【A5】命令。

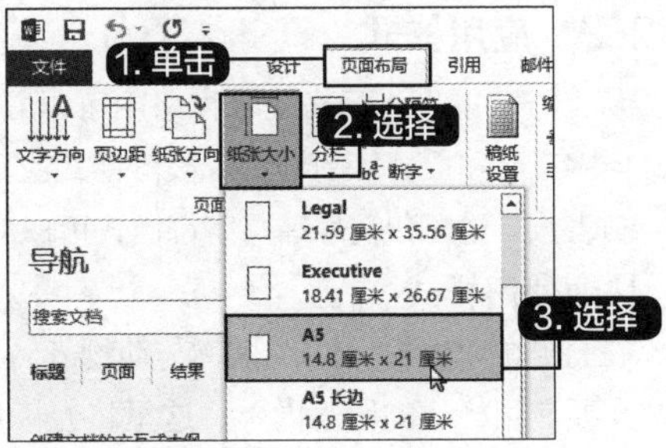

5.2 样式

本节视频教学时间 / 10分钟

样式包含字符样式和段落样式，字符样式的设置以单个字符为单位，段落样式的设置是以段落为单位。

5.2.1 查看和显示样式

样式是被命名并保存的特定格式的集合，它规定了文档中正文和段落等的格式。段落样式应用于整个文档，包括字体、行间距、对齐方式、缩进格式、制表位、边框和编号等。字符样式可以应用于任何文字，包括字体、字体大小和修饰等。

使用【应用样式】窗格查看样式的具体操作如下。

1 打开素材

打开随书光盘中的“素材\ch05\动物与植物.docx”文件，单击【开始】选项卡的【样式】组中的【其他】按钮，在弹出的下拉列表中选择【应用样式】命令。

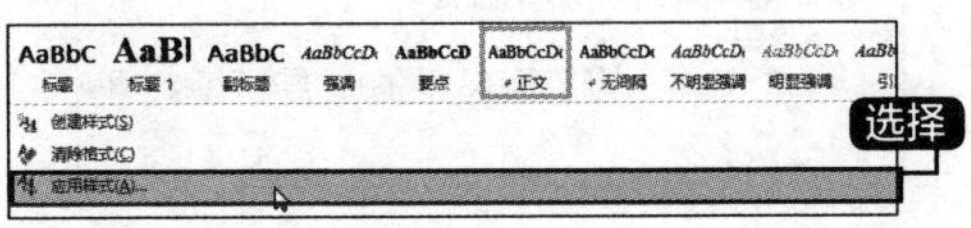

2【应用样式】窗格

弹出【应用样式】窗格。

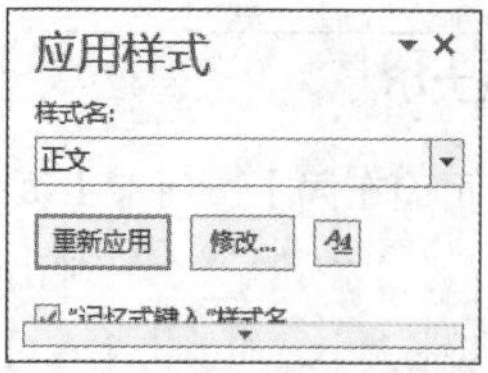

3 显示样式

将鼠标指针置于文档中的任意位置处，相对应的样式将会在【样式名】下拉列表框中显示出来。

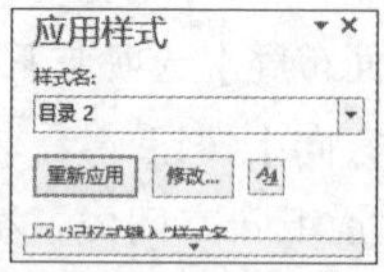

5.2.2 应用样式

从上一节的【显示格式】窗格中可以看出，样式是被命名并保存的特定格式的集合，它规定了文档中正文和段落等的格式。段落样式应用于整个文档，包括字体、行间距、对齐方式、缩进格式、制表位、边框和编号等。字符样式可以应用于任何文字，包括字体、字体大小和修饰等。

1. 快速使用样式

在打开的“素材\ch05\植物与动物.docx”文件中，选择要应用样式的文本（或者将鼠标光标定位在要应用样式的段落内），这里将光标定位至第1段段内。单击【开始】选项卡下【样式】组右下角的按钮，从弹出的【样式】下拉列表中选择【标题】样式，此时第1段即变为标题样式。

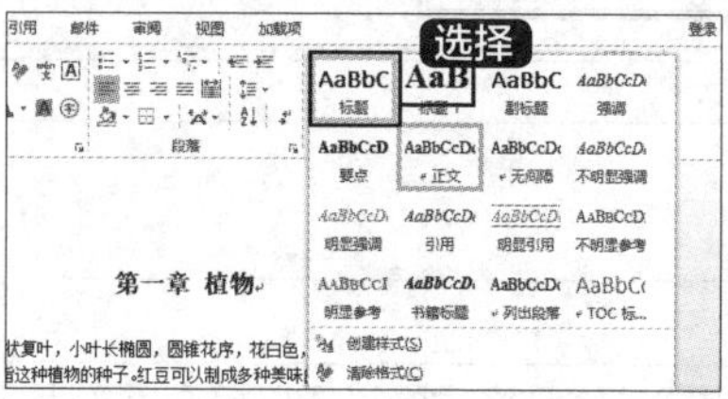

2. 使用样式列表

使用样式列表也可以应用样式。

1 选中样式文本

选中需要应用样式的文本。

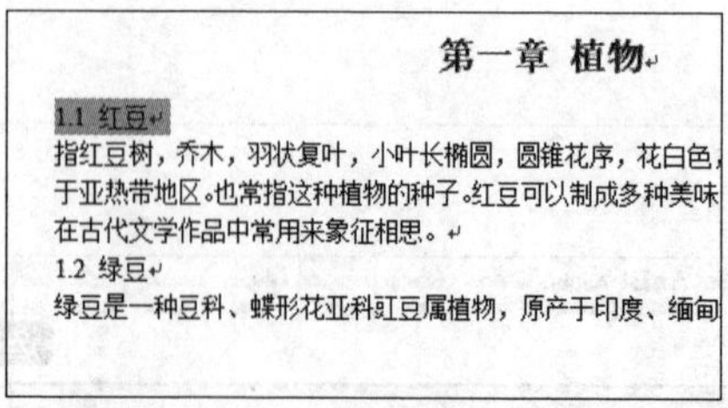

2 选择样式

在【开始】选项卡的【样式】组中单击【样式】按钮，弹出【样式】窗格，在【样式】窗格的列表中单击需要的样式选项即可，如单击【目录1】样式。

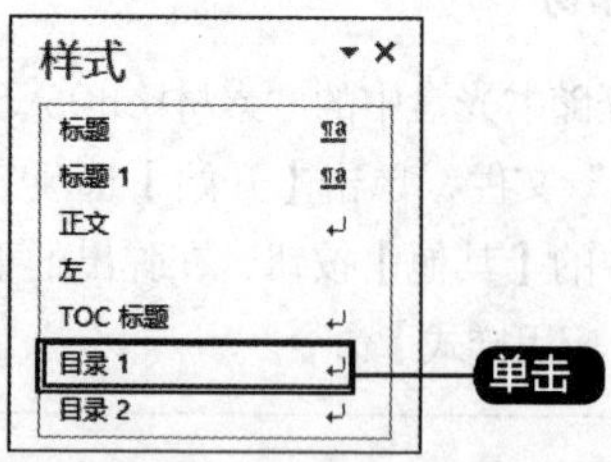

3 应用样式

单击右上角的【关闭】按钮，关闭【样式】窗格，即可将样式应用于文档，效果如图所示。

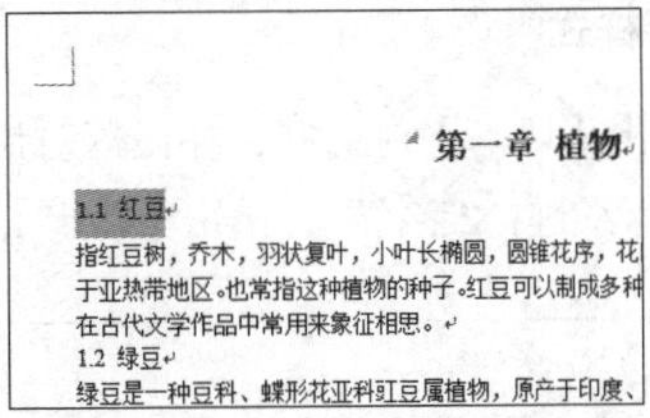

5.2.3 自定义样式

当系统内置的样式不能满足需求时，用户还可以自行创建样式，具体操作步骤如下。

1 打开素材

打开随书光盘中的“素材\ch05\植物与动物.docx”文件，选中需要应用样式的文本，或者将插入符移至需要应用样式的段落内的任意一个位置，然后在【开始】选项卡的【样式】组中单击【样式】按钮，弹出【样式】窗格。

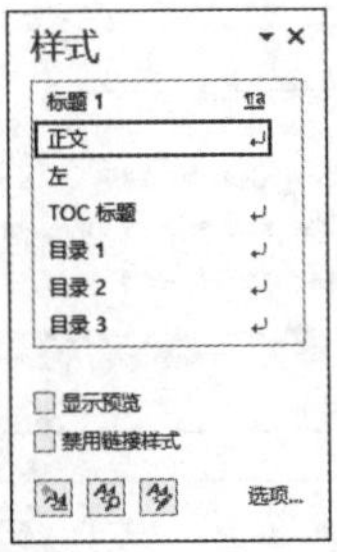

2 新建样式

单击【新建样式】按钮，弹出【根据格式设置创建新样式】窗口。

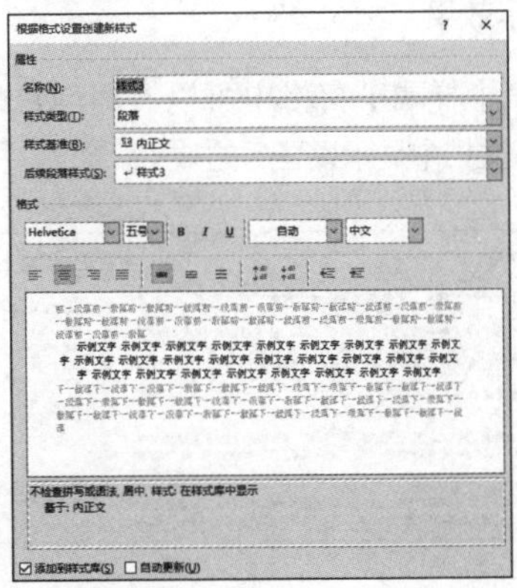

3 输入样式名称

在【名称】文本框中输入新建样式的名称，例如输入“内正文”，在【属性】区域，分别在【样式类型】、【样式基准】和【后续段落样式】下拉列表中选择需要的样式类型或样式基准，并在【格式】区域根据需要设置字体格式，并单击【倾斜】按钮。

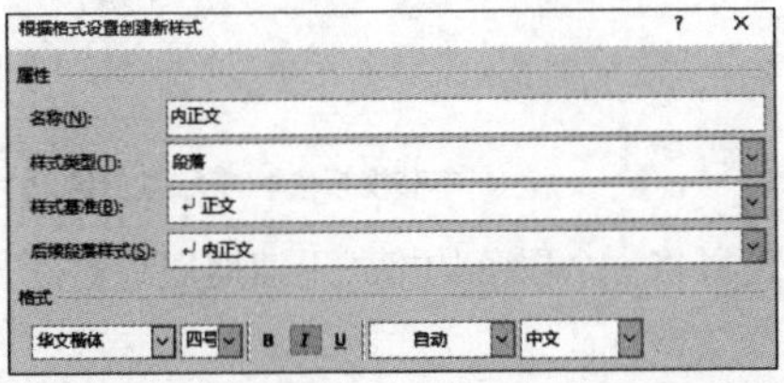

4 选择【段落】选项

单击左下角的【格式】按钮，在弹出的下拉列表中选择【段落】命令。

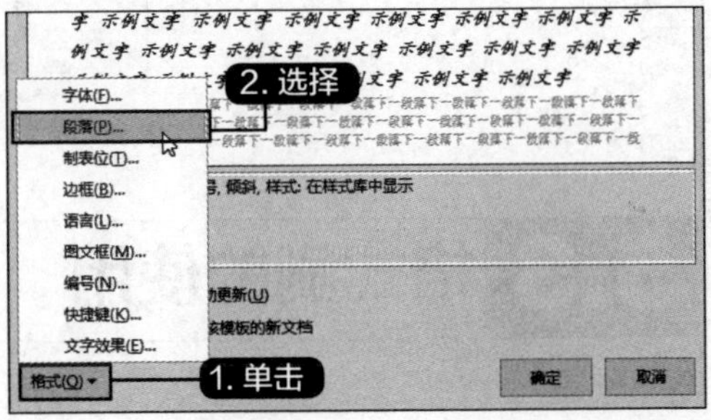

5 选择样式

弹出【段落】对话框，在段落对话框中设置“首行缩进，2字符”，单击【确定】按钮。

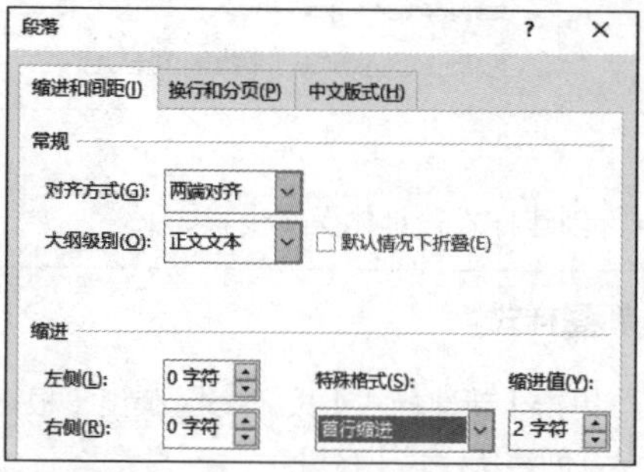

6 完成新建

返回【根据格式设置创建新样式】对话框，在中间区域浏览效果，单击【确定】按钮。

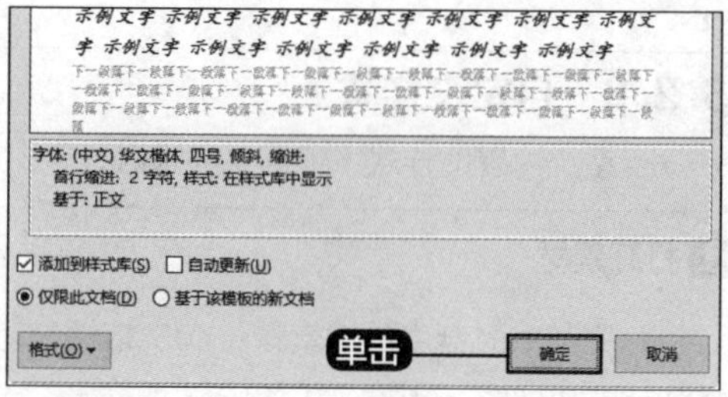

7 显示效果

在【样式】窗格中可以看到创建的新样式，在文档中显示设置后的效果。

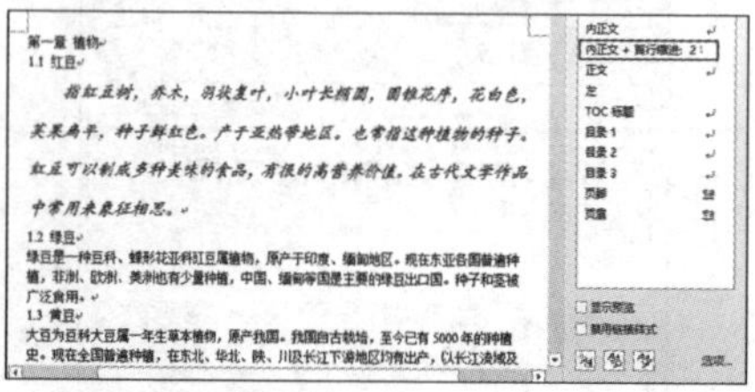

8 应用样式

选择其他要应用该样式的段落，单击【样式】窗格中的【内正文】样式，即可将该样式应用到新选择的段落。

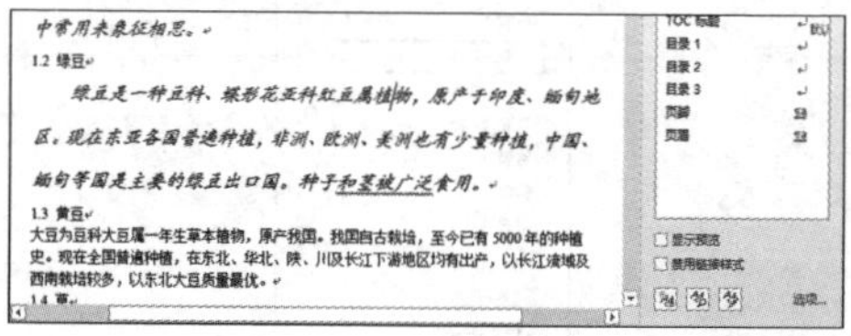

5.2.4 修改和删除样式

当样式不能满足编辑需求时，可以进行修改，也可以将其删除。在【样式】窗格中选择要修改或删除的样式，单击鼠标右键，在弹出的快捷菜单中，选择对应的操作命令，如下图所示。

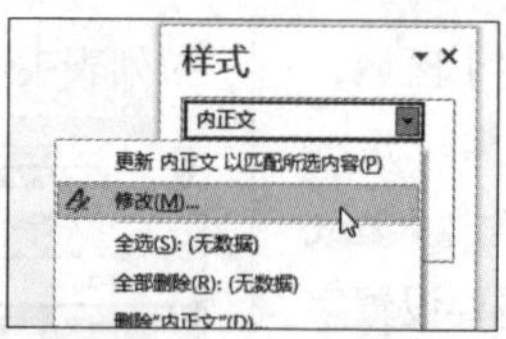

5.3 格式刷的使用

本节视频教学时间 / 2分钟

在Word中格式刷具有快速复制段落格式的功能，可以将一个段落的格式迅速地复制到另一个段落中。

1 格式刷

选择要引用格式的文本，单击【开始】选项卡下【剪贴板】组中的【格式刷】按钮，文档中的鼠标指针将变为形状。

2 应用格式

选中要改变段落格式的段落，即可将格式应用至所选段落。

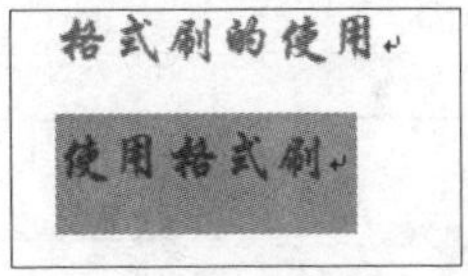

> **提示**
> 单击一次【格式刷】按钮，仅能使用一次该样式，连续两次单击【格式刷】按钮，就可多次使用该样式。用户还可以使用快捷键进行格式复制。在选中复制格式的原段落后，按【Ctrl+Shift+C】组合键，然后选择要改变格式的文本，再按【Ctrl+Shift+V】组合键即可。

5.4 设置页眉和页脚

本节视频教学时间 / 8分钟

Word 2013提供了丰富的页眉和页脚模板，使用户插入页眉和页脚变得更为快捷。

5.4.1 插入页眉和页脚

在页眉和页脚中可以输入创建文档的基本信息，例如在页眉中输入文档名称、章节标题或者作者名称等信息，在页脚中输入文档的创建时间、页码等，不仅能使文档更美观，还能向读者快速传递文档要表达的信息。在Word 2013中插入页眉和页脚的具体操作步骤如下。

1. 插入页眉

插入页眉的具体操作步骤如下。

1 打开素材

打开随书光盘中的“素材\ch05\植物与动物.docx”文件，单击【插入】选项卡【页眉和页脚】组中的【页眉】按钮，弹出【页眉】下拉列表。

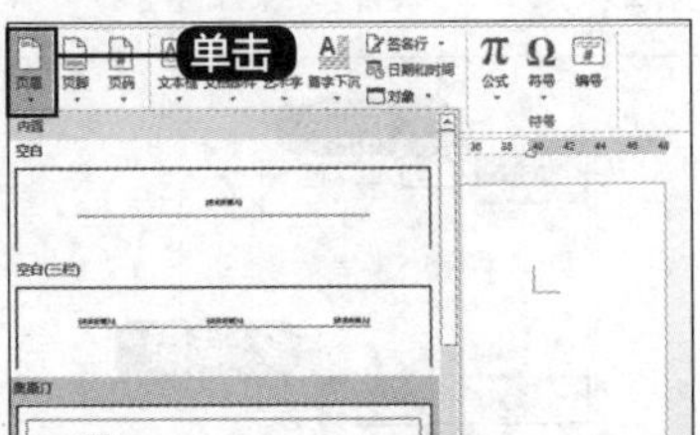

2 插入页眉

选择需要的页眉，如选择【奥斯汀】选项，Word 2013会在文档每一页的顶部插入页眉，并显示【文档标题】文本域。

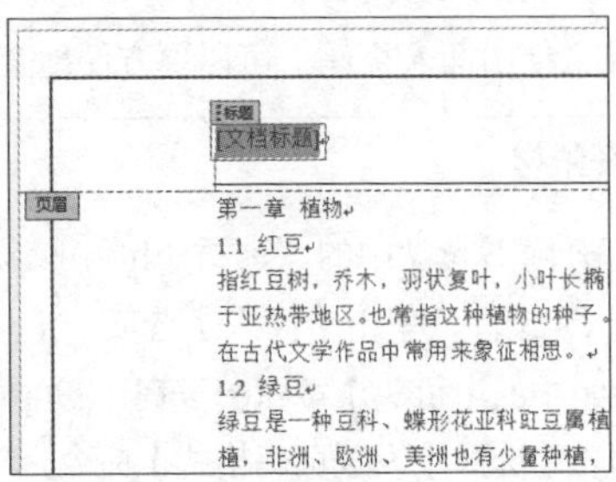

3 输入页眉

在页眉的文本域中输入文档的标题和页眉，单击【设计】选项卡下【关闭】组中的【关闭页眉和页脚】按钮。

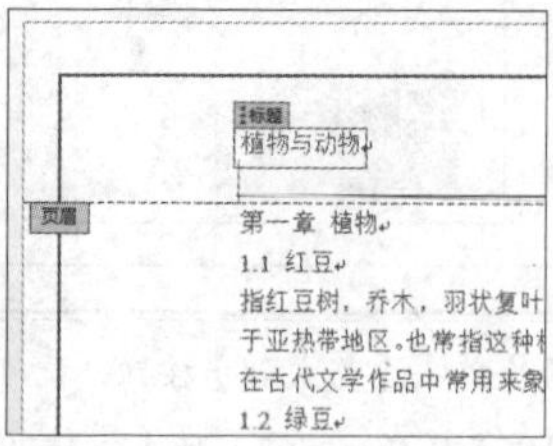

4 显示效果

插入页眉的效果如下图所示。

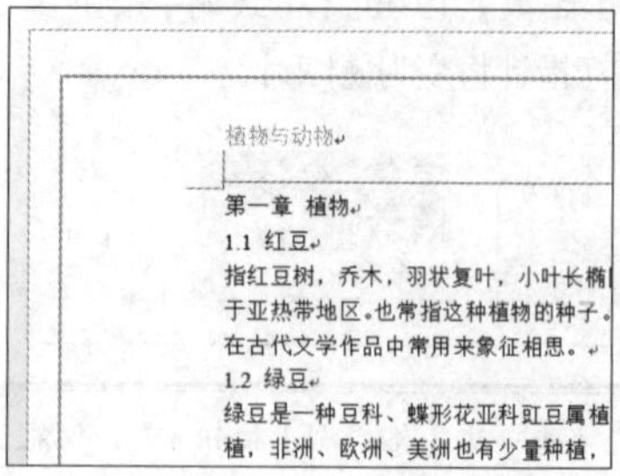

2. 插入页脚

插入页脚的具体操作步骤如下。

1 选择【怀旧】选项

在【设计】选项卡中单击【页眉和页脚】组中的【页脚】按钮 页脚，弹出【页脚】下拉列表，这里选择【怀旧】样式。

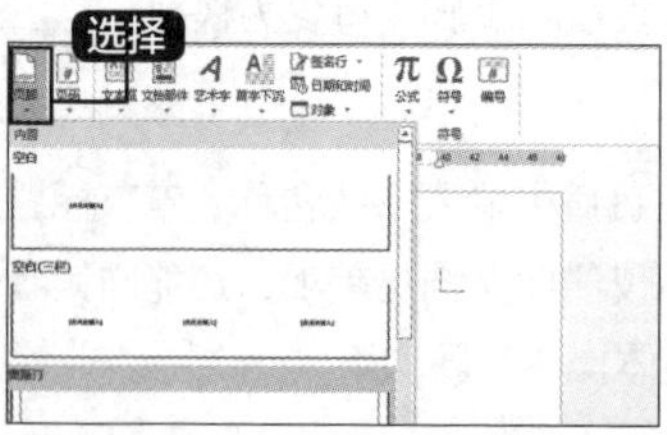

2 输入页脚内容

文档自动跳转至页脚编辑状态，输入页脚内容。

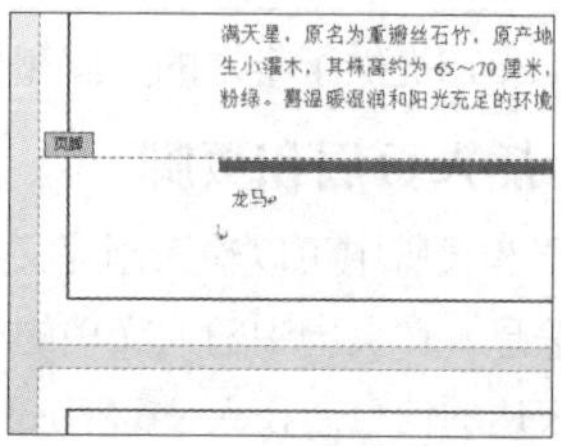

3 显示效果

单击【设计】选项卡下【关闭】组中的【关闭页眉和页脚】按钮，即可看到插入页脚的效果。

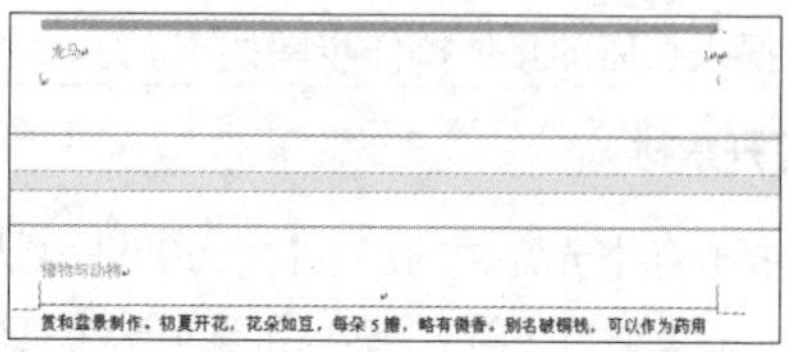

5.4.2 插入页码

在文档中插入页码，可以更方便地查找文档。在文档中插入页码的具体步骤如下。

1 打开素材

打开随书光盘中的“素材\ch05\植物与动物.docx”文件，单击【插入】选项卡【页眉和页脚】组中的【页码】按钮 页码，在弹出的下拉列表中选择【设置页码格式】命令。

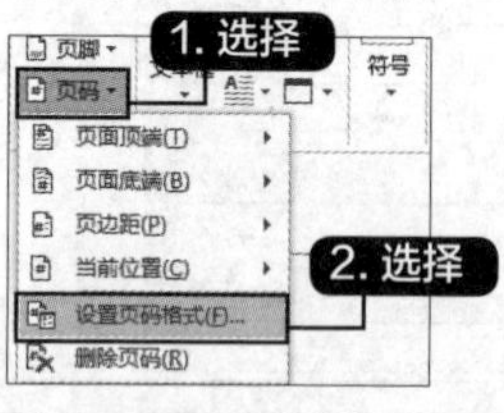

2 设置页码编号

弹出【页码格式】对话框，单击【编号格式】列表框后的▾按钮，在弹出的下拉列表中选择一种编号格式。在【页码编号】组中单击选中【续前节】单选项，单击【确定】按钮即可。

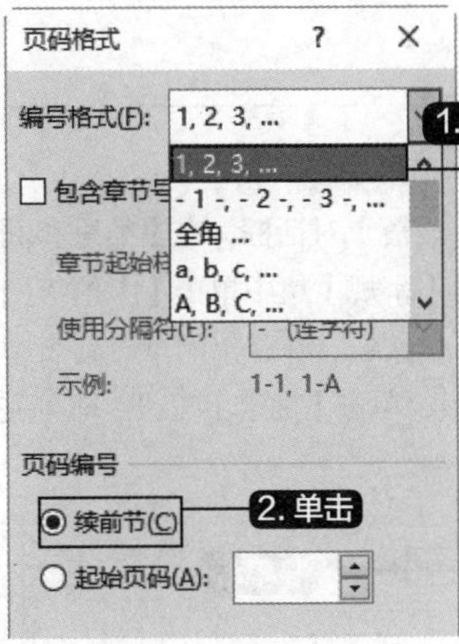

> **提示**
>
> 【包含章节号】复选框：可以将章节号插入到页码中，可以选择章节起始样式和分隔符。
>
> 【续前节】单选项：接着上一节的页码连续设置页码。
>
> 【起始页码】单选项：选中此单选项后，可以在后方的微调框中输入起始页码数。

3 插入页码

单击【插入】选项卡的【页眉和页脚】组中的【页码】按钮，在弹出的下拉列表中选择【页面底端】选项组下的【普通数字2】命令，即可插入页码。

5.5 设置大纲级别

本节视频教学时间 / 3分钟

在Word 2013中设置段落的大纲级别是提取文档目录的前提，此外，设置段落的大纲级别不仅能够通过【导航】窗格快速地定位文档，还可以根据大纲级别展开和折叠文档内容。设置段落的大纲级别通常用两种方法。

1. 在【引用】选项卡下设置

在【引用】选项卡下设置大纲级别的具体操作步骤如下。

1 打开素材

在打开的"素材\ch05\公司年度报告.docx"文件中，选择"一、公司业绩较去年显著提高"文本。单击【引用】选项卡下【目录】组中的【添加文字】按钮右侧的下拉按钮 添加文字▾，在弹出的下拉列表中选择【1级】命令。

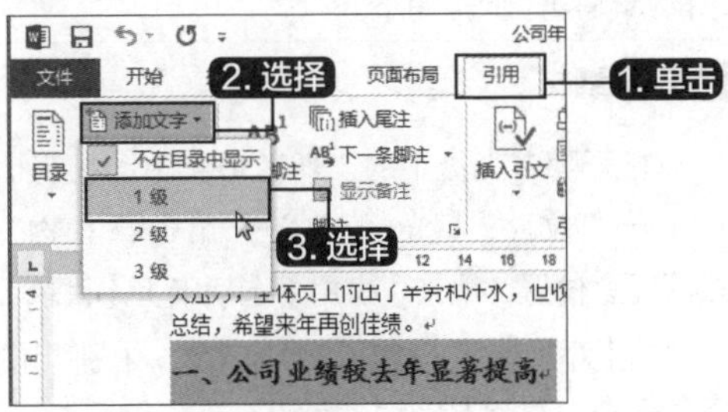

2 显示文本

在【视图】选项卡下的【显示】组中单击选中【导航窗格】复选框，在打开的【导航】窗格中即可看到设置大纲级别后的文本。

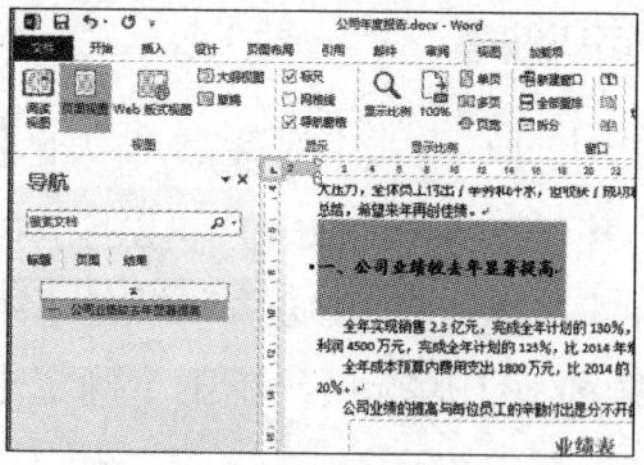

2. 使用【段落】对话框设置

使用【段落】对话框设置大纲级别的具体操作步骤如下。

1 打开素材

在打开的“素材\ch05\公司年度报告.docx”文件中选择“二、举办多次促销活动”文本，并单击鼠标右键，在弹出的快捷菜单中选择【段落】命令。

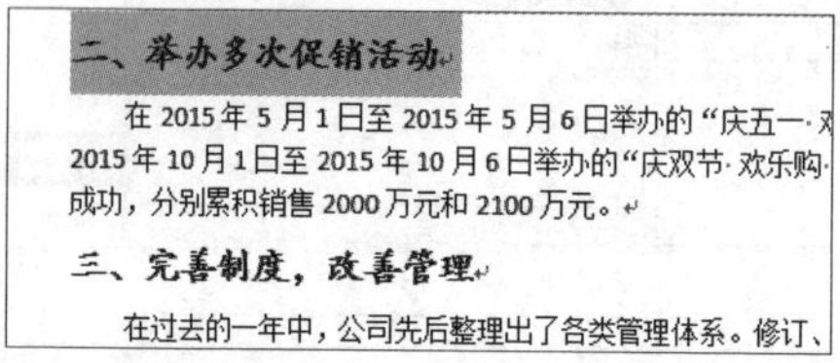

2 完成设置

打开【段落】对话框，在【缩进和间距】选项卡下的【常规】组中单击【大纲级别】列表框后的下拉按钮，在弹出的下拉列表中选择【1级】选项，单击【确定】按钮，即可完成设置。

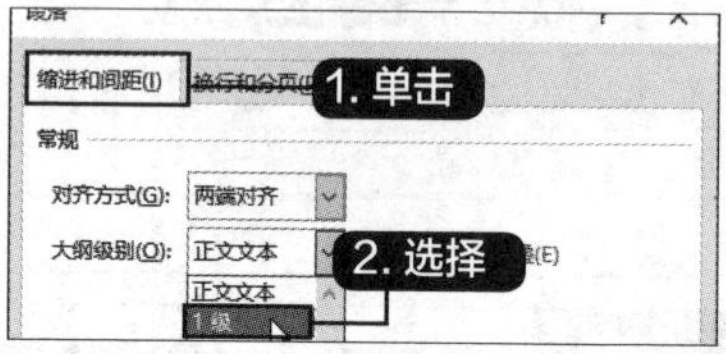

5.6 创建目录

本节视频教学时间 / 6分钟

对于长文档来说，查看文档中的内容时，不容易找到需要的文本内容，这时就需要为其创建一个目录，方便查找。

插入文档的页码并为目录段落设置大纲级别是提取目录的前提条件。设置段落级别，并提取目录的具体操作步骤如下。

1 打开素材

打开随书光盘中的“素材\ch05\动物与植物.docx”文件，将光标定位在“第一章 植物”段落任意位置，单击【引用】选项卡下【目录】组中的【添加文字】按钮 添加文字，在弹出的下拉列表中选择【1级】命令。

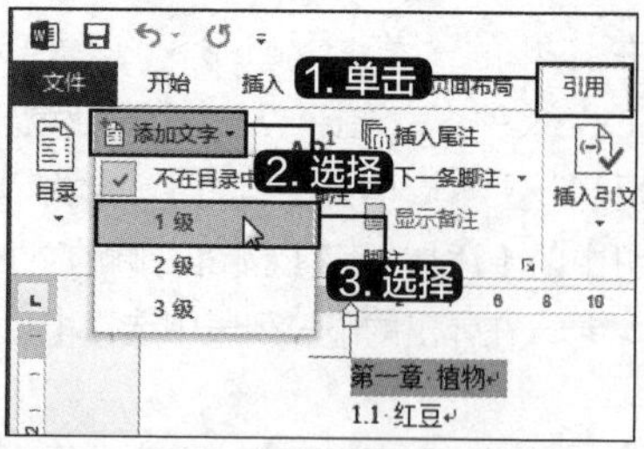

2 选择【2级】选项

将光标定位在“1.1 红豆”段落任意位置，单击【引用】选项卡下【目录】组中的【添加文字】按钮，在弹出的下拉列表中选择【2级】命令。

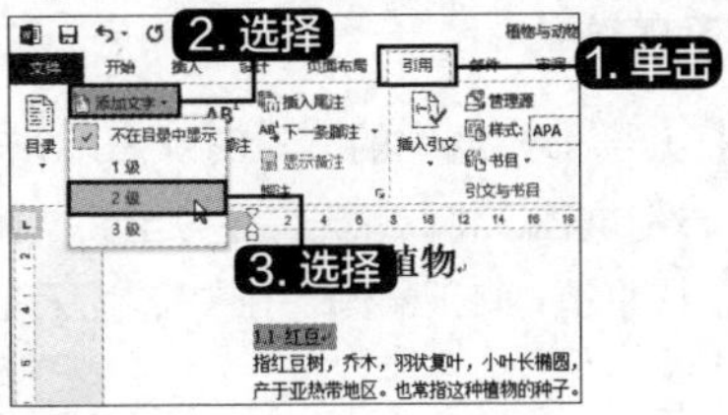

3 使用格式刷

使用【格式刷】快速设置其他标题级别。

4 选择【自定义目录】选项

为文档插入页码，然后将光标移至“第一章”文字前面，按【Ctrl+Enter】快捷键插入空白页，然后将光标定位在第1页中，单击【引用】选项卡下【目录】组中的【目录】按钮，在弹出的下拉列表中选择【自定义目录】命令。

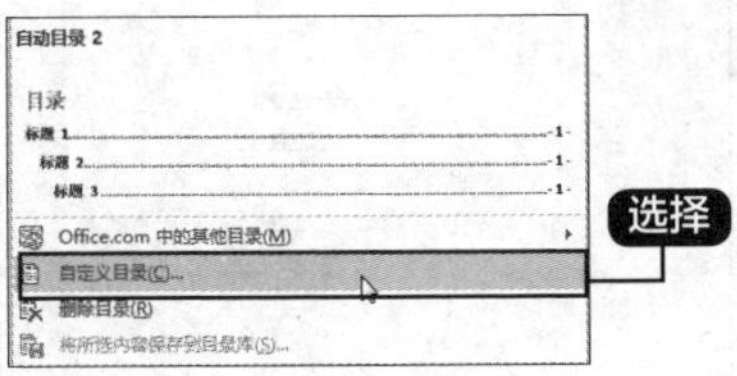

5 设置格式

在弹出的【目录】对话框中，选择【格式】下拉列表中的【正式】样式，在【显示级别】微调框中输入或者选择显示级别为“2”，在预览区域可以看到设置后的效果。

6 完成设置

各选项设置完成后单击【确定】按钮，此时就会在指定的位置建立目录。

5.7 实战演练——排版毕业论文

本节视频教学时间 / 14分钟

设计毕业论文时需要注意的是文档中同一类别的文本的格式要统一，层次要有明显的区分，要对同一级别的段落设置相同的大纲级别。还需要将需要单独显示的页面单独显示，本节根据需要制作毕业论文。

第1步 设计毕业论文首页

在制作毕业论文的时候，首先需要为论文添加首页，来描述个人信息。

1 打开素材

打开随书光盘中的“素材\ch05\毕业论文.docx”文档，将鼠标光标定位至文档最前的位置，按【Ctrl+Enter】快捷键，插入空白页面。

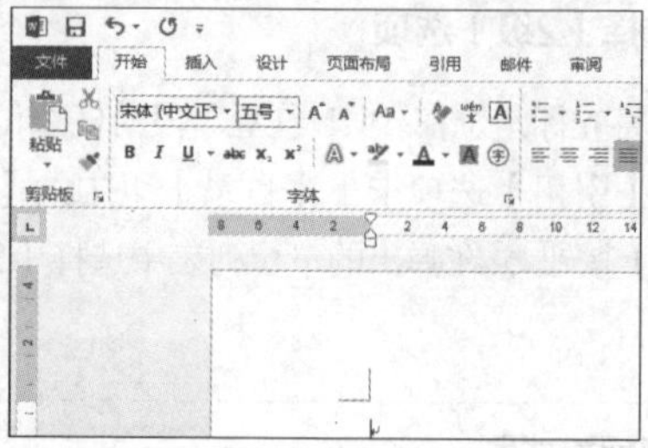

2 输入信息

选择新创建的空白页，在其中输入学校信息、个人介绍信息和指导教师名称等信息。

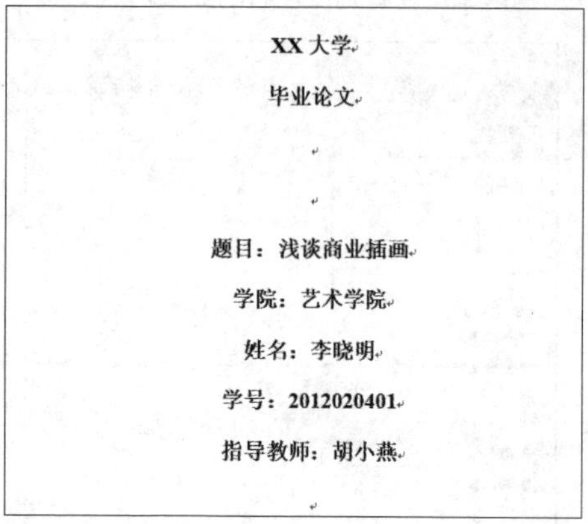

3 设置格式

分别选择不同的信息，并根据需要为不同的信息设置不同的格式，使所有的信息占满论文首页。

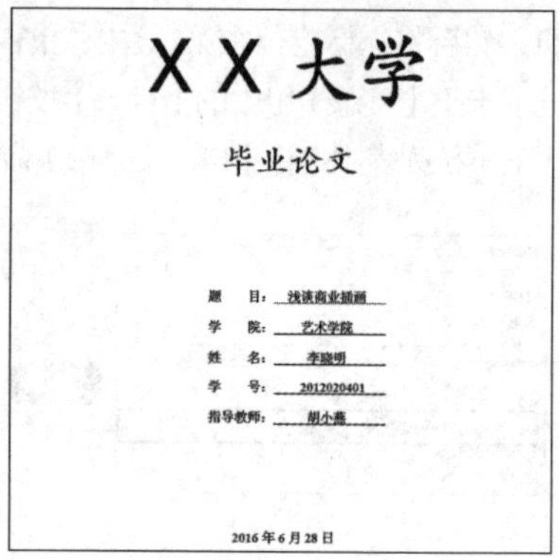

第2步 设计毕业论文格式

在撰写毕业论文的时候，学校会统一毕业论文的格式，需要根据提供的格式统一样式。

1 打开【样式】窗格

选中需要应用样式的文本，或者将插入符移至需要应用样式的段落内的任意一个位置，然后在【开始】选项卡的【样式】组中单击【样式】按钮，弹出【样式】窗格。

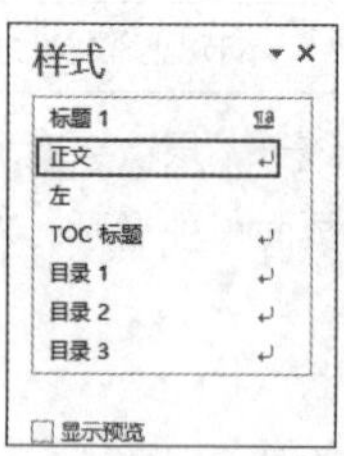

2 设置样式

单击【新建样式】按钮，弹出【根据格式设置创建新样式】窗口，在【名称】文本框中输入新建样式的名称，例如输入“论文标题1”，在【属性】区域分别根据需求设置字体样式，单击【格式】按钮，打开【段落】对话框，将大纲级别设置为【1级】，段前和段后间距设置为“0.5行”，然后单击【确定】按钮，返回【根据格式设置创建新样式】对话框，在中间区域浏览效果，单击【确定】按钮。

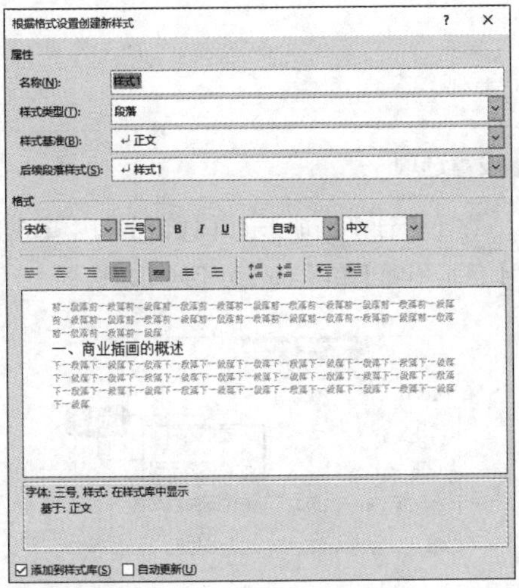

3 显示新样式

在【样式】窗格中可以看到创建的新样式，在文档中显示设置后的效果。

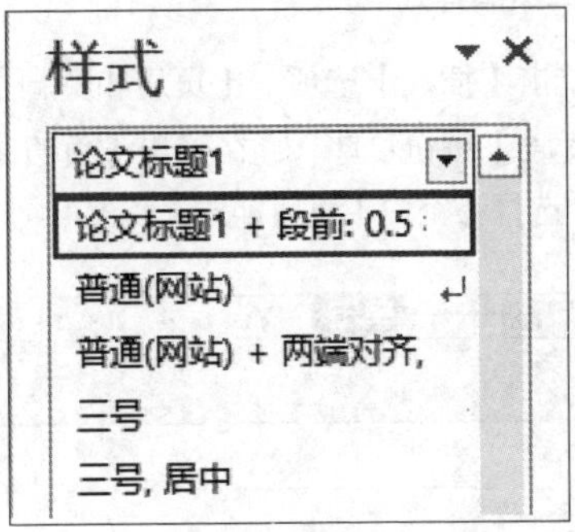

4 应用样式

选择其他需要应用该样式的段落，单击【样式】窗格中的【论文标题1】样式，即可将该样式应用到新选择的段落。

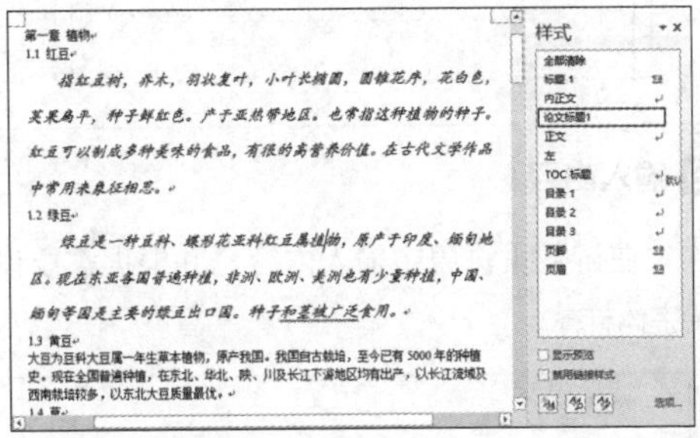

5 设置其他样式

使用同样的方法为其他标题及正文设计样式。最终效果如下图所示。

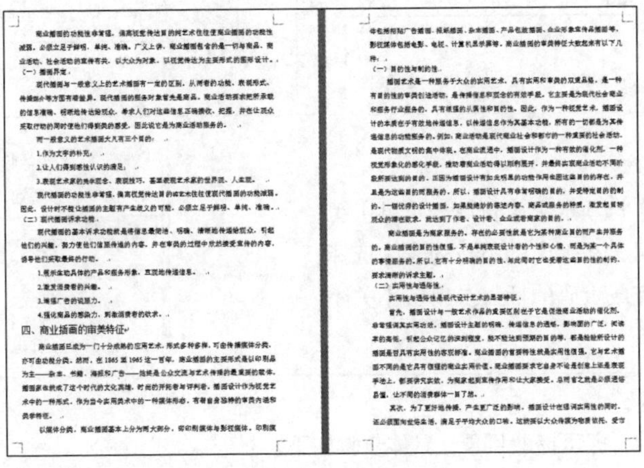

第3步 设置页眉并插入页码

在毕业论文中可能需要插入页眉，是文档看起来更美观。

1 选择页眉样式

单击【插入】选项卡【页眉和页脚】组中的【页眉】按钮 页眉，在弹出【页眉】下拉列表中选择【空白】页眉样式。

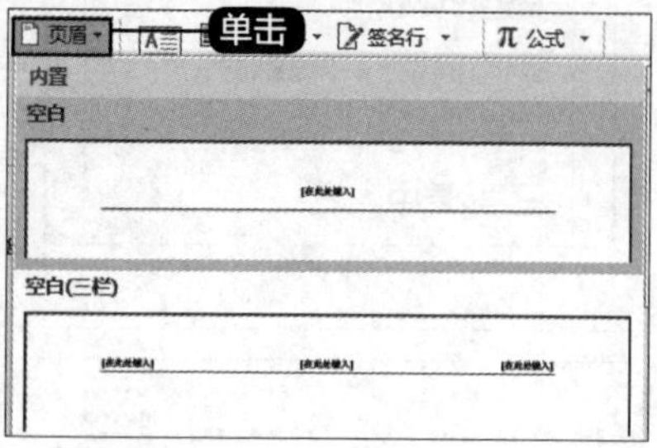

2 设置选项

在【设计】选项卡的【选项】组中单击选中【首页不同】和【奇偶页不同】复选框。

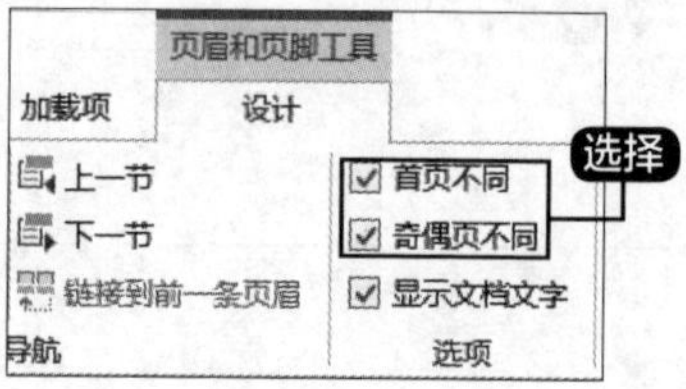

3 输入内容

在奇数页页眉中输入内容，并根据需要设置字体样式。

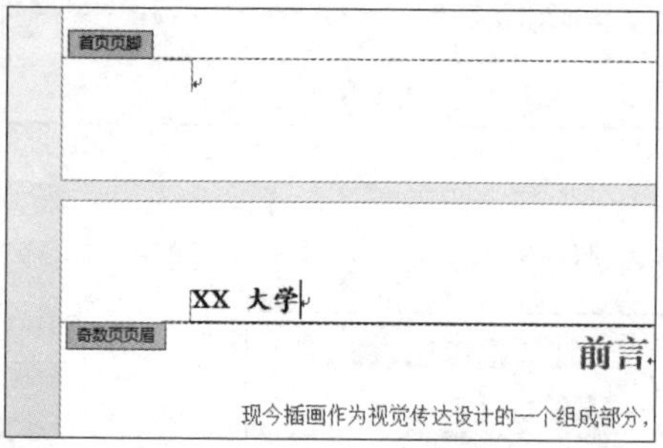

4 设置字体样式

创建偶数页页眉，并设置字体样式。

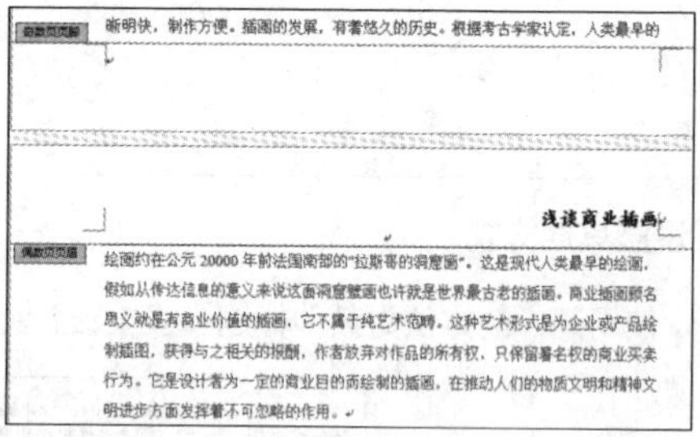

5 插入页码

单击【设计】选项卡下【页眉和页脚】组中的【页码】按钮，在弹出的下拉列表中选择一种页码格式，完成页码的插入。单击【关闭页眉和页脚】按钮。

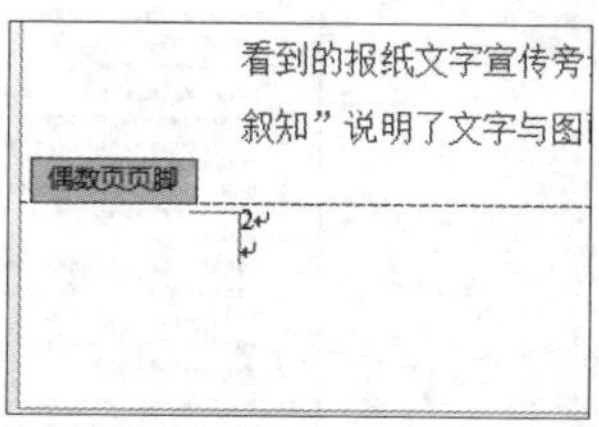

第4步 提取目录

格式设置完后，即可提取目录，具体步骤如下。

1 设置字头样式

将鼠标光标定位至文档第2页面最前的位置，单击【插入】选项卡下【页面】组中的【空白页】按钮空白页。添加一个空白页，在空白页中输入“目录”文本，并根据需要设置字头样式。

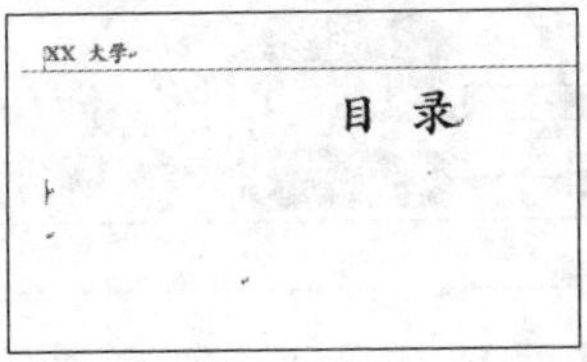

2 选择【自定义目录】选项

单击【引用】选项卡的【目录】组中的【目录】按钮目录，在弹出的下拉列表中选择【自定义目录】选项。

3 设置目录格式

在弹出的【目录】对话框中，在【格式】下拉列表中选择【正式】样式，在【显示级别】微调框中输入或者选择显示级别为“3”，在预览区域可以看到设置后的效果，各选项设置完成后单击【确定】按钮。

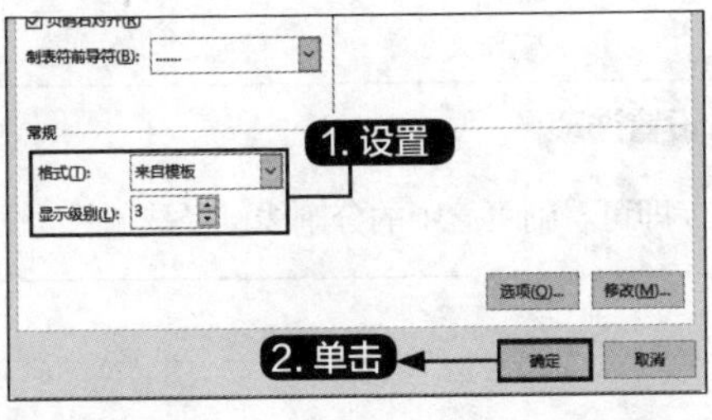

4 显示效果

此时就会在指定的位置建立目录。

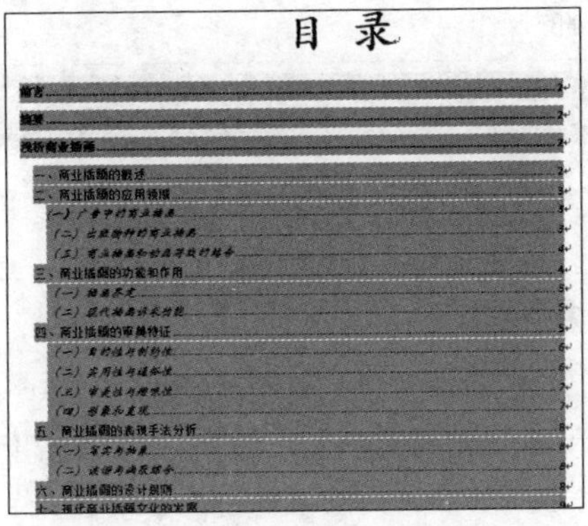

5 完成排版

根据需要，设置目录字体大小和段落间距，至此就完成了毕业论文的排版。

高手私房菜

技巧1：指定样式的快捷键

在创建样式时，可以为样式指定快捷键，只需要选择要应用样式的段落，并按快捷键，即可应用样式。

1 选择【修改】选项

在【样式】窗格中单击要指定快捷键的样式后的下拉按钮▼，在弹出的下拉列表中选择【修改】选项。

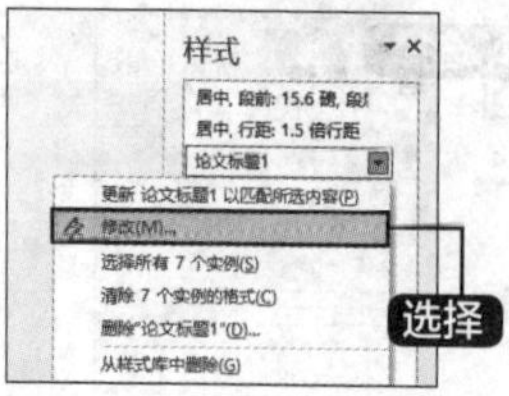

2 选择【快捷键】选项

打开【修改样式】对话框，单击【格式】按钮，在弹出的列表中选择【快捷键】命令。

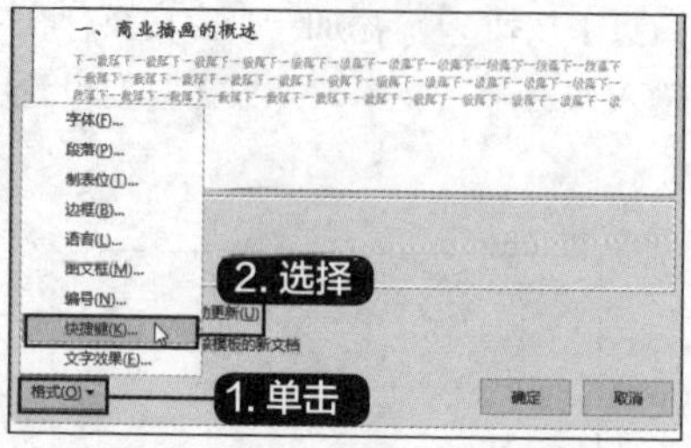

3 完成设置

弹出【自定义键盘】对话框，将鼠标光标定位至【请按新快捷键】文本框中，并在键盘上按要设置的快捷键，这里按【Alt+C】快捷键，单击【指定】按钮，即完成了指定样式快捷键的操作。

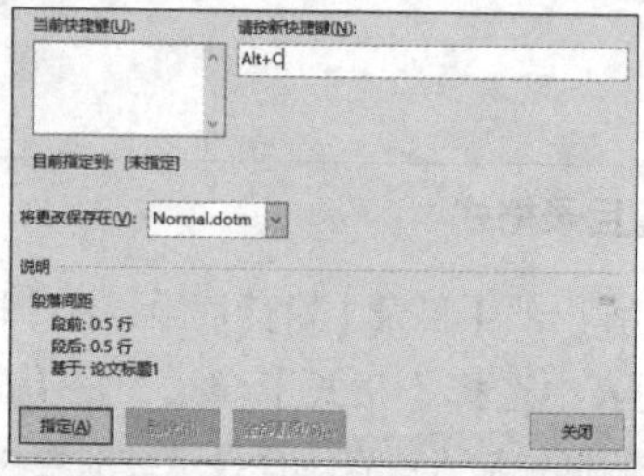

技巧52：删除页眉分割线

在添加页眉时，经常会看到自动添加的分割线，有时在排版时，为了美观，需要将分割线删除。具体操作步骤如下。

1 编辑页眉

双击页眉位置，进入页眉编辑状态。然后单击【开始】选项卡，在样式组中单击【其他】按钮，在弹出的菜单中，选择【清除格式】命令。

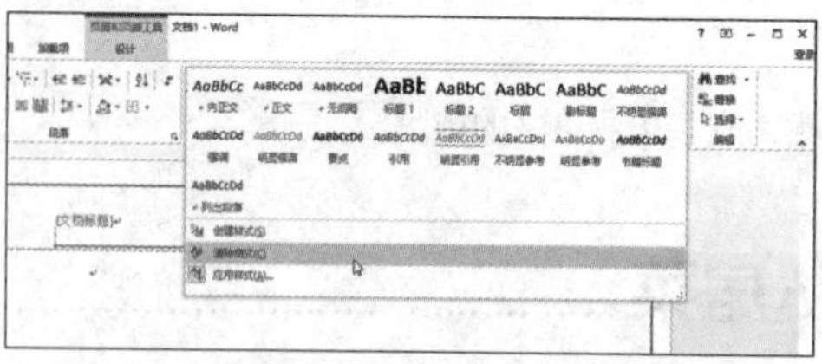

2 设置选项

即可看到页眉中的分割线已经被删除。

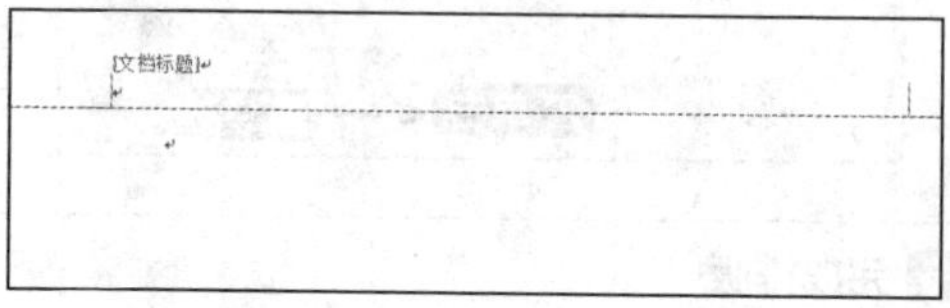

第6章 制作Excel表格

重点导读

本章视频教学时间：1小时22分钟

Excel 2013是微软公司推出的Office 2013办公系列软件的一个重要组件，主要用于电子表格的处理，可以高效地完成各种表格的设计，进行复杂的数据计算和分析，大大提高了数据处理的效率。

学习效果图

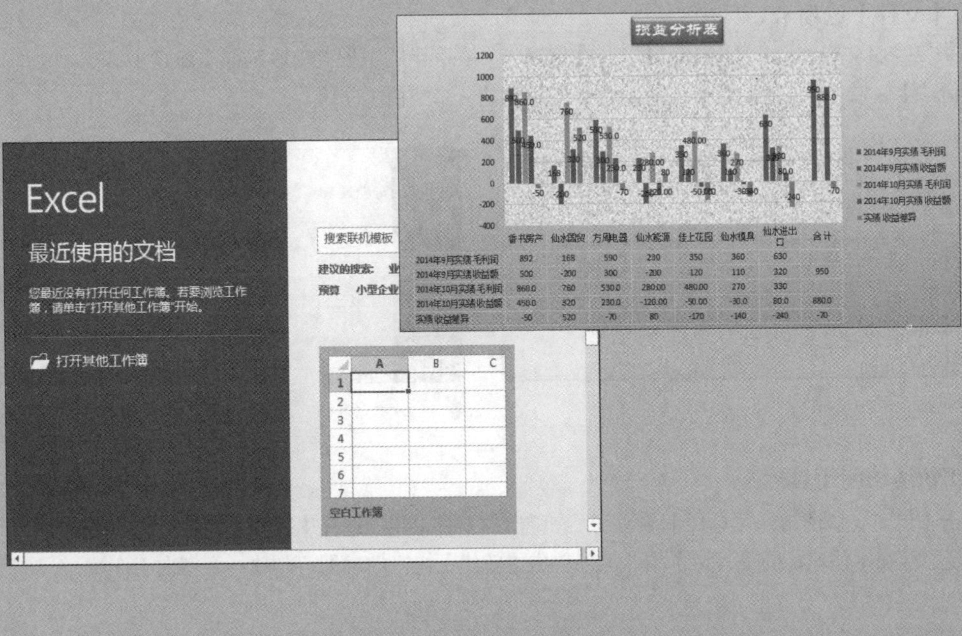

6.1 创建工作簿

本节视频教学时间 / 2分钟

工作簿是指在Excel中用来存储并处理工作数据的文件，在Excel 2013中，其扩展名是.xlsx。通常所说的Excel文件指的就是工作簿文件。在使用Excel时，首先需要创建一个工作簿，具体创建方法有以下几种。

1. 启动自动创建

1 空白工作簿

启动Excel 2013后，在打开的界面单击右侧的【空白工作簿】选项。

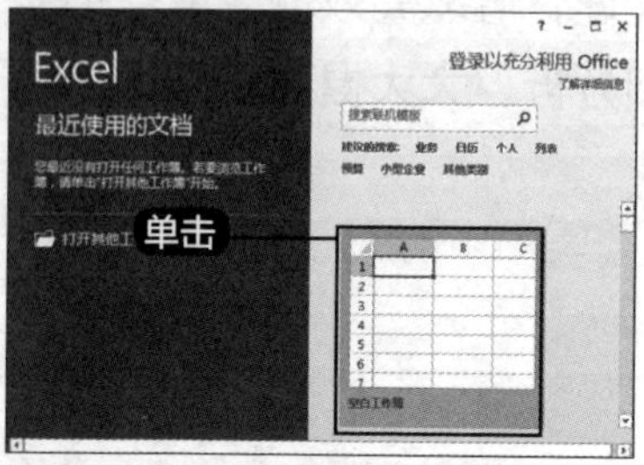

2 完成创建

系统会自动创建一个名称为“工作簿1”的工作簿。

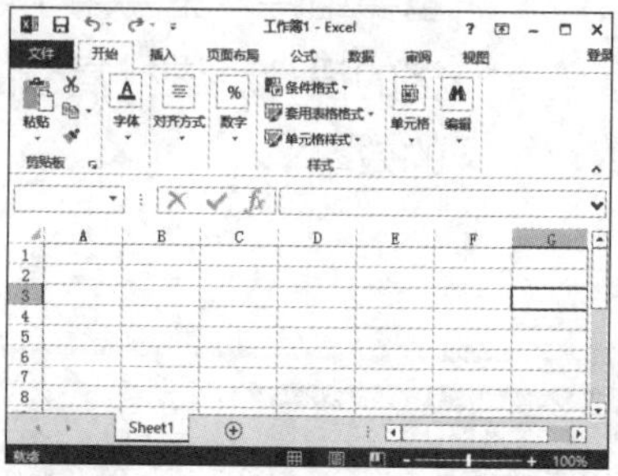

2. 使用【文件】选项卡

如果已经启动Excel，可以单击【文件】选项卡，在弹出的下拉菜单中选择【新建】命令。在右侧【新建】区域单击【空白工作簿】命令，即可创建一个空白工作簿。

> **提示** 另外选择【文件】选项卡下的【新建】命令，在右侧的【新建】区域可以使用模板快速创建工作簿。

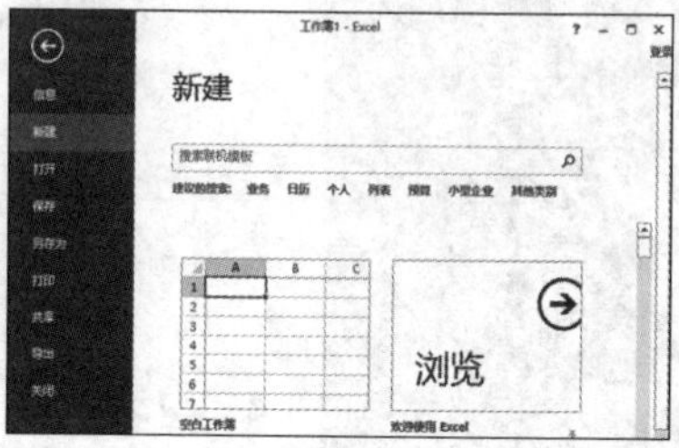

3. 使用快速访问工具栏

单击【自定义快速访问工具栏】按钮，在弹出的下拉菜单中选择【新建】命令。将【新建】按钮固定显示在【快速访问工具栏】中，然后单击【新建】按钮，即可创建一个空白工作簿。

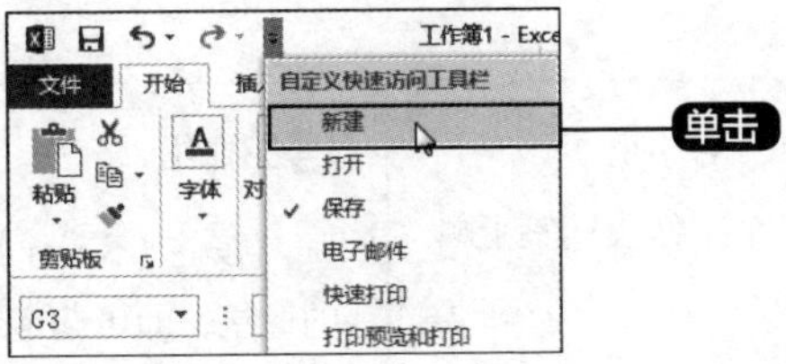

4．使用快捷键

在打开的工作簿中，按【Ctrl＋N】快捷键即可新建一个空白工作簿。

6.2 工作表的基本操作

本节视频教学时间 / 8分钟

工作表是工作簿里的一个表。Excel 2013的一个工作簿默认有1个工作表，用户可以根据需要添加工作表，每一个工作簿最多可以包括255个工作表。在工作表的标签上显示了系统默认的工作表名称为Sheet1、Sheet2、Sheet3……本节主要介绍工作表的基本操作。

6.2.1 新建工作表

创建新的工作簿时， Excel 2013默认只有1个工作表，在使用Excel 2013过程中，有时候需要使用更多的工作表，则需要新建工作表。新建工作表的具体操作步骤如下。

1 新工作表

在打开的Excel文件中，单击【新工作表】按钮⊕。

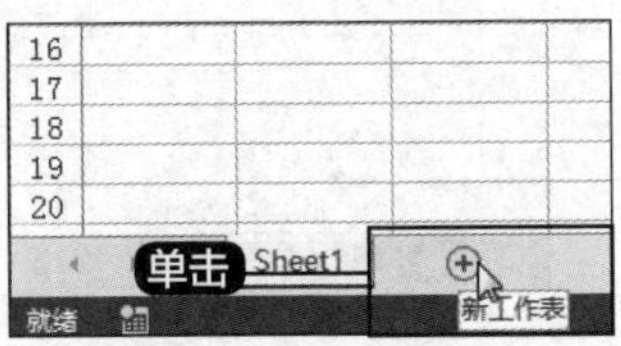

2 完成创建

即可创建一个新工作表，如下图所示。

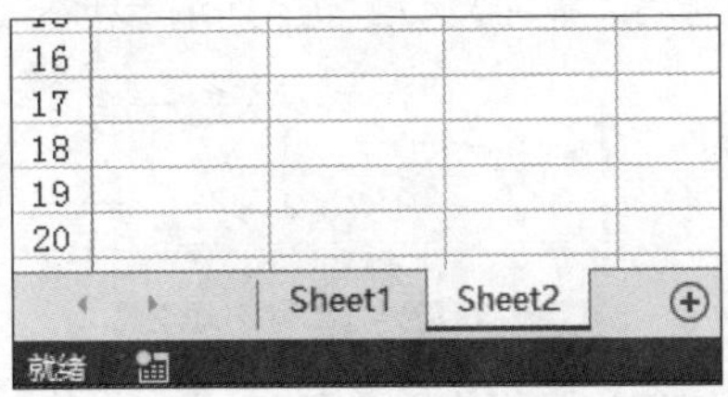

6.2.2 选择单个或多个工作表

在操作Excel表格之前必须先选择它。本节介绍3种情况下选择工作表的方法。

1. 用鼠标选定Excel表格

用鼠标选定Excel表格是最常用、最快速的方法，只需在Excel表格最下方的工作表标签上单击即可。

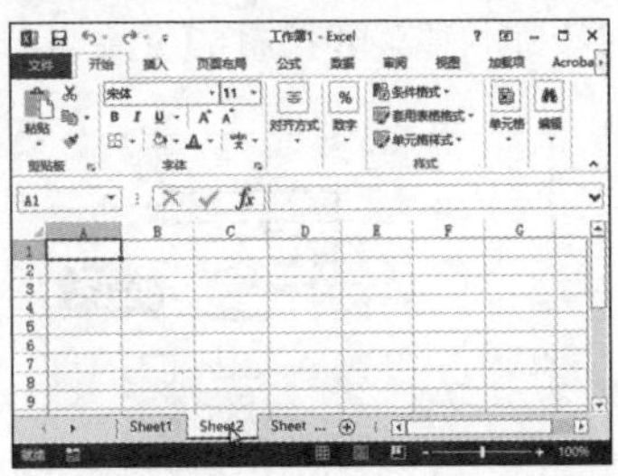

2. 选定连续的Excel表格

1 选定Excel表格

在Excel表格下方的第1个工作表标签上单击，选定该Excel表格。

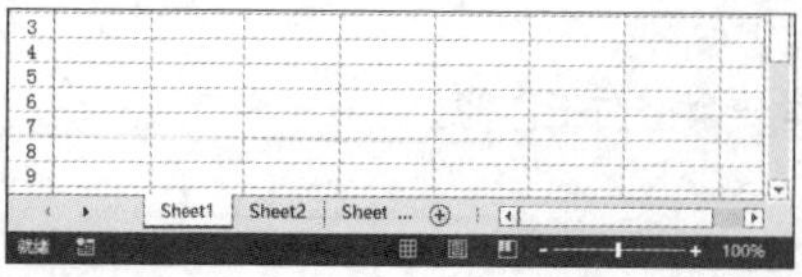

2 工作组

按住【Shift】键的同时选定最后一个表格的标签，即可选定连续的Excel表格。此时，工作簿标题栏上会多了“工作组”字样。

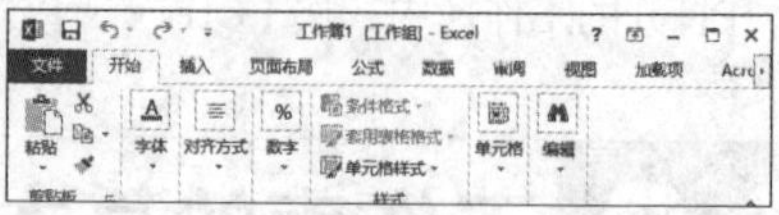

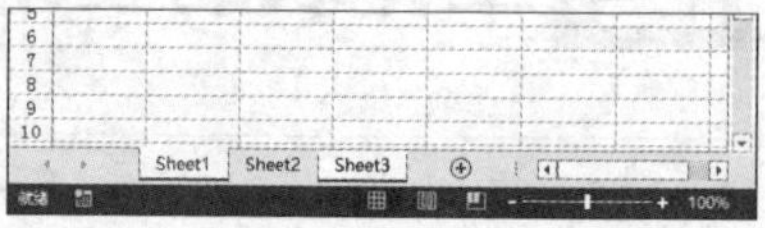

3. 选择不连续的工作表

要选定不连续的Excel表格，按住【Ctrl】键的同时，选择相应的Excel表格即可。

6.2.3 重命名工作表

每个工作表都有自己的名称，默认情况下以Sheetl、Sheet2、Sheet3……命名工作表。用户可以对工作表进行重命名操作，以便更好地管理工作表。

重命名工作表的方法有以下两种。

1. 在标签上直接重命名

1 进入可编辑状态

双击要重命名的工作表的标签Sheet1（此时该标签以高亮显示），进入可编辑状态。

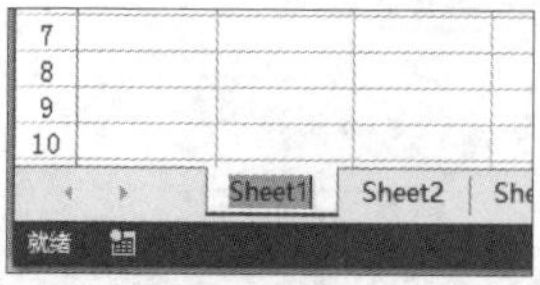

2 完成重命名

输入新的标签名，即可完成对该工作表标签进行的重命名操作。

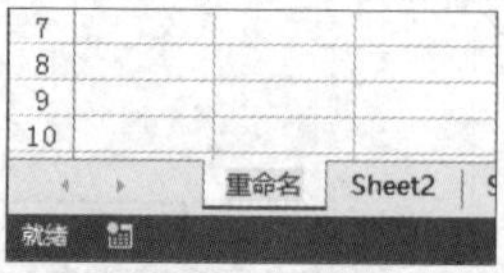

2. 使用快捷菜单重命名

1 选择【重命名】命令

在要重命名的工作表标签上单击鼠标右键，在弹出的快捷菜单中选择【重命名】命令。

2 完成工作表的重命名

此时工作表标签会高亮显示，在标签上输入新的标签名，即可完成工作表的重命名。

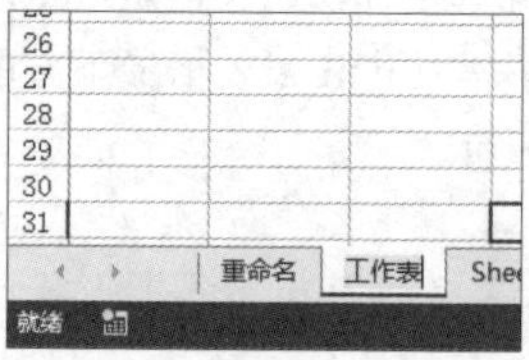

6.2.4 移动或复制工作表

复制和移动工作表的具体步骤如下。

1. 移动工作表

移动工作表最简单的方法是使用鼠标操作，在同一个工作簿中移动工作表的方法有以下两种。

(1) 直接拖曳法

1 选择标签

选择要移动的工作表的标签，按住鼠标左键不放。

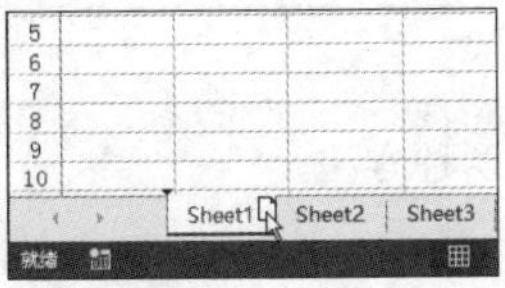

2 移动工作表

拖曳鼠标让指针到工作表的新位置，黑色倒三角会随鼠标指针移动而移动，释放鼠标左键，工作表即被移动到新的位置。

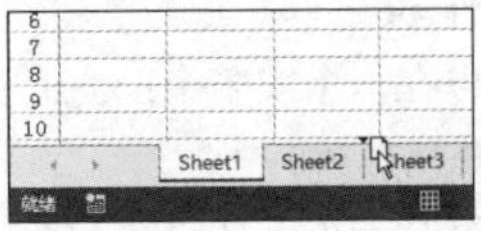

(2) 使用快捷菜单法

1 选择【移动或复制】菜单选项

在要移动的工作表标签上单击鼠标右键，在弹出的快捷菜单中选择【移动或复制】菜单选项。

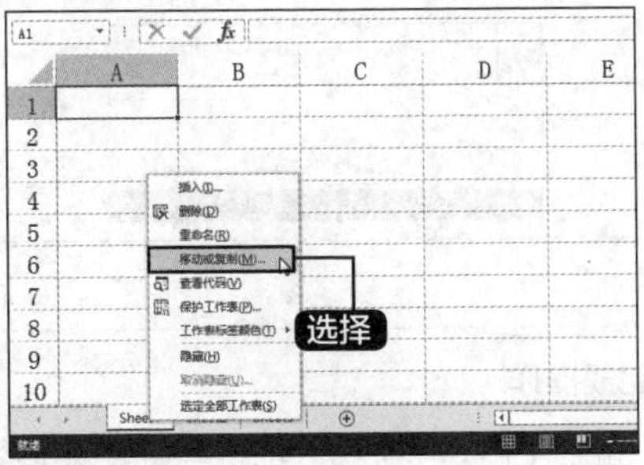

2 选择要插入的位置

在弹出的【移动或复制工作表】对话框中选择要插入的位置。

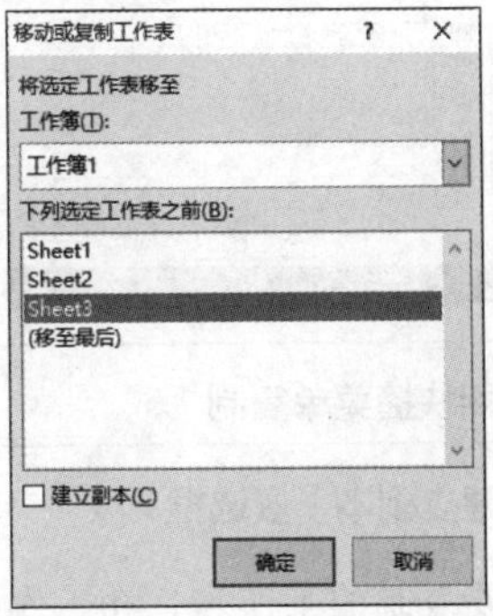

3 完成移动

单击【确定】按钮，即可将当前工作表移动到指定的位置。

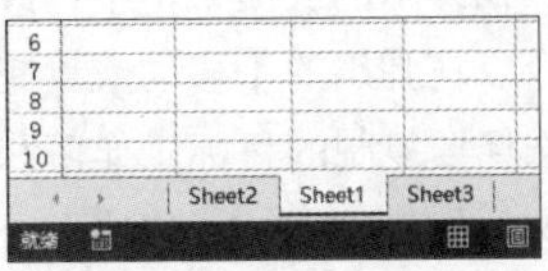

提示 另外，不但可以在同一个Excel工作簿中移动工作表，还可以在不同的工作簿中移动。若要在不同的工作簿中移动工作表，则要求这些工作簿必须是打开的。打开的【移动或复制工作表】对话框中，在【将选定工作表移至工作簿】下拉列表中选择要移动的目标位置，单击【确定】按钮，即可将当前工作表移动到指定的位置。

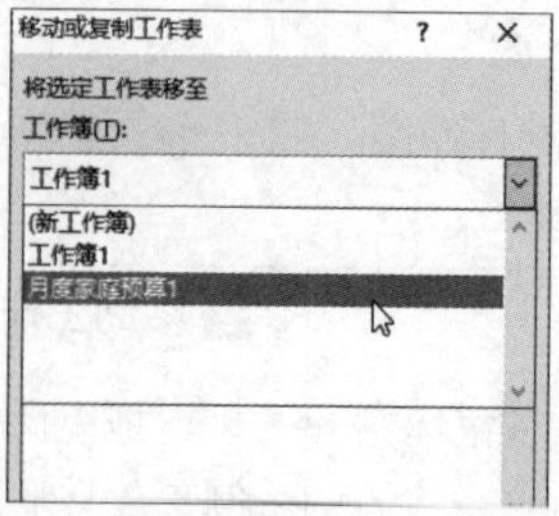

2. 复制工作表

用户可以在一个或多个Excel工作簿中复制工作表，有以下两种方法。

(1) 使用鼠标复制

用鼠标复制工作表的步骤与移动工作表的步骤相似，只是在拖动鼠标的同时按住【Ctrl】键即可。

1 复制工作表

选择要复制的工作表，按住【Ctrl】键的同时单击该工作表。

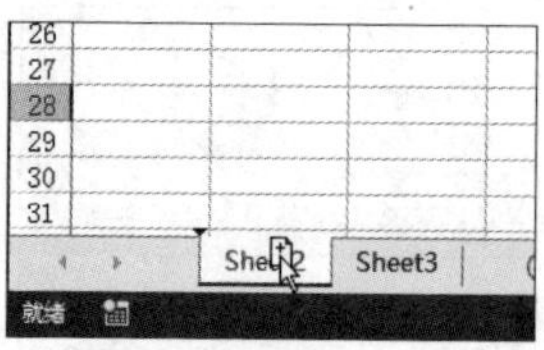

2 选择复制位置

拖动鼠标让指针到工作表的新位置，黑色倒三角会随鼠标指针移动而移动，释放鼠标左键，工作表即被复制到新的位置。

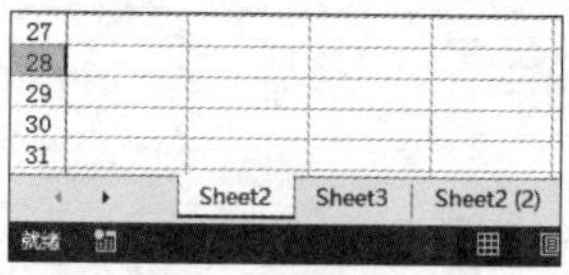

(2) 使用快捷菜单复制

1 选中【建立副本】复选框

选择要复制的工作表，在工作表标签上右击鼠标，在弹出的快捷菜单中选择【移动或复制】命令。在弹出的【移动或复制工作表】对话框中选择要复制的目标工作簿和插入的位置，然后选中【建立副本】复选框。

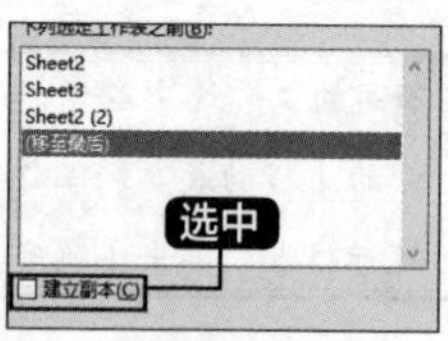

2 完成操作

单击【确定】按钮，即可完成复制工作表的操作。

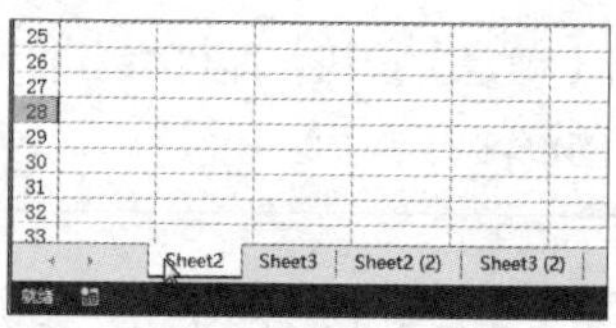

6.3 单元格的基本操作

本节视频教学时间 / 17分钟

单元格是工作表中行列交汇处的区域，它可以保存数值、文字和声音等数据。在Excel中，单元格是编辑数据的基本元素。

6.3.1 选择单元格

对单元格进行编辑操作，首先要选择单元格或单元格区域。注意，启动Excel并创建新的工作簿时，单元格A1处于自动选定状态。

1. 选择一个单元格

单击某一单元格，若单元格的边框线变成青粗线，则此单元格处于选定状态。当前单元格的地址显示在名称框中，在工作表格区内，鼠标指针会呈白色形状。

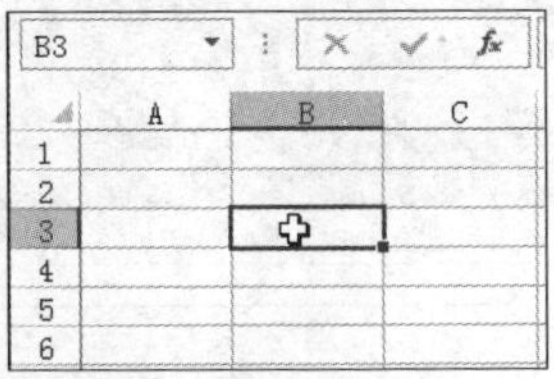

提示 在名称框中输入目标单元格的地址，如“B7”，按【Enter】键即可选定第B列和第7行交汇处的单元格。此外，使用键盘上的上、下、左、右4个方向键，也可以选定单元格。

2. 选择连续的单元格区域

在Excel工作表中，若要对多个单元格进行相同的操作，可以先选择单元格区域。

1 单击单元格C6

单击该区域左上角的单元格A2，按住【Shift】键的同时，单击该区域右下角的单元格C6。

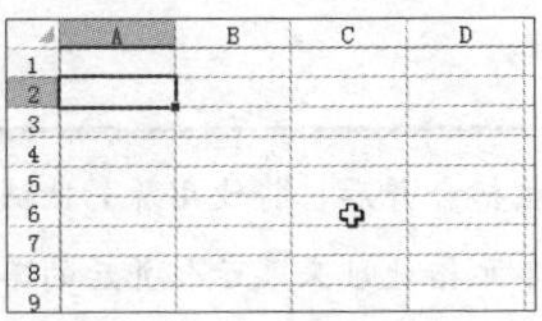

2 显示结果

此时即可选定单元格区域A2:C6，结果如图所示。

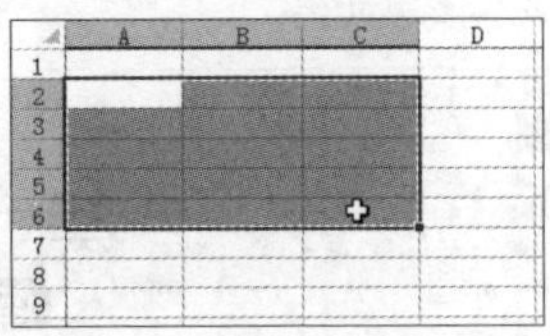

提示 将鼠标指针移到该区域左上角的单元格A2上，按住鼠标左键不放，向该区域右下角的单元格C6拖曳，或在名称框中输入单元格区域名称“A2:C6”，按【Enter】键，均可选定单元格区域A2:C6。

3. 选择不连续的单元格区域

选择不连续的单元格区域，也就是选择不相邻的单元格或单元格区域，具体操作步骤如下。

1 拖动单元格

选择第1个单元格区域（例如，单元格区域A2:C3）后。按住【Ctrl】键不放，拖动鼠标选择第2个单元格区域（例如，单元格区域C6:E8）。

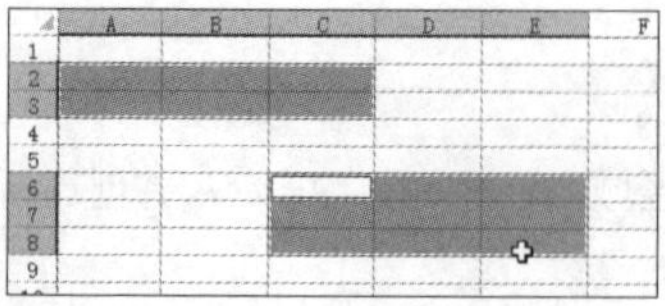

2 拖动多个单元格

使用同样的方法可以选择多个不连续的单元格区域。

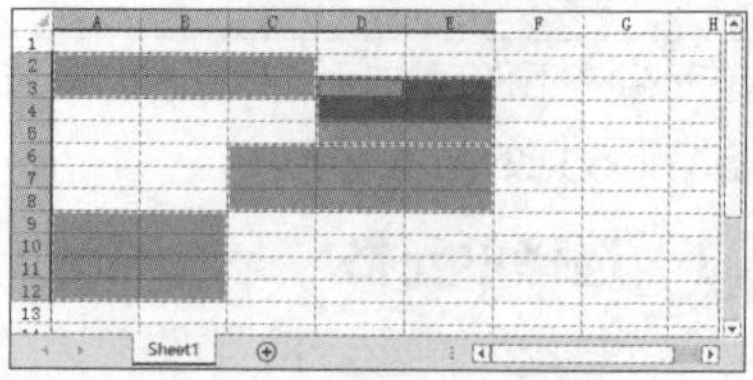

4. 选择所有单元格

选择所有单元格，即选择整个工作表，方法有以下两种。

（1）单击工作表左上角行号与列标相交处的【选定全部】按钮◢，即可选定整个工作表。

（2）按【Ctrl+A】快捷键也可以选择整个表格。

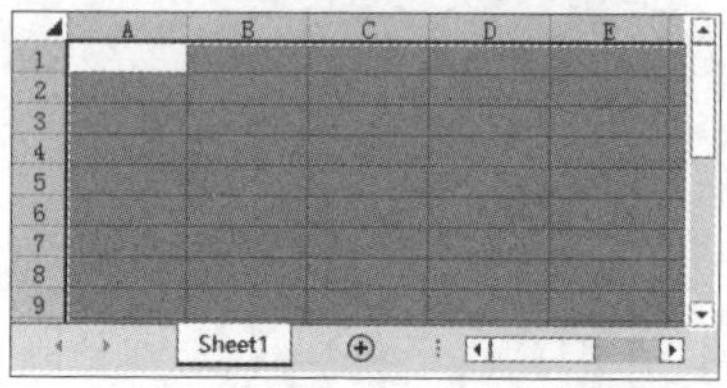

6.3.2 合并与拆分单元格

合并与拆分单元格是最常用的单元格操作，它不仅可以满足用户编辑表格中数据的需求，也可以使工作表整体更加美观。

1. 合并单元格

合并单元格是指在Excel工作表中，将两个或多个选定的相邻单元格合并成一个单元格。如选择单元格区域A1:C1，单击【开始】选项卡下【对齐方式】组中【合并后居中】按钮，即可合并且居中显示该单元格。

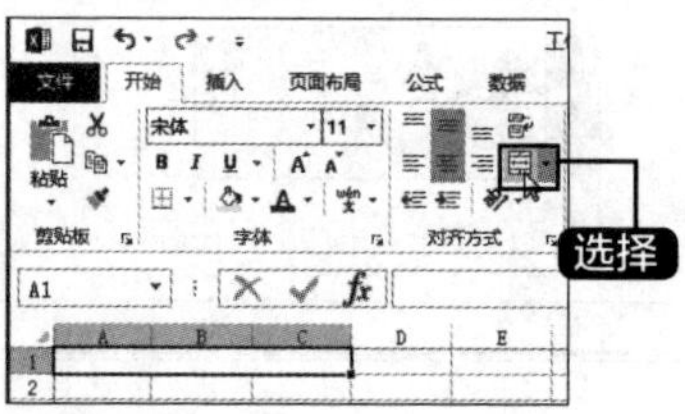

提示

单元格合并后，将使用原始区域左上角的单元格地址来表示合并后的单元格地址。

2. 拆分单元格

在Excel工作表中，还可以将合并后的单元格拆分成多个单元格。

选择合并后的单元格，单击【开始】选项卡下【对齐方式】组中【合并后居中】按钮右侧的下拉按钮，在弹出的列表中选择【取消单元格合并】命令，该表格即被取消合并，恢复成合并前的单元格。

> **提示**
> 在合并后的单元格上单击鼠标右键，在弹出的快捷菜单中选择【设置单元格格式】命令，弹出【设置单元格格式】对话框，在【对齐】选项卡下撤销选中【合并单元格】复选框，然后单击【确定】按钮，也可拆分合并后的单元格。

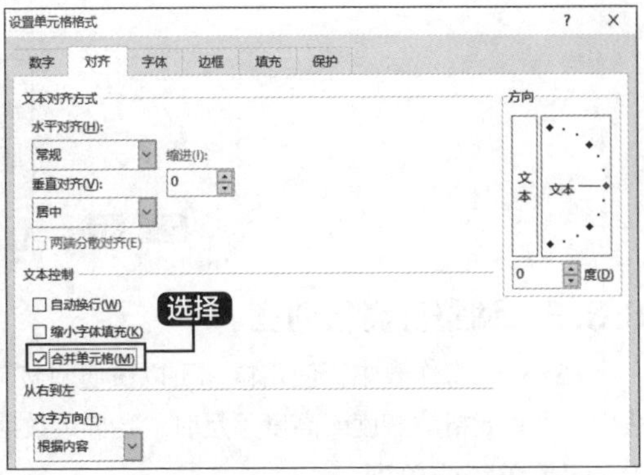

6.3.3 选择行和列

将鼠标指针放在行标签或列标签上，当出现向右的箭头或向下的箭头时，单击鼠标左键，即可选中该行或该列。

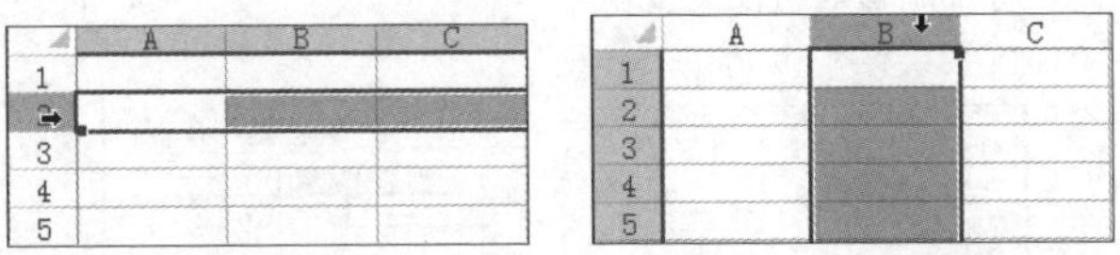

在选择多行或多列时，如果按【Shift】键再进行选择，那么就可选中连续的多行或多列；如果按【Ctrl】键再选，可选中不连续的行或列。

6.3.4 插入\删除行和列

在Excel工作表中，用户可以根据需要插入或删除行和列，其具体步骤如下所述。

1. 插入行与列

在工作表中插入新行，当前行则向下移动，而插入新列，当前列则向右移动。如选中第4行后，单击鼠标右键，在弹出的快捷菜单中选择【插入】命令，即可插入行或列。

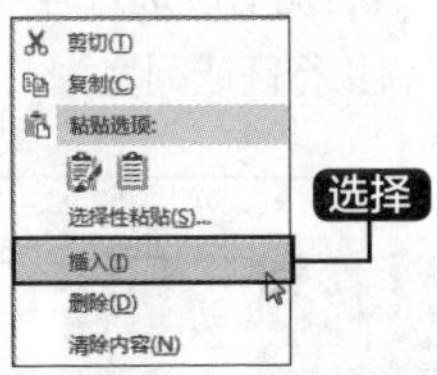

2. 删除行与列

工作表中多余的行或列，可以将其删除。删除行和列的方法有多种，最常用的有以下3种。

（1）选择要删除的行或列，单击鼠标右键，在弹出的快捷菜单中选择【删除】命令，即可将其删除。

（2）选择要删除的行或列，单击【开始】选项卡下【单元格】组中的【删除】按钮右侧的下拉按钮 删除 ·，在弹出的下拉列表中选择【删除单元格】命令，即可将选中的行或列删除。

（3）选择要删除的行或列中的一个单元格，单击鼠标右键，在弹出的快捷菜单中选择【删除】命令，在弹出的【删除】对话框中选中【整行】或【整列】单选项，然后单击【确定】按钮即可。

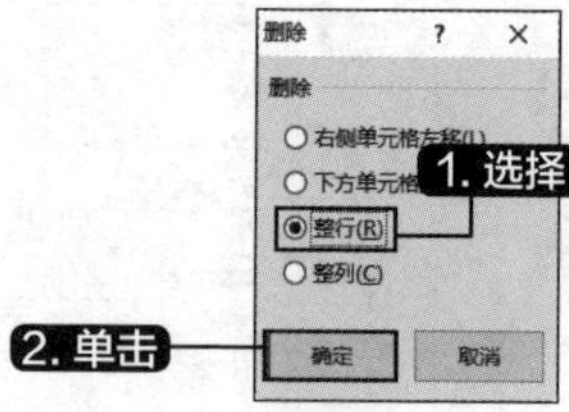

6.3.5 调整行高和列宽

在Excel工作表中，使用鼠标可以快速调整行高和列宽，其具体操作步骤如下。在Excel工作表中，当单元格的宽度或高度不足时，会导致数据显示不完整，这时就需要调整列宽和行高。

1. 调整单行或单列

如果要调整行高，将鼠标指针移动到两行的列号之间，当指针变成✣形状时，按住鼠标左键向上拖动可以使行变小，向下拖动则可使行变高。拖动时将显示出以点和像素为单位的宽度工具提示。如果要调整列宽，将鼠标指针移动到两列的列标之间，当指针变成✣形状时，按住鼠标左键向左拖动可以使列变窄，向右拖动则可使列变宽。

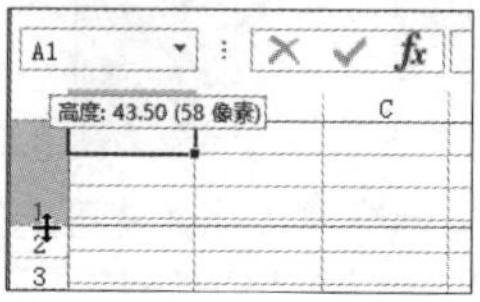

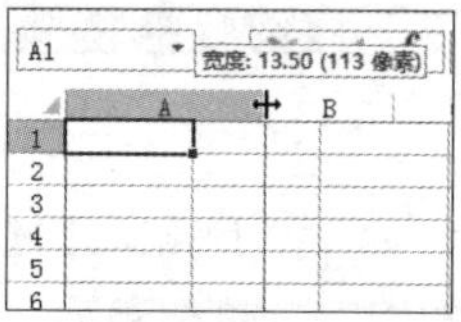

2. 调整多行或多列

如果要调整多行或多列的宽度，选择要更改的行或列，然后拖动所选行号或列标的下侧或右侧边界，调整行高或列宽。

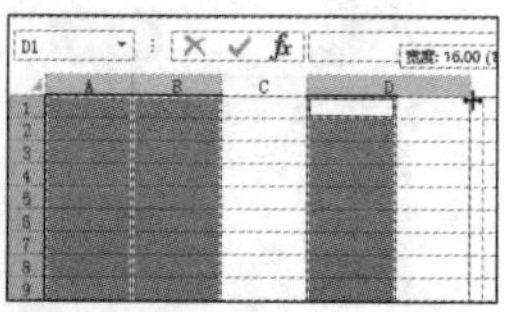

3. 调整整个工作表的行或列

如果要调整工作表中所有列的宽度，单击【全选】按钮◢，然后拖动任意列标题的边界调整行高或列宽。

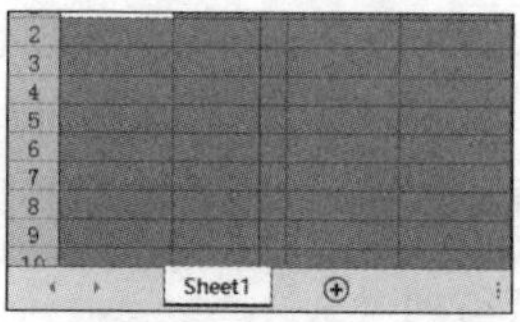

4. 自动调整行高与列宽

除了手动调整行高与列宽外，还可以将单元格设置为根据单元格内容自动调整行高或列宽。在工作表中，选择要调整的行或列，如这里选择E列。在【开始】选项卡中，单击【单元格】组中的【格式】按钮 格式，在弹出的下拉菜单中选择【自动调整行高】或【自动调整列宽】命令即可。

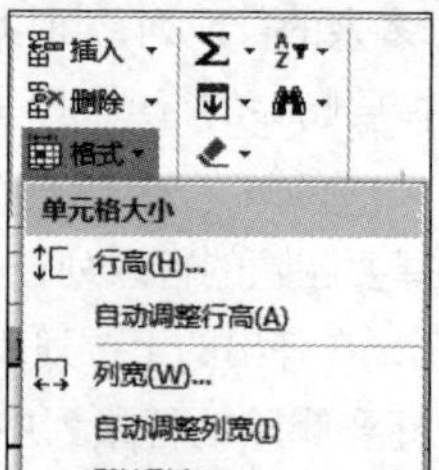

6.4 输入和编辑数据

本节视频教学时间 / 13分钟

对于单元格中输入的数据，Excel会自动地根据数据的特征进行处理并显示出来。本节介绍Excel如何输入和编辑这些数据。

6.4.1 输入文本数据

单元格中的文本包括汉字、英文字母、数字和符号等。每个单元格最多可包含32 767个字符。例如，在单元格中输入“5个小孩”，Excel会将它显示为文本形式；若将“5”和“小孩”分别输入到不同的单元格中，Excel则会把“小孩”作为文本处理，而将“5”作为数值处理。

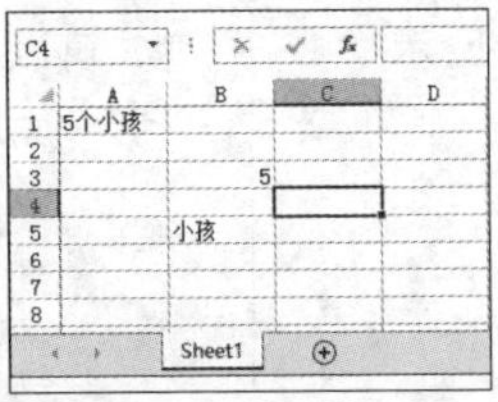

选择要输入的单元格，从键盘上输入数据后，按【Enter】键，Excel会自动识别数据类型，并将单元格对齐方式默认设置为“左对齐”。

如果单元格列宽容纳不下文本字符串，多余字符串会在相邻单元格中显示，若相邻的单元格中已有数据，就截断显示。

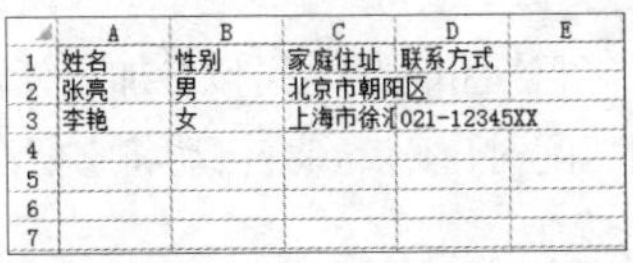

提示 被截断不显示的部分仍然存在，只需改变列宽即可显示出来。

如果在单元格中输入的是多行数据，在换行处按【Alt+Enter】快捷键，可以实现换行。换行后在一个单元格中将显示多行文本，行的高度也会自动增大。

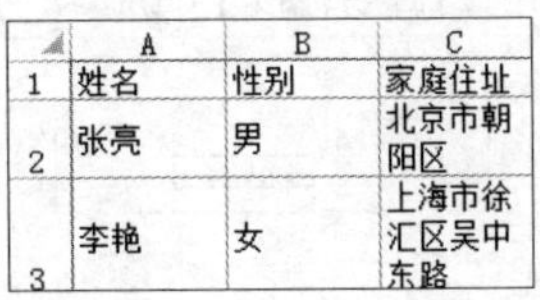

6.4.2 输入常规数值

数值型数据是Excel中使用最多的数据类型。在输入数值时，数值将显示在活动单元格和编辑栏中。单击编辑栏左侧的【取消】按钮✕，可将输入但未确认的内容取消。如果要确认输入的内容，则可按【Enter】键，或单击编辑栏左侧的【输入】按钮✔。

在单元格中输入数值型数据后，按【Enter】键，Excel会自动将数值的对齐方式设置为“右对齐”。

> **提示** 数字型数据可以是整数、小数或科学计数（如6.09E+13）。在数值中可以出现的数学符号包括负号（-）、百分号（%）、指数符号（E）和美元符号（$）等。

在Excel工作表输入数值类数据的规则如下。

1 输入分数时，为了与日期型数据区分，需要在分数之前加一个零和一个空格。例如，在A1中输入“1/4”，则显示“1月4日”；在B1中输入“0 1/4”，则显示“1/4”，值为0.25。

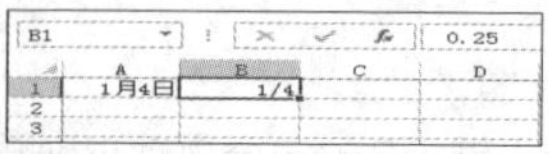

2 如果输入以数字0开头的数字串，Excel将自动省略0。如果要保持输入的内容不变，可以先输入英文标点单引号（’），再输入数字或字符。

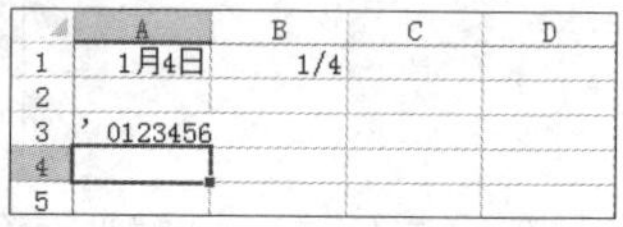

3 若单元格容纳不下较长的数字，则会用科学计数法显示该数据。

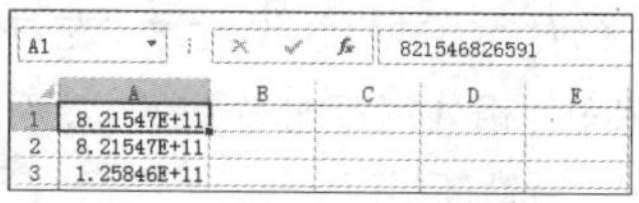

6.4.3 输入日期和时间

在工作表中输入日期或时间时，需要用特定的格式定义。日期和时间也可以参加运算。Excel内置了一些日期与时间的格式。当输入的数据与这些格式相匹配时，Excel会自动将它们识别为日期或时间数据。

1. 输入日期

在输入日期时，可以用左斜线或短线分隔日期的年、月、日。例如，可以输入“2014/4/ 20”或者“2014-4-20”；如果要输入当前的日期，按【Ctrl+；】快捷键即可。

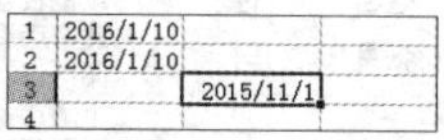

2. 输入时间

在输入时间时，小时、分、秒之间用冒号（：）作为分隔符。如果按12小时制输入时间，需要在时间的后面空一格再输入字母am（上午）或pm（下午）。例如，输入“10:00 pm”，按【Enter】键的时间结果是10:00 PM。如果要输入当前的时间，按【Ctrl+Shift+；】快捷键即可。

日期和时间型数据在单元格中靠右对齐。如果Excel不能识别输入的日期或时间格式，输入的数据将被视为文本，并在单元格中靠左对齐。

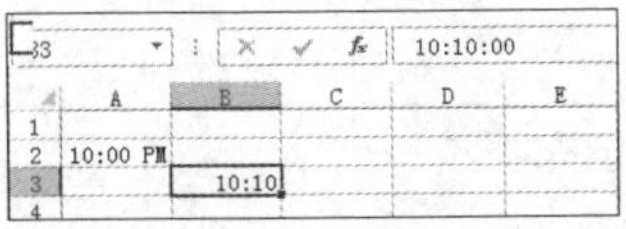

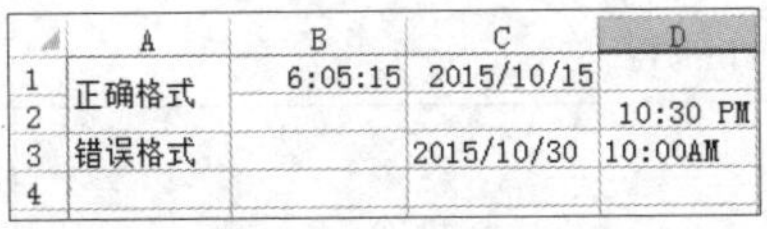

提示 特别需要注意的是：若单元格中首次输入的是日期，则单元格就自动格式化为日期格式，以后如果输入一个普通数值，系统仍然会换算成日期显示。

6.4.4 输入货币型数据

输入的数据为金额时，需要设置单元格格式为“货币”，如果输入的数据不多，可以直接在单元格中输入带有货币符号的金额。

在单元格中按快捷键【Shift+4】，出现货币符号，继续输入金额数值。

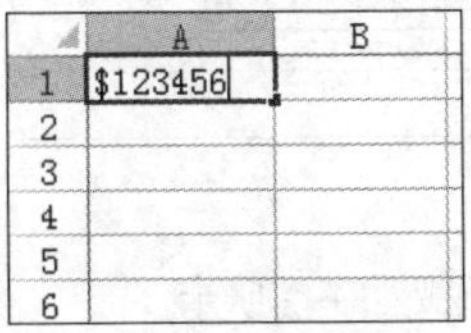

提示 这里的数字“4”为键盘中字母上方的数字键，而并非小键盘中的数字键，在英文输入法下，按下快捷键【Shift+4】，会出现“$”符号，在中文输入法下，则出现“¥”符号。

6.4.5 快速填充数据

利用Excel 的自动填充功能，可以方便快捷地输入有规律的数据。有规律的数据是指等差、等比、系统预定义的数据填充序列和用户自定义的序列。

选中某个单元格，其右下角的绿色小方块即为填充柄。

当鼠标指针指向填充柄时，会变成黑色的加号。

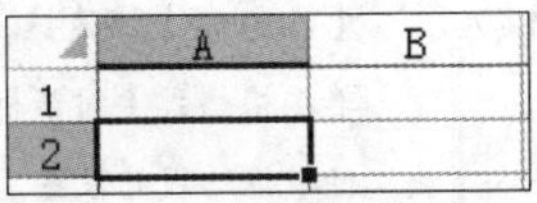

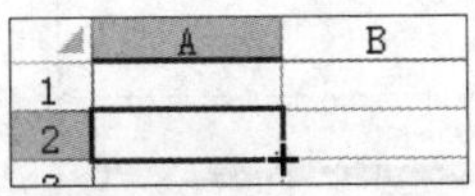

使用填充柄可以在表格中输入相同的数据，相当于复制数据。具体的操作步骤如下。

1 输入数据

选定单元格A1，输入“填充”。

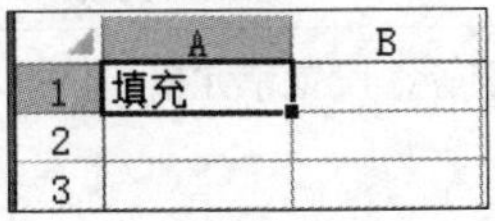

2 拖曳鼠标指针至单元格A4

将鼠标指针指向该单元格右下角的填充柄，然后拖曳鼠标指针至单元格A4，结果如下图 所示。

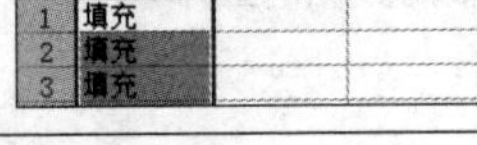

使用填充柄还可以填充序列数据，如等差或等比序列。首先选取序列的第1个单元格并输入数据，再在序列的第2个单元格中输入数据，之后利用填充柄填充，前两个单元格内容的差就是步长。下面举例说明。

1 输入数据

分别在单元格A1和A2中输入“20160101”和“20160102”。选中单元格A1 和A2，将鼠标指针指向该单元格右下角的填充柄。

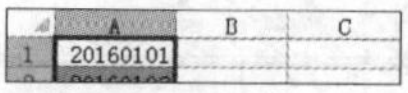

2 填充

待鼠标指针变为➕时，拖曳鼠标指针至单元格A5，即可完成等差序列的填充，如下图所示。

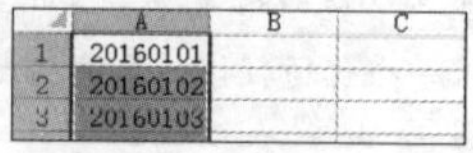

6.4.6 编辑数据

如果输入的数据格式不正确，也可以对数据进行编辑。一般是对单元格或单元格区域中的数据格式进行修改。

1 选择【设置单元格格式】选项

用鼠标右键单击需要编辑数据的单元格，在弹出的快捷菜单中选择【设置单元格格式】命令。

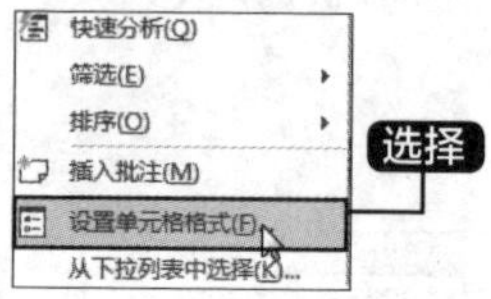

2 设置单元格

弹出【设置单元格】对话框，在左侧【分类】区域中选择需要的格式，在右侧设置相应的格式。如单击【分类】区域中的【数值】选项，在右侧设置小数位数为“2”位，然后单击【确定】按钮。

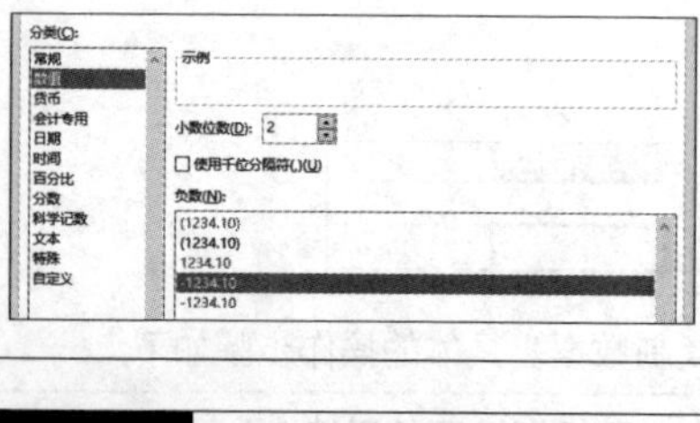

3 显示效果

编辑后的格式如下图所示。

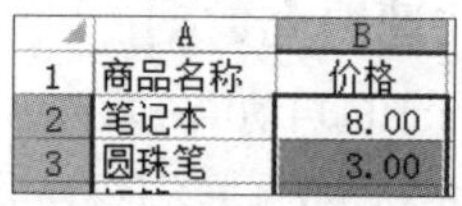

提示

选中要修改的单元格或单元格区域，按【Ctrl+1】快捷键，同样可以调出【设置单元格格式】对话框，在对话框中可以进行数据格式的设置。

6.5 设置单元格

本节视频教学时间 / 10分钟

设置单元格包括设置数字格式、对齐方式，以及边框和底纹等，设置单元格的格式不会改变数据的值，只影响数据的显示及打印效果。

6.5.1 设置对齐方式

Excel 2013允许为单元格数据设置的对齐方式有左对齐、右对齐和合并居中对齐等。

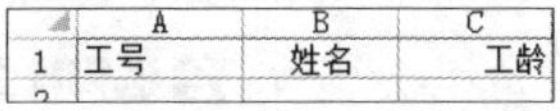

> **提示**　默认情况下，单元格的文本是左对齐，数字是右对齐。

在【开始】选项卡的【对齐方式】选项组中，对齐按钮的功能如下所述。

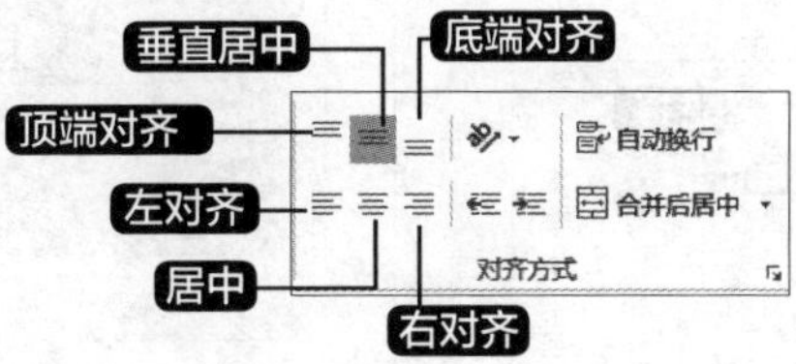

6.5.2 设置边框和底纹

在Excel 2013 中，单元格四周的灰色网格线默认是不能被打印出来的。为了使表格更加规范、美观，可以为表格设置边框和底纹。

1．设置边框

设置边框主要有以下两种方法。

（1）选中要添加边框的单元格区域，单击【开始】选项卡下【字体】组中【边框】按钮右侧的下拉按钮，在弹出的列表中选择【所有边框】命令，即可为表格添加所有边框。

（2）按【Ctrl+1】快捷键，打开【设置单元格格式】对话框，选择【边框】选项卡，在【线条样式】列表框中选择一种样式，然后在【颜色】下拉列表中选择颜色，在【预置】区域单击【外边框】命令。使用同样的方法设置【内边框】命令，单击【确定】按钮，即可添加边框。

2. 设置底纹

为了使工作表中某些数据或单元格区域更加醒目，可以为这些单元格或单元格区域设置底纹。

选择要添加背景的单元格区域，按【Ctrl+1】快捷键，打开【设置单元格格式】对话框，选择【填充】选项卡，选择要填充的背景色。也可以单击【填充效果】按钮，在弹出的【填充效果】对话框中设置背景颜色的填充效果，然后单击【确定】按钮，返回【设置单元格格式】对话框，单击【确定】按钮，工作表的背景就变成指定的底纹样式了。

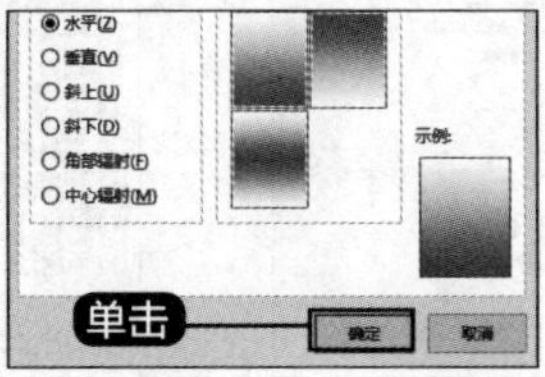

6.5.3 设置单元格样式

单元格样式是一组已定义的格式特征，使用Excel 2013中的内置单元格样式可以快速改变文本样式、标题样式、背景样式和数字样式等。同时，用户也可以创建自己的自定义单元格样式。

1 打开素材

打开随书光盘中的“素材\ch06\设置单元格样式.xlsx”文件，选择要套用格式的单元格区域A1:E15，单击【开始】选项卡下【样式】组中【单元格样式】按钮 单元格样式 右侧的下拉按钮。

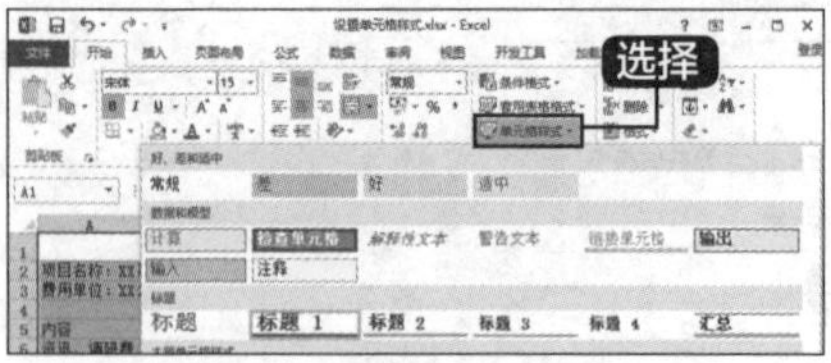

2 选择样式

在弹出的下拉菜单的【数据和模型】中选择一种样式，即可改变单元格中文本的样式。

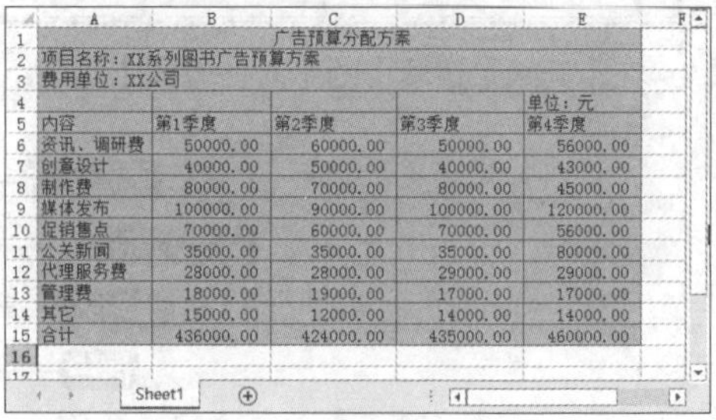

6.5.4 快速套用表格样式

Excel预置有60种常用的样式，用户可以自动地套用这些预先定义好的样式，以提高工作效率。自动套用表格格式的具体步骤如下。

1 打开素材

打开随书光盘中的“素材\ch06\设置表格样式.xlsx”文件，选择要套用格式的单元格区域A4:G18，单击【开始】选项卡下【样式】组中的【套用表格格式】按钮 套用表格格式，在弹出的下拉菜单中选择【浅色】栏下的一种。

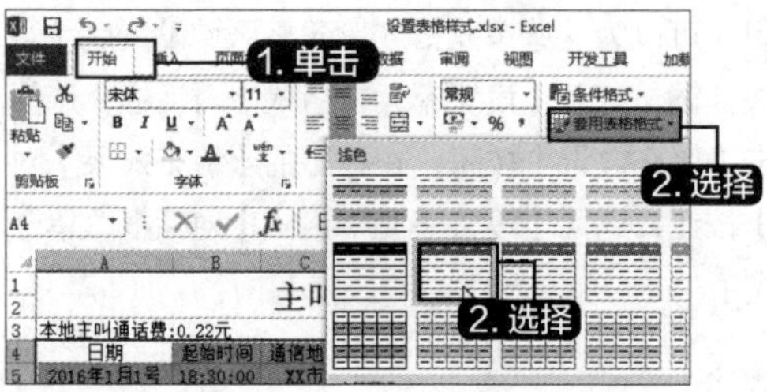

2 套用表格式

将会弹出【套用表格式】对话框，单击【确定】按钮。

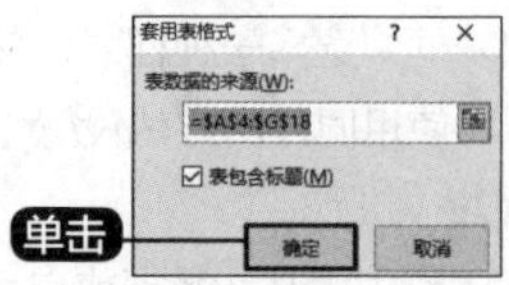

3 显示效果

即可套用该浅色样式，如下图所示。

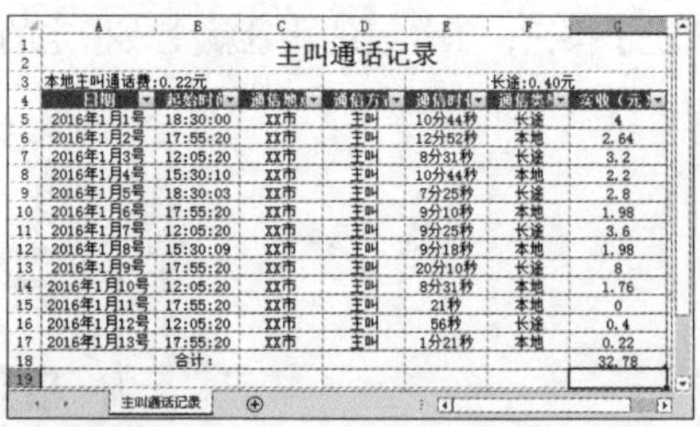

4 更改样式

在此样式中单击任意一个单元格，功能区就会出现【表格工具】➤【设计】选项卡，单击【表格样式】组中的任意一种样式，即可更改样式。

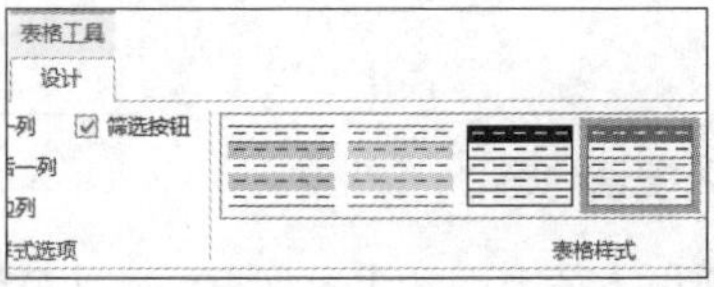

提示

也可单击【表格样式】组右侧的下拉按钮，在弹出的列表中选择【清除】选项，即可删除表格样式。

5 转换为普通区域

在单元格中单击鼠标右键，在弹出的快捷菜单中选择【表格】➤【转换为区域】选项，弹出【Microsoft Excel】提示框，单击【是】按钮，即可将表格转换为普通区域，效果如图所示。

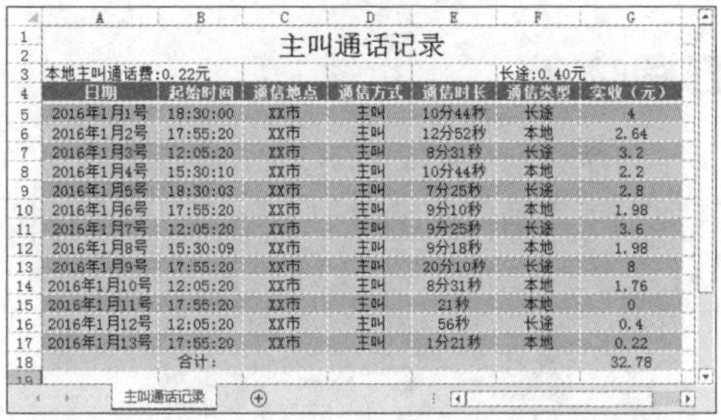

6.6 使用插图

本节视频教学时间 / 12分钟

在工作表中用户可以插入图片、剪贴画、自选图形等，使工作表更加生动形象。本节主要介绍如何在Excel中插入图片、剪贴画和形状。

6.6.1 插入本地图片

在工作表中插入图片，可以使工作表更加生动形象。用户可以根据需要，将电脑磁盘中存储的图片导入到工作表中。

1 定位光标

将鼠标光标定位于需要插入图片的位置。单击【插入】选项卡下【插图】组中的【图片】按钮。

2 选择图片

弹出【插入图片】对话框，在【查找范围】列表框中选择图片的存放位置，选择要插入的图片，单击【插入】按钮，即可完成图片插入。

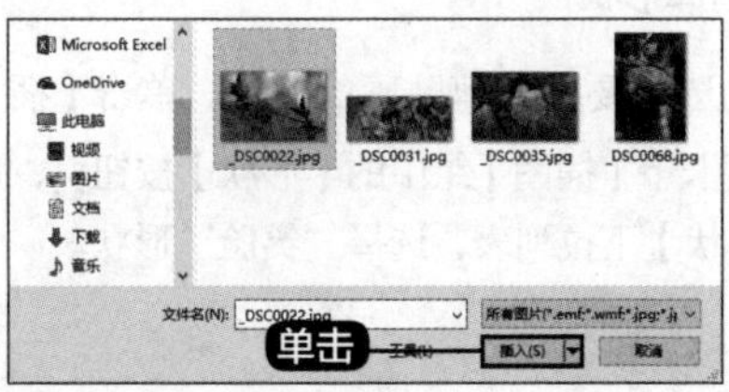

提示 图片插入Excel工作表后，可选择插入的图片，功能区会出现【图片工具】➤【格式】命令，在此选项卡下可以编辑插入的图片。

6.6.2 插入联机图片

用户可以通过“联机图片”，搜索网络中的图片，并插入到Excel工作表中，具体操作步骤如下。

1 联机图片

选择要插入剪贴画的位置，单击【插入】选项卡下【插图】组中的【联机图片】按钮联机图片。

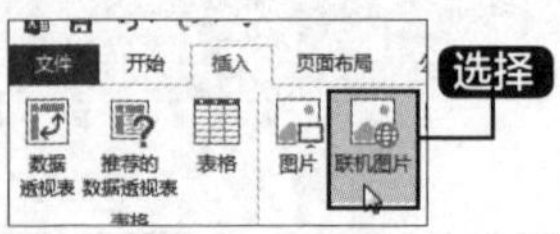

2 输入搜索内容

弹出【插入图片】对话框，在【Office.com剪贴画】右侧的搜索框中输入“树”，单击【搜索】按钮。

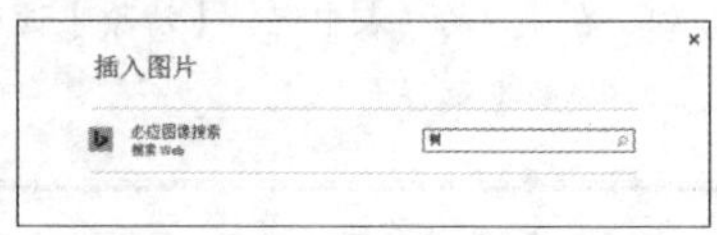

3 插入图片

即可显示搜索到的有关“树”的剪贴画，选择需要插入的图片，单击【插入】按钮。

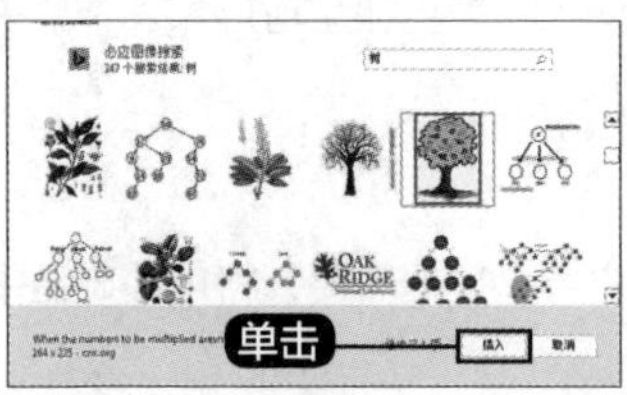

4 完成插图

Excel会下载该图片并插入到工作表中。

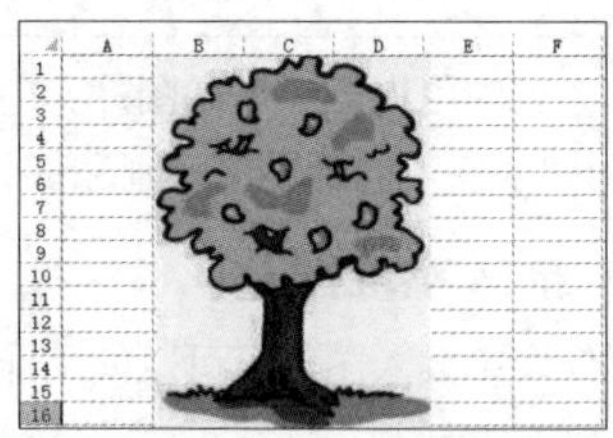

6.6.3 插入自选图形

利用Excel 2013系统提供的形状，可以绘制出各种形状。Excel 2013内置多种图形，分别为线条、矩形、基本形状、箭头总汇、公式形状、流程图、星与旗帜和标注，用户可以根据需要从中选择适当的图形。

在Excel工作表中绘制形状的具体步骤如下。

1 选择形状

选择要插入剪贴画的位置，单击【插入】选项卡下【插图】组中的【形状】按钮形状，弹出【形状】下拉列表，选择“笑脸”形状。

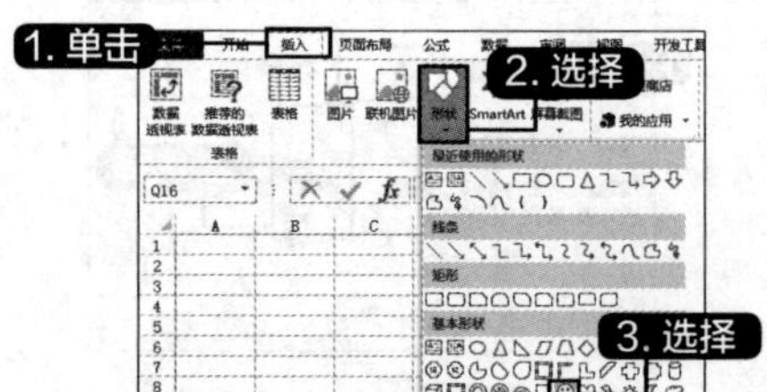

2 成形状的绘制

在工作表中选择要绘制形状的起始位置，按住鼠标左键并拖曳至合适的位置，松开鼠标左键，即可完成形状的绘制。

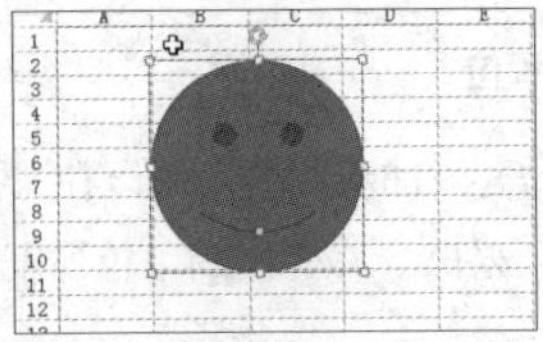

提示 在工作表区域插入图形后，会显示【格式】选项卡，在其中可以设置形状的样式。

6.6.4 插入SmartArt图形

SmartArt图形是数据信息的艺术表示形式，可以在多种不同的布局中创建SmartArt图形。SmartArt图形主要应用在创建组织结构图、显示层次关系、演示过程或者工作流程的各个步骤或阶段、显示过程、程序或其他事件流，以及显示各部分之间的关系等方面。配合形状的使用，可以更加快捷地制作精美的文档。

SmartArt图形主要分为列表、流程、循环、层次结构、关系、矩阵、棱锥图和图片等几大类。下面以创建组织结构图为例，来介绍插入SmartArt图形的方法，具体操作步骤如下。

1 选择【组织结构图】选项

选择要插入剪贴画的位置，单击【插入】选项卡下【插图】组中的【插入SmartArt图形】按钮，弹出【选择SmartArt图形】对话框，选择【层次结构】选项，在右侧的列表框中单击选择【组织结构图】选项，单击【确定】按钮。

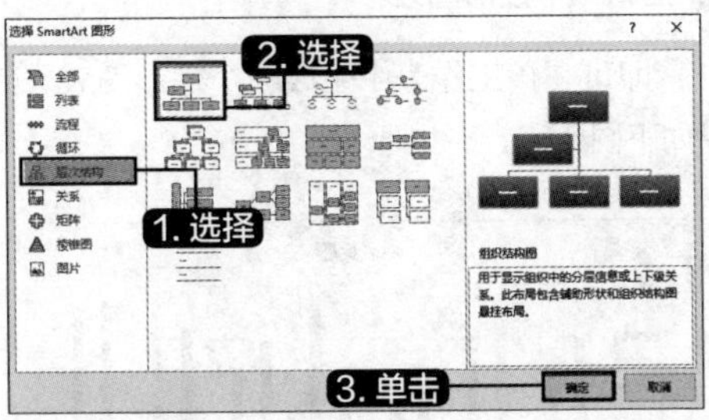

2 完成插入图形

即可在工作表中插入SmartArt图形。

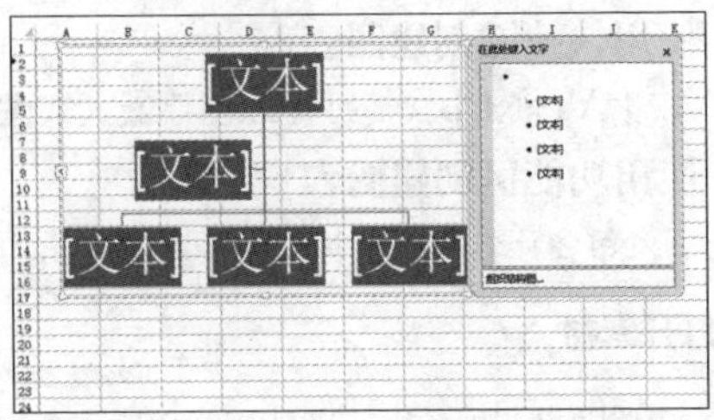

提示 如果要删除形状，只需要选择要删除的形状，按【Delete】键即可。

3 输入文字

在【文本】窗格可输入和编辑SmartArt图形中显示的文字，SmartArt图形会自动更新显示的内容。输入如图所示的文字。

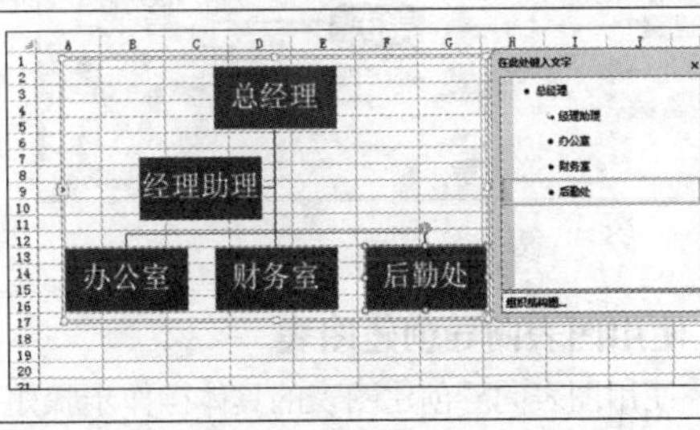

4 添加新职位

如果需要添加新职位，可以在选择图形后，单击【设计】选项卡下【创建图形】组中的【添加形状】下拉按钮▾，在弹出的下拉列表中选择相应的命令即可。

6.7 插入图表

本节视频教学时间 / 10分钟

图表操作包括创建图表、编辑图表、美化图表等。

6.7.1 创建图标

Excel 2013 可以创建嵌入式图表和工作表图表，嵌入式图表就是与工作表数据在一起或者与其他嵌入式图表在一起的图表，而工作表图表是特定的工作表，只包含单独的图表。

1. 使用快捷键创建图表

按【Alt+F1】快捷键可以创建嵌入式图表，按【F11】键可以创建工作表图表。

2. 使用功能区创建图表

Excel 2013 功能区中包含了大部分常用的命令，使用功能区也可以方便地创建图表。

1 打开素材

打开随书光盘中的“素材\ch06\学校支出明细表.xlsx”文件，选择单元格区域A2:E9。在【插入】选项卡下的【图表】组中，单击【柱形图】按钮，在弹出的下拉列表框中选择【二维柱形图】中的【簇状柱形图】类型。

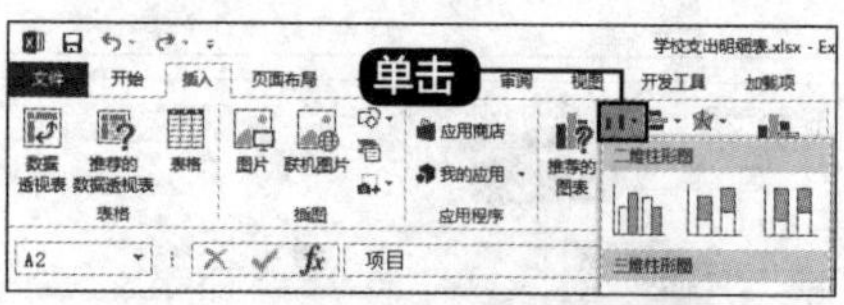

2 生成一个柱形图表

即可在该工作表中生成一个柱形图表，效果如下图所示。

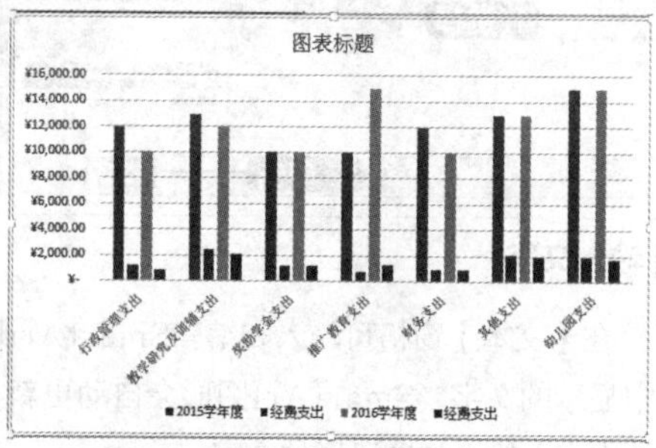

3. 使用图表向导创建图表

使用图表向导创建图表的具体操作步骤如下。

1 打开素材

打开随书光盘中的“素材\ch06\学校支出明细表.xlsx”文件，选择单元格区域A2:E9。单击【插入】选项卡下【图表】组右下角的◪按钮，弹出【插入图表】对话框，在【所有图表】列表中单击【柱形图】命令，选择右侧的【簇状柱形图】中的一种。

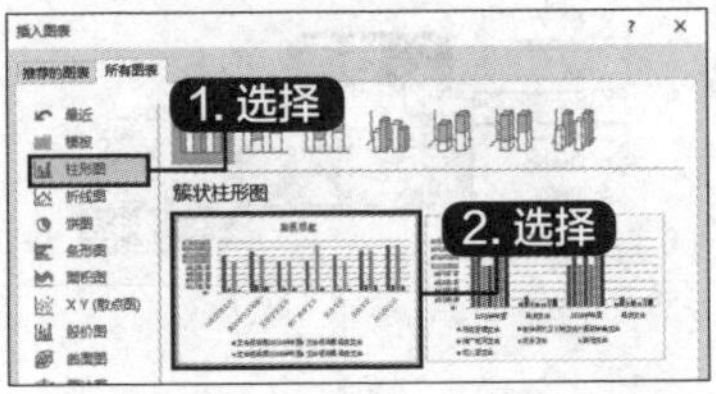

2 显示效果

单击【确定】按钮，在该工作表中生成一个柱形图表，效果如下图所示。

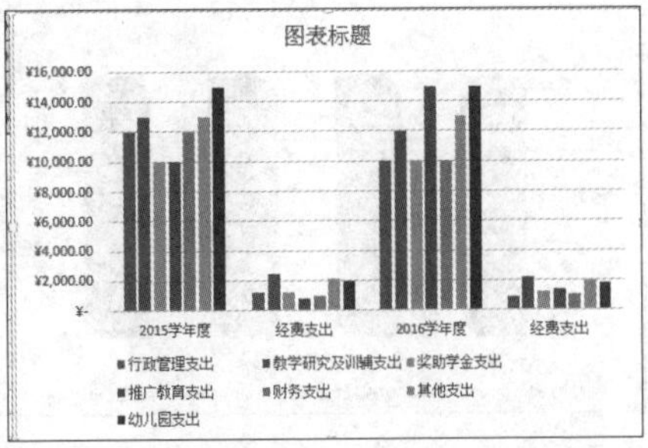

6.7.2　编辑图表

创建完图表之后，如果对创建的图表不是很满意，可以对图表进行编辑和修改。

1. 更改图表类型

如果创建图表时选择的图表类型不能直观地表达工作表中的数据，则可以更改图表的类型，具体操作步骤如下。

1 选择【三维百分比堆积柱形图】选项

选择图表，在【设计】选项卡下【类型】组中，单击【更改图标类型】按钮 ，弹出【更改图表类型】对话框，【所有图表】选项卡下，选择【柱形图】中的【三维百分比堆积柱形图】类型。

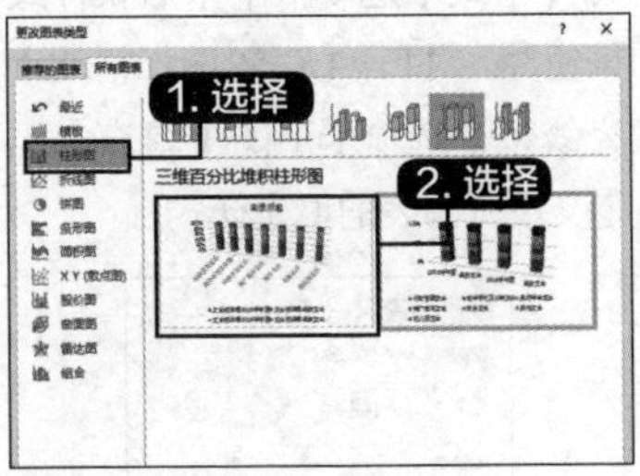

2 三维百分比堆积柱形图

在【所有图表】选项卡下，选择【柱形图】中的【三维百分比堆积柱形图】类型。

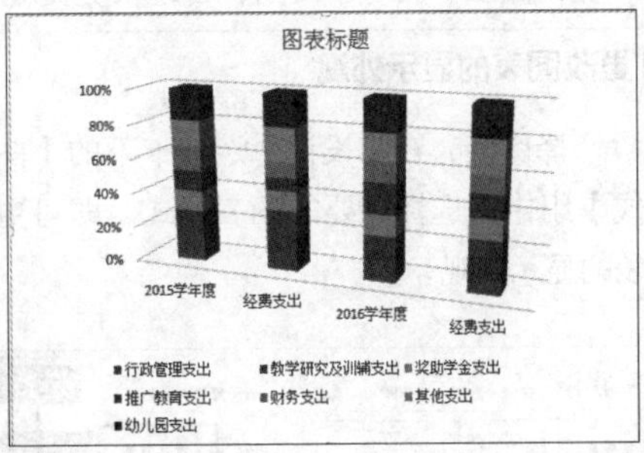

2. 添加图表元素

为创建的图表添加标题的具体操作步骤如下。

1 更改标题

接着上面的操作，选择图表，将“图表标题”改为“支出明细表”。

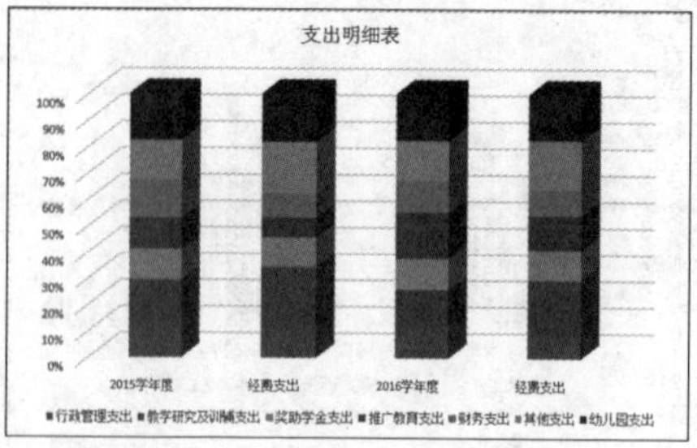

2 【显示图例项标示】选项

单击【设计】选项卡下【图表布局】组中的【添加图表元素】按钮 。在弹出的下拉列表中选择【数据表】子菜单中的【显示图例项标示】命令。

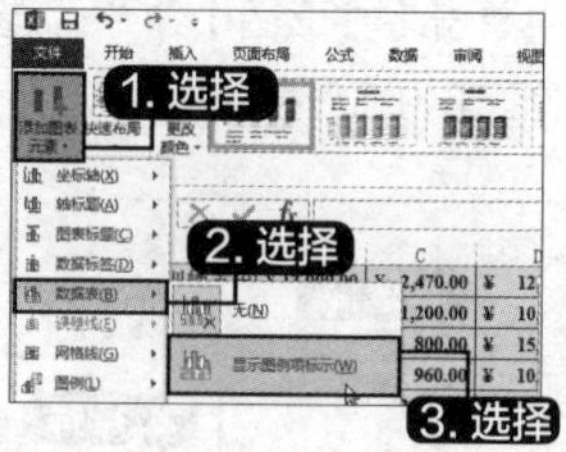

3 显示效果

即可在图表中已添加数据表，效果如下图所示。

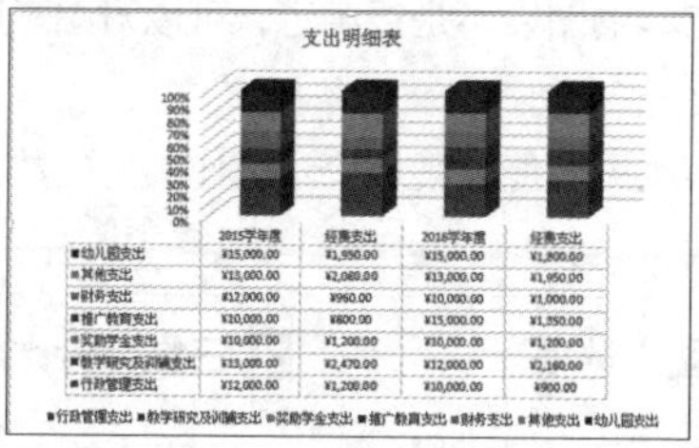

6.7.3 美化图表

美化图表不仅可以使图表看起来更美观，还可以突出显示图表中的数据，具体操作步骤如下。

1 更改图表的显示外观

选择图表，在【设计】选项卡下的【图表样式】组中，选择需要的图表样式，即可更改图表的显示外观。

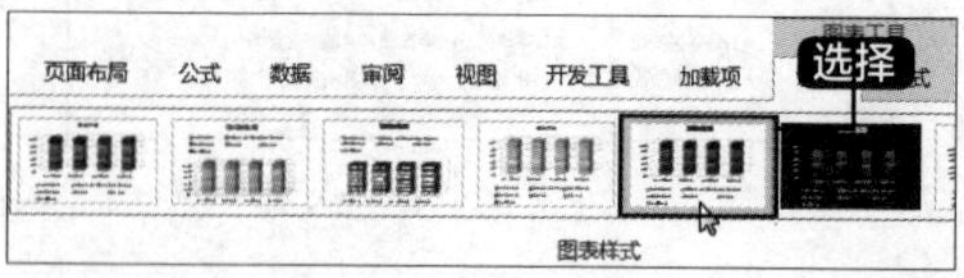

2 设置图表的填充样式

单击【格式】选项卡下【形状样式】组右下角的按钮 ，打开【设置图标格式】窗格，在【填充线条】选项卡下的【填充】组下根据需要自定义设置图表的填充样式。

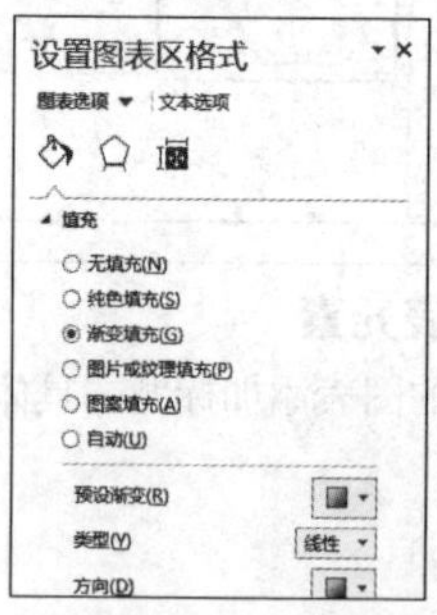

3 显示效果

设置完成，即可看到设置后的图表效果。

4 选择标题文字

选择图表中的标题文字。

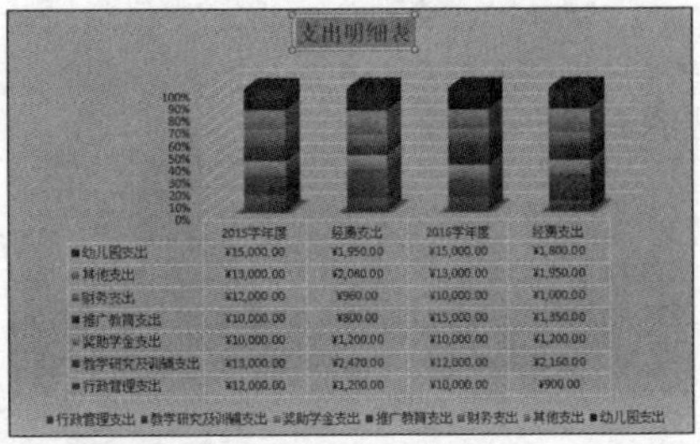

5 设置样式

在【格式】选项卡中，单击【艺术字样式】选项组中的按钮，在弹出的艺术字样式下拉列表中选择需要设置的样式。

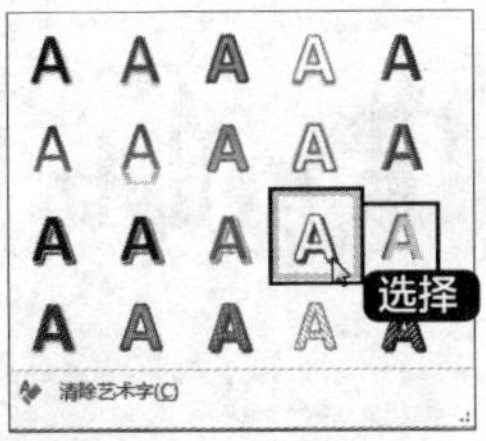

6 完成设置

设置后的效果如下图所示。

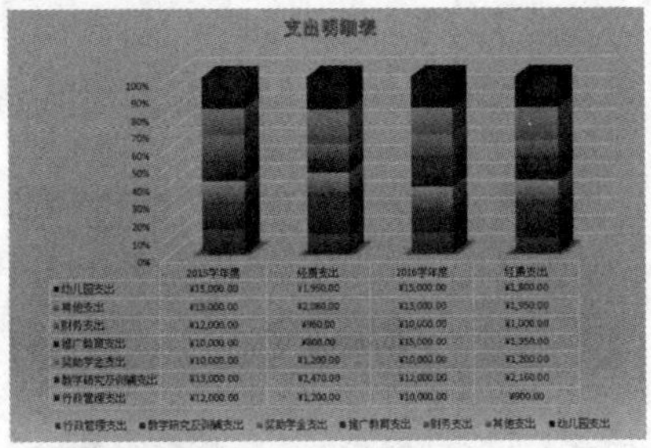

6.8 实战演练——制作损益分析表

本节视频教学时间 / 6分钟

损益表又称为利润表，是指反映企业在一定会计期的经营成果及其分配情况的会计报表，是一段时间内公司经营业绩的财务记录，反映了这段时间的销售收入、销售成本、经营费用及税收状况，报表结果为公司实现的利润或形成的亏损。

第1步：创建柱形图表

柱形图把每个数据显示为一个垂直柱体，高度与数值相对应，值的刻度显示在垂直轴线的左侧。创建柱形图可以设置多个数据系列，每个数据系列以不同的颜色表示。具体操作步骤如下。

1 打开素材

打开随书光盘中的“素材\ch06\损益分析表.xlsx”工作表，选择单元格区域A3:F11。

2 插入柱形图

单击【插入】选项卡下【图表】组中的【柱形图】按钮，在弹出的列表中选择【簇状柱形图】选项，即可插入柱形图，并将图表调整到合适大小。

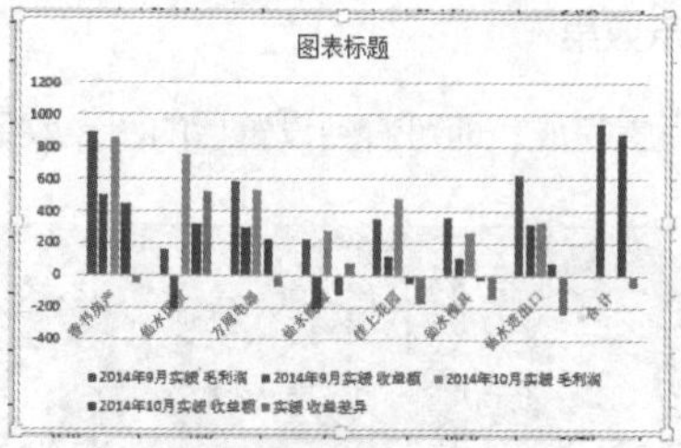

第2步：添加图表元素

在图表中添加图表元素，可以使图表更加直观、明了地表达数据内容。

1 选择【数据标签内】选项

选择图表，单击【图表工具】➤【设计】选项卡下【图表布局】组中的【添加图表元素】按钮右下角的下拉按钮，在弹出的列表中选择【数据标签】➤【数据标签内】选项。

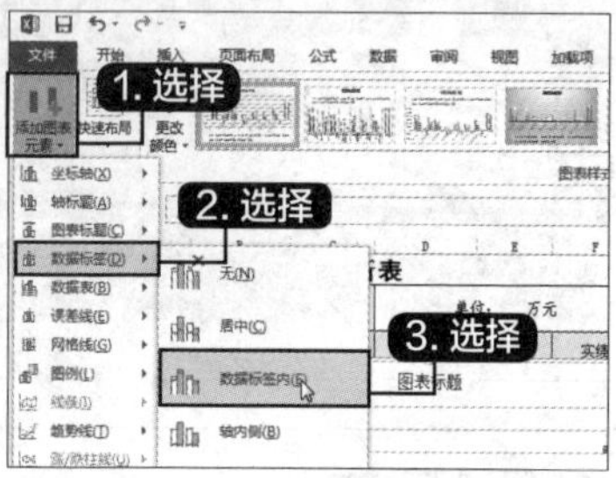

2 完成数据插入

即可将数据标签插入到图表中。

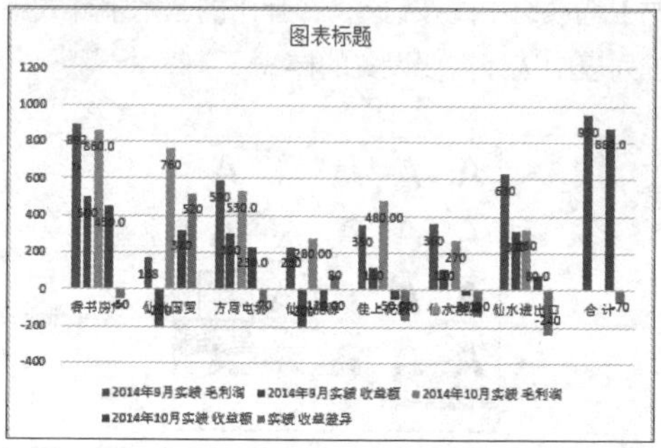

3 移动图例

选择图表，单击【图表工具】➤【设计】选项卡下【图表布局】组中的【添加图表元素】按钮右下角的下拉按钮，在弹出的列表中选择【图例】➤【右侧】选项，即可将图例移至图表右侧。

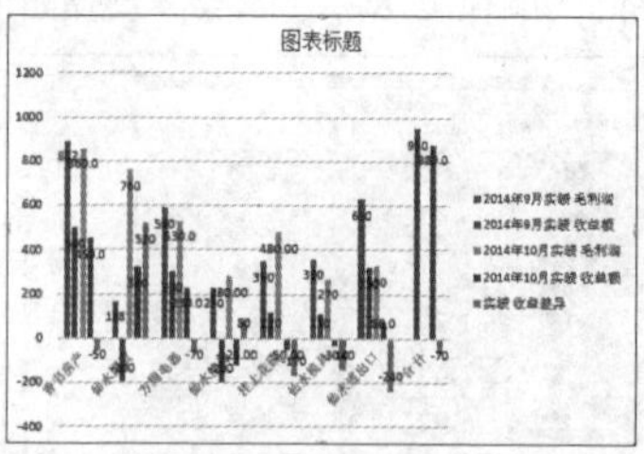

4 显示数据表

选择图表，单击【图表工具】➤【设计】选项卡下【图表布局】选项组中的【添加图表元素】按钮右下角的下拉按钮，在弹出的列表中选择【数据表】➤【无图例项标示】命令，即可在图表中显示数据表。

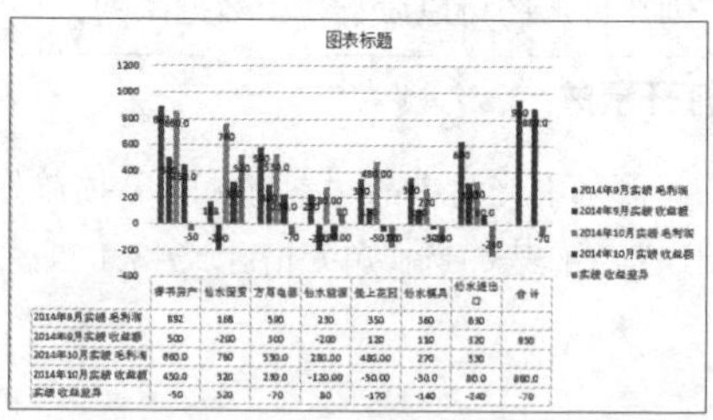

第3步：设置图表形状样式

为了使图表美观，可以设置图表的形状样式。Excel 2013提供了多种图表样式。具体操作步骤如下。

1 选择样式

选择图表，单击【图表工具】➤【格式】选项卡下【形状样式】组中的按钮，在弹出的列表中选择一种样式应用于图表，效果如图所示。

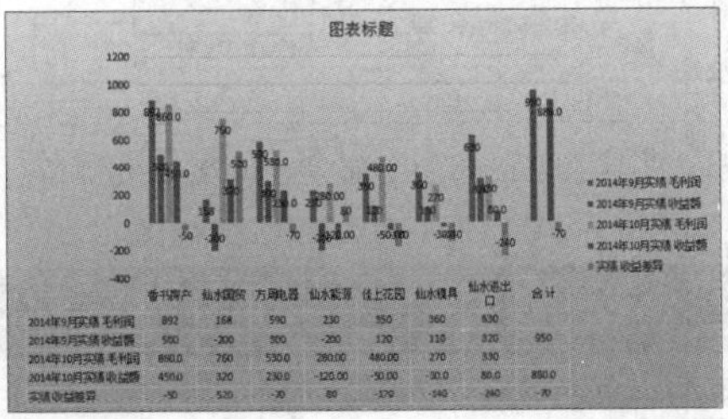

2 应用图表

选择绘图区，单击【图表工具】➤【格式】选项卡下【形状样式】组中【形状填充】按钮 形状填充 右侧的下拉按钮，在弹出的列表中选择【纹理】➤【新闻纸】样式，应用于图表，效果如图所示。

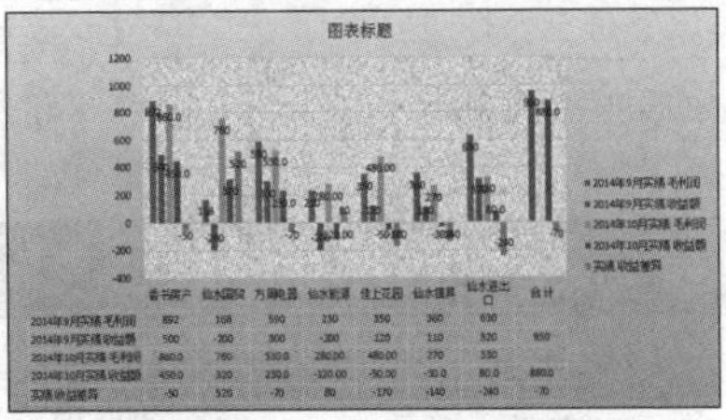

3 设置字体

在【图表标题】文本框中输入“损益分析图”字样，并设置字体的大小和样式，效果如下图所示。

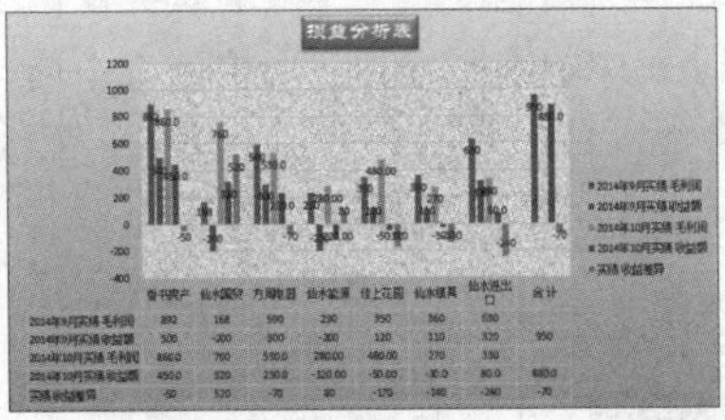

至此，一份完整的损益分析表就制作完成了。

高手私房菜

技巧1：删除最近使用过的工作簿记录

Excel 2013可以记录开最近使用过的Excel工作簿，用户也可以将这些记录信息删除。

1 显示信息

在Excel 2013程序中，单击【文件】选项卡，在弹出的列表中选择【打开】选项，即可看到右侧【最近使用的工作簿】列表下，显示了最近打开的工作簿信息。

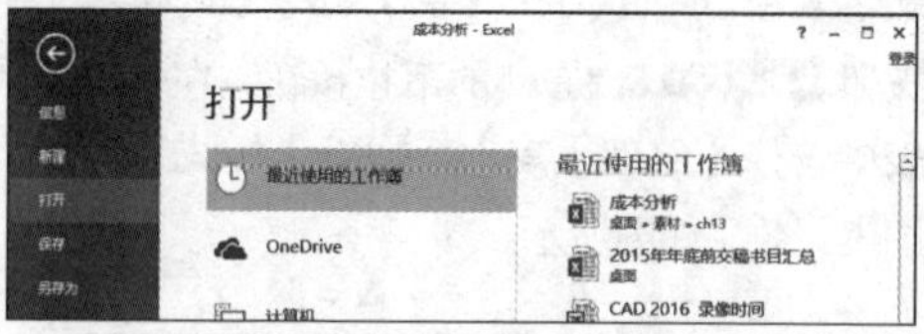

2 删除信息

用鼠标右击要删除的记录信息，在弹出的快捷菜单中，选择【从列表中删除】命令，即可将该记录信息删除。

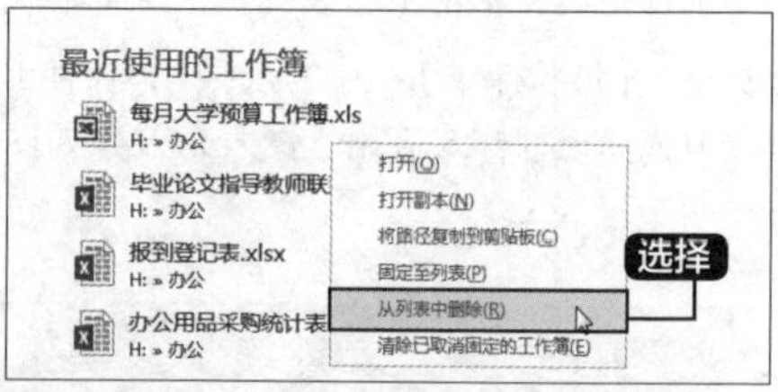

如果用户要删除全部的打开信息，可选择【消除已取消固定的工作簿】命令，即可快速删除。

技巧2：创建组合图表

一般情况下，在工作表中制作的图表都是某一种类型，如线形图、柱形图等，这样的图表只能单一地体现出数据的大小或者是变化趋势。如果希望在一个图表中即可以清晰地表示出某项数据的大小，又可以显示出其他数据的变化趋势，这时，就可以使用组合图表来达到目的。

1 打开素材

打开随书光盘中的“素材\ch06\销售业务表.xlsx”工作簿，选中A2:E7单元格区域，单击【插入】选项卡下【图表】组中的【插入组合图】按钮，在弹出的下拉列表中选择【创建自定义组合图】命令。

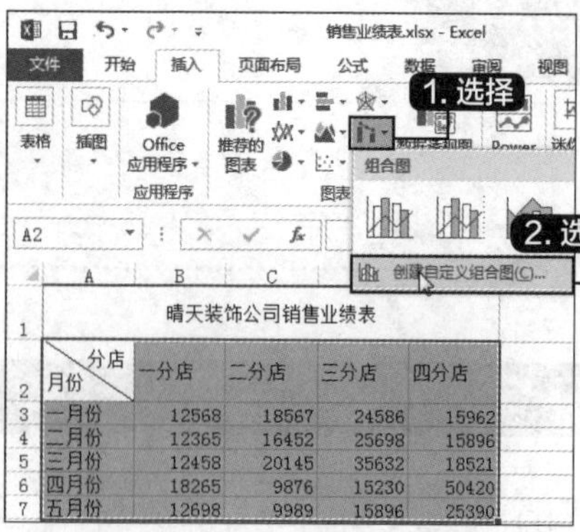

2 带数据标记的折线图

弹出【插入图表】对话框，在【所有图表】选项卡下的【组合】组中，在“三分店”下拉列表中选择【带数据标记的折线图】类型，单击【确定】按钮。

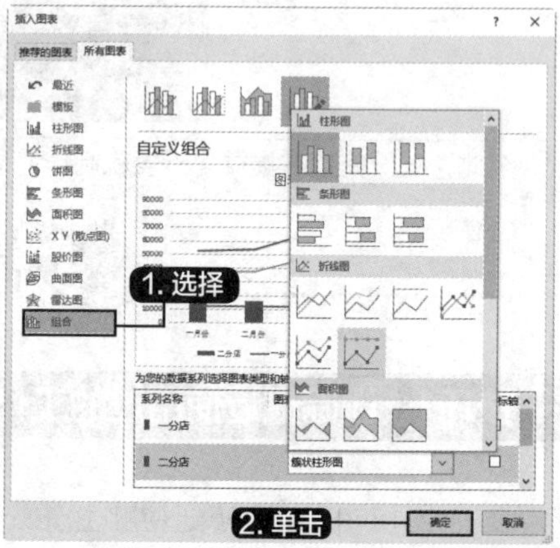

第7章 Excel 2013数据的计算与管理

重点导读

本章视频教学时间：1小时4分钟

使用Excel 2013可以对表格中的数据进行计算与管理，如使用公式与函数，可以快速计算表格中的数据；使用排序功能可以将数据表中的内容按照特定的规则排序；使用筛选功能可以将满足用户条件的数据单独显示等。本章主要讲述在Excel 2013中，对数据进行的计算与管理。

学习效果图

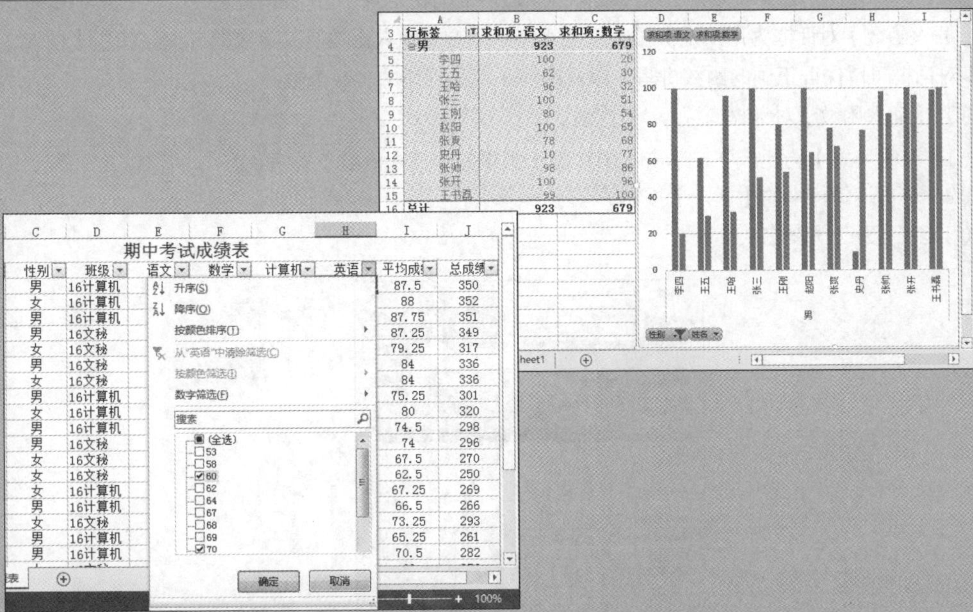

7.1 认识公式与函数

本节视频教学时间 / 7分钟

公式与函数是Excel的重要组成部分，有着非常强大的计算功能，为用户分析和处理工作表中的数据提供了很大的方便。

7.1.1 公式的概念

公式就是一个等式，是由一组数据和运算符组成的序列。使用公式时必须以等号"="开头，后面紧接数据和运算符。下图为应用公式的两个例子。

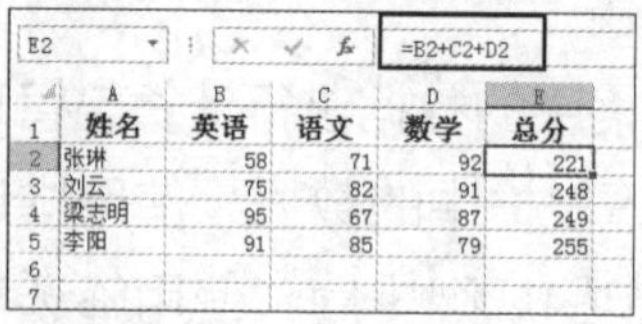

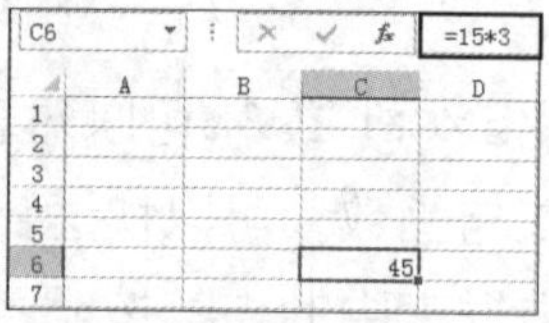

例子中体现了Excel公式的语法，即公式是由等号"="、数据和运算符组成，数据可以是常数、单元格引用、单元格名称和工作表函数等。

7.1.2 函数的概念

Excel中所提到的函数其实是一些预定义的公式，它们使用一些被称为参数的特定数值按特定的顺序或结构进行计算。每个函数描述都包括一个语法行，它是一种特殊的公式，所有的函数必须以等号"="开始，它是预定义的内置公式，必须按语法的特定顺序进行计算。

【插入函数】对话框为用户提供了一个使用半自动方式输入函数及其参数的方法。使用【插入函数】对话框可以保证正确的函数拼写，以及顺序正确且确切的参数个数。

打开【插入函数】对话框有以下3种方法。

（1）在【公式】选项卡中，单击【函数库】组中的【插入函数】按钮fx 插入函数。

（2）单击编辑栏中的【插入】按钮fx。

（3）按【Shift+F3】快捷键。

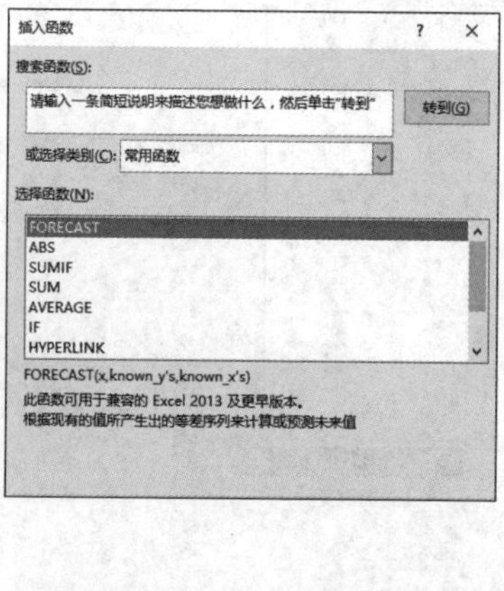

7.1.3 函数的分类和组成

Excel 2013提供了丰富的内置函数，按照函数的应用领域分为13大类，用户可以根据需要直接进行调用，函数类型及其作用如下表所示。

函数类型	作　用
财务函数	进行一般的财务计算
日期和时间函数	可以分析和处理日期及时间
数学与三角函数	可以在工作表中进行简单的计算
统计函数	对数据区域进行统计分析
查找与引用函数	在数据清单中查找特定数据，或查找一个单元格引用
数据库函数	分析数据清单中的数值是否符合特定条件
文本函数	在公式中处理字符串
逻辑函数	进行逻辑判断或者复合检验
信息函数	确定存储在单元格中数据的类型
工程函数	用于工程分析
多维数据集函数	用于从多维数据库中提取数据集和数值
兼容函数	这些函数已由新函数替换，新函数可以提供更好的精确度，且名称更好地反映其用法
Web函数	通过网页链接直接用公式获取数据

在Excel中，一个完整的函数式通常由3部分构成，分别是标识符、函数名称、函数参数，其格式如下。

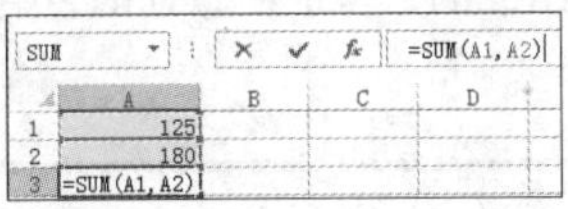

1. 标识符

在单元格中输入计算函数时，必须先输入“=”，这个“=”称为函数的标识符。如果不输入“=”，Excel通常将输入的函数式作为文本处理，不返回运算结果。

2. 函数名称

函数标识符后面的英文是函数名称。大多数函数名称是对应英文单词的缩写。有些函数名称是由多个英文单词（或缩写）组合而成的，例如，条件求和函数SUMIF是由求和SUM和条件IF组成的。

3. 函数参数

函数参数主要有以下几种类型。

(1) 常量参数

常量参数主要包括数值（如123.45）、文本（如计算机）和日期（如2013-5-25）等。

(2) 逻辑值参数

逻辑值参数主要包括逻辑真（TRUE）、逻辑假（FALSE），以及逻辑判断表达式（例如，单元格A3不等于空表示为“A3<>()”）的结果等。

(3) 单元格引用参数

单元格引用参数主要包括单个单元格的引用和单元格区域的引用等。

(4) 名称参数

在工作簿文档中各个工作表中自定义的名称，可以作为本工作簿内的函数参数直接引用。

(5) 其他函数式

用户可以用一个函数式的返回结果作为另一个函数式的参数。对于这种形式的函数式，通常称为“函数嵌套”。

(6) 数组参数

数组参数可以是一组常量（如2、4、6），也可以是单元格区域的引用。

7.2 常用函数的使用

本节视频教学时间 / 9分钟

Excel函数是一些已经定义好的公式，大多数函数是经常使用的公式的简写形式。函数通过参数接收数据并返回结果。大多数情况下返回的是计算的结果，也可以返回文本、引用、逻辑值或数组等。本节主要介绍一些常用函数的使用方法。

7.2.1 文本函数

文本函数是在公式中处理文字串的函数，主要用于查找、提取文本中的特定字符，转换数据类型，以及结合相关的文本内容等。本节主要介绍LEN函数用于返回文本字符串中的字符数。

正常的手机号码是由11位数字组成的，验证信息登记表中的手机号码的位数是否正确，可以使用LEN函数。

> **提示**
>
> LEN函数
>
> 语法：LEN (text)
>
> 参数：text表示要查找其长度的文本，或包含文本的列。空格作为字符计数。

1 打开素材

打开随书光盘中的“素材\ch07\信息登记表.xlsx”工作簿，选择D2单元格，在公式编辑栏中输入“=LEN(C2)”，按【Enter】键即可验证该员工手机号码的位数。

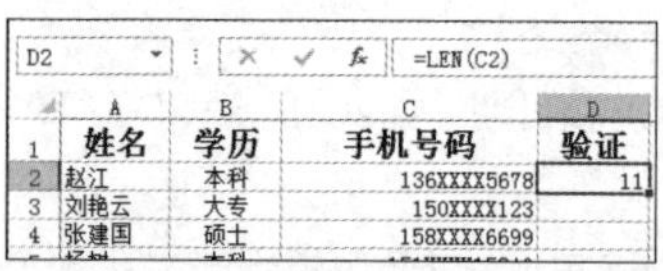

2 完成验证

利用快速填充功能，完成对其他员工手机号码位数的验证。

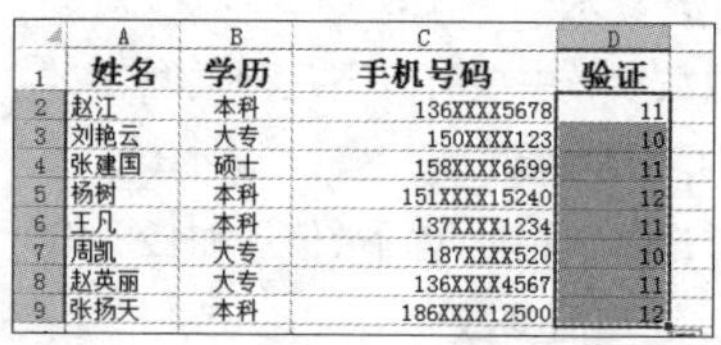

> **提示**
>
> 如果要返回是否为正确的手机号码位数，可以使用IF函数结合LEN函数来判断，公式为“=IF(LEN(C2)=11,"正确","不正确")”。

7.2.2 逻辑函数

逻辑函数是根据不同条件进行不同处理的函数，条件格式中使用比较运算符指定逻辑式，并用逻辑值表示结果。本节主要介绍IF函数是根据指定的条件来判断其“真”（TRUE）、“假”（FALSE），从而返回其相对应的内容。

在对员工进行绩效考核评定时，可以根据员工的业绩来分配奖金。例如当业绩大于或等于10000时，给予奖金2000元，否则给予奖金1000元。

> **提示**
>
> IF函数
>
> 语法：IF(logical_test,value_if_true,value_if_false)
>
> 参数：logical_test：表示逻辑判决表达式；
>
> value_if_true：表示当判断条件为逻辑“真”（TRUE）时，显示该处给定的内容。如果忽略，返回“TRUE”；
>
> value_if_false：表示当判断条件为逻辑“假”（FALSE）时，显示该处给定的内容。如果忽略，返回“FALSE”。

1 打开素材

打开随书光盘中的“素材\ch07\员工业绩表.xlsx”工作簿，在单元格C2中输入公式“=IF(B2>=10000,2000,1000)”，按【Enter】键即可计算出该员工的奖金。

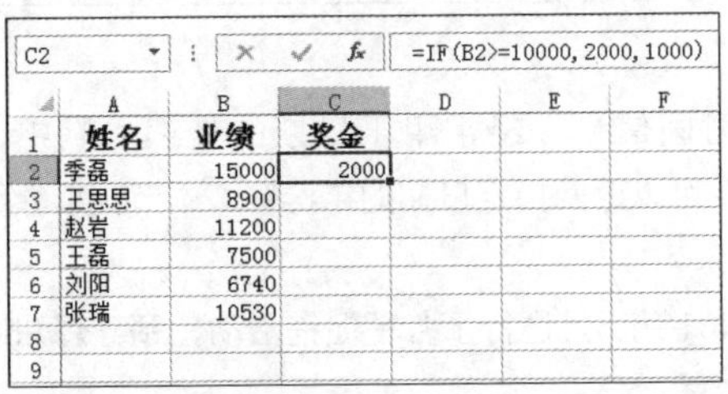

2 填充单元格

利用填充功能，填充其他单元格，计算其他员工的奖金。

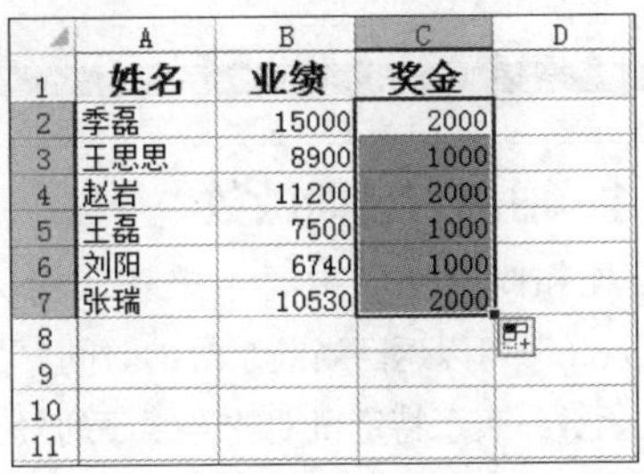

7.2.3 财务函数

使用财务函数可以进行常用的财务计算，如确定贷款的支付额、投资的未来值或净现值，以及债券或息票的价值，财务函数可以帮助使用者缩短工作时间，提高工作效率。本节主要介绍RATE函数表示返回未来款项的各期利率。

通过RATE函数，可以计算出贷款后的年利率和月利率，从而选择更合适的还款方式。

提示

RATE函数

语法：RATE(nper,pmt,pv,fv,type,guess)

参数：nper：是总投资（或贷款）期；

pmt：是各期所应付给（或得到）的金额；

pv：是一系列未来付款当前值的累积和；

fv：是未来值，或在最后一次支付后希望得到的现金余额；

type：是数字0或1，用以指定各期的付款时间是在期初还是期末，0为期末，1为期初；

guess：为预期利率（估计值），如果省略预期利率，则假设该值为10%，如果函数RATE不收敛，则需要改变guess的值。通常情况下，当guess位于0和1之间时，函数RATE是收敛的。

1 打开素材

打开随书光盘中的“素材\ch07\贷款利率.xlsx”工作簿，在B4单元格中输入公式“=RATE(B2,C2,A2)”，按【Enter】键，即可计算出贷款的年利率。

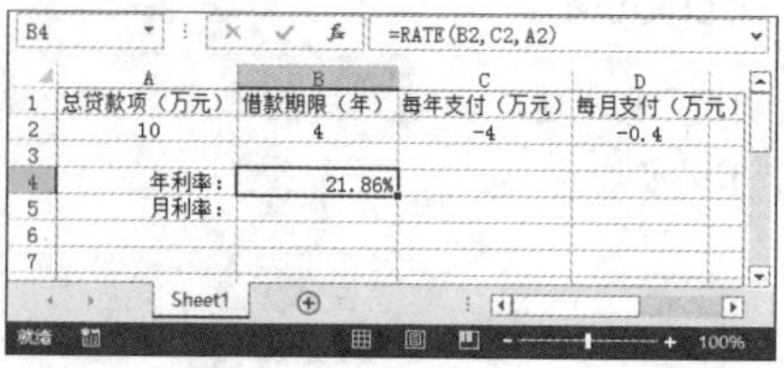

2 输入公式

在单元格B5中输入公式“=RATE(B2*12,D2,A2)”，即可计算出贷款的月利率。

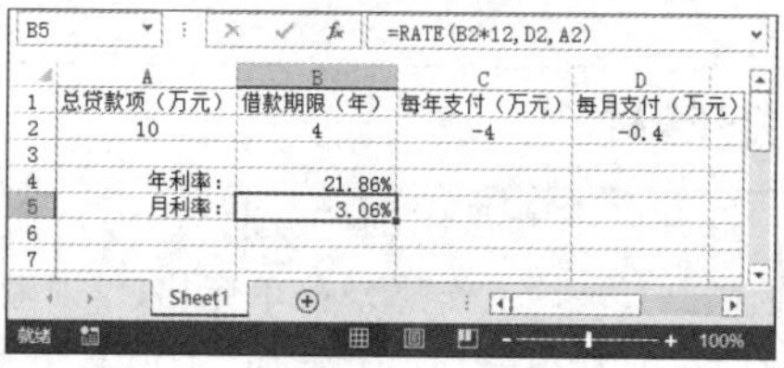

7.2.4 时间与日期函数

日期和时间函数主要用来获取相关的日期和时间信息，经常用于日期的处理。其中，“=NOW()”可以返回当前系统的时间、“=YEAR()”可以返回指定日期的年份等，本节主要介绍DATE函数，表示特定日期的连续序列号。

某公司从2016年开始销售饮品，在2016年1月到2016年5月进行了各种促销活动，领导想知道各种促销活动的促销天数，此时可以利用DATE函数计算。

提示

DATE函数

语法：DATE(year,month,day)。

参数：year为指定的年份数值（小于9999），month为指定的月份数值（不大于12），day为指定的天数。

1 打开素材

打开随书光盘中的“素材\ch07\产品促销天数.xlsx”工作簿，选择单元格H4，在其中输入公式“=DATE(E4,F4,G4)-DATE(B4,C4,D4)”，按【Enter】键，即可计算出“促销天数”。

2 完成操作

利用快速填充功能，完成其他单元格的操作。

7.2.5 查找与引用函数

Excel提供的查找和引用函数可以在单元格区域查找或引用满足条件的数据，特别是在数据比较多的工作表中，用户不需要指定具体的数据位置，让单元格数据的操作变得更加灵活。本节主要介绍CHOOSE函数，用于从给定的参数中返回指定的值。

使用CHOOSE函数可以根据工资表生成员工工资单，具体操作步骤如下。

> **提示**
>
> **CHOOSE函数**
>
> 语法：CHOOSE(index_num, value1, [value2], ...)
>
> 参数：index_num必要参数，数值表达式或字段，它的运算结果是一个数值，且是界于1和254之间的数字。或者为公式或对包含1到254之间某个数字的单元格的引用；value1,value2,...value1是必需的，后续值是可选的。这些值参数的个数介于1到254之间，函数CHOOSE基于index_num从这些值参数中选择一个数值或一项要执行的操作。参数可以为数字、单元格引用、已定义名称、公式、函数或文本。

1 打开素材

打开随书光盘中的“素材\ch07\工资条.xlsx”工作簿，在A9单元格中输入公式“=CHOOSE(MOD(ROW(A1),3)+1,"",A$1,OFFSET(A$1,ROW(A2)/3,))”，按【Enter】键确认。

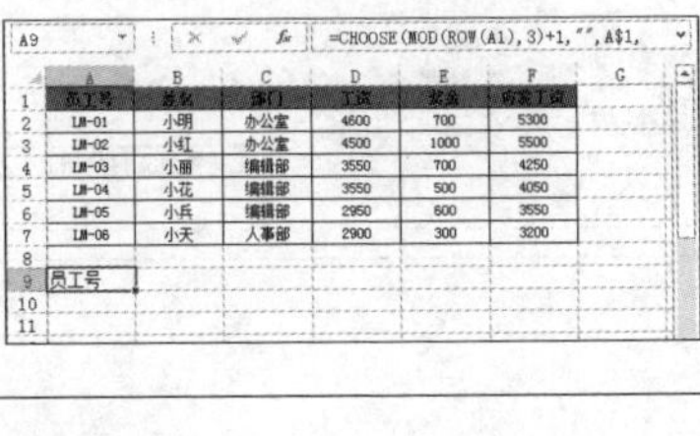

> **提示**
>
> 在公式“=CHOOSE(MOD(ROW(A1),3)+1,"",A$1,OFFSET(A$1,ROW(A2)/3,))”中，MOD(ROW(A1),3)+1表示单元格A1所在的行数除以3的余数结果加1后，作为index_num参数，Value1为“”，Value2为“A$1”，Value3为“OFFSET(A$1,ROW(A2)/3,)”。OFFSET(A$1,ROW(A2)/3,)返回的是在A$1的基础上向下移动ROW(A2)/3行的单元格内容。公式中以3为除数求余是因为工资表中每个员工占有3行位置，第1行为工资表头，第2行为员工信息，第3行为空行。

2 填充单元格区域A9:F9

利用填充功能，填充单元格区域A9:F9。

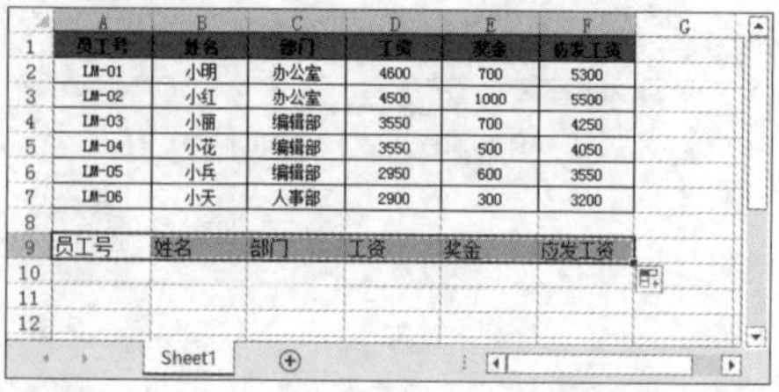

3 填充单元格区域A10:F25

再次利用填充功能，填充单元格区域A10:F25。

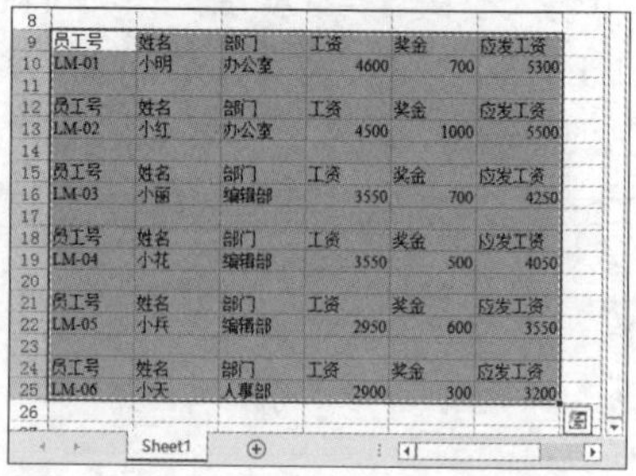

7.2.6 数学与三角函数

数学与三角函数主要用于在工作表中进行数学运算，使用数学与三角函数，可以使数据的处理更加方便和快捷。本节主要讲述SUMIF函数，可以对区域中符合指定条件的值求和。例如，假设在含有数字的某一列中，需要对大于5的数值求和，就可以采用如下公式：

=SUMIF(B2:B25,">5")

在记录日常消费的工作表中，可以使用SUMIF函数计算出每月生活费用的支付总额，具体操作步骤如下。

> **提示**
>
> SUMIF函数
>
> 语法：SUMIF (range, criteria, sum_range)
>
> 参数：range：用于条件计算的单元格区域，每个区域中的单元格都必须是数字、名称、数组或包含数字的引用，空值和文本值将被忽略。
>
> criteria：用于确定对哪些单元格求和的条件，其形式可以为数字、表达式、单元格引用、文本或函数。例如，条件可以表示为32、">32"、B5、32、"32"或TODAY()等。
>
> sum_range：要求和的实际单元格（如果要对未在range参数中指定的单元格求和）。如果省略sum_range参数，Excel会对在范围参数中指定的单元格（即应用条件的单元格）求和。

1 打开素材

打开随书光盘中的“素材\ch07\生活费用明细表.xlsx”工作簿。

2 计算支付总额

选择E12单元格，在公式编辑栏中输入公式"=SUMIF(B2:B11,"生活费用",C2:C11)"，按【Enter】键教案即可计算出该月生活费用的支付总额。

7.3 数据的筛选

本节视频教学时间 / 6分钟

在数据清单中，如果用户要查看一些特定数据，就需要对数据清单进行筛选，即从数据清单中选出符合条件的数据，将其显示在工作表中，不满足筛选条件的数据行将自动隐藏。

7.3.1 自动筛选

通过自动筛选操作，用户就能够筛选掉那些不符合要求的数据。自动筛选包括单条件筛选和多条件筛选。

1. 单条件筛选

所谓的单条件筛选，就是将符合一种条件的数据筛选出来。在期中考试成绩表中，将"16计算机"班的学生筛选出来，具体的操作步骤如下。

1 打开素材

打开随书光盘中的"素材\ch07\期中考试成绩表.xlsx"工作簿，选择数据区域内的任意一个单元格。

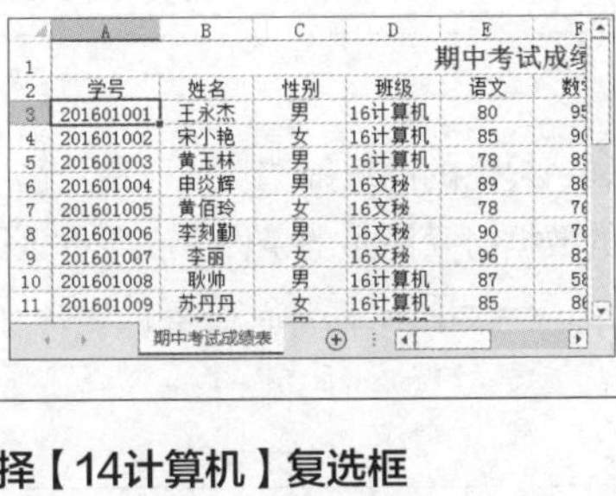

2 自动筛选

在【数据】选项卡中，单击【排序和筛选】组中的【筛选】按钮，进入【自动筛选】状态，此时在标题行每列的右侧出现一个下拉按钮。

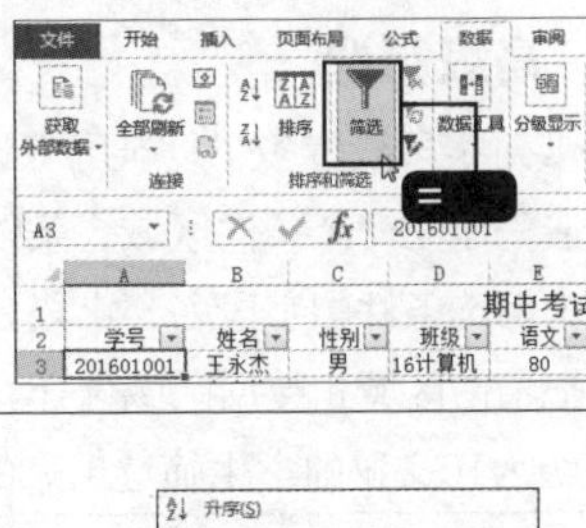

3 选择【14计算机】复选框

单击【班级】列右侧的下拉按钮，在弹出的下拉列表中取消选中【全选】复选框，选中【16计算机】复选框，单击【确定】按钮。

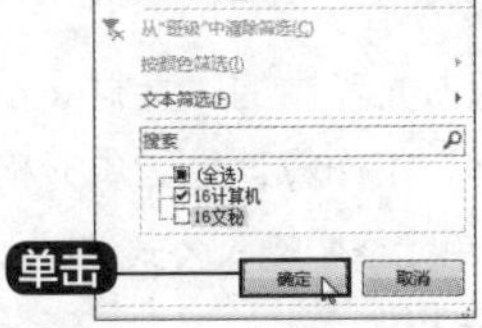

4 显示结果

经过筛选后的数据清单如图所示，可以看出仅显示了“16计算机”班学生的成绩，其他记录被隐藏。

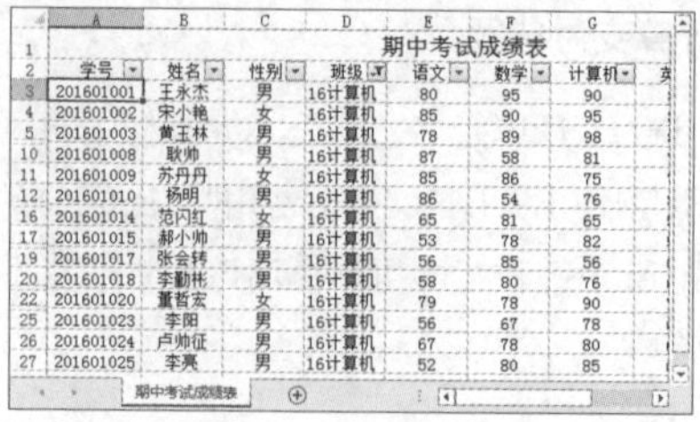

2. 多条件筛选

多条件筛选就是将符合多个条件的数据筛选出来。将期中考试成绩表中英语成绩为60分和70分的学生筛选出来的具体操作步骤如下。

1 打开素材

打开随书光盘中的“素材\ch07\期中考试成绩表.xlsx”工作簿，选择数据区域内的任意一个单元格。在【数据】选项卡中，单击【排序和筛选】组中的【筛选】按钮，进入【自动筛选】状态，此时在标题行每列的右侧出现一个下拉箭头。单击【英语】列右侧的下拉按钮，在弹出的下拉列表中取消选中【全选】复选框，选中【60】和【70】复选框，单击【确定】按钮。

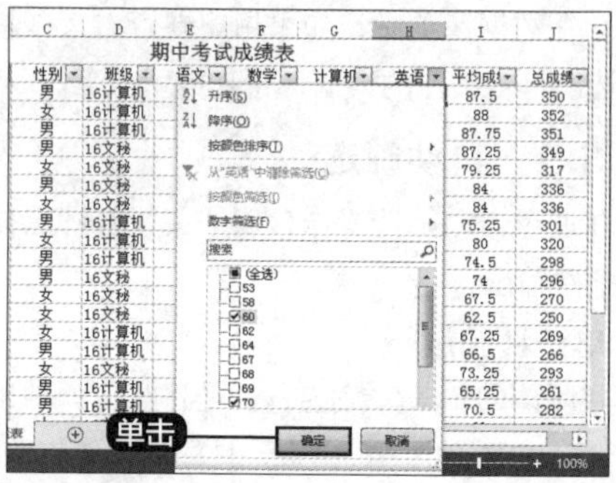

2 显示结果

筛选后的结果如右图所示。

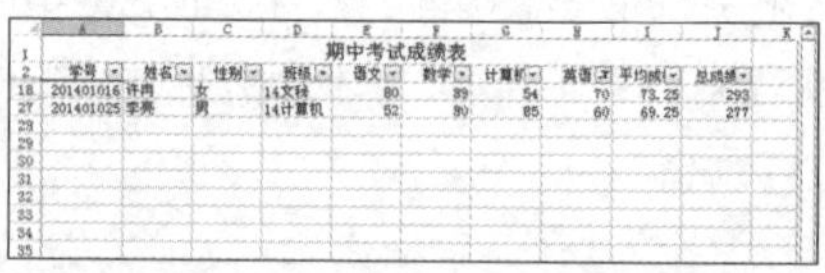

7.3.2 高级筛选

如果要对字段设置多个复杂的筛选条件，可以使用Excel提供的高级筛选功能。使用高级筛选功能之前应先建立一个条件区域。条件区域用来指定筛选的数据必须满足的条件。在条件区域中要求包含作为筛选条件的字段名，字段名下面必须有两个空行，一行用来输入筛选条件，另一行作为空行用来把条件区域和数据区域分开。

将班级为16文秘的学生筛选出来的具体操作步骤如下。

1 打开素材

打开随书光盘中的“素材\ch07期中考试成绩表.xlsx”工作簿，在L2单元格中输入“班级”，在L3单元格中输入公式“="=16文秘"”，并按【Enter】键。

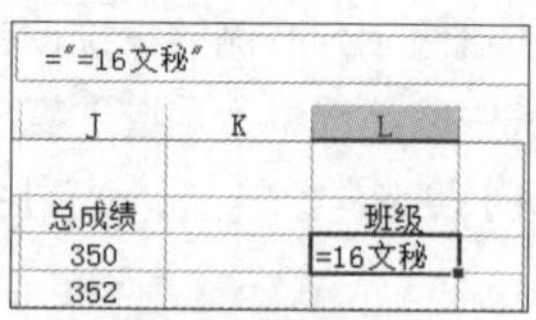

2 高级筛选

在【数据】选项卡中，单击【排序和筛选】组中的【高级】按钮 高级，弹出【高级筛选】对话框。

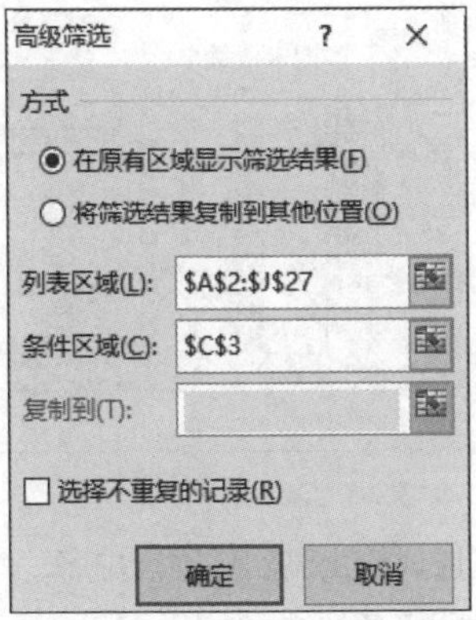

3 设置列表区域和条件区域

在对话框中分别单击【列表区域】和【条件区域】文本框右侧的按钮，设置列表区域和条件区域。

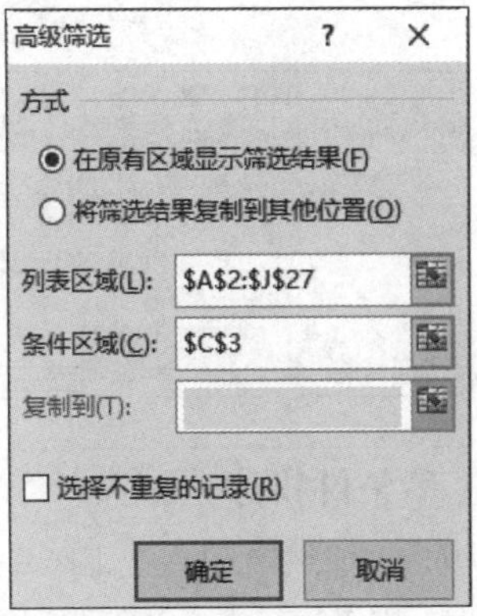

4 完成筛选

设置完毕后，单击【确定】按钮，即可筛选出符合条件区域的数据。

	A	B	C	D	E	F	G
1	期中考试成绩表						
2	学号	姓名	性别	班级	语文	数学	计算机
6	201601004	申炎辉	男	16文秘	89	86	87
7	201601005	黄佰玲	女	16文秘	78	76	78
8	201601006	李刻勤	男	16文秘	90	78	86
9	201601007	李丽	女	16文秘	96	82	82
13	201601011	梁彪	男	16文秘	79	62	64
14	201601012	刘漫月	女	16文秘	70	63	62
15	201601013	秦夏夏	女	16文秘	68	50	68
18	201601016	许冉	女	16文秘	80	89	54
21	201601019	周玉莉	女	16文秘	68	54	79
23	201601021	张雨霜	女	16文秘	78	69	78
24	201601022	李天敏	男	16文秘	90	75	86
28							

期中考试成绩表

7.4 数据的排序

本节视频教学时间 / 6分钟

Excel默认的排序是根据单元格中的数据进行排序的。在按升序排序时，Excel使用如下的顺序。

（1）数值从最小的负数到最大的正数排序。

（2）文本按A~Z顺序。

（3）逻辑值False在前，True在后。

（4）空格排在最后。

7.4.1 单条件排序

单条件排序可以根据一行或一列的数据对整个数据表按照升序或降序的方法进行排序。

1 打开素材

打开随书光盘中的“素材\ch07\成绩单.xlsx”工作簿，如要按照总成绩由高到低进行排序，选择总成绩所在E列的任意一个单元格（如E4）。

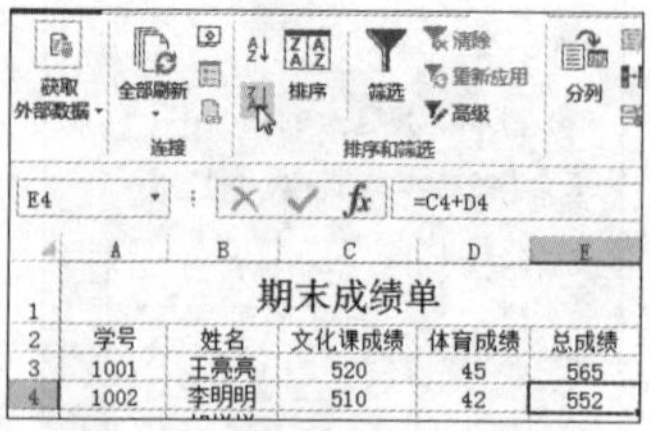

2 显示数据

单击【数据】选项卡下【排序和筛选】组中的【降序】按钮，即可按照总成绩由高到低的顺序显示数据。

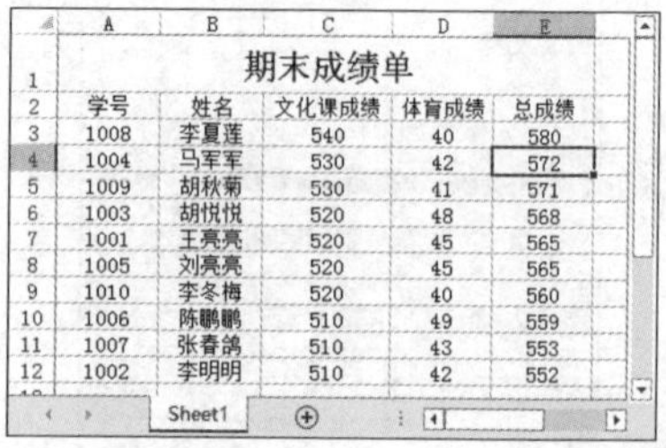

7.4.2 多条件排序

在打开的“成绩单.xlsx”工作簿中，如果希望按照文化课成绩由高到低进行排序，而文化课成绩相等时，则以体育成绩由高到低的方式显示时，就可以使用多条件排序。

1 代开素材

在打开的“成绩单.xlsx”工作簿中，选择表格中的任意一个单元格（如C4），单击【数据】选项卡下【排序和筛选】组中的【排序】按钮。

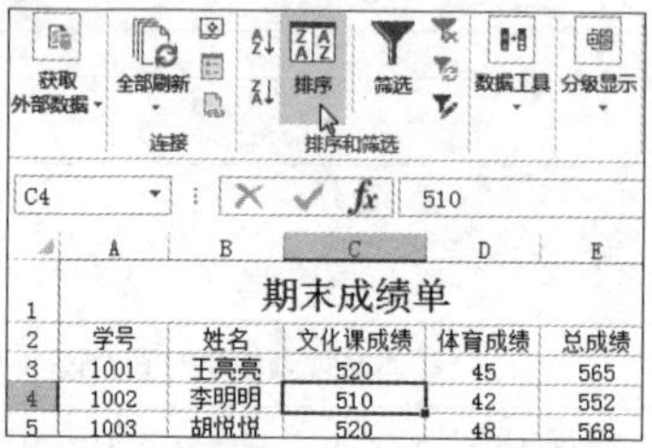

2 设置排序方式

打开【排序】对话框，单击【主要关键字】后的下拉按钮，在下拉列表中选择【文化课成绩】选项，设置【排序依据】为【数值】，设置【次序】为【降序】。

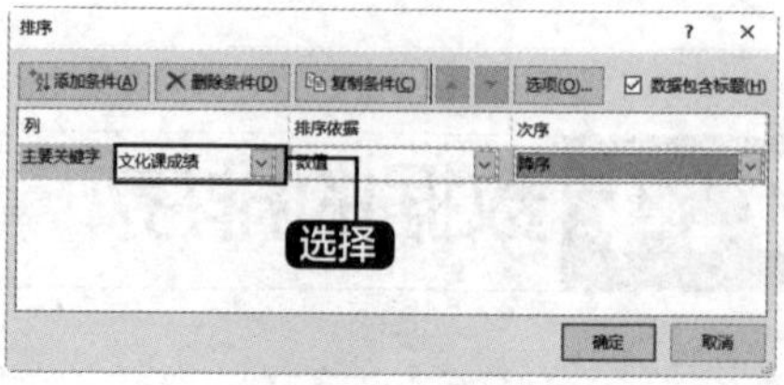

3 设置排序

单击【添加条件】按钮，新增排序条件，单击【次要关键字】后的下拉按钮，在下拉列表中选择【体育成绩】选项，设置【排序依据】为【数值】，设置【次序】为【降序】，单击【确定】按钮。

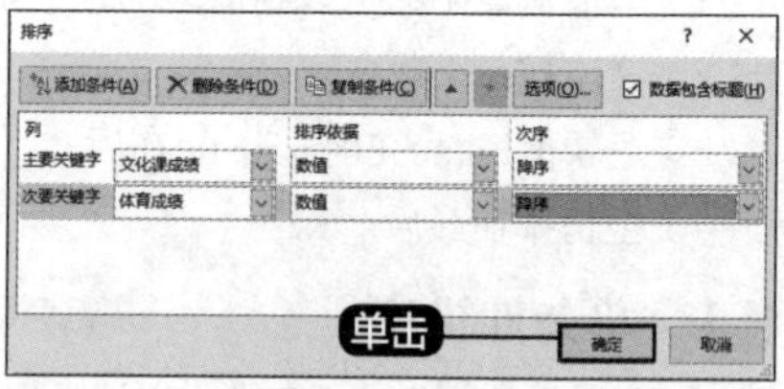

4 显示结果

返回至工作表，就可以看到数据按照文化课成绩由高到低的顺序进行排序，而文化课成绩相等时，则按照体育成绩由高到低进行排序。

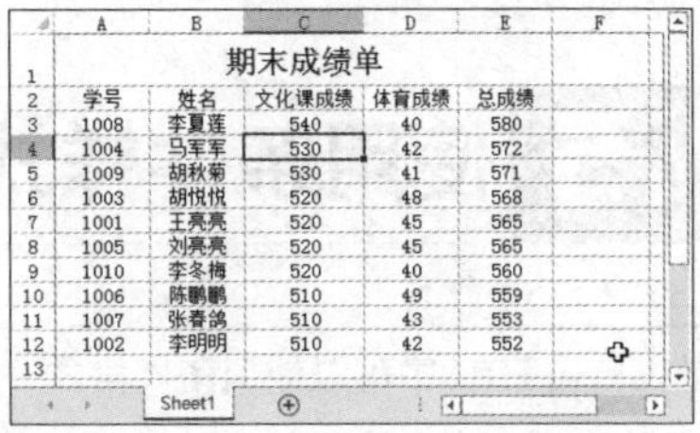

7.4.3 自定义排序

Excel具有自定义排序功能，用户可以根据需要设置自定义排序序列。例如按照职位高低进行排序时，就可以使用自定义排序的方式。

1 打开素材

打开随书光盘中的“素材\ch07\职务表.xlsx”工作簿，选择任意一个单元格，单击【数据】选项卡下【排序和筛选】组中的【排序】按钮。弹出【排序】对话框，在【主要关键字】下拉列表中选择【职务】选项，在【次序】下拉列表中选择【自定义序列】命令。

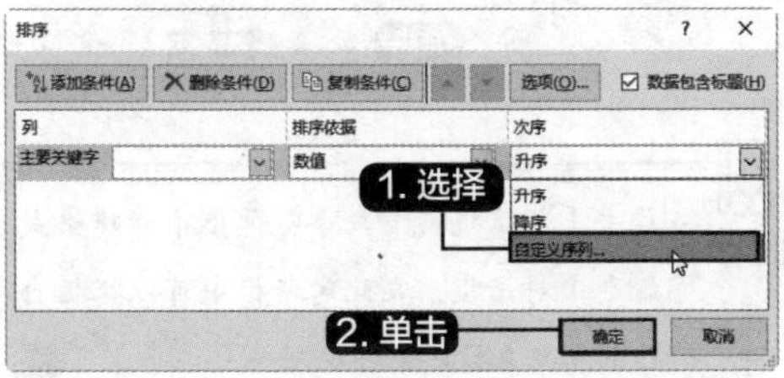

2 自定义序列

弹出【自定义序列】对话框，在【输入序列】列表框中输入“销售总裁”“销售副总裁”“销售经理”“销售助理”和“销售代表”文本，单击【添加】按钮，将自定义序列添加至【自定义序列】列表框，单击【确定】按钮。

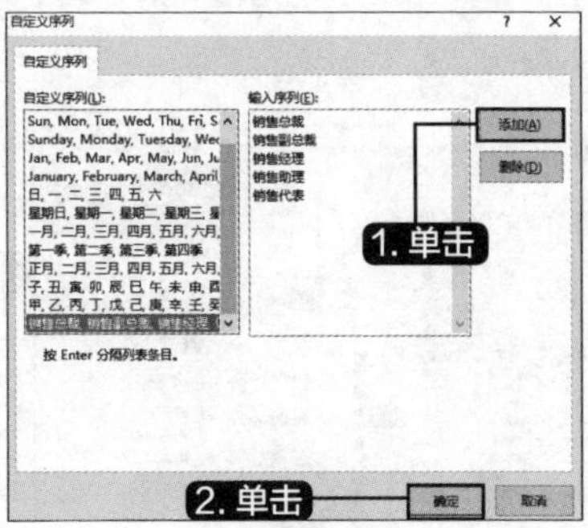

3 返回【排序】对话框

返回至【排序】对话框，即可看到【次序】文本框中显示的为自定义的序列，单击【确定】按钮。

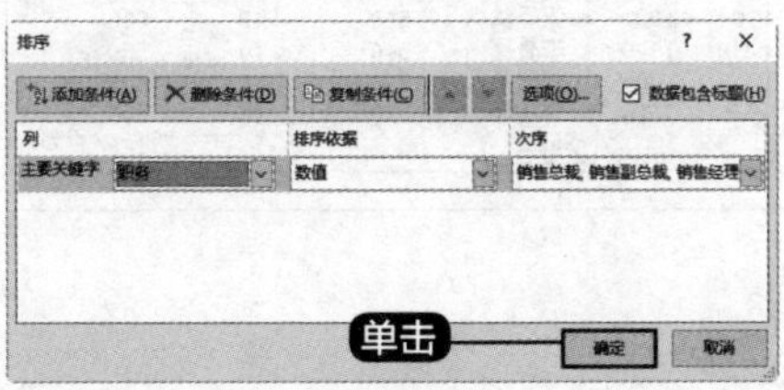

4 显示结果

即可查看按照自定义排序列表排序后的结果。

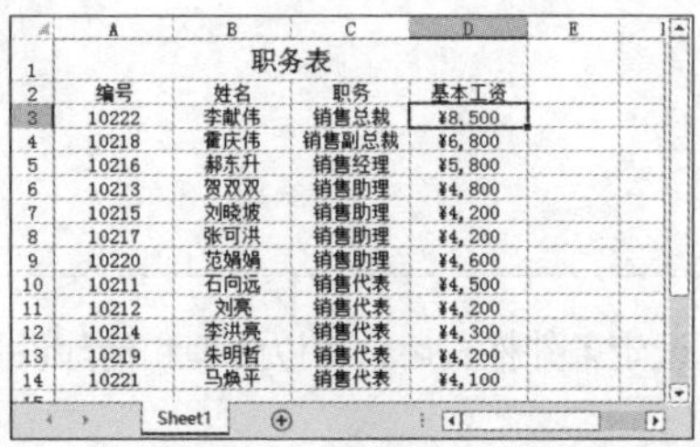

7.5 使用条件样式

本节视频教学时间 / 5分钟

在Excel 2013中可以使用条件格式，将符合条件的数据突出显示出来。

条件格式是指在设定的条件下，Excel自动应用所选单元格的格式（如单元格的底纹或字体颜色），即在所选的单元格中符合条件的以一种格式显示，不符合条件的以另一种格式显示。

设定条件格式可以让用户基于单元格内容有选择地和自动地应用单元格格式。例如通过设置使区域内的所有负值有一个浅黄色的背景色。当输入或者改变区域中的值时，如果数值为负数背景就变化，否则就不应用任何格式。

对一个单元格区域应用条件格式的步骤如下。

1 打开素材

打开随书光盘中的“素材\ch07\成绩单.xlsx”文件，选择要设置的区域。单击【开始】选项卡下【样式】组中的【条件格式】按钮，选择【突出显示单元格规则】➤【介于】条件规则。

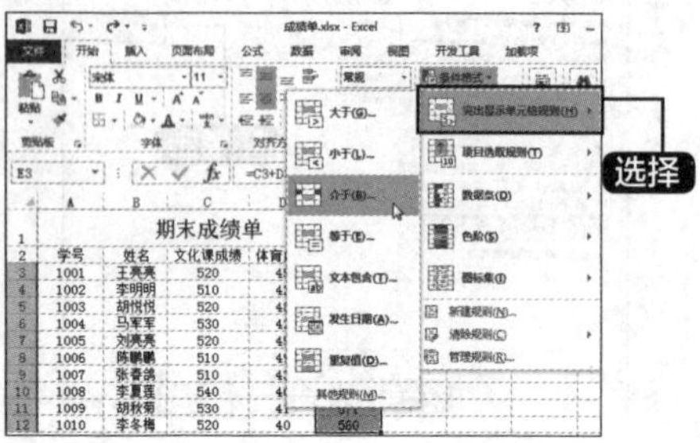

2 设置文本

弹出【介于】对话框，在【设置为】右侧的文本框中选择“浅红填充色深红色文本”，单击【确定】按钮。

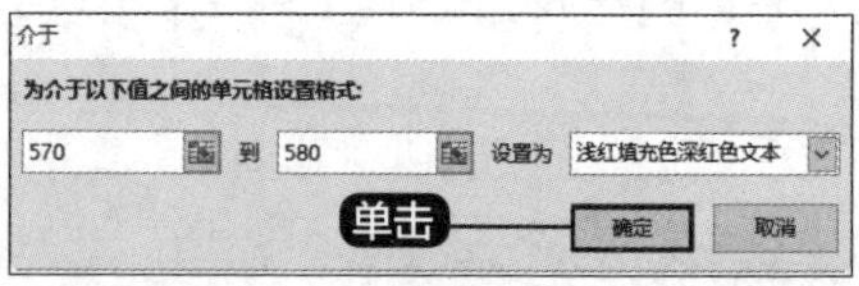

提 示

单击【新建规则】命令，弹出【新建格式规则】对话框，在此对话框中可以根据自己的需要来设定条件规则。

3 显示效果

效果如右图所示。

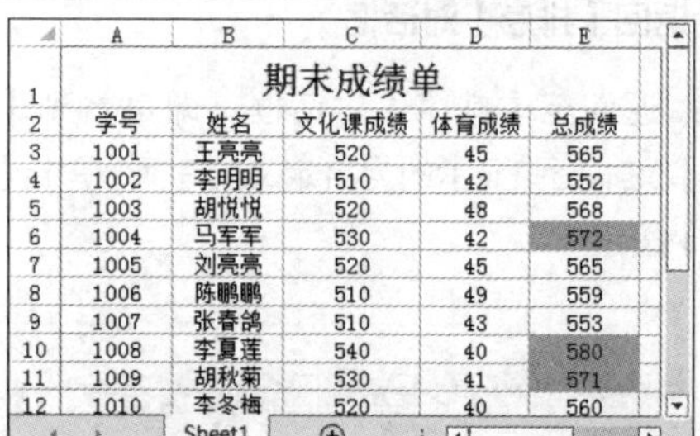

期末成绩单

学号	姓名	文化课成绩	体育成绩	总成绩
1001	王亮亮	520	45	565
1002	李明明	510	42	552
1003	胡悦悦	520	48	568
1004	马军军	530	42	572
1005	刘亮亮	520	45	565
1006	陈鹏鹏	510	49	559
1007	张春鸽	510	43	553
1008	李夏莲	540	40	580
1009	胡秋菊	530	41	571
1010	李冬梅	520	40	560

设定条件格式后，可以管理和清除设置的条件格式。

1. 管理条件格式

选择设置条件格式的区域，单击【开始】选项卡下【样式】组中的【条件格式】按钮，在弹出的列表中选择【管理规则】选项。弹出【条件格式规则管理器】对话框，在此列出了所选区域的条件格式，可以在此管理器中新建、编辑和删除设置条件规则。

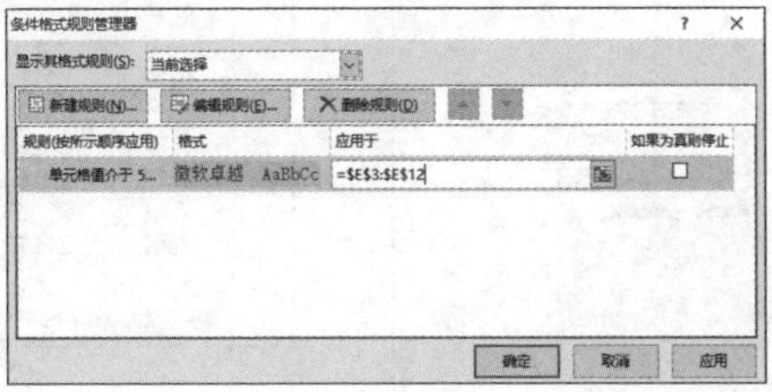

2. 清除条件格式

除了使用【条件格式规则管理器】删除规则外，还可以通过以下方式删除。

选择设置条件格式的区域，单击【开始】选项卡下【样式】组中的【条件格式】按钮，在弹出的列表中选择【清除规则】➤【清除所选单元格的规则】命令，可清除选择区域中的条件规则；选择【清除规则】➤【清除整个工作表的规则】命令，则清除此工作表中设置的所有条件规则。

7.6 设置数据的有效性

本节视频教学时间 / 4分钟

在向工作表中输入数据时，为了防止用户输入错误的数据，可以为单元格设置有效的数据范围，限制用户只能输入指定范围的数据。设置学生学号长度的具体操作步骤如下。

1 打开素材

打开随书光盘中的“素材\ch07\数据有效性.xlsx”文件。选择单元格区域B2:B8，单击【数据】选项卡下【数据工具】组中的【数据验证】按钮，在弹出的下拉列表中选择【数据验证】命令。

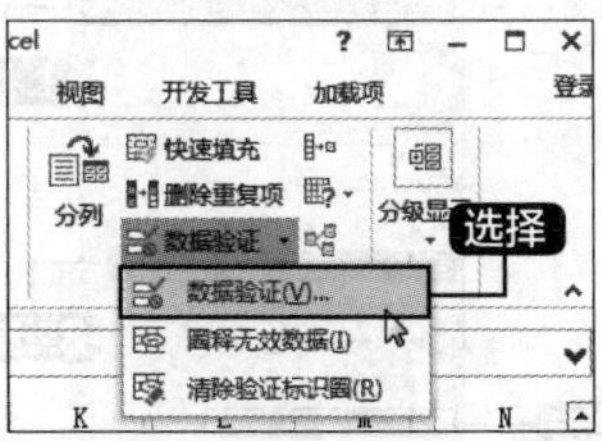

2 数据验证

弹出【数据验证】对话框，选择【设置】选项卡，在【允许】下拉列表中选择【文本长度】选项，在【数据】下拉列表中选择【等于】选项，在【长度】文本框中输入“8”，单击【确定】按钮。

3 输入学号

返回工作表，在单元格区域B2:B8 中输入学号，如果输入小于8 位或者大于8 位的学号，就会弹出【Microsoft Excel】提示框，提示出错信息。

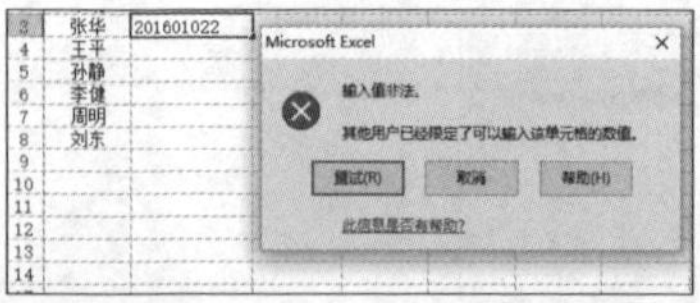

4 显示结果

只有输入8位的学号时，才能正确地输入，而不会弹出警告。

7.7 数据的分类汇总

本节视频教学时间 / 5分钟

分类汇总是对数据清单中的数据进行分类，在分类的基础上对数据进行汇总。

7.7.1 简单分类汇总

使用分类汇总的数据列表，每一列数据都要有列标题。Excel使用列标题来决定如何创建数据组，以及如何计算总和。创建简单分类汇总的具体操作步骤如下。

1 打开素材

打开随书光盘中的“素材\ch07\汇总表.xlsx”文件，选择B列任意一个单元格，单击【数据】选项卡下【排序和筛选】组中的【升序】按钮。

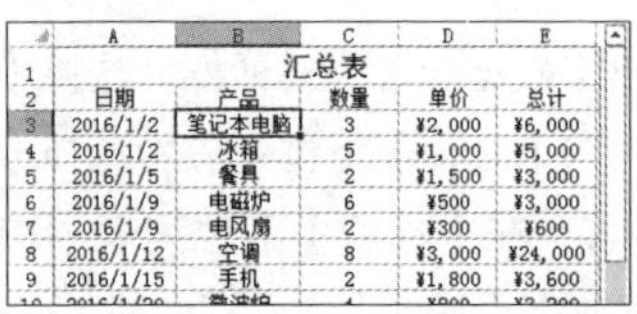

2 分类汇总

选择数据区域任意一个单元格，单击【数据】选项卡下【分级显示】组中的【分类汇总】按钮分类汇总，弹出【分类汇总】对话框。

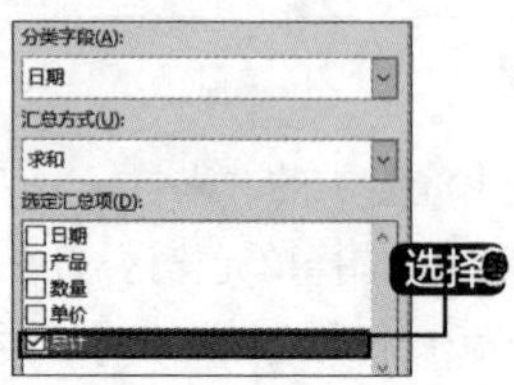

3 分类汇总

在【分类字段】列表框中选择【产品】选项，表示以“产品”字段进行分类汇总。在【汇总方式】列表框中选择【求和】选项，在【选定汇总项】列表框中单击选中【总计】复选框，并单击选中【汇总结果显示在数据下方】复选框，单击【确定】按钮。

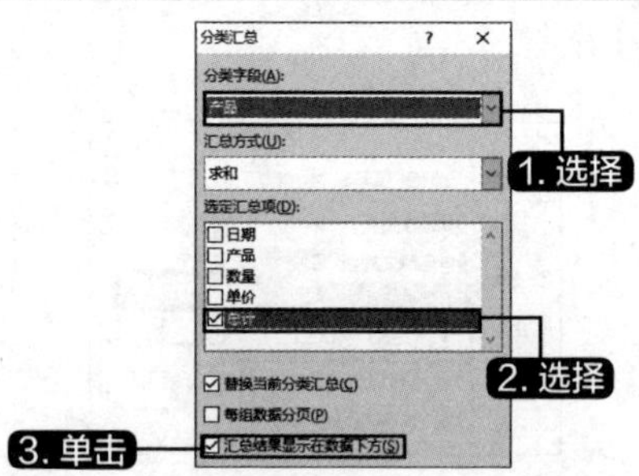

4 显示效果

分类汇总后的效果如下图所示。

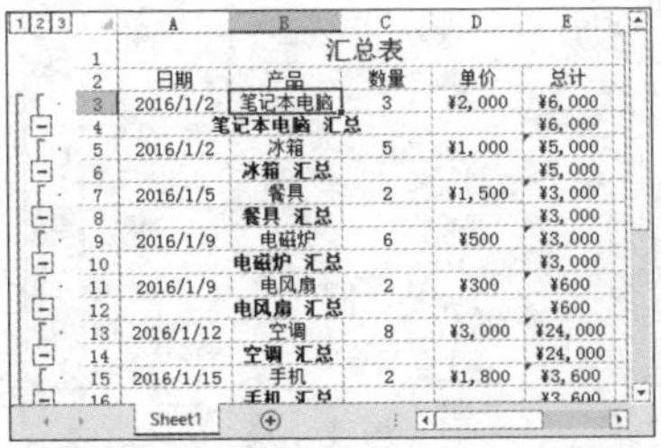

7.7.2 多重分类汇总

在Excel中，可以根据两个或更多个分类项对工作表中的数据进行分类汇总，进行分类汇总时需按照以下方法。

（1）先按分类项的优先级对相关字段排序。

（2）再按分类项的优先级多次执行分类汇总，后面执行分类汇总时，需撤销选中对话框中的【替换当前分类汇总】复选框。根据购物日期和产品进行分类汇总的步骤如下。

1 打开素材排序

打开随书光盘中的“素材\ch07\汇总表.xlsx”文件，选择数据区域中的任意单元格，单击【数据】选项卡下【排序和筛选】组中的【排序】按钮，弹出【排序】对话框，参照下图所示进行设置，单击【确定】按钮。

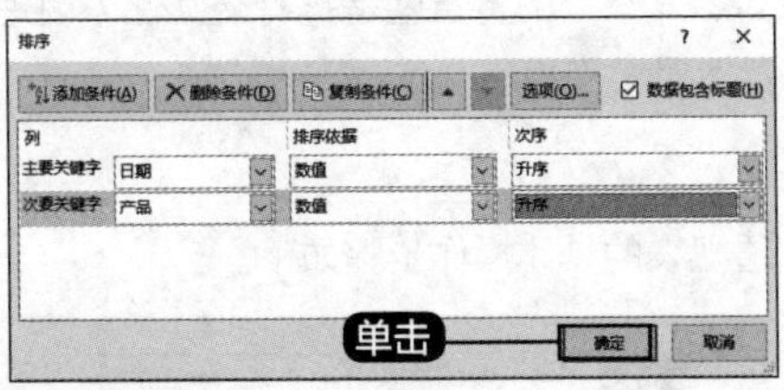

2 显示结果

排序后的工作表如下图所示。

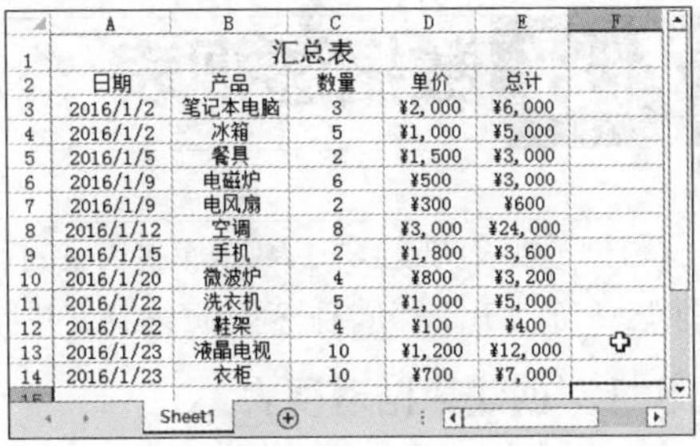

3 分类汇总

单击【分级显示】组中的【分类汇总】按钮，弹出【分类汇总】对话框。在【分类字段】列表框中选择【日期】选项，在【汇总方式】列表框中选择【求和】选项，在【选定汇总项】列表框中单击选中【总计】复选框，并单击选中【汇总结果显示在数据下方】复选框，单击【确定】按钮。

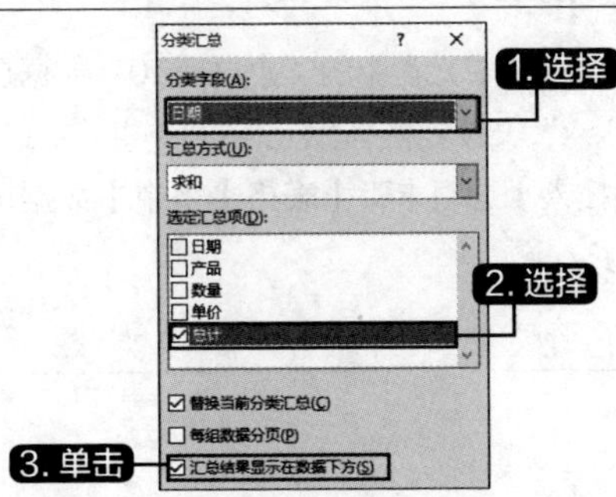

4 显示结果

分类汇总后的工作表如下图所示。

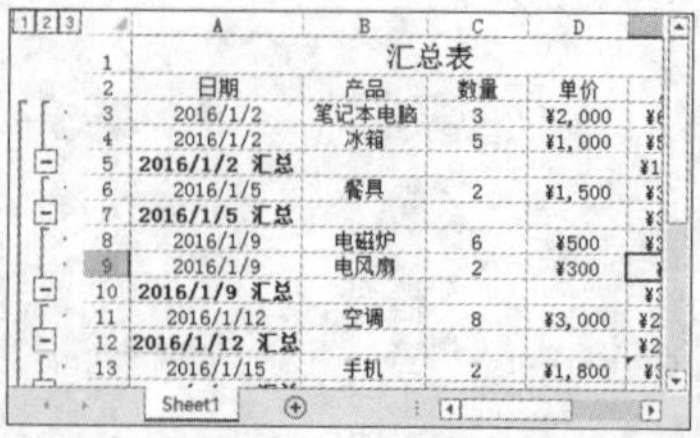

5 替换当前分类汇总

再次单击【分类汇总】按钮，在【分类字段】下拉列表框中选择【产品】选项，在【汇总方式】下拉列表框中选择【求和】选项，在【选定汇总项】列表框中单击选中【总计】复选框，撤销选中【替换当前分类汇总】复选框，单击【确定】按钮。

6 显示效果

此时即建立了两重分类汇总，效果如下图所示。

7.8 数据透视表

本节视频教学时间 / 7分钟

数据透视表实际上是从数据库中生成的动态总结报告，其最大的特点就是具有交互性。创建透视表后，可以任意地重新排列数据信息，并且可以根据需要对数据进行分组。

7.8.1 创建数据透视表

使用数据透视表可以深入分析数值数据，创建数据透视表的具体操作步骤如下。

1 打开素材

打开随书光盘中的“素材\ch07\数据透视表.xlsx”文件，选择单元格区域A1:D21，单击【插入】选项卡下【表格】组中【数据透视表】按钮。

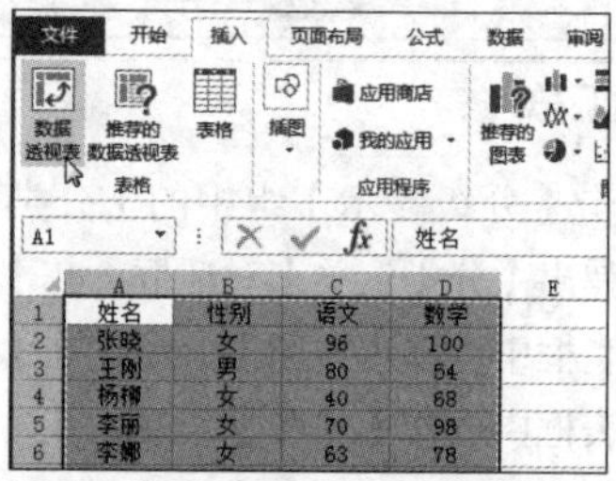

2 选择区域

弹出【创建数据透视表】对话框。在【请选择要分析的数据】区域单击选中【选择一个表或区域】单选项，在【表/区域】文本框中设置数据透视表的数据源，再在【选择放置数据透视表的位置】区域单击选中【新工作表】单选项，最后单击【确定】按钮。

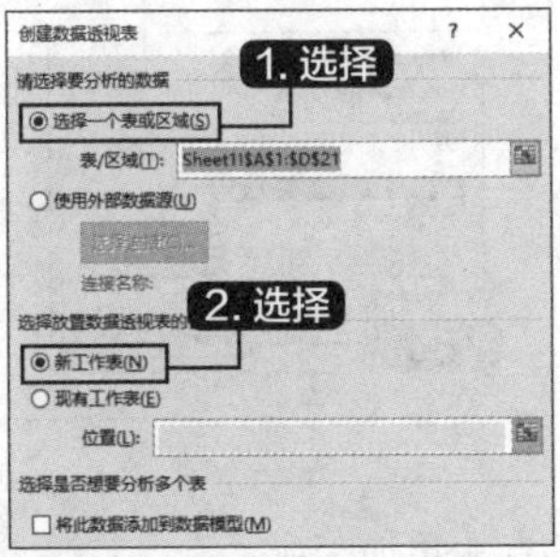

3 数据透视表工具

弹出数据透视表的编辑界面，工作表中会出现数据透视表，在其右侧是【数据透视表字段】窗格。在功能区会出现【数据透视表工具】的【选项】和【设计】两个选项卡。

4 创建的数据透视表

将“语文”和“数学”字段拖曳到【Σ值】中，将“性别”和“姓名”字段分别拖曳到【行】标签中，注意顺序，添加报表字段后的效果如右图所示，即可创建的数据透视表。

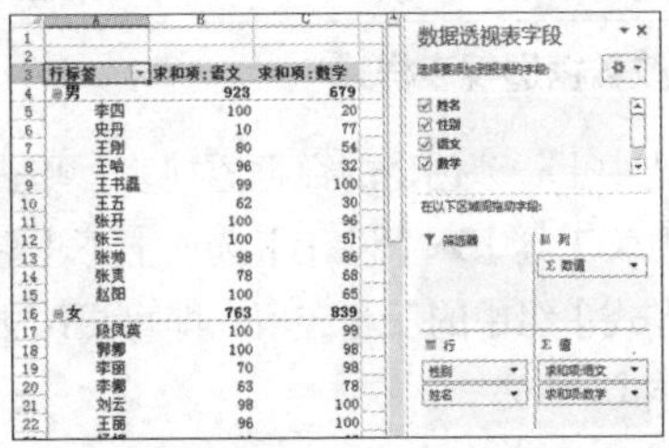

7.8.2 编辑数据透视表

创建数据透视表以后，还可以编辑创建的数据透视表，对数据透视表的编辑包括修改其布局、添加或删除字段、格式化表中的数据，以及对透视表进行复制和删除等操作。

1 选择创建的数据透视表，单击右侧【行标签】列表中的【姓名】按钮，在弹出的下拉列表中选择【删除字段】命令；或直接撤销选中【选择要添加到报表的字段】区域中的【姓名】复选框。

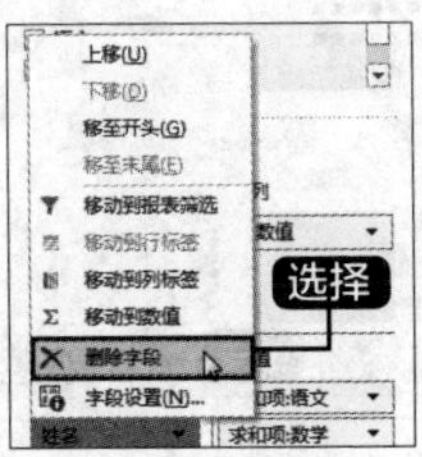

2 删除数据源后的效果如图所示。

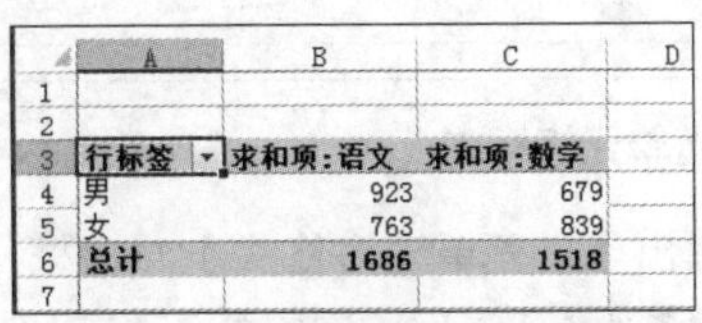

	A	B	C	D
1				
2				
3	行标签	求和项:语文	求和项:数学	
4	男	923	679	
5	女	763	839	
6	总计	1686	1518	
7				

3 在【选择要添加到报表的字段】列表中单击选中要添加字段前的复选框，将其直接拖曳字段名称到字段列表中，即可完成数据的添加。

除了添加和删除数据，还可以在数据透视表中增加计算类型来更改数据透视表中的数据，具体操作步骤如下所示。

1 值字段设置

选择创建的数据透视表，单击右侧【Σ值】列表中的【求和项：语文】按钮，在弹出的下拉列表中选择【值字段设置】命令。

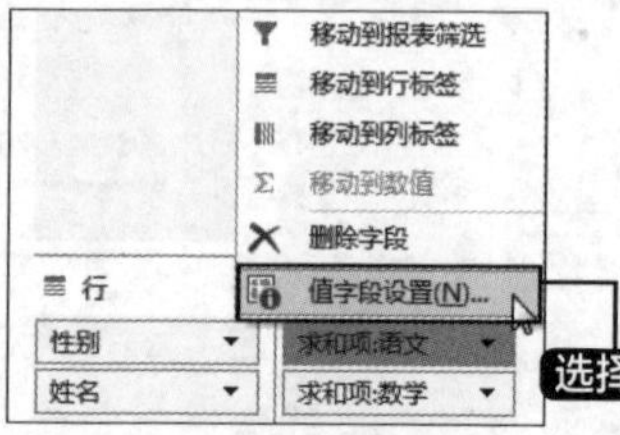

2 平均值

弹出【值字段设置】对话框，可以更改其汇总的方式，此处在【计算类型】列表中选择【平均值】选项，单击【确定】按钮，即可看到添加求和项后的效果。

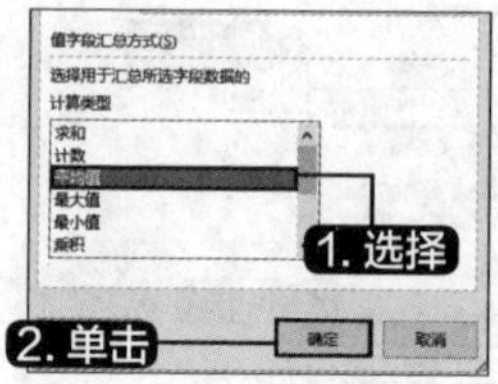

7.8.3 美化数据透视表

创建并编辑好数据透视表后，可以对其进行美化，使其看起来更加美观。

1 更改数据透视表样式

选中上一节创建的数据透视表，单击【数据透视表工具】➤【设计】选项卡下【数据透视表样式】组中的任意选项，即可更改数据透视表样式。

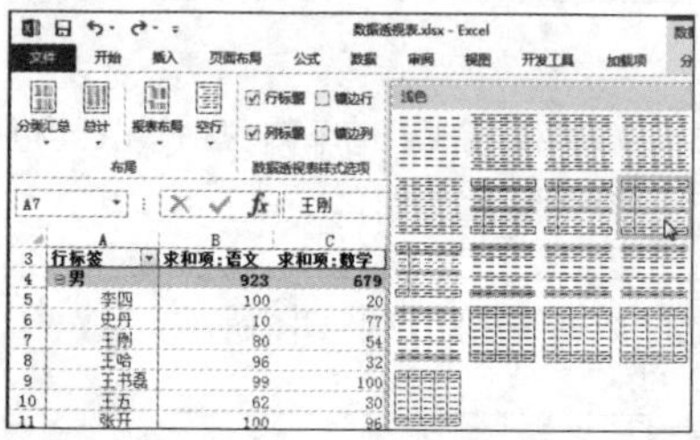

2 选中单元格区域A4:C25

选中数据透视表中的单元格区域A4:C25，单击鼠标右键，在弹出的快捷菜单中选择【设置单元格格式】命令。

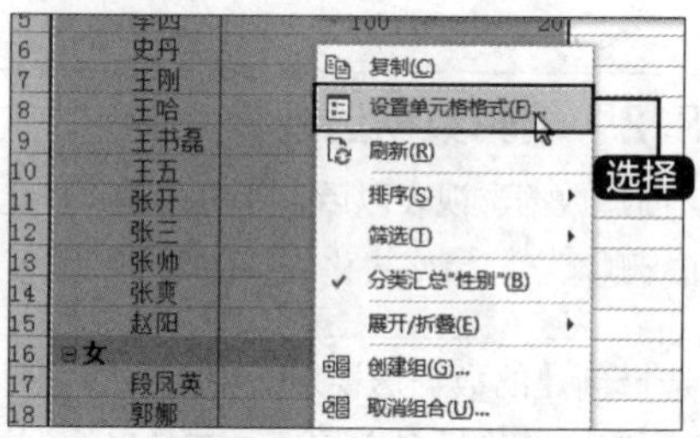

3 设置单元格格式

弹出【设置单元格格式】对话框，单击【填充】选项卡，在【图案颜色】下拉列表中选择“蓝色，着色1，淡色60%”，在【图案样式】下拉列表中选择“细，对角线，剖面线”，然后单击【确定】按钮。

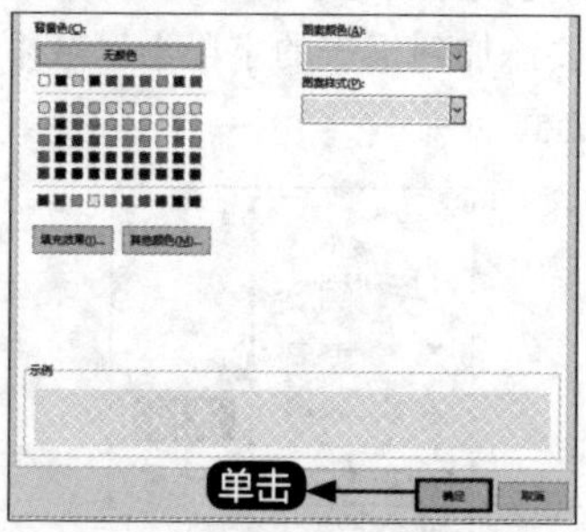

4 显示效果

即可填充单元格，效果如图所示。

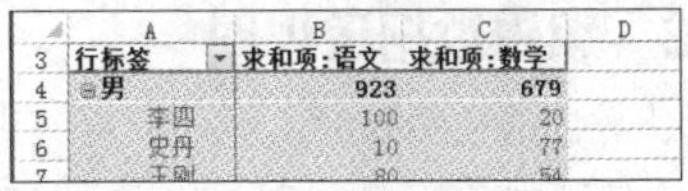

7.9 数据透视图

本节视频教学时间 / 3分钟

与数据透视表一样，数据透视图也是交互式的。创建数据透视图时，筛选的数据透视图将显示在图表区。当改变相关联的数据透视表中的字段布局或数据时，数据透视图也会随之发生变化。

7.9.1 创建数据透视图

创建数据透视图的方法与创建数据透视表类似，具体操作步骤如下。

1 选择单元格

在7.7.3小节的数据透视表中，选择任意一个单元格。

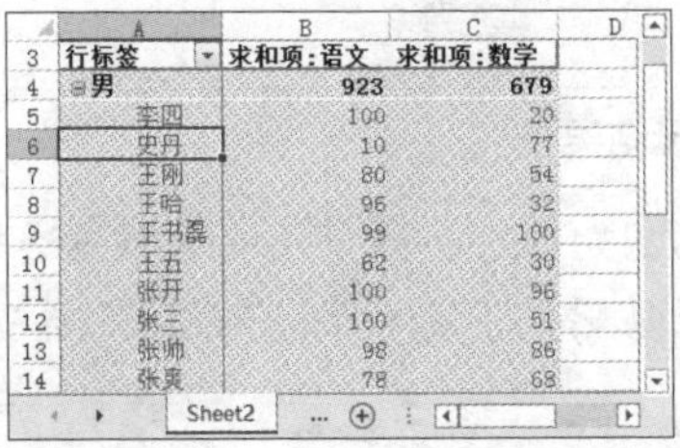

2 数据透视图

单击【插入】选项卡下【图表】组中【数据透视图】按钮，在弹出的下拉列表中选择【数据透视图】命令。

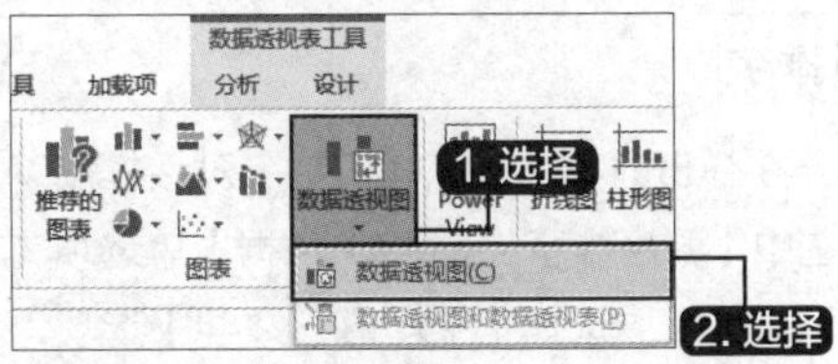

3 选择图形

弹出【插入图表】对话框，在左侧的【所有图表】列表中单击【柱形图】命令，在右侧选择【簇状柱形图】类型，然后单击【确定】按钮。

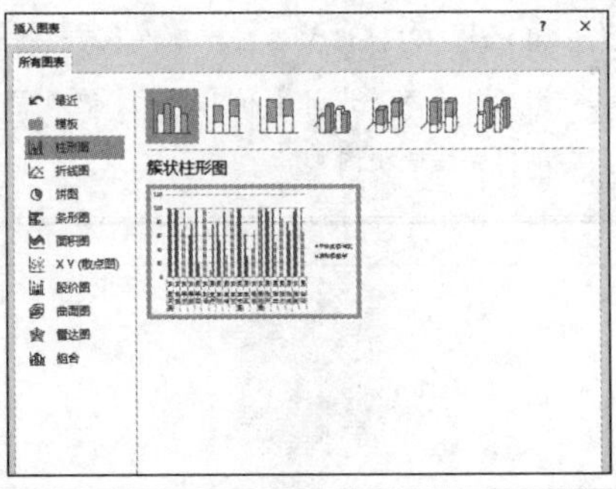

4 调节位置

即可创建一个数据透视图，当鼠标指针在图表区变为 形状时，按住鼠标左键拖曳，可以调整数据透视图到合适位置，如下图所示。

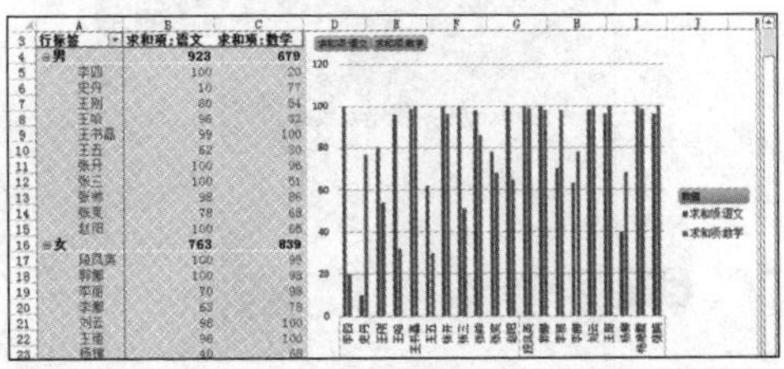

提示

创建数据透视图时，不能使用XY散点图、气泡图和股价图等图表类型。

7.9.2 编辑数据透视图

创建数据透视图以后，就可以对其进行编辑了。对数据透视图的编辑包括修改其布局、数据在透视图中的排序、数据在透视图中的显示等。

修改数据透视图的布局，从而重组数据透视图的具体操作步骤如下。

1 选择性别

单击【图表区】中【性别】后的按钮，在弹出的快捷菜单中撤销选中【女】复选框，然后单击【确定】按钮。

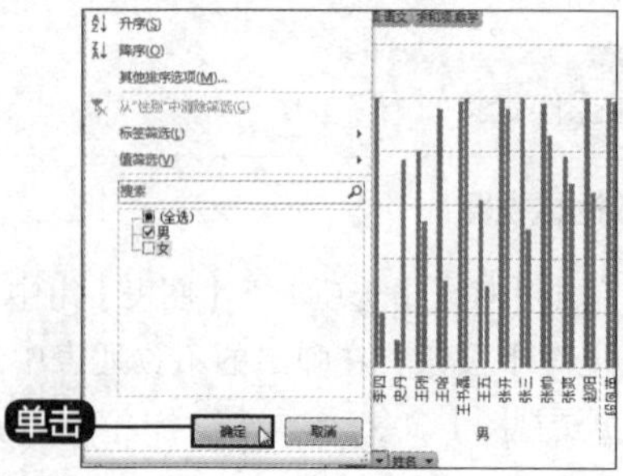

2 排序选项

单击【图表区】中【姓名】后的按钮，在弹出的快捷菜单中选择【其他排序选项】命令，然后单击【确定】按钮。

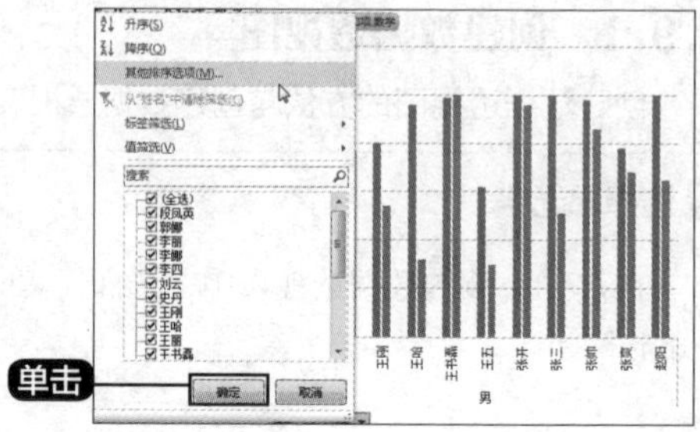

3 排序

在弹出的【排序（姓名）】对话框中，单击选中【升序排序（A到Z）依据】单选项，在其下拉列表中选择【平均值：数学】选项，单击【确定】按钮。

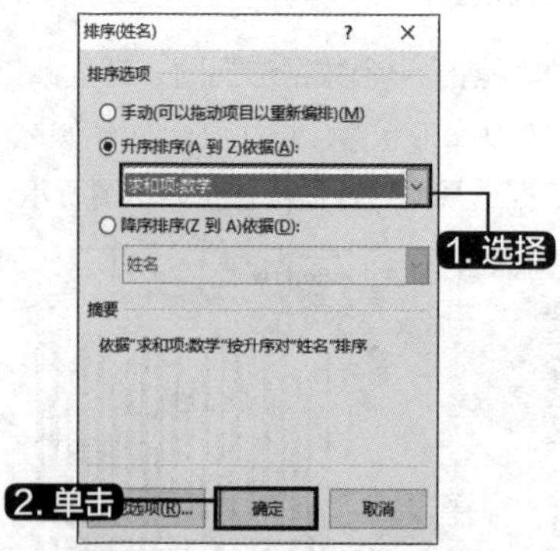

4 显示结果

效果如下图所示，可以看到数据透视图和数据透视表都按照数学平均值项重新排序。

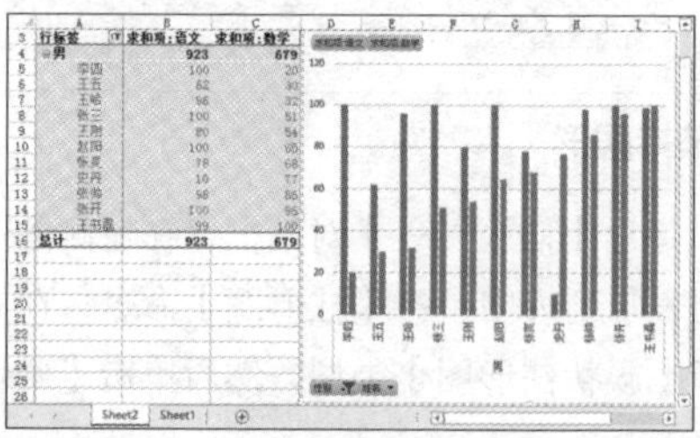

提示

用户还可以根据需要在打开的【数据透视图工具】➤【设计】和【分析】选项卡下编辑数据透视图。

7.10 实战演练——制作员工年度考核表

本节视频教学时间 / 8分钟

人事部门一般都会在年终或季度末对员工的表现进行一次考核，这不但可以对员工的工作进行督促和检查，还可以根据考核的情况发放年终和季度奖金。本节主要根据对员工的出勤考核、工作态度、工作能力及业绩考核进行综合考评，然后根据考核结果进行排名，并计算出对应的年度奖金。

第1步：设置数据有效性

1 打开素材

打开随书光盘中的“素材\ch07\员工年度考核表.xlsx”工作簿，其中包含两个工作表，分别为“年度考核表”和“年度考核奖金标准”。

2 数据验证

选中“出勤考核”所在的D列，在【数据】选项卡中，单击【数据工具】组中的【数据验证】按钮 数据验证 右侧的下拉按钮，在弹出的下拉列表中选择【数据验证】命令。

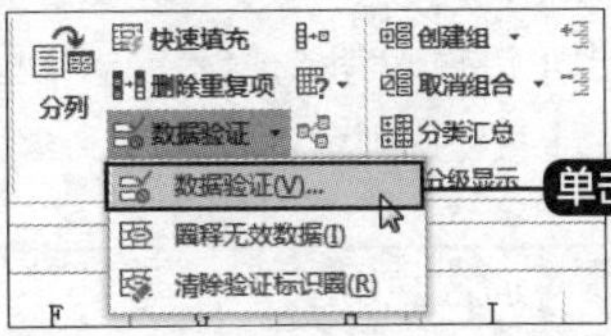

3 设置序列

在弹出【数据验证】对话框中选择【设置】选项卡，在【允许】下拉列表中选择【序列】选项，在【来源】文本框中输入“6,5,4,3,2,1”。

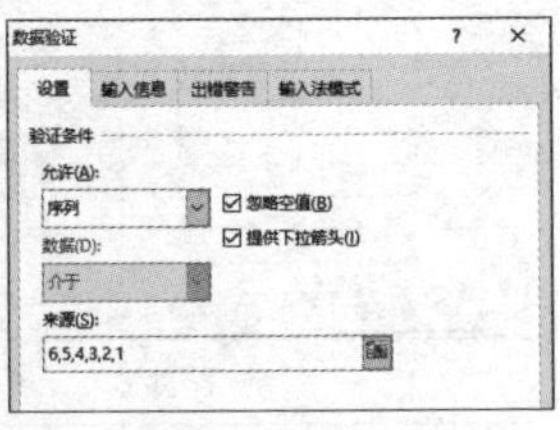

4 输入信息

切换到【输入信息】选项卡，选中【选定单元格时显示输入信息】复选框，在【标题】文本框中输入“请输入考核成绩”，在【输入信息】列表框中输入“可以在下拉列表中选择”。

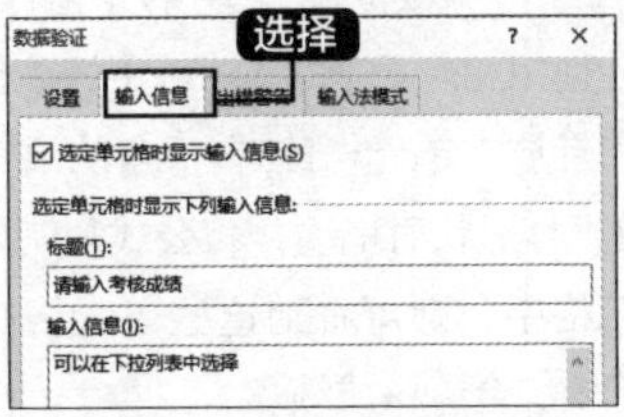

5 出错警告

切换到【出错警告】选项卡，选中【输入无效数据时显示出错警告】复选框，在【样式】下拉列表中选择【停止】选项，在【标题】文本框中输入“考核成绩错误”，在【错误信息】列表框中输入“请到下拉列表中选择”。

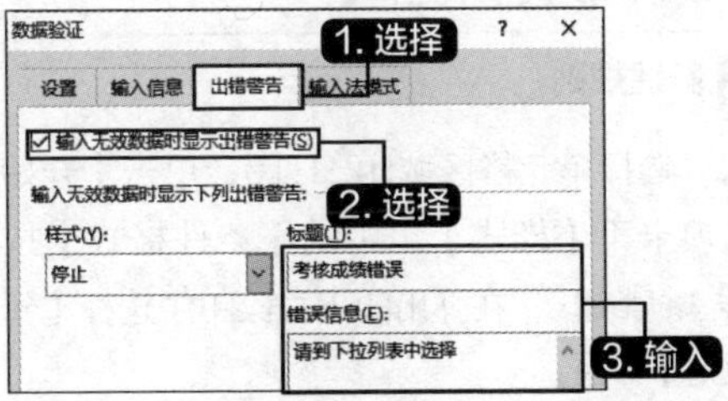

6 输入法模式

切换到【输入法模式】选项卡，在【模式】下拉列表中选择【关闭（英文模式）】选项，以保证在该列输入内容时始终不是英文输入法。

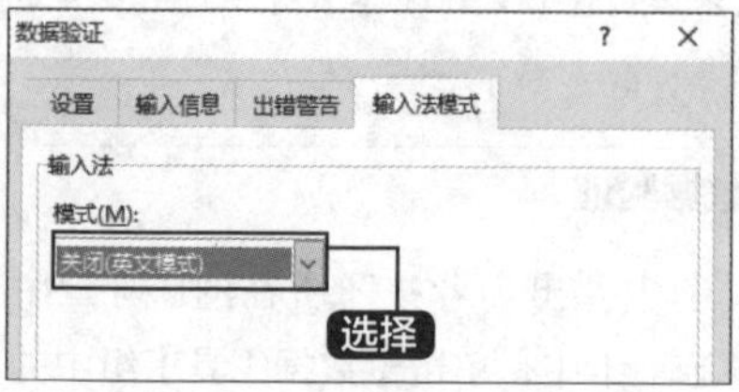

7 完成设置

单击【确定】按钮，数据有效性设置完毕。单击单元格D2，其下方会出现一个黄色的信息框。

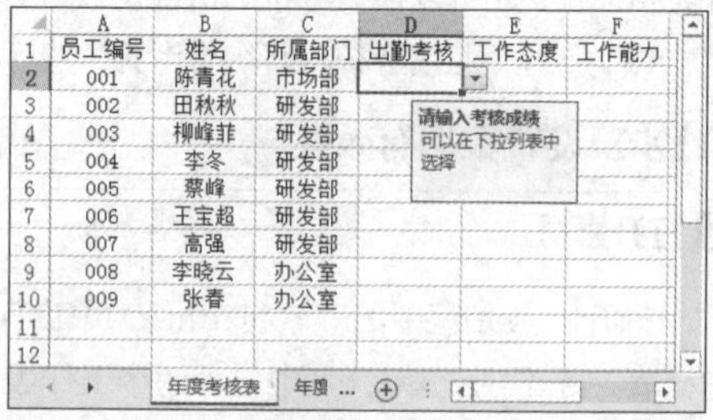

8 输入数据

在单元格D2中输入“8”，按【Enter】键，会弹出【请输入考核成绩】提示框。如果单击【重试】按钮，则可重新输入。

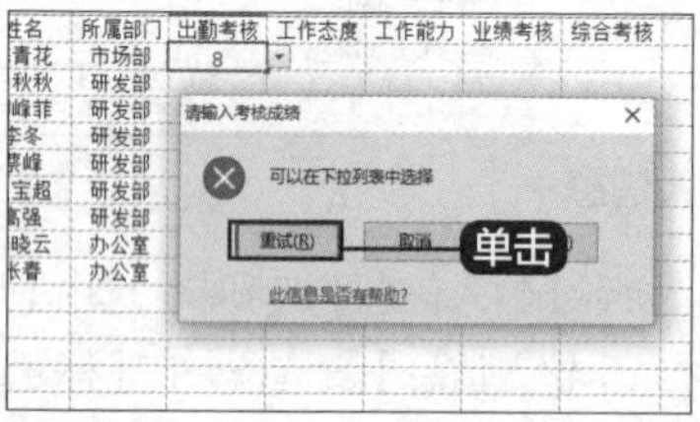

9 依次输入员工的成绩

参照步骤1～7，设置E、F、G等列的数据有效性，并依次输入员工的成绩。

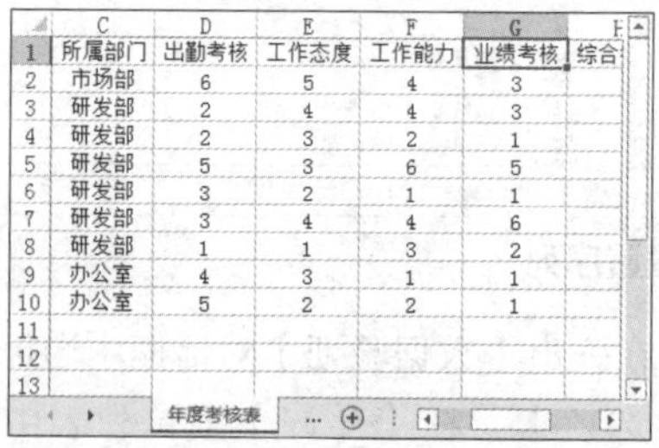

10 显示结果

计算综合考核成绩。在单元格H2中输入“=SUM(D2:G2)”，按【Enter】键确认，然后将鼠标指针放在单元格H2右下角的填充柄上，当指针变为+形状时拖动，将公式复制到该列的其他单元格中，则可看到这些单元格中自动显示了员工的综合考核成绩。

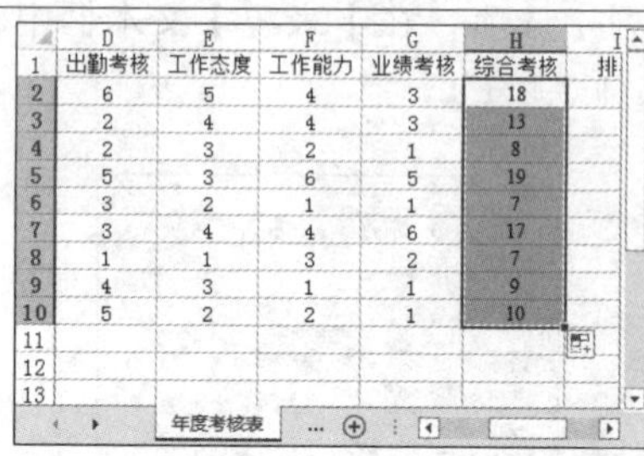

第2步：设置条件格式

1 新建规则

选择单元格区域H2:H10，单击【开始】选项卡下【样式】组中的【条件格式】按钮 条件格式▾，在弹出的下拉菜单中选择【新建规则】命令。

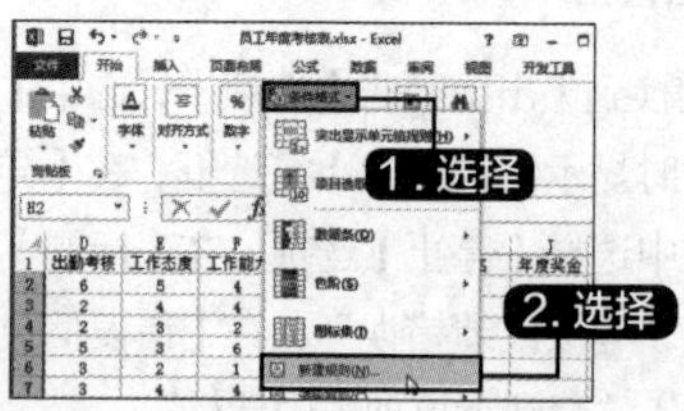

2 输入数据

弹出【新建格式规则】对话框，在【选择规则类型】列表框中选择【只为包含以下内容的单元格设置格式】选项，在【编辑规则说明】区域的第1个下拉列表中选择【单元格值】选项，在第2个下拉列表中选择【大于或等于】选项，在右侧的文本框中输入“18”。

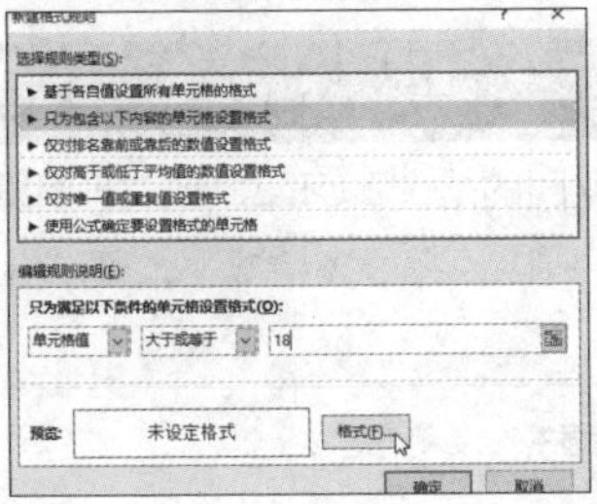

3 设置单元格格式

单击【格式】按钮，打开【设置单元格格式】对话框，选择【填充】选项卡，在【背景色】列表框中选择【红色】选项，在【示例】区可以预览效果。

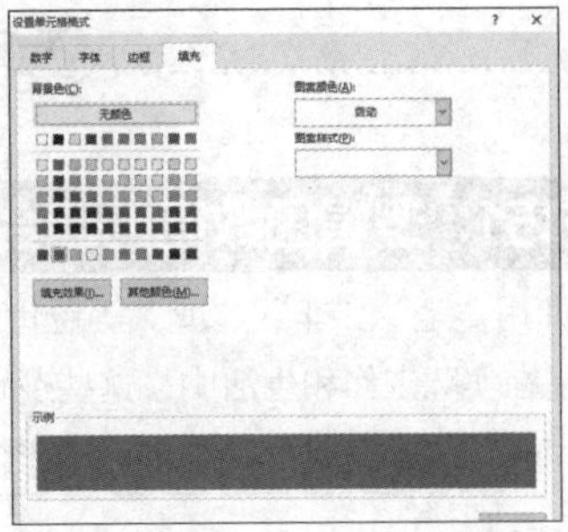

4 显示效果

单击【确定】按钮，返回【新建格式规则】对话框，单击【确定】按钮。可以看到18分及18分以上的员工的“综合考核”呈红色背景色显示，非常醒目。

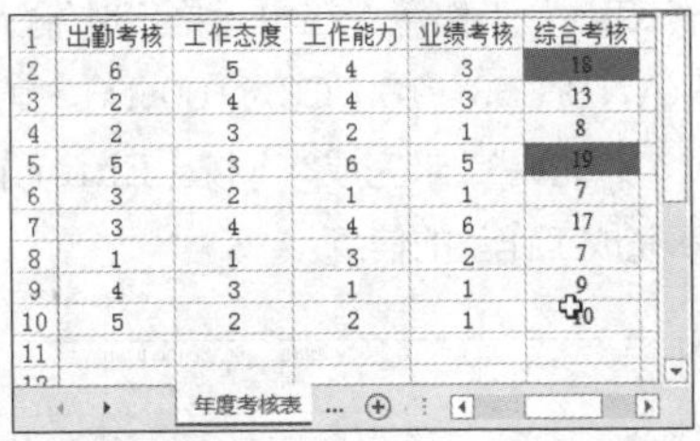

1	出勤考核	工作态度	工作能力	业绩考核	综合考核
2	6	5	4	3	18
3	2	4	4	3	13
4	2	3	2	1	8
5	5	3	6	5	19
6	3	2	1	1	7
7	3	4	4	6	17
8	1	1	3	2	7
9	4	3	1	1	9
10	5	2	2	1	10
11					

第3步：计算员工年终奖金

1 输入信息

对员工综合考核成绩进行排序。在单元格I2中输入“=RANK(H2,$H$2:$H$10,0)”，按【Enter】键确认，可以看到在单元格I2中显示出排名顺序，然后使用自动填充功能得到其他员工的排名顺序。

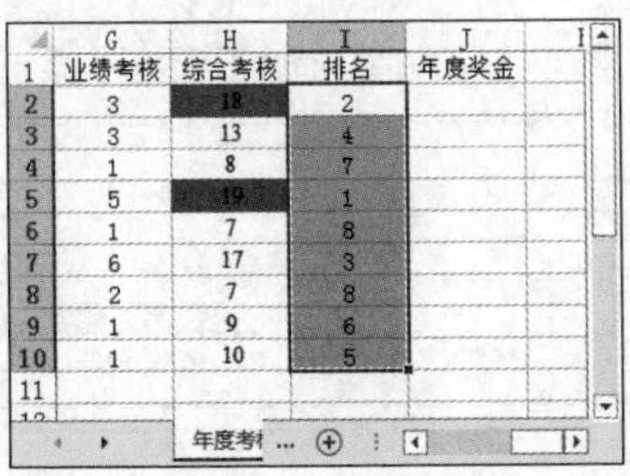

	G	H	I	J
1	业绩考核	综合考核	排名	年度奖金
2	3	18	2	
3	3	13	4	
4	1	8	7	
5	5	19	1	
6	1	7	8	
7	6	17	3	
8	2	7	8	
9	1	9	6	
10	1	10	5	
11				

2 显示结果

有了员工的排名顺序，就可以计算出“年终奖金”。在单元格J2中输入“=LOOKUP(I2,年度考核奖金标准!$A$2:$B$5)”，按【Enter】键确认，可以看到在单元格J2中显示出“年终奖金”，然后使用自动填充功能得到其他员工的“年终奖金”。

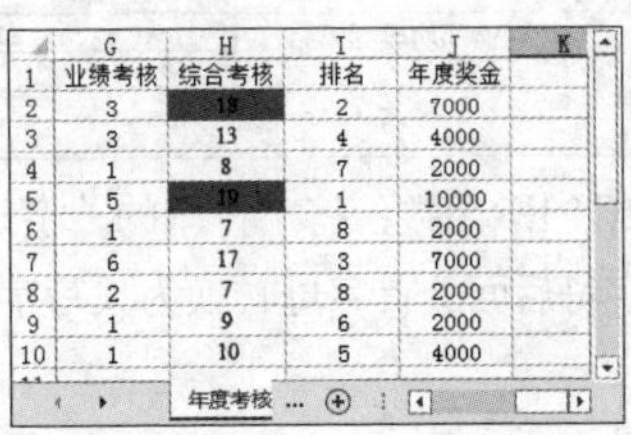

	G	H	I	J	K
1	业绩考核	综合考核	排名	年度奖金	
2	3	18	2	7000	
3	3	13	4	4000	
4	1	8	7	2000	
5	5	19	1	10000	
6	1	7	8	2000	
7	6	17	3	7000	
8	2	7	8	2000	
9	1	9	6	2000	
10	1	10	5	4000	

> **提示**
> 企业对年度考核排在前几名的员工给予奖金奖励，标准为：第1名奖金10000元；第2、3名奖金7000元；第4、5名奖金4000元；第6~10名奖金2000元。

至此，员工年度考核表制作完成。

高手私房菜

技巧1：逻辑函数间的混合运用

在使用“是”“非”“或”等逻辑函数时，默认情况下返回的是“TURE”或“FALSE”逻辑值，但是在实际工作和生活中，这些逻辑值的意义并非很大。所以，在很多情况下，可以借助IF函数返回“完成”“未完成”等结果。

1 打开素材

打开随书光盘中的“素材\ch07\任务完成情况表.xlsx”工作簿，在单元格F3中输入公式“=IF(AND（B3＞100,C3＞100,D3＞100,E3＞100）,"完成","未完成"),按【Enter】键即可显示完成工作量的信息。

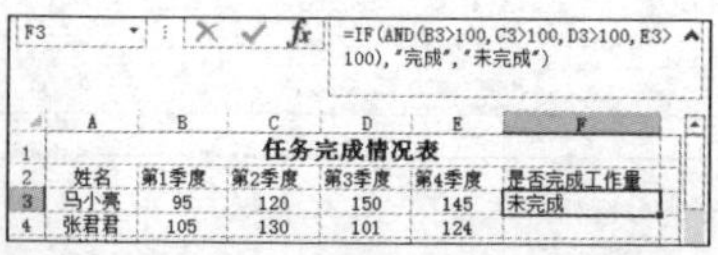

2 快速填充

利用快速填充功能，判断其他员工工作量的完成情况。

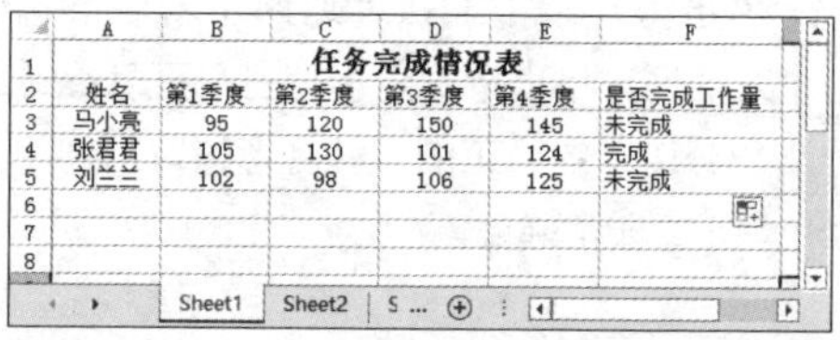

技巧2：大小写字母转换技巧

与大小写字母转换相关的3个函数为LOWER、UPPER和PROPER。

LOWER函数：将字符串中所有的大写字母转换为小写字母。

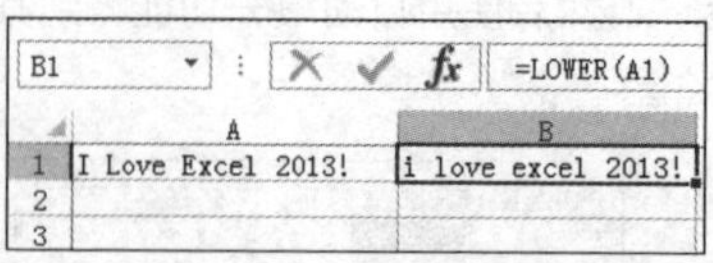

UPPER函数：将字符串中所有的小写字母转换为大写字母。

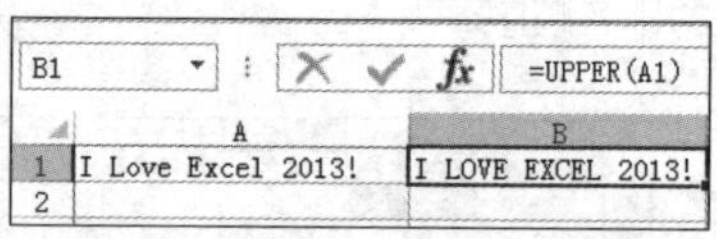

PROPER函数：将字符串的首字母及任何非字母字符后面的首字母转换为大写字母。

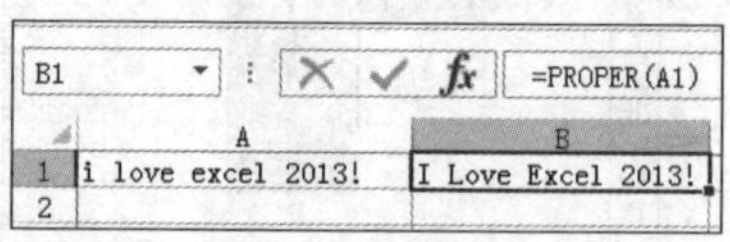

第 8 章 制作PPT演示文稿

重点导读

本章视频教学时间：1小时6分钟

外出做报告，展示的不仅是技巧，还是精神面貌。有声有色的报告常常会令听众惊叹，并能使报告达到最佳效果。若要做到这一步，制作一个优秀的幻灯片是基础。

学习效果图

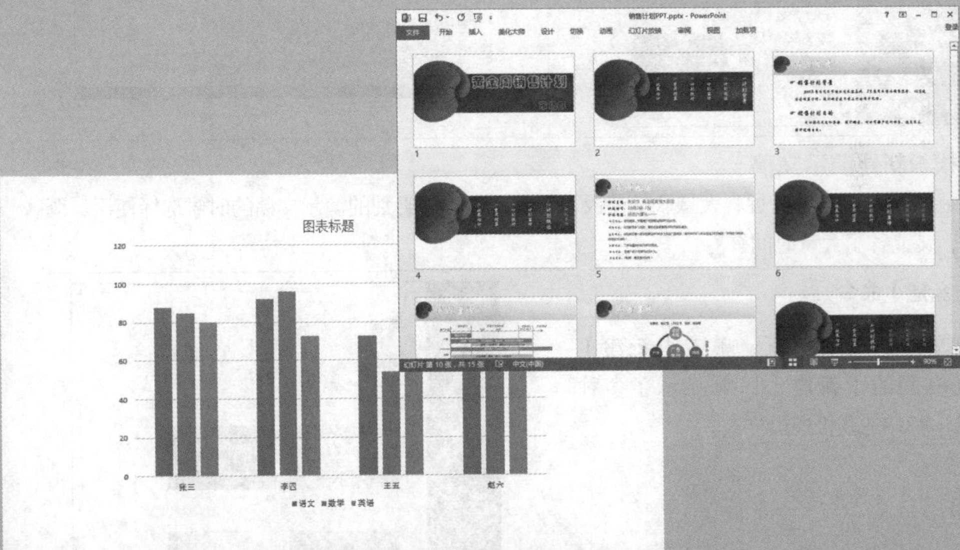

8.1 幻灯片的基本操作

本节视频教学时间 / 8分钟

在使用PowerPoint 2013创建PPT之前应先掌握幻灯片的基本操作。

8.1.1 创建新的演示文稿

使用PowerPoint 2013不仅可以创建空白演示文稿，还可以使用模板创建演示文稿。

1. 新建空白演示文稿

启动PowerPoint 2013软件之后，PowerPoint 2013会提示创建什么样的PPT演示文稿，并提供模板供用户选择，单击【空白演示文稿】命令，即可创建一个空白演示文稿。

1 启动PowerPoint 2013

启动PowerPoint 2013，弹出下图所示PowerPoint界面，单击【空白演示文稿】选项。

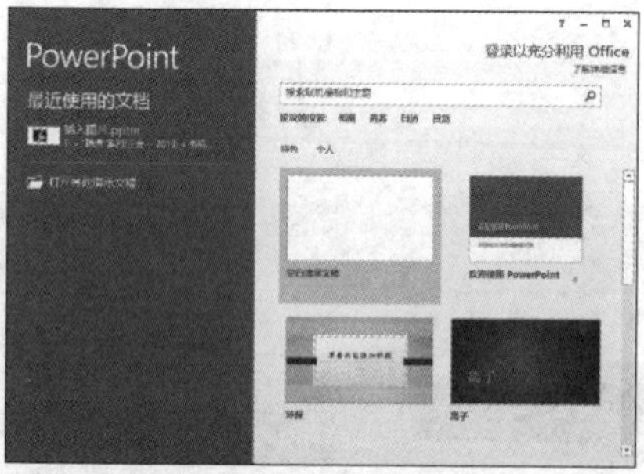

2 新建空白文稿

即可新建空白演示文稿。

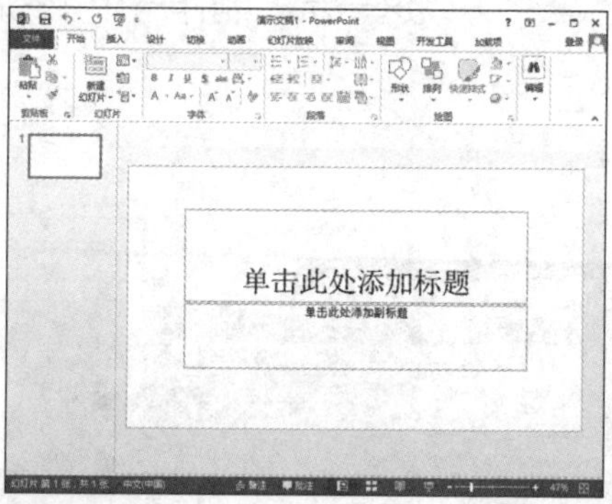

2. 使用模板新建演示文稿

PowerPoint 2013中内置有大量联机模板，可在设计不同类别的演示文稿的时候选择使用，既美观漂亮，又节省了大量时间。

1 单击【新建】命令

在【文件】选项卡下，单击【新建】命令，在右侧的【新建】区域显示了多种PowerPoint 2013的联机模板样式。

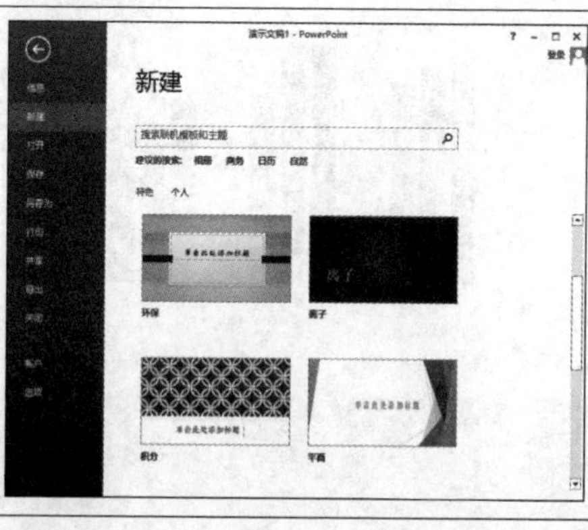

提示

在【新建】选项下的文本框中输入联机模板或主题名称，然后单击【搜索】按钮，即可快速找到需要的模板或主题。

2 选择模板

选择相应的联机模板，即可弹出模板预览界面。如单击【环保】命令，弹出【环保】模板的预览界面，选择模板类型，在右侧的预览框中可查看预览效果，单击【创建】按钮。

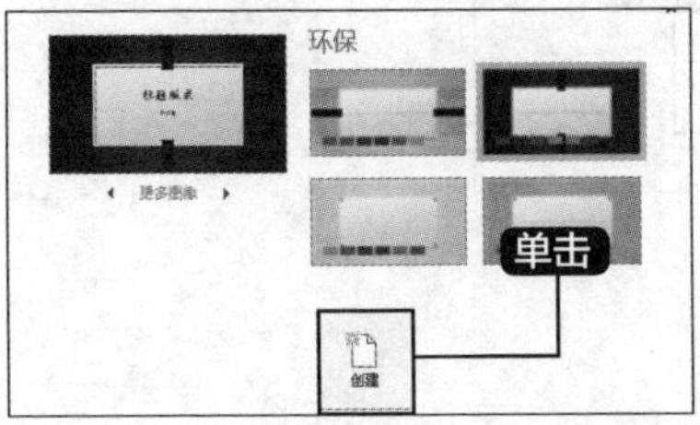

3 完成

即可使用联机模板创建演示文稿。

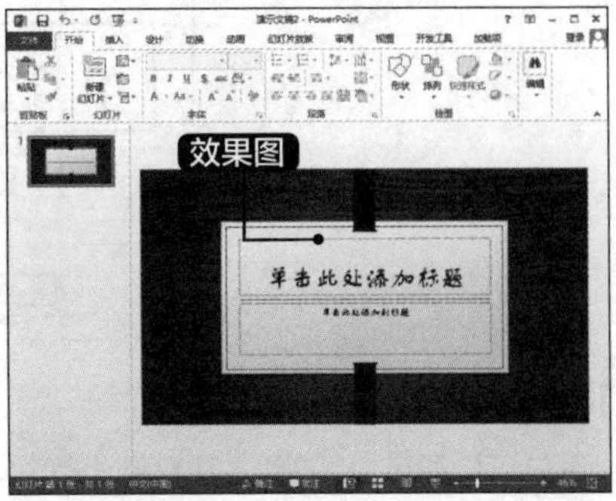

8.1.2 添加幻灯片

添加幻灯片的常见方法有两种，第1种方法是单击【开始】选项卡【幻灯片】组中的【新建幻灯片】按钮，在弹出的列表中选择【标题幻灯片】样式，新建的幻灯片即显示在左侧的【幻灯片】窗格中。

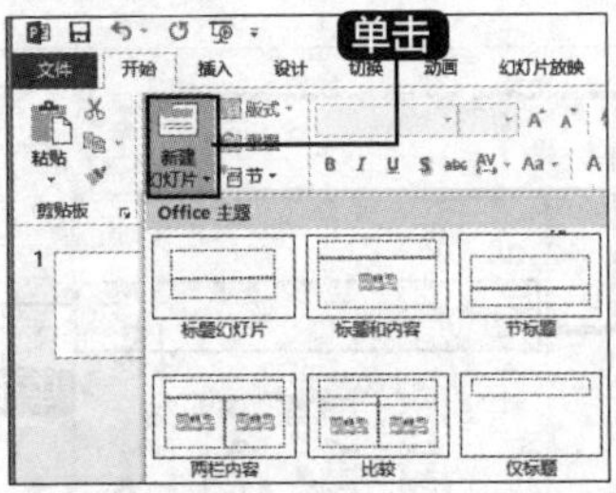

第2种方法是在【幻灯片】窗格中单击鼠标右键，在弹出的快捷菜单中选择【新建幻灯片】命令，即可快速新建幻灯片。

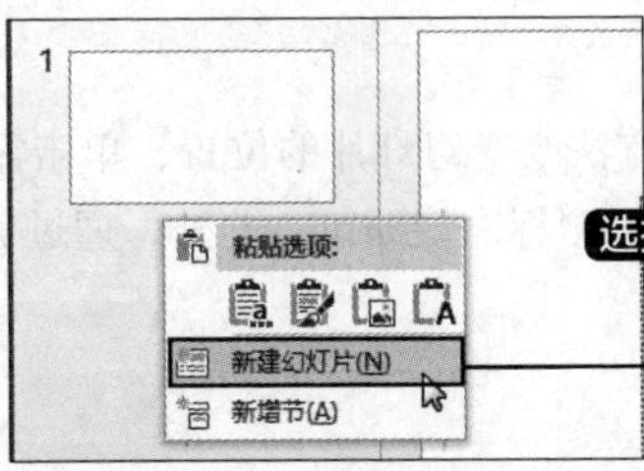

8.1.3 删除幻灯片

在【幻灯片】窗格中选择要删除的幻灯片，按【Delete】键即可快速删除选择的幻灯片页面。也可以选择要删除的幻灯片页面，并单击鼠标右键，在弹出的快捷菜单中选择【删除幻灯片】命令。

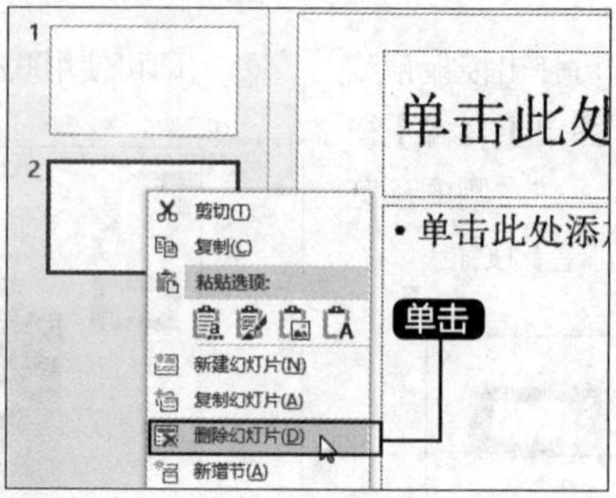

8.1.4 复制幻灯片

用户可以通过以下3种方法复制幻灯片。

1. 利用【复制】按钮

选中幻灯片，单击【开始】选项卡下【剪贴板】组中【复制】按钮后的下拉按钮，在弹出的下拉列表中选择【复制】命令，即可复制所选幻灯片。

2. 利用【复制】命令

在目标幻灯片上单击鼠标右键，在弹出的快捷菜单中选择【复制】命令，即可复制所选幻灯片。

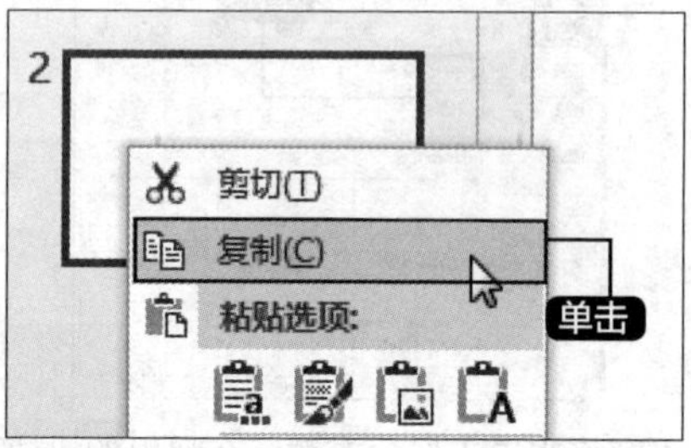

3. 快捷方式

按【Ctrl+C】快捷键可执行复制命令，按【Ctrl+V】快捷键进行粘贴。

8.1.5 移动幻灯片

用户可以通过移动幻灯片的方法改变幻灯片的位置，单击需要移动的幻灯片，并按住鼠标左键，拖曳幻灯片至目标位置，松开鼠标左键即可。此外，通过剪切并粘贴的方式也可以移动幻灯片。

8.2 添加和编辑文本

本节视频教学时间 / 6分钟

本节主要介绍在PowerPoint中添加和编辑文本方法。

8.2.1 使用文本框添加文本

幻灯片中【文本占位符】的位置是固定的，如果想在幻灯片的其他位置输入文本，可以通过绘制一个新的文本框来实现。在插入和设置文本框后，就可以在文本框中进行文本的输入了，在文本框中输入文本的具体操作方法如下。

1 删除占位符

新建一个演示文稿，将幻灯片中的文本占位符删除，单击【插入】选项卡【文本】组中的【文本框】按钮，在弹出的下拉菜单中选择【横排文本框】命令。

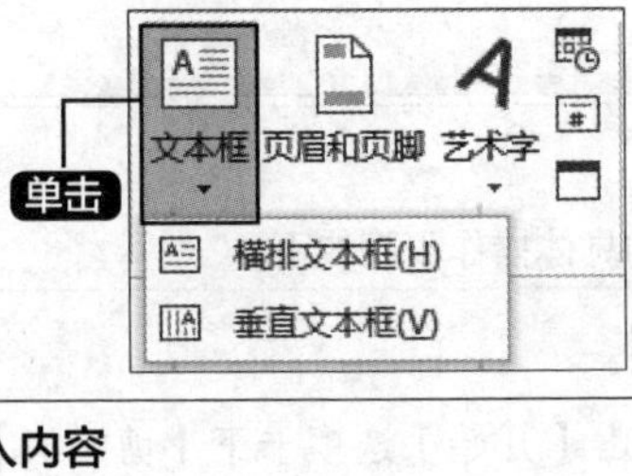

2 创建文本框

将指针移动到幻灯片中，当指针变为向下的箭头时，按住鼠标左键并拖曳，即可创建一个文本框。

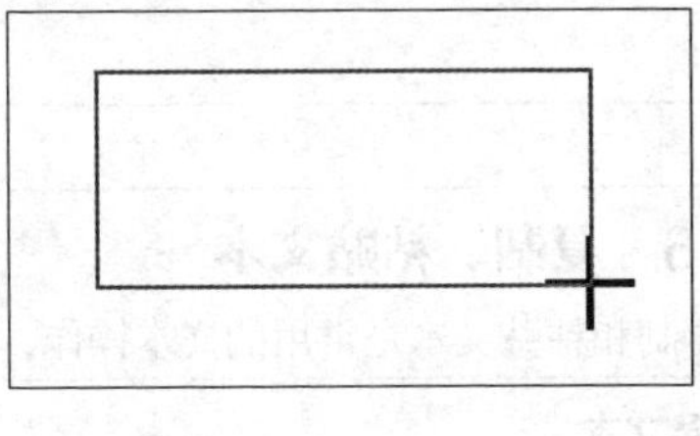

3 输入内容

单击文本框就可以直接输入文本，这里输入“PowerPoint 2013文本框”。

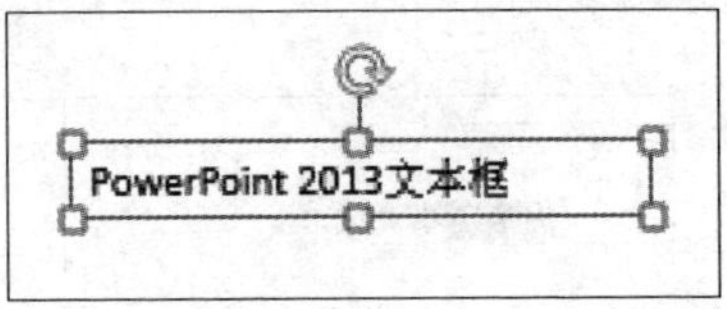

8.2.2 使用占位符添加文本

在普通视图中，幻灯片会出现“单击此处添加标题”或“单击此处添加副标题”等提示文本框。这种文本框统称为【文本占位符】。

在文本占位符中输入文本是最基本、最方便的一种输入方式。在文本占位符上单击即可输入文本。同时，输入的文本会自动替换文本占位符中的提示性文字。

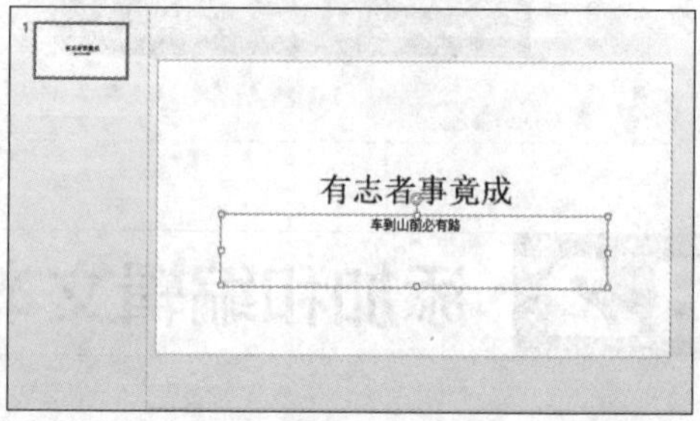

8.2.3 选择文本

如果要更改文本或者设置文本的字体样式，可以选择文本，将鼠标光标定位在要选择文本的起始位置，按住鼠标左键并拖曳鼠标，选择结束，释放鼠标左键即可选择文本。

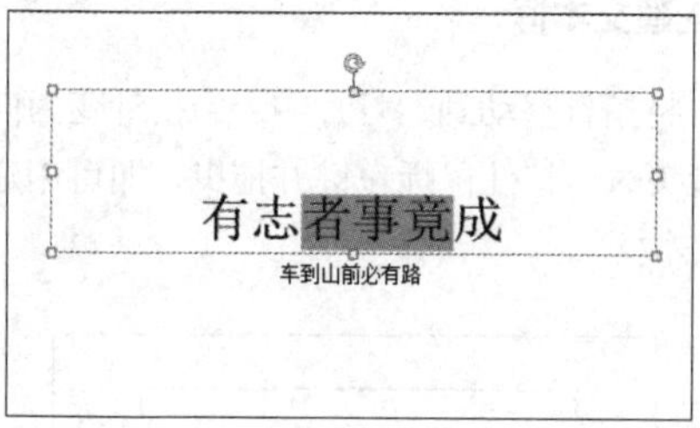

8.2.4 移动文本

在PowerPoint 2013中，文本都是在占位符或者文本框中显示，可以根据需要移动文本的位置，选择要移动文本的占位符或文本框，按住鼠标左键并拖曳，至合适的位置释放鼠标左键，即可完成移动文本的操作。

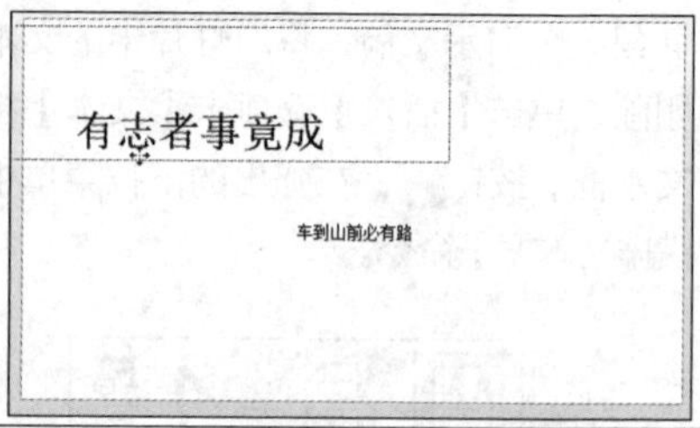

8.2.5 复制、粘贴文本

复制和粘贴文本是常用的文本操作，复制并粘贴文本的具体操作步骤如下。

1 选择文本

选择要复制的文本。

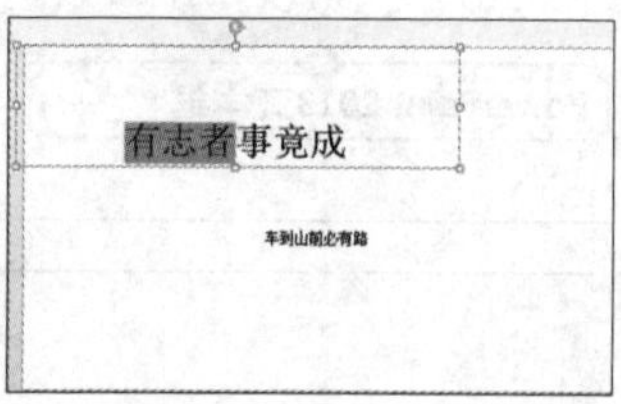

2 复制

单击【开始】选项卡下【剪贴板】组中【复制】按钮后的下拉按钮，在弹出的下拉列表中选择【复制】命令。

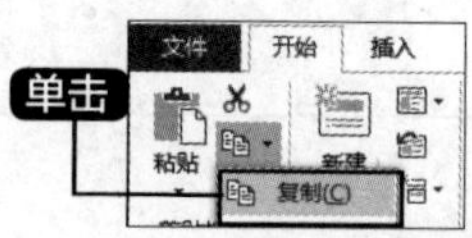

3 粘贴

选择要粘贴到的幻灯片页面，单击【开始】选项卡下【剪贴板】组中【粘贴】按钮后的下拉按钮 粘贴，在弹出的下拉列表中选择【保留原格式】命令。

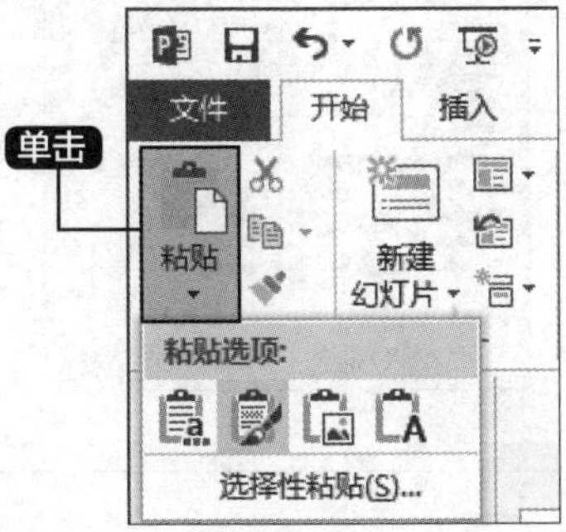

4 完成

即可完成文本的粘贴操作。

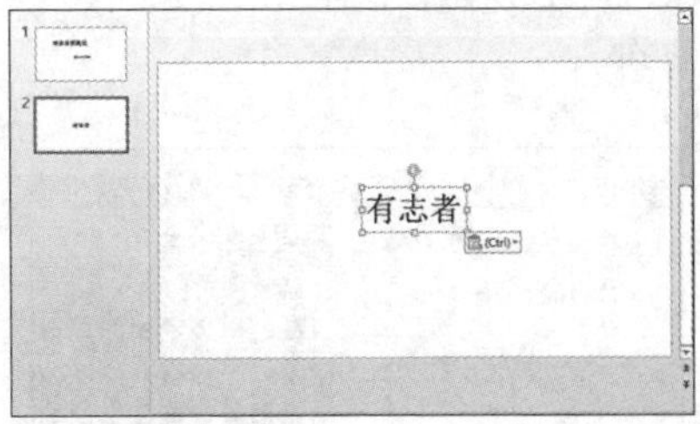

提示

选择文本后，按【Ctrl+C】快捷键可快速复制文本，按【Ctrl+V】快捷键可快速粘贴文本。

8.3 设置字体格式

本节视频教学时间 / 9分钟

在幻灯片中添加文本后，设置文本的格式，如设置字体及颜色、字符间距、使用艺术字等，不仅可以使幻灯片页面布局更加合理、美观，还可以突出文本内容。

8.3.1 设置字体及颜色

PowerPoint 默认的【字体】为“宋体”，【字体颜色】为“黑色”，在【开始】选项卡下的【字体】组中或【字体】对话框中【字体】选项卡中可以设置字体、字号及字体颜色等，具体操作步骤如下。

1 选择字体

选中修改字体的文本内容，单击【开始】选项卡下【字体】组中的【字体】按钮的下拉按钮，在弹出的下拉列表中选择字体。

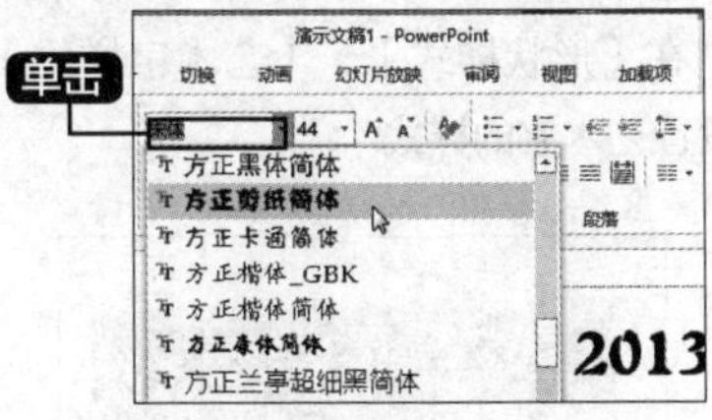

2 选择字号

单击【开始】选项卡下【字体】组中的【字号】下拉按钮，在弹出的下拉列表中选择字号。

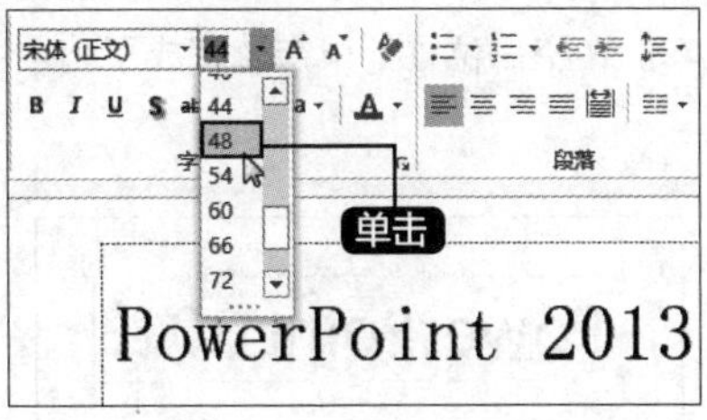

3 选择颜色

单击【开始】选项卡下【字体】组中【字体颜色】下拉按钮，在弹出的下拉列表中选择颜色即可。

4 设置字体

另外，也可以单击【开始】选项卡下【字体】组中【字体】按钮，在弹出的【字体】对话框中也可以设置字体及字体颜色。

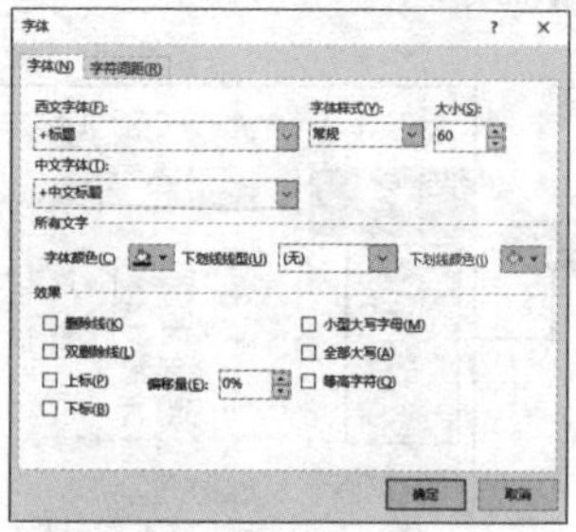

8.3.2 使用艺术字

艺术字与普通文字相比，有更多的颜色和形状可以选择，表现形式多样化，在幻灯片中插入艺术字可以达到锦上添花的效果。利用PowerPoint 2013 中的艺术字功能插入装饰文字，可以创建带阴影的、映像的和三维格式等艺术字，也可以按预定义的形状创建文字。

1 选择艺术字样式

新建演示文稿，删除占位符，单击【插入】选项卡下【文本】组中的【艺术字】按钮，在弹出的下拉列表中选择一种艺术字样式。

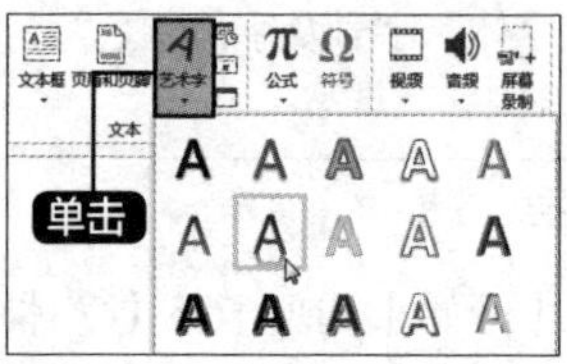

2 插入文本框

即可在幻灯片页面中插入【请在此放置您的文字】艺术字文本框。

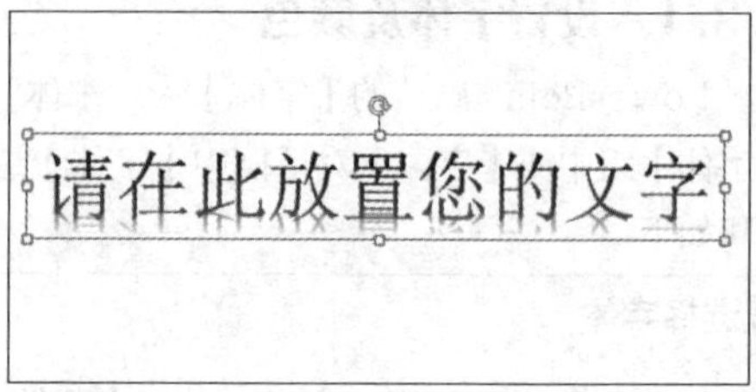

3 输入文本

删除文本框中的文字，输入要设置艺术字的文本。在空白位置处单击就完成了艺术字的插入。

4 设置艺术字样式

选择插入的艺术字，将会显示【格式】选项卡，在【形状样式】、【艺术字样式】组中可以设置艺术字的样式。

8.4 设置段落格式

本节视频教学时间 / 4分钟

本节主要讲述设置段落格式的方法，包括对齐方式、缩进及间距与行距等方面的设置。对段落的设置主要是通过【开始】选项卡【段落】组中的各命令按钮来进行的。

8.4.1 对齐方式

段落对齐方式包括左对齐、右对齐、居中对齐、两端对齐和分散对齐等，不同的对齐方式可以达到不同的效果。

1 居中对齐

打开随书光盘中的“素材\ch08\公司奖励制度.pptx”文件，选中需要设置对齐方式的段落，单击【开始】选项卡【段落】组中的【居中对齐】按钮，效果如图所示。

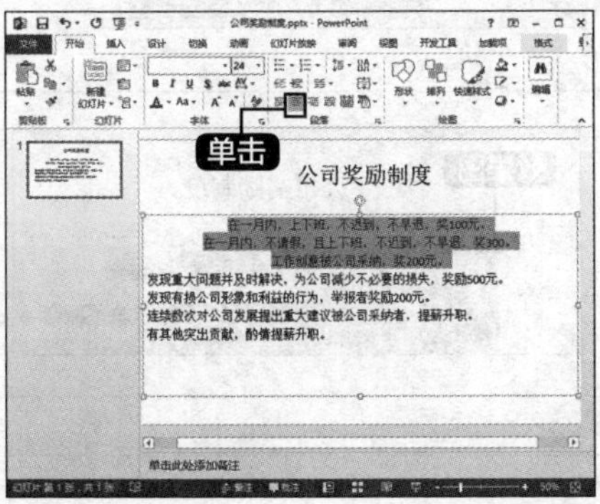

2 分散对齐

此外，还可以使用【段落】对话框设置对齐方式，将光标定位在段落中，单击【开始】选项卡【段落】组中的【段落】按钮，弹出【段落】对话框，在【常规】区域的【对齐方式】下拉列表中选择【右对齐】选项，单击【确定】按钮。

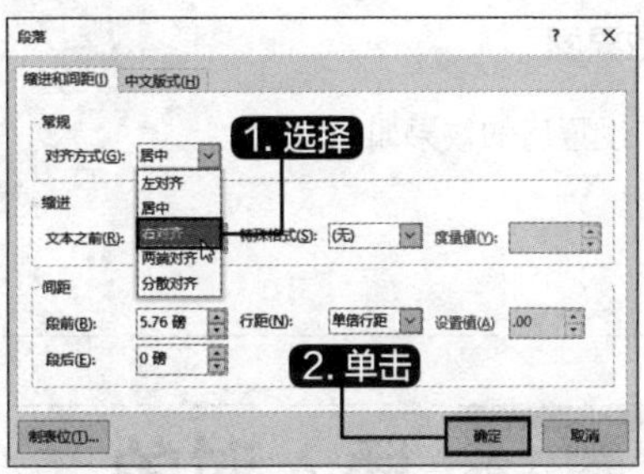

3 效果图

设置后的效果如图所示。

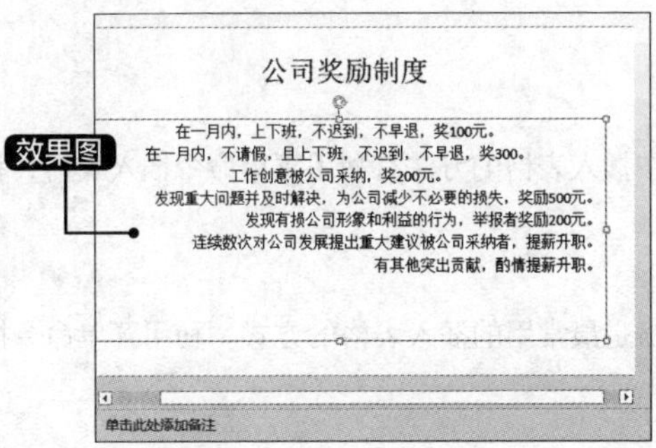

8.4.2 段落文本缩进

段落缩进指的是段落中的行相对于页面左边界或右边界的位置，段落文本缩进的方式有首行缩进、文本之前缩进和悬挂缩进3种。设置段落文本缩进的具体操作步骤如下。

1 打开文件

打开随书光盘中的“素材\ch08\公司奖励制度.pptx”文件，将光标定位在要设置的段落中，单击【开始】选项卡【段落】组右下角的按钮。

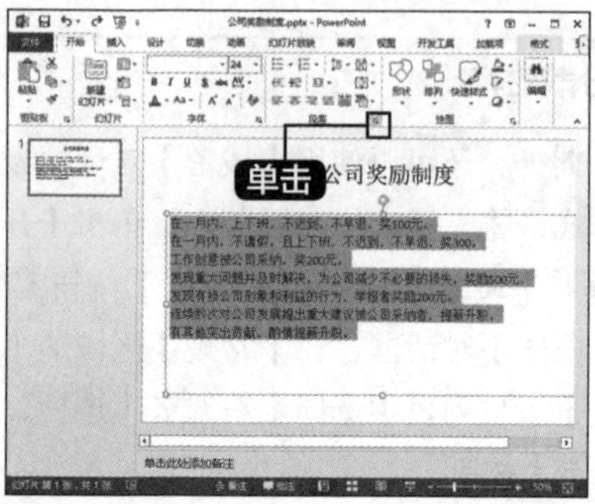

2 设置段落

弹出【段落】对话框，在【缩进和间距】选项卡下【缩进】区域中单击【特殊格式】右侧的下拉按钮，在弹出的下拉列表中选择【首行缩进】选项，并设置度量值为“2厘米”，单击【确定】按钮。

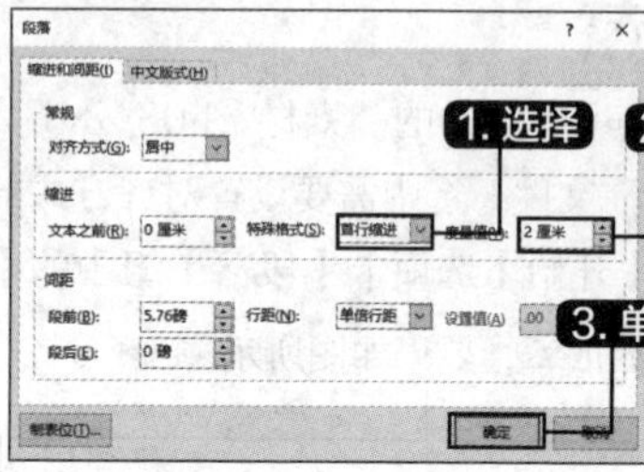

3 效果图

设置后的效果如图所示。

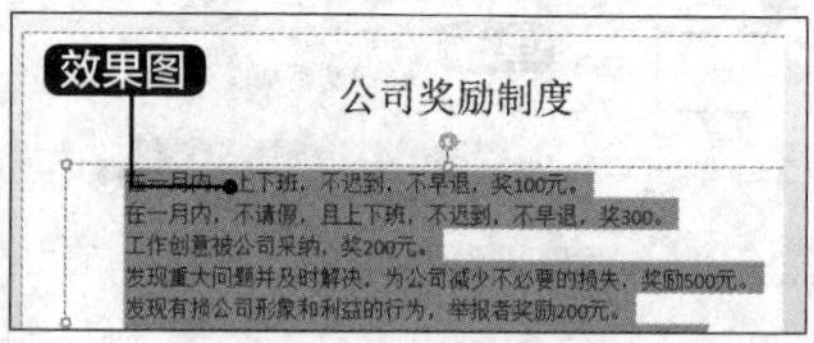

8.5 插入对象

本节视频教学时间 / 17分钟

幻灯片中可用的对象包括表格、图片、图表、视频及音频等。本节介绍在PPT中插入对象的方法。

8.5.1 插入表格

在PowerPoint 2013中插入表格的方法有利用菜单命令插入表格、利用对话框插入表格和绘制表格3 种。

1. 利用菜单命令

利用菜单命令插入表格是最常用的插入表格的方式。利用菜单命令插入表格的具体操作步骤如下。

1 插入行和列

在演示文稿中选择要添加表格的幻灯片，单击【插入】选项卡下【表格】组中的【表格】按钮，在插入表格区域中选择要插入表格的行数和列数。

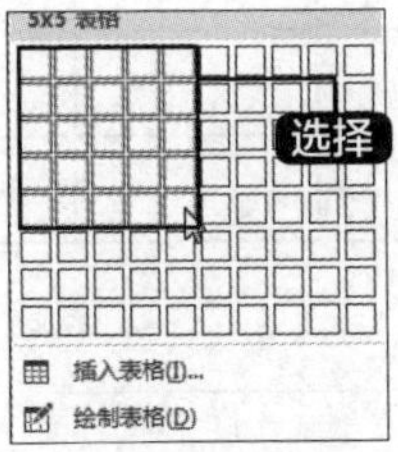

2 完成

释放鼠标左键，即可在幻灯片中创建5行乘5列的表格。

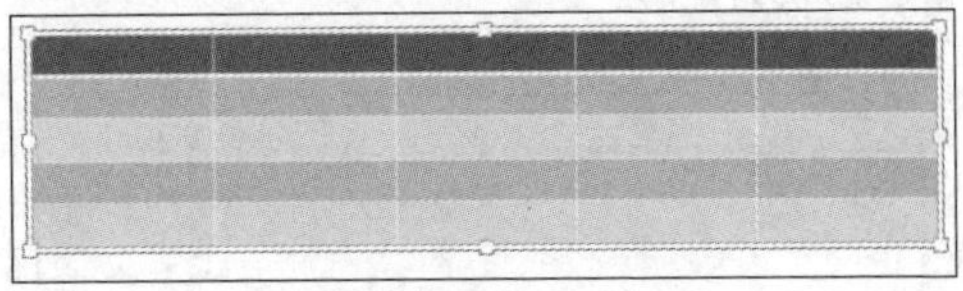

2. 利用【插入表格】对话框

用户还可以利用【插入表格】对话框来插入表格，具体操作步骤如下。

1 选择【插入表格】选项

将光标定位至需要插入表格的位置，单击【插入】选项卡下【表格】组中的【表格】按钮，在弹出的下拉列表中选择【插入表格】命令。

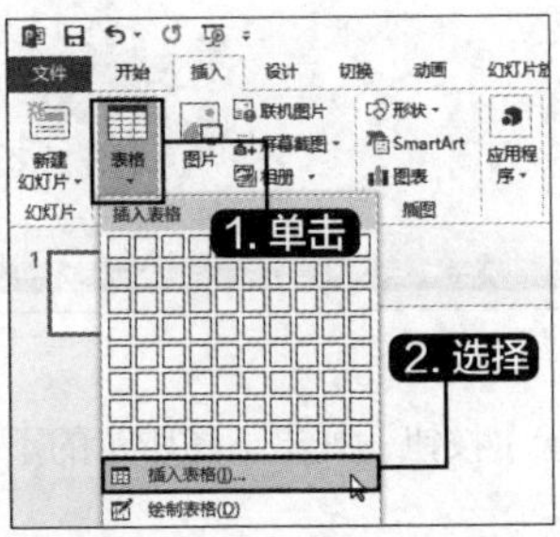

2 插入表格

弹出【插入表格】对话框，分别在【行数】和【列数】微调框中输入行数和列数，单击【确定】按钮，即可插入一个表格。

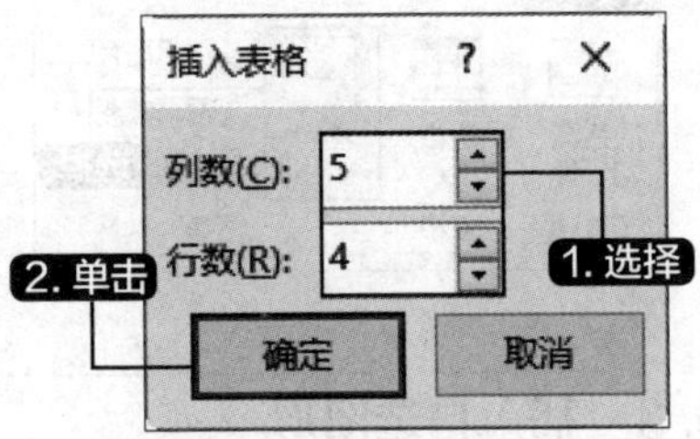

3. 绘制表格

当用户需要创建不规则的表格时，可以使用表格绘制工具绘制表格，具体操作步骤如下。

1 选择【绘制表格】选项

单击【插入】选项卡下【表格】组中 的【表格】按钮，在弹出的下拉列表中选择【绘制表格】命令。

2 绘制矩形

此时鼠标指针变为形状，在需要绘制表格的地方单击并拖曳鼠标绘制出表格的外边界，形状为矩形。

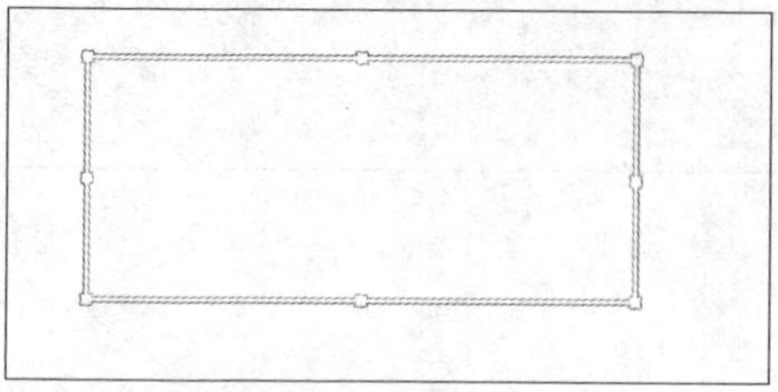

3 完成绘制

在该矩形中绘制行线、列线或斜线，绘制完成后按【Esc】键退出表格绘制模式。

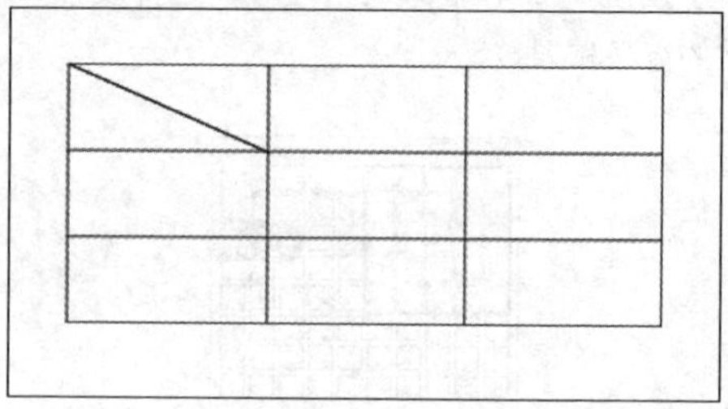

8.5.2 插入图片

在制作幻灯片时插入适当的图片，可以达到图文并茂的效果。插入图片的具体操作步骤如下。

1 单击【图片】按钮

单击【插入】选项卡下【图像】组中的【图片】按钮。

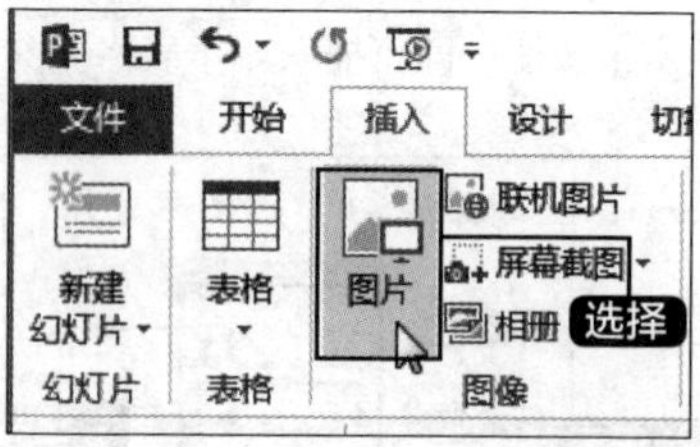

2 插入图片

弹出【插入图片】对话框，选中需要的图片，单击【插入】按钮，即可将图片插入幻灯片中。

8.5.3 插入自选图形

在幻灯片中，单击【开始】选项卡【绘图】组中的【形状】按钮，弹出下图所示的下拉菜单。

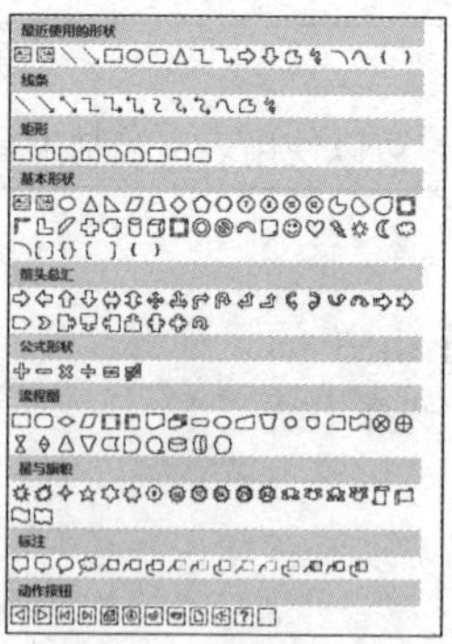

通过该下拉菜单中的选项可以在幻灯片中绘制包括线条、矩形、基本形状、箭头总汇、公式形状、流程图、星与旗帜、标注和动作按钮等的形状。

在【最近使用的形状】区域可以快速找到最近使用过的形状，以便于再次使用。

下面具体介绍绘制形状的具体操作方法。

1 新建幻灯片

单击【开始】选项卡【幻灯片】组中的【新建幻灯片】按钮的下拉按钮，在弹出的菜单中选择【空白】样式，新建一个空白幻灯片。

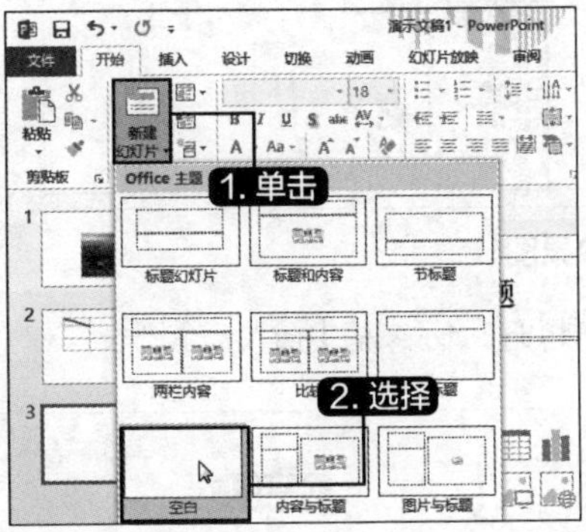

2 选择形状

单击【开始】选项卡【绘图】组中的【形状】按钮，在弹出的下拉菜单中选择【基本形状】区域的【椭圆】形状。

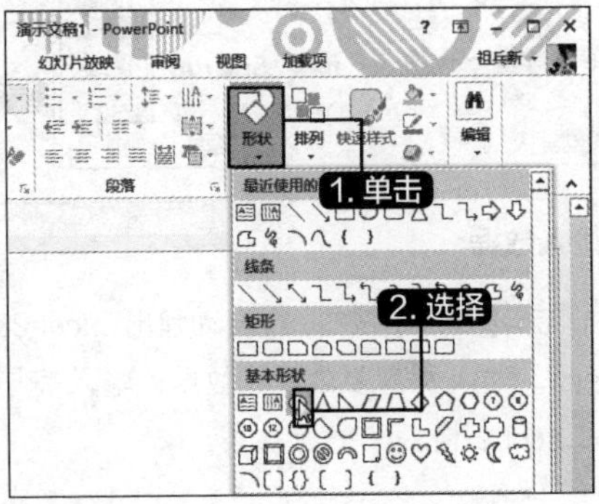

3 绘制图形

此时鼠标指针在幻灯片中的形状显示为十，在幻灯片空白位置处单击，按住鼠标左键不放，并拖动到适当位置处释放鼠标左键。绘制的椭圆形状如下图所示。

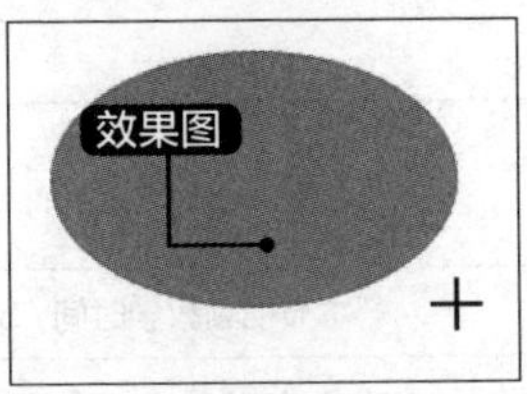

4 重复绘制

重复步骤1~3的操作，在幻灯片中依次绘制【星与旗帜】区域的【五角星】形状和【基本形状】区域的【笑脸】形状。最终效果如下图所示。

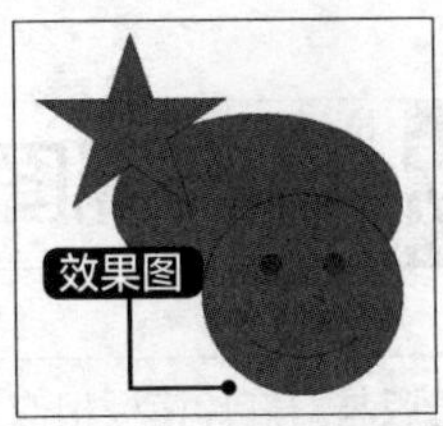

5 其他方式插入形状

另外，单击【插入】选项卡【插图】组中的【形状】按钮，在弹出的下拉列表中单击所需要的形状，即可在幻灯片中插入该形状。

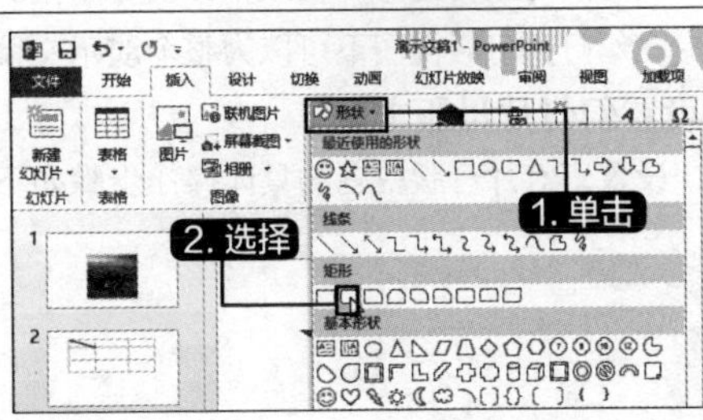

8.5.4 插入图表

图表比文字更能直观地显示数据，插入图表的具体操作步骤如下。

1 新建幻灯片

启动PowerPoint 2013，新建一个幻灯片，单击【插入】选项卡下【插图】组中的【图表】按钮。

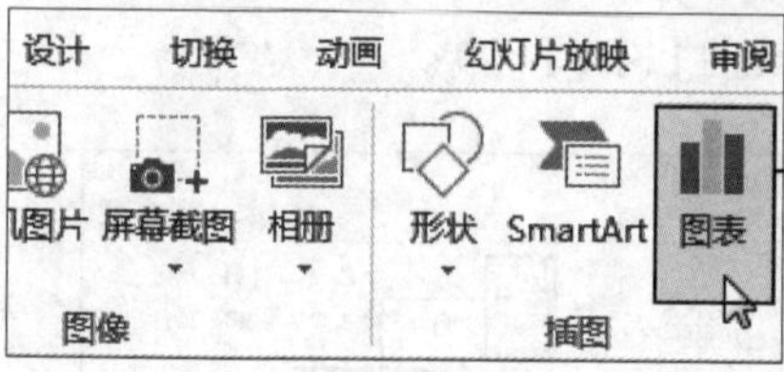

2 选择柱形图

弹出【插入图表】对话框，在左侧列表中选择【柱形图】选项下的【簇状柱形图】类型。

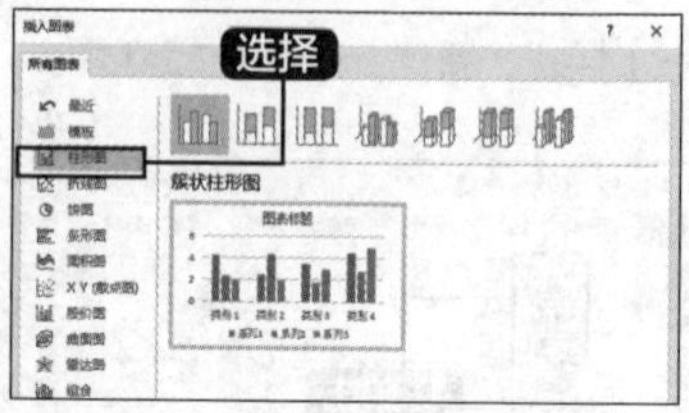

3 输入数据

单击【确定】按钮，会自动弹出Excel 2013的界面，输入所需要显示的数据，输入完毕后关闭Excel 表格。

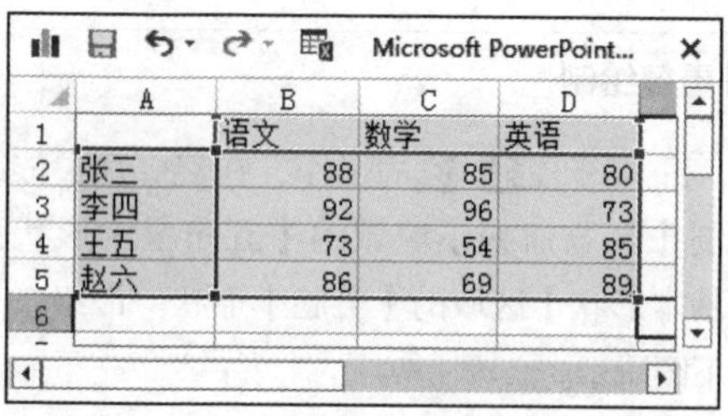

4 效果图

即可在演示文稿中插入一个图表。

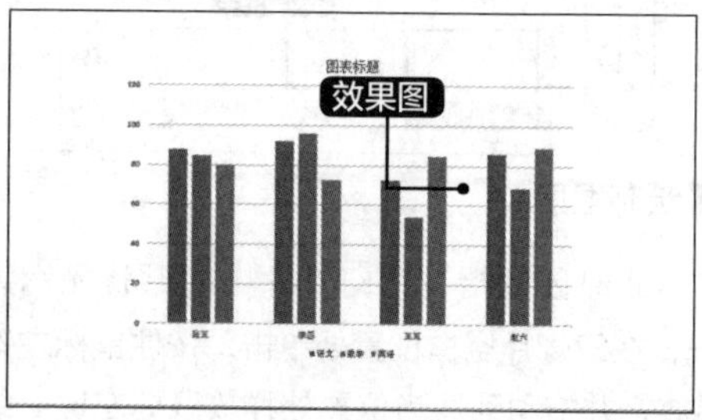

8.6 母版视图

本节视频教学时间 / 5分钟

幻灯片母版与幻灯片模板相似，可用于制作演示文稿中的背景、颜色主题和动画等。

在幻灯片母版视图下可以为整个演示文稿设置相同的颜色、字体、背景和效果等。

1. 设置幻灯片母版主题

设置幻灯片母版主题的具体操作步骤如下。

1 单击【主题】按钮

单击【视图】选项卡下【母版视图】组中的【幻灯片母版】按钮 幻灯片母版，在弹出的【幻灯片母版】选项卡中单击【编辑主题】组中的【主题】按钮 主题。

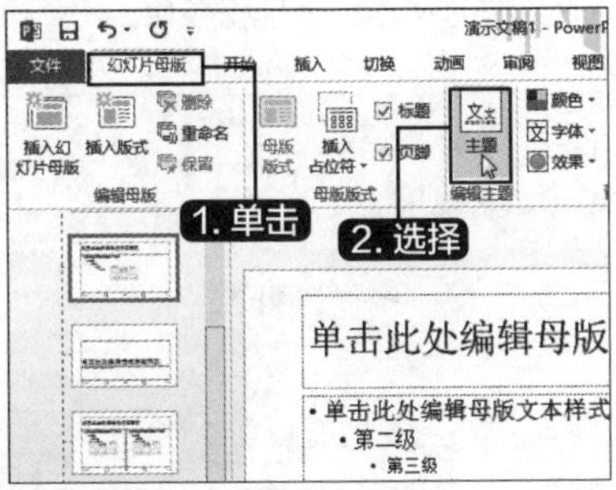

2 选择主题样式

在弹出的列表中选择一种主题样式。

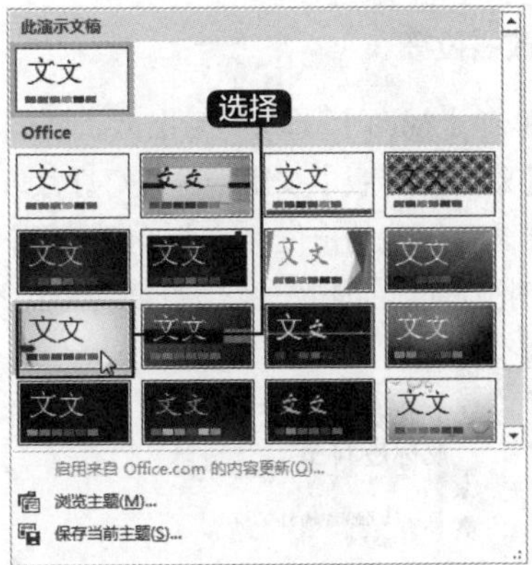

3 完成

设置完成后，单击【幻灯片母版】选项卡下【关闭】组中的【关闭母版视图】按钮即可 关闭母版视图。

2. 设置母版背景

母版背景可以设置为纯色、渐变或图片等效果，具体操作步骤如下。

1 选择背景样式

单击【视图】选项卡下【母版视图】组中的【幻灯片母版】按钮，在弹出的【幻灯片母版】选项卡中单击【背景】组中的【背景样式】按钮 背景样式，在弹出的下拉列表中选择合适的背景样式。

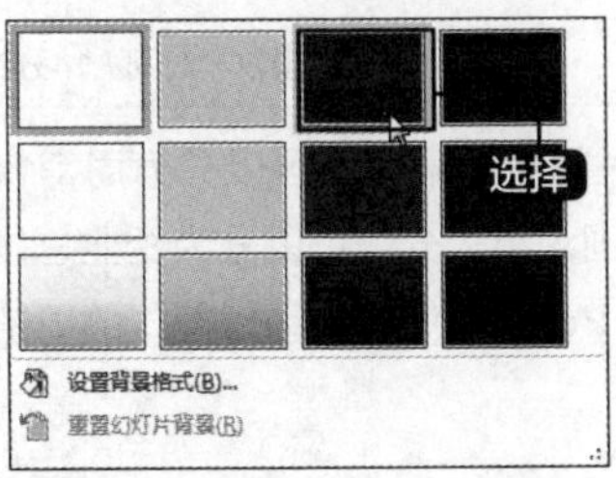

2 应用样式

此时即将背景样式应用于当前幻灯片。

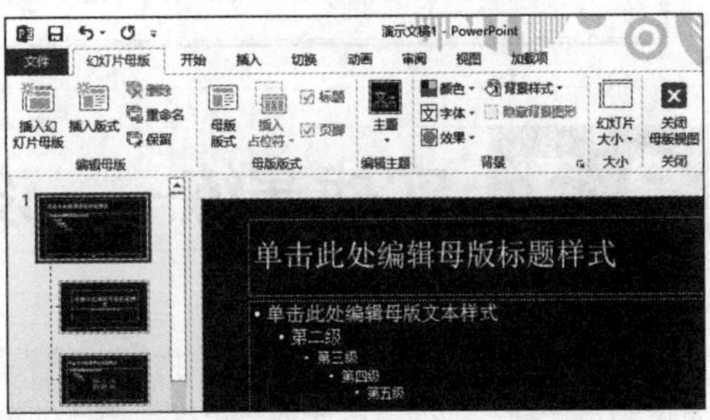

3. 设置占位符

幻灯片母版包含文本占位符和页脚占位符。在模板中设置占位符的位置、大小和字体等的格式后，会自动应用于所有幻灯片中。

1 更改占位符

单击【视图】选项卡下【母版视图】组中的【幻灯片母版】按钮，进入幻灯片母版视图。单击要更改的占位符，当四周出现小节点时，可拖动四周的任意一个节点更改大小。

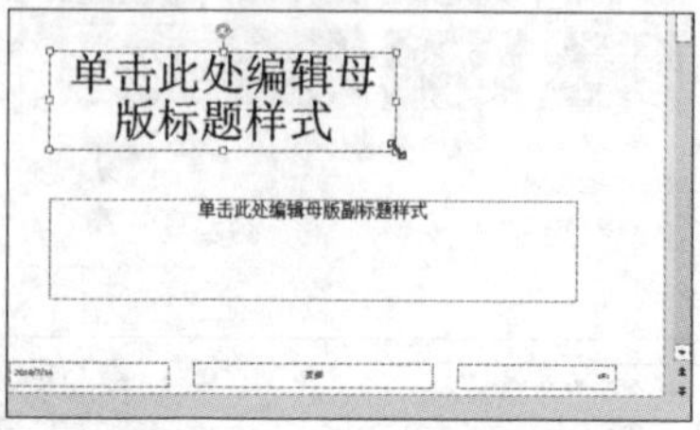

2 设置文本字体

在【开始】选项卡下【字体】组中设置占位符中的文本的字体、字号和颜色。

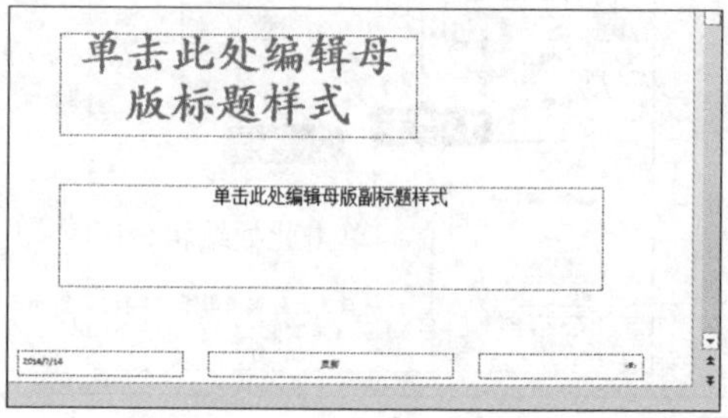

3 设置对齐方式

在【开始】选项卡下【段落】选项组中，设置占位符中的文本的对齐方式等。设置完成，单击【幻灯片母版】选项卡下【关闭】组中的【关闭母版视图】按钮，插入一张上一步骤中设置的标题幻灯片，在标题中输入标题文本即可。

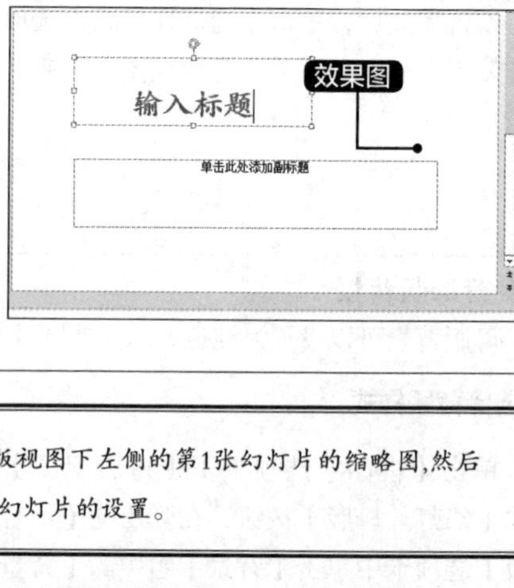

提示 设置幻灯片母版中的背景和占位符时，需要先选中母版视图下左侧的第1张幻灯片的缩略图，然后再进行设置，这样才能一次性完成对演示文稿中所有幻灯片的设置。

8.7 实战演练——设计产品销售计划PPT

本节视频教学时间 / 14分钟

销售计划从不同的层面可以分为不同的类型，如果从时间长短来分，可以分为周销售计划、月度销售计划、季度销售计划、年度销售计划等；如果从范围大小来分，可以分为企业总体销售计划、分公司销售计划、个人销售计划等。本节就是用PowerPoint制作一份销售部门的周销售计划PPT，具体操作步骤如下。

第1步：设置幻灯片母版

1 保存幻灯片

启动PowerPoint 2013，新建幻灯片，并将其保存为“销售计划PPT.pptx”的幻灯片。单击【视图】选项卡【母版视图】组中的【幻灯片母版】按钮。

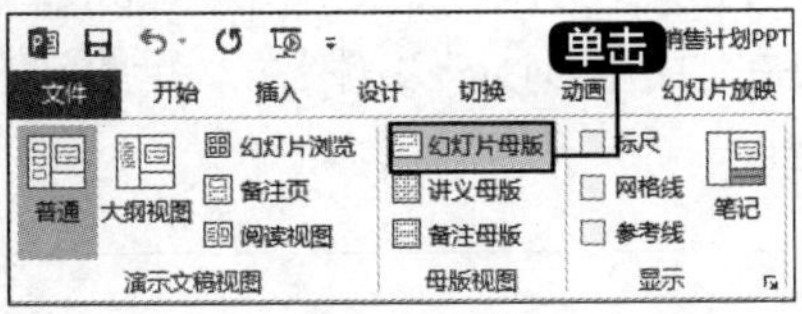

2 单击【图片】按钮

切换到幻灯片母版视图，并在左侧列表中单击第1张幻灯片，单击【插入】选项卡下【图像】组中的【图片】按钮。

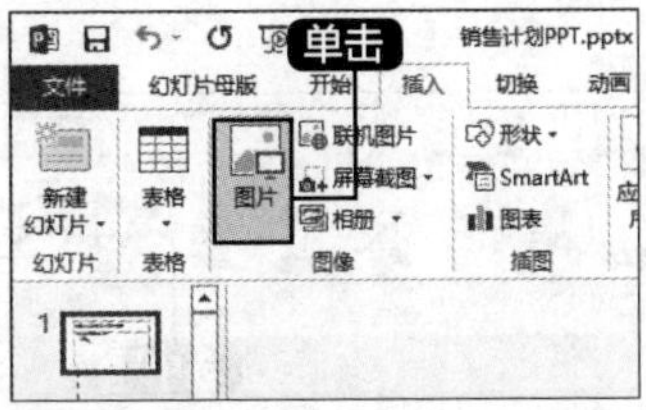

3 插入图片

在弹出的【插入图片】对话框中选择“素材\ch08\图片03.jpg”文件，单击【插入】按钮，将选择的图片插入幻灯片中，选择插入的图片，并根据需要调整图片的大小及位置。

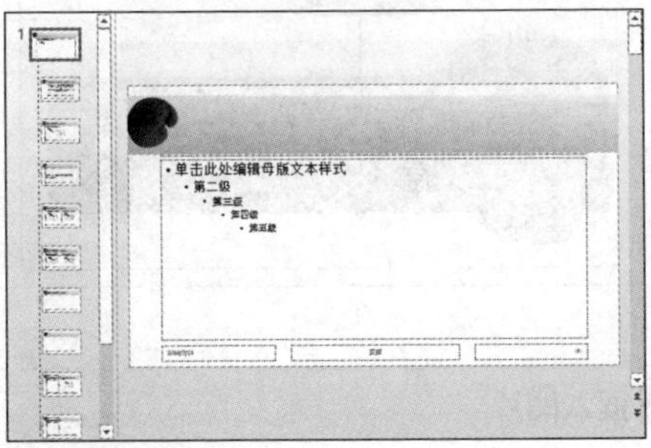

4 在底层显示图片

在插入的背景图片上单击鼠标右键，在弹出的快捷菜单中选择【置于底层】➤【置于底层】命令，将背景图片在底层显示。

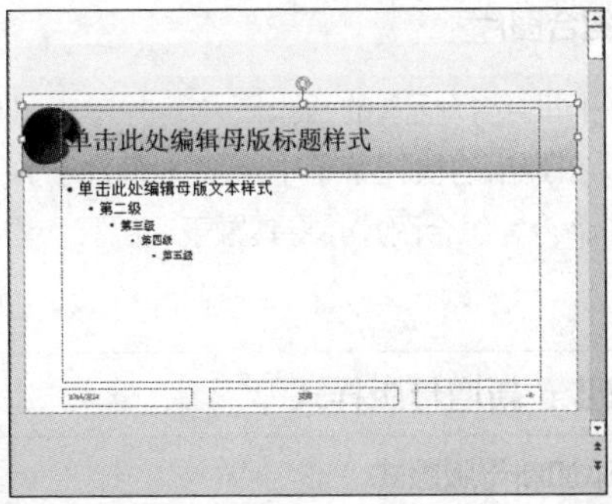

5 设置艺术字

选择标题框内文本，单击【格式】选项卡下【艺术字样式】组中的【快速样式】按钮，在弹出的下拉列表中选择一种艺术字样式。选择设置后的艺术字。设置文字【字体】为“方正楷体简体”、【字号】为“60”，设置【文本对齐】为“左对齐”。此外，还可以根据需要调整文本框的位置。

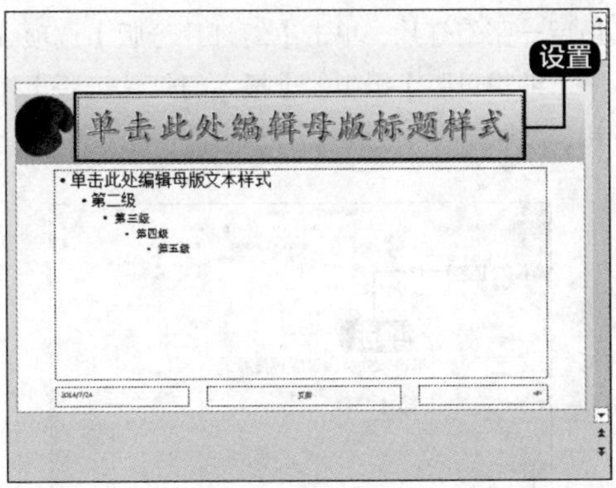

6 隐藏背景图形

在幻灯片母版视图中，在左侧列表中选择第2张幻灯片，选中【幻灯片母版】选项卡下【背景】组中的【隐藏背景图形】复选框，并删除文本框。

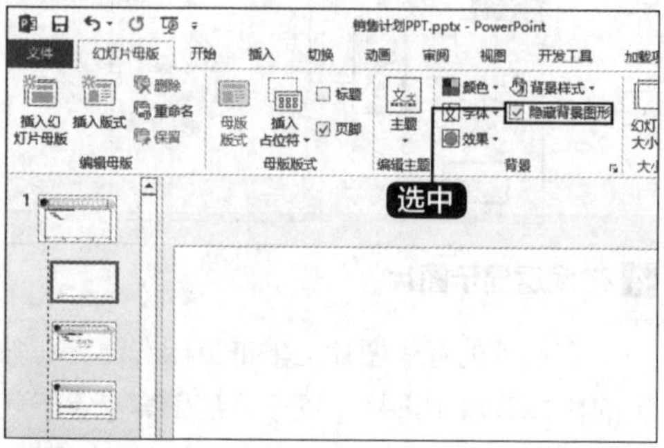

7 插入图片

单击【插入】选项卡下【图像】组中的【图片】按钮，在弹出的【插入图片】对话框中选择“素材\ch08\图片04.png”和“素材\ch08\图片04.jpg”文件，单击【插入】按钮，将图片插入幻灯片中 ，将“图片04.png”图片放置在“图片05.jpg”文件上方，并调整图片的位置。

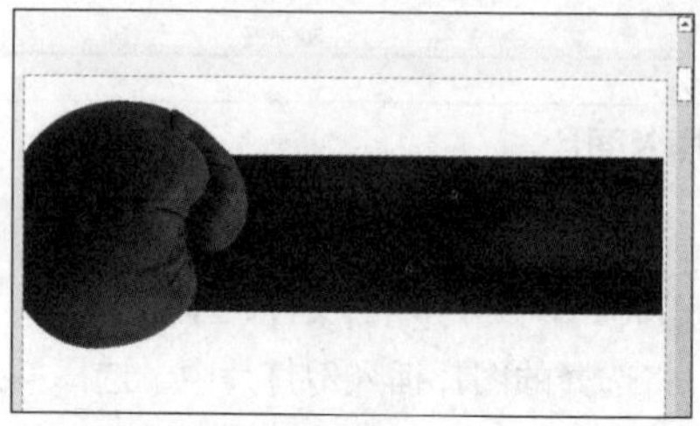

8 组合图片

同时选择插入的两张图片，并单击鼠标右键，在弹出的快捷菜单中选择【组合】➤【组合】命令，组合图片并将其置于底层。

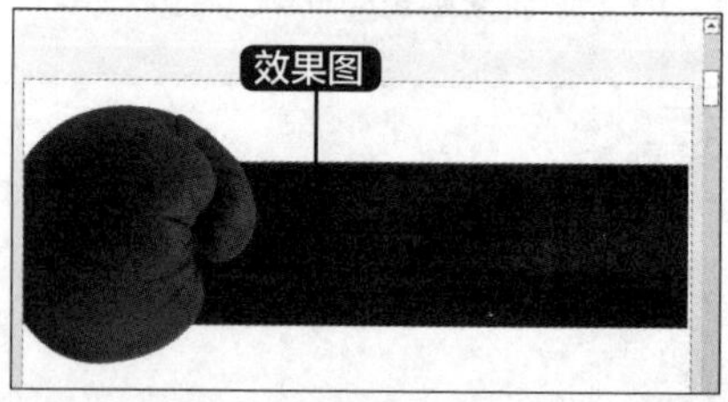

第2步：新增母版样式

1 添加新母版版式

在幻灯片母版视图中，在左侧列表中选择最后一张幻灯片，单击【幻灯片母版】选项卡下【编辑母版】组中的【插入幻灯片母版】按钮，添加新的母版版式。

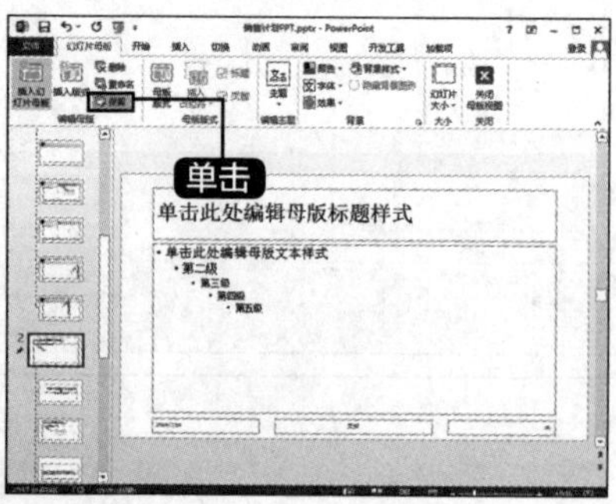

2 插入图片

在新建母版中选择第1张幻灯片，并删除其中的文本框，插入“素材\ch08\图片04.png”和“素材\ch08\图片04.jpg”文件，并将“图片04.png”图片放置在“图片05.jpg”文件上方。

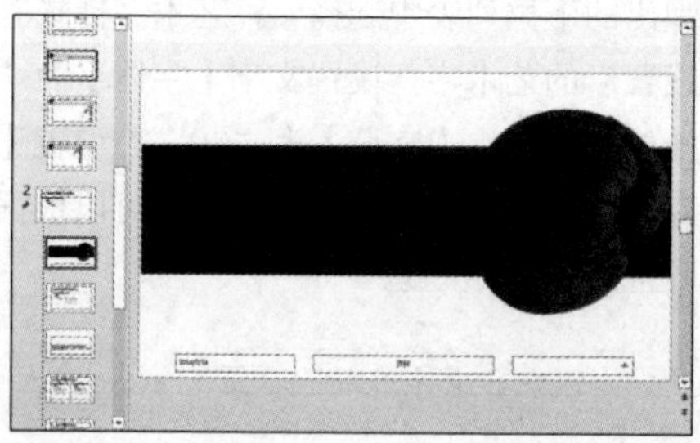

3 调整图片

选择“图片04.png”图片，单击【格式】选项卡下【排列】组中的【旋转】按钮，在弹出的下拉列表中选择【水平翻转】选项，调整图片的位置，组合图片并将其置于底层。

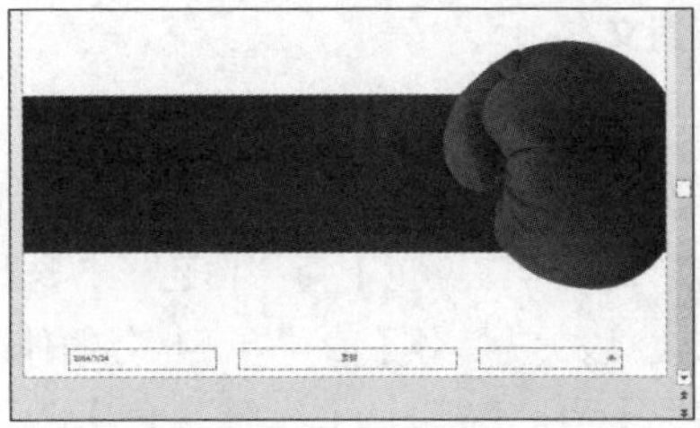

第3步：设计销售计划首页幻灯片

1 选择艺术字样式

单击【幻灯片母版】选项卡中的【关闭母版视图按钮】按钮，返回普通视图，删除幻灯片页面中的文本框，单击【插入】选项卡下【文本】组中的【艺术字】按钮，在弹出的下拉列表中选择一种艺术字样式。

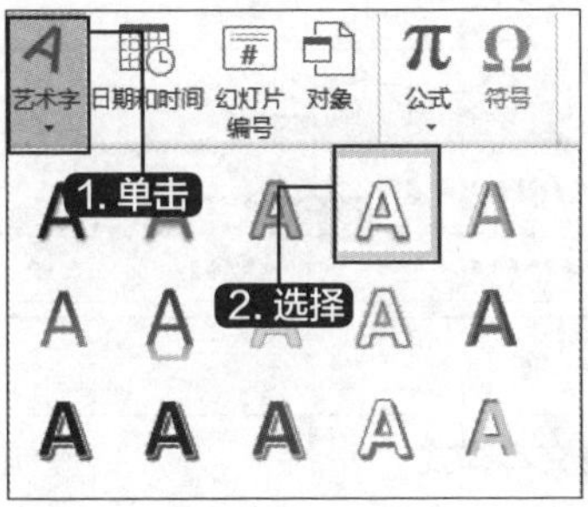

2 调整文本框位置

输入“黄金周销售计划”文本，设置其【字体】为“华文彩云”，【字号】为“80”，并根据需要调整艺术字文本框的位置。

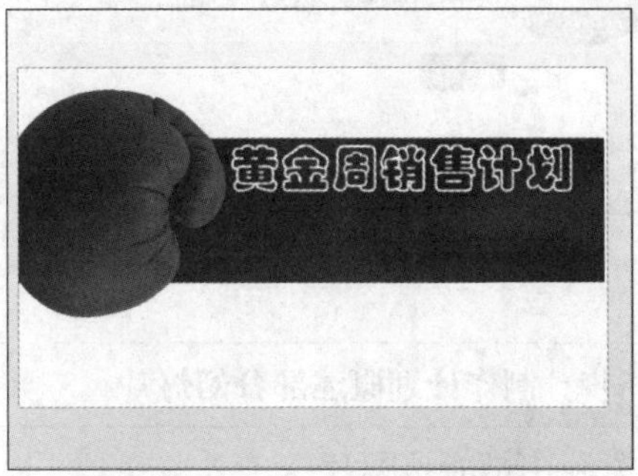

3 设置艺术字样式

重复上面的操作步骤，添加新的艺术字文本框，输入“市场部”文本，并根据需要设置艺术字样式及文本框位置。

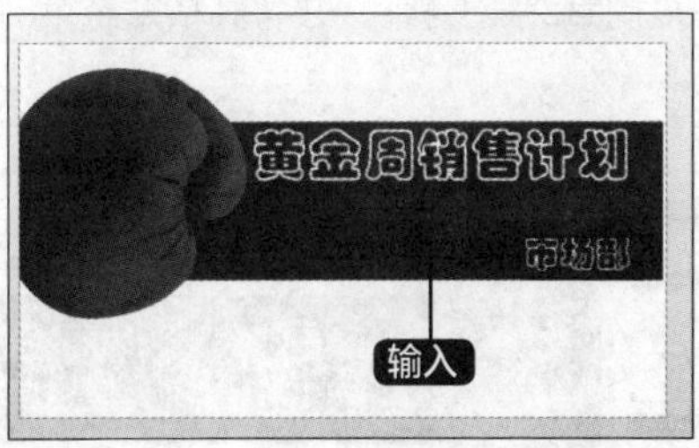

第4步：制作计划背景部分幻灯片

1 输入文本

新建“标题”幻灯片页面，并绘制竖排文本框，输入右图所示的文本，并设置【字体颜色】为“白色”。

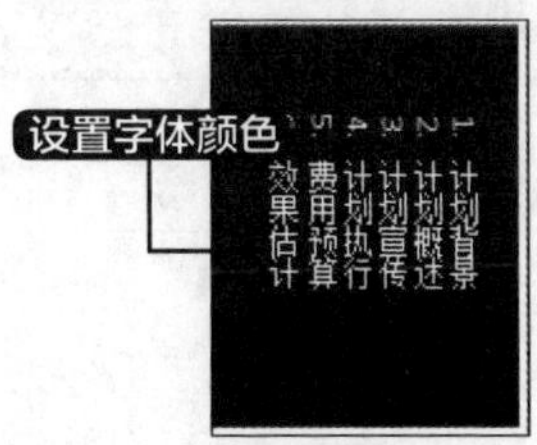

2 设置文本

选择“1.计划背景”文本，设置其【字体】为“方正楷体简体”，【字号】为“32”，【字体颜色】为“白色”，选择其他文本，设置【字体】为“方正楷体简体”，【字号】为“28”，【字体颜色】为“黄色”。同时，设置所有文本的【行距】为“双倍行距”。

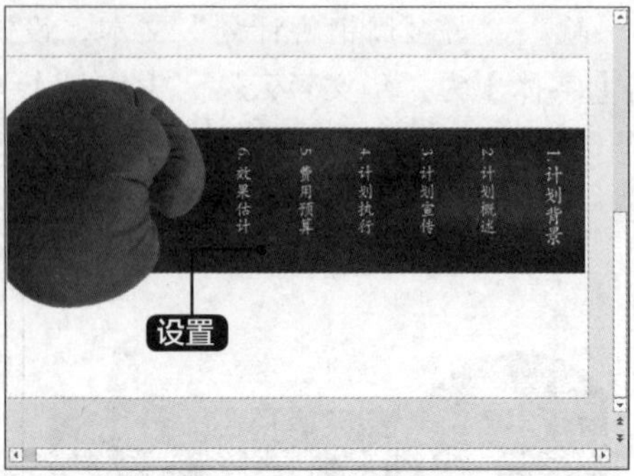

3 输入文本内容

新建“仅标题”幻灯片页面，在【标题】文本框中输入“计划背景”。

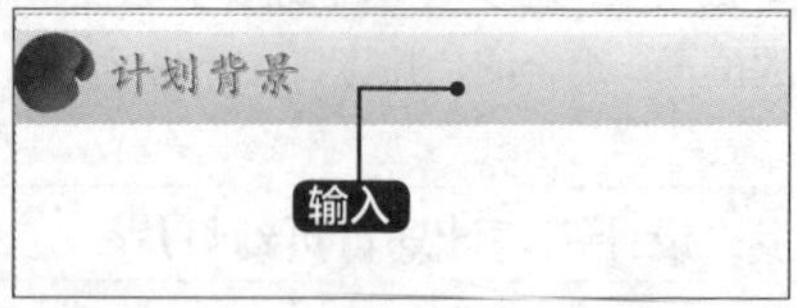

4 选择插入符号

打开随书光盘中的“素材\ch08\计划背景.txt”文件，将其内容粘贴至文本框中，并设置字体。在需要插入符号的位置单击【插入】选项卡下【符号】组中的【符号】按钮，在弹出的对话框中选择要插入的符号。

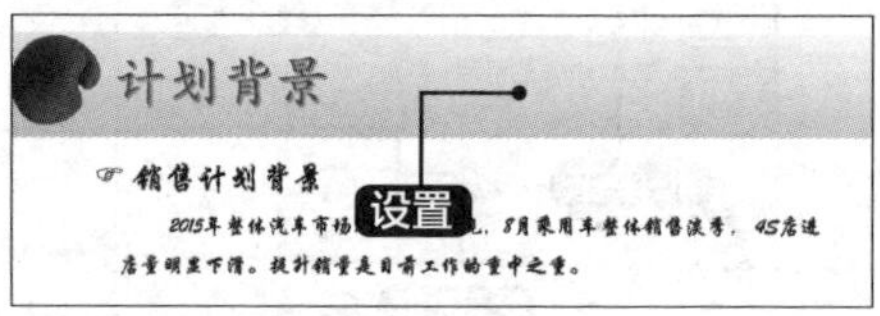

第5步：制作计划概述部分幻灯片

1 复制并粘贴到幻灯片

复制第2张幻灯片，并将其粘贴至第3张幻灯片下。

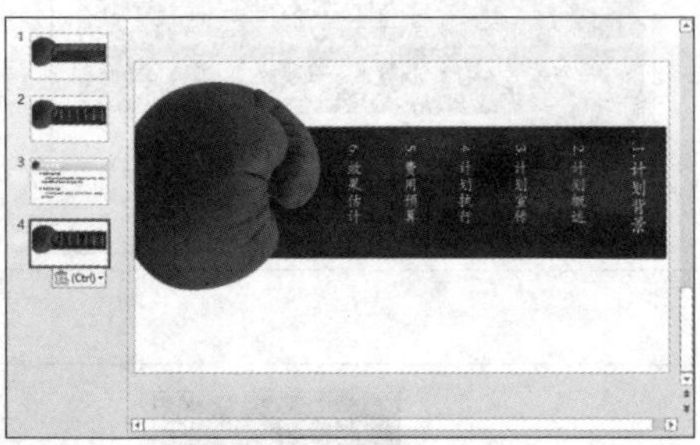

2 设置文本样式

更改“1. 计划背景”文本的【字号】为“24”，【字体颜色】为“浅绿”。更改“2. 计划概述”文本的【字号】为“30”，【字体颜色】为“白色”。其他文本样式不变。

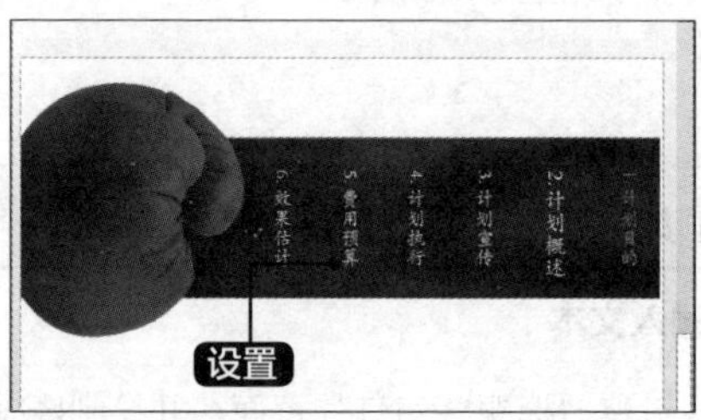

3 设置字体样式

新建“仅标题”幻灯片页面，在【标题】文本框中输入“计划概述”文本，打开随书光盘中的“素材\ch08\计划概述.txt”文件，将其内容粘贴至文本框中，并根据需要设置字体样式。

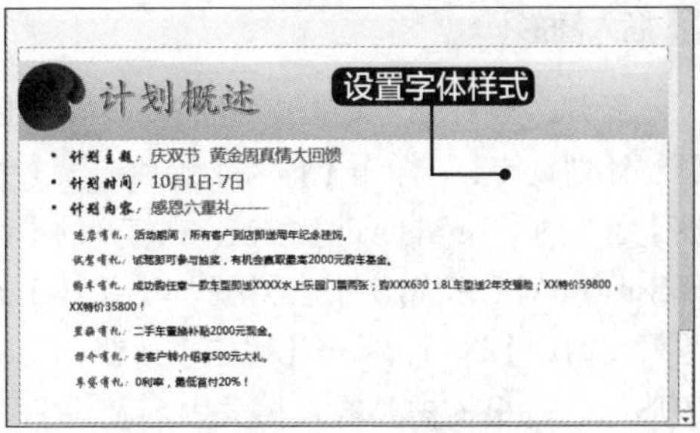

第6步：制作计划宣传部分幻灯片

1 重复步骤

重复第5步中步骤1~2 的操作，复制幻灯片页面并设置字体样式。

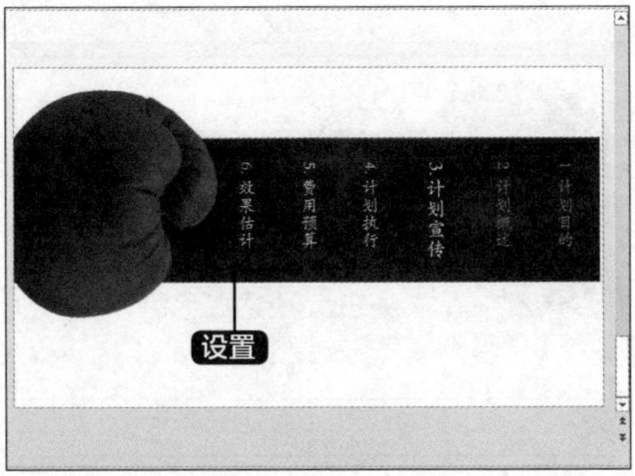

2 绘制形状

新建“仅标题”幻灯片页面，并输入标题“计划宣传”，单击【插入】选项卡下【插图】组中的【形状】按钮，在弹出的下拉列表中选择【线条】组下的【箭头】按钮，绘制箭头图形。在【格式】选项卡下单击【形状样式】组中的【形状轮廓】按钮，选择【虚线】➤【圆点】样式。

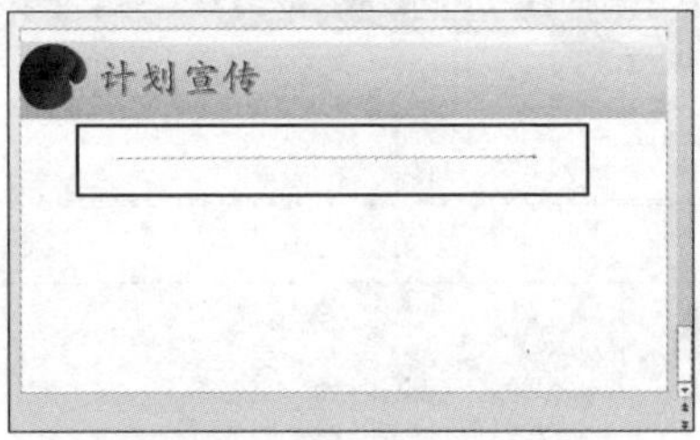

3 绘制其他线条

使用同样的方法绘制其他线条，以及绘制文本框标记时间和其他内容。

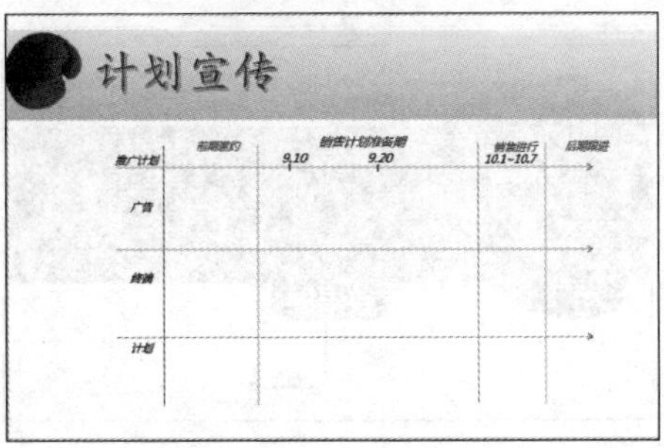

4 绘制图形完成安排

根据需求绘制咨询图形，并根据需要美化图形，再输入相关内容。重复操作直至完成安排。

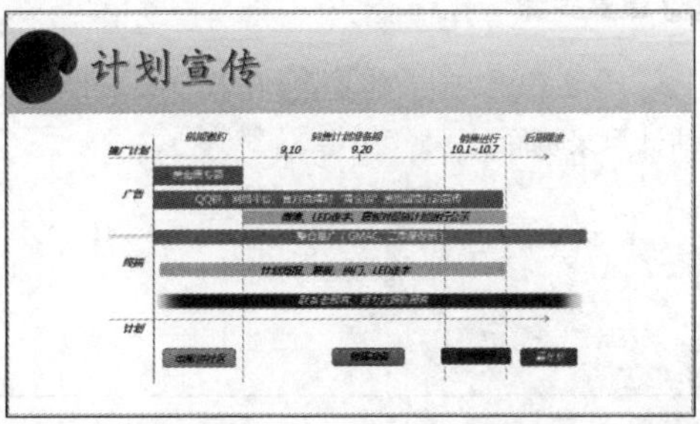

5 插入图形

新建“仅标题”幻灯片页面，并输入标题“计划宣传”，单击【插入】选项卡下【插图】组中的【SmartArt】按钮，在打开的【选择SmartArt图形】对话框中选择【循环】➤【射线循环】选项，单击【确定】按钮，完成图形插入。根据需要输入相关内容及说明文本。

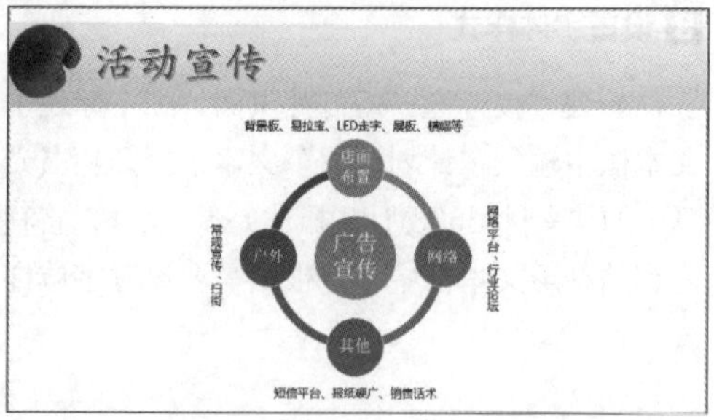

第7步：设置其他幻灯片页面

1 执行相关页面

使用类似的方法制作计划执行相关页面，效果如下图所示。

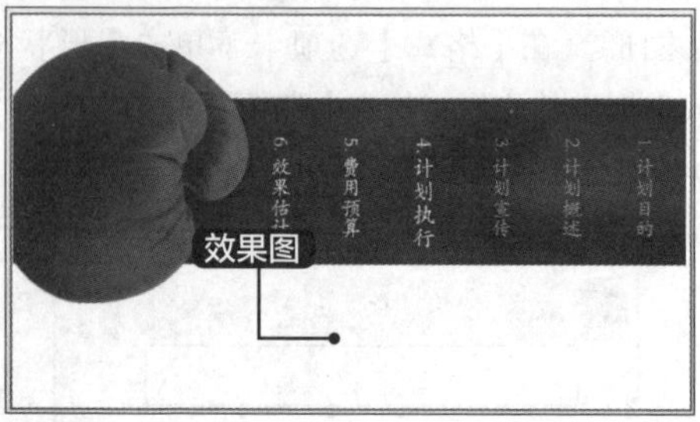

2 预算相关页面

使用类似的方法制作费用预算相关页面，效果如下图所示。

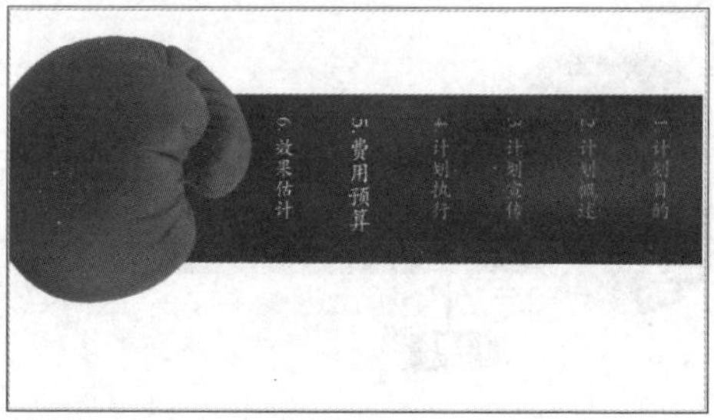

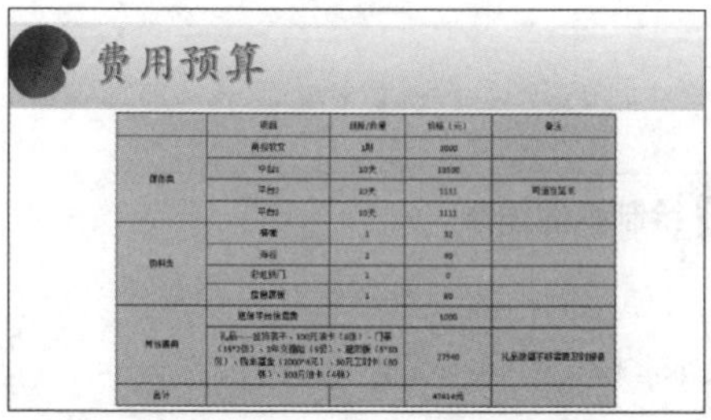

3 重复步骤

重复第5步中步骤**1**~**2** 的操作，制作效果估计目录页面。

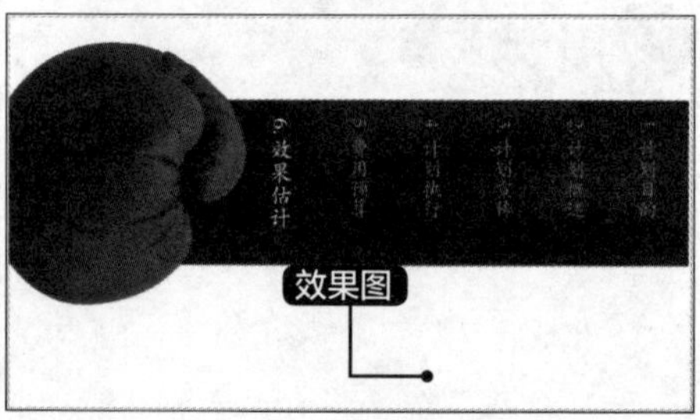

4 新建幻灯片并设置

新建“仅标题”幻灯片页面，并输入标题“效果估计”文本。单击【插入】选项卡下【插图】组中的【图表】按钮，在打开的【插入图表】对话框中选择【柱形图】➤【簇状柱形图】类型，单击【确定】按钮，在打开的Excel界面中输入下图所示的数据。

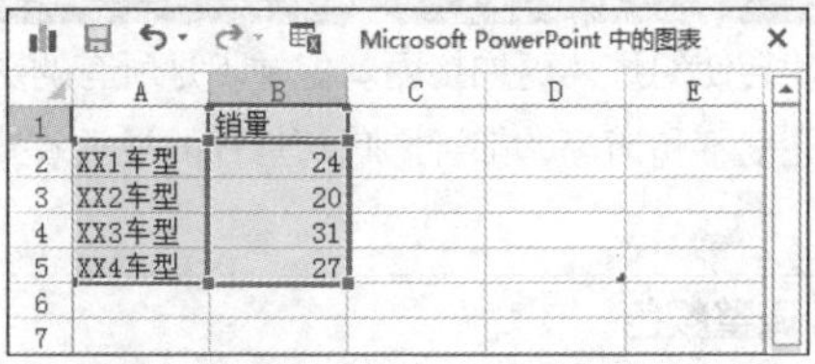

5 效果图

关闭Excel窗口，即可看到插入的图表，对图表进行适当美化，效果如下图所示。

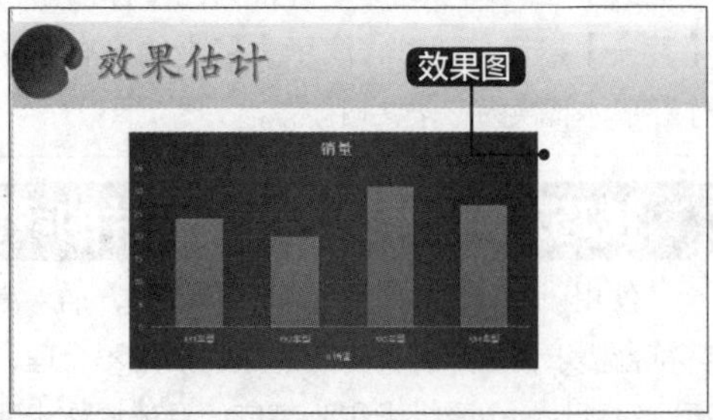

6 输入文本

单击【开始】选项卡下【幻灯片】组中的【新建幻灯片】按钮，在弹出的下拉列表中选择【Office主题】组下的【标题幻灯片】命令，绘制文本框，并输入“努力完成销售计划！”文本。并根据需要设置字体样式。

至此，就完成了产品销售计划PPT的制作。

高手私房菜

技巧1：统一替换幻灯片中使用的字体

制作幻灯片后，如果需要更换幻灯片中的某一字体，可以使用【替换字体】命令。具体操作步骤如下。

1 选择【替换字体】选项

单击【开始】选项卡下【编辑】组中【替换】按钮后的下拉按钮，在弹出的下拉列表中选择【替换字体】命令。

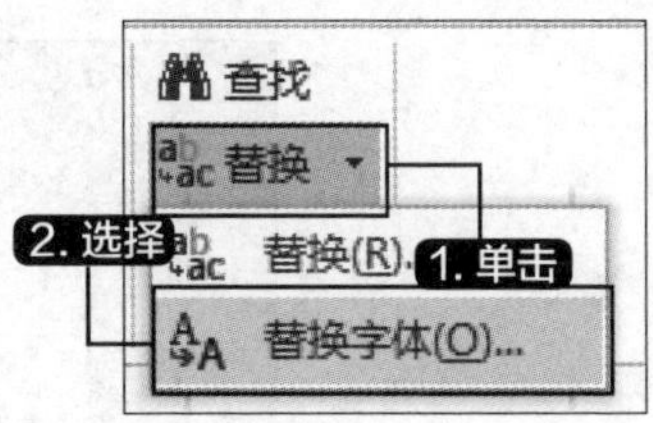

2 替换字体

弹出【替换字体】对话框，在【替换】文本框中选择要替换掉的字体，在【替换为】文本框的下拉列表中选择要替换为的字体。单击【替换】按钮，即可将演示文稿中的所有“宋体”字体替换为“华文楷体”。

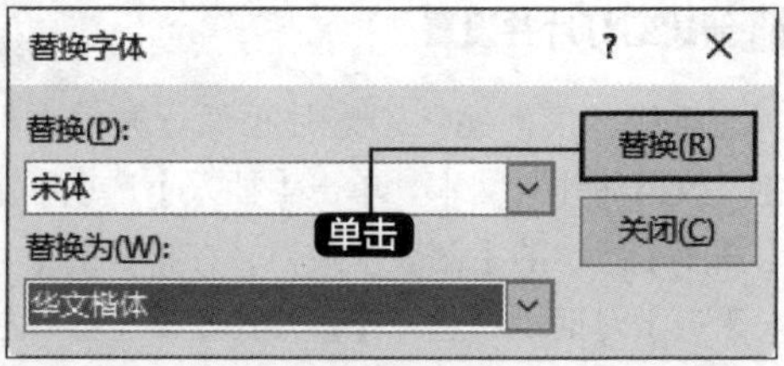

技巧52：快速灵活改变图片的颜色

使用PowerPoint制作演示文稿时，插入漂亮的图片会使幻灯片更加艳丽。但并不是所有的图片都符合要求，例如所找的图片颜色搭配不合理、图片明亮度不和谐等，都会影响幻灯片的视觉效果。更改幻灯片的色彩搭配和明亮度的具体操作步骤如下。

1 新建幻灯片

新建一张幻灯片，插入一张彩色图片。单击【格式】选项卡下【调整】组中的【更正】按钮，在弹出的下拉列表中选择【亮度+20%，对比度-20%】选项。

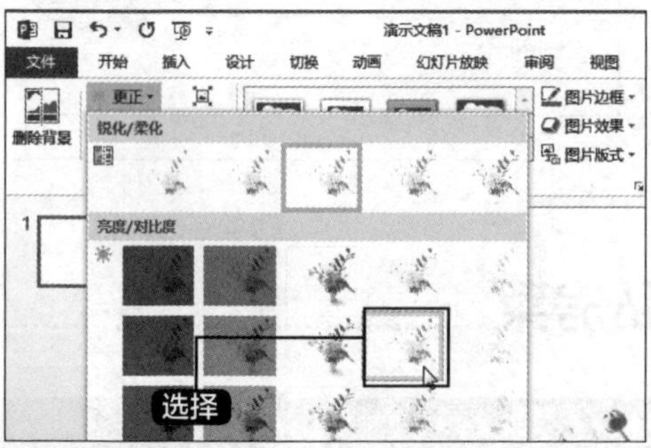

2 调整颜色

此时图片的明亮度会发生变化，单击【格式】选项卡下【调整】组中的【颜色】按钮 颜色，在弹出的下拉列表中选择【灰度】选项。

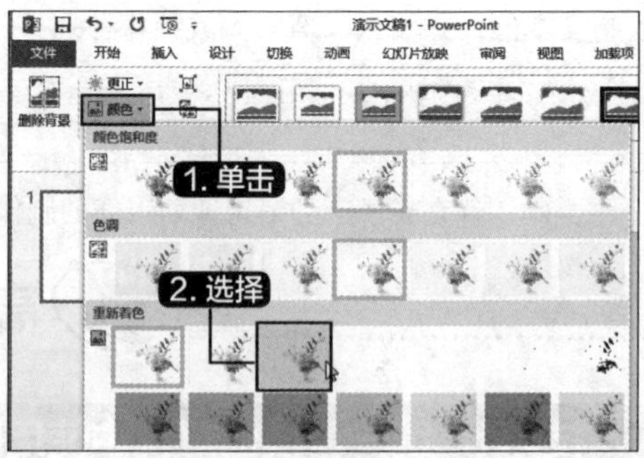

3 效果图

更改后的图片效果如下图所示。

第9章 幻灯片的设计与放映

重点导读

本章视频教学时间：44分钟

本章主要介绍演示文稿的设计和放映的一些内容，包括设计幻灯片的背景与主题、设置幻灯片的切换和动画效果、设置幻灯片放映，以及幻灯片的放映与控制等内容。

学习效果图

9.1 设计幻灯片的背景与主题

本节视频教学时间 / 4分钟

为了使当前演示文稿整体搭配比较合理，用户除了需要对演示文稿的整体框架进行搭配外，还需要对演示文稿进行背景、字体和效果等主题的设置。

9.1.1 使用内置主题

PowerPoint 2013中内置了24种主题，用户可以根据需要使用这些主题，具体操作步骤如下。

1 选择主题样式

打开PowerPoint 2013，新建一个演示文稿，单击【设计】选项卡【主题】组右侧的下拉按钮，在弹出的列表主题样式中任选一种样式，如选择“离子会议室”主题。

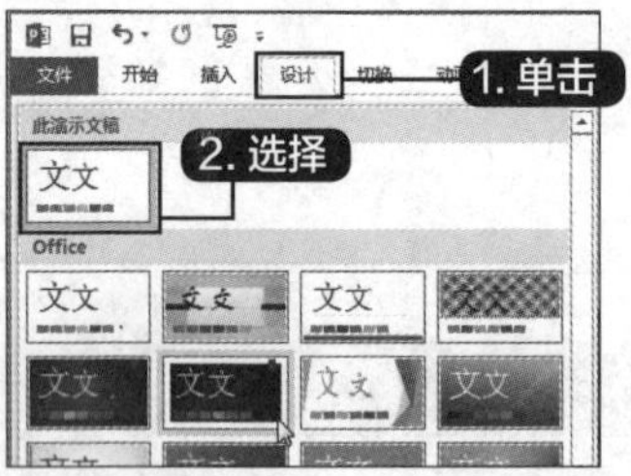

2 显示效果

此时，主题即可应用到幻灯片中，设置后的效果如下图所示。

9.1.2 自定义主题

如果对系统自带的主题不满意，用户可以自定义主题，具体操作步骤如下。

1 浏览主题

打开PowerPoint 2013，新建一个演示文稿，单击【设计】选项卡【主题】组右侧的下拉按钮，在弹出的列表主题样式中选择【浏览主题】选项。

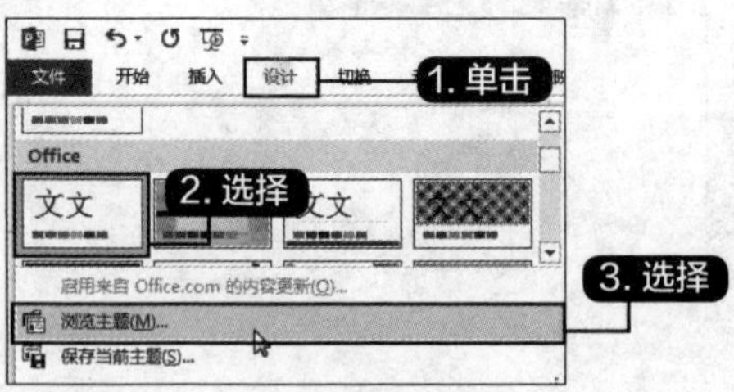

2 应用自定义的主题

在弹出的【选择主题或主题文档】对话框中，选择要应用的主题模板，然后单击【应用】按钮，即可应用自定义的主题，如下图所示。

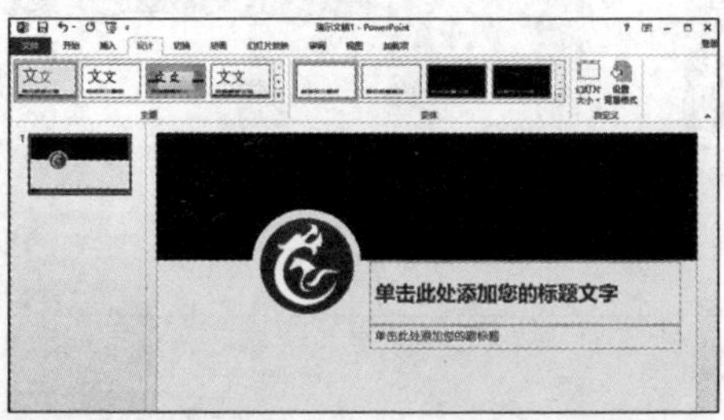

9.1.3 设置幻灯片背景格式

用户可以根据需要对幻灯片的背景进行设置，如纯色背景、渐变填充背景、纹理和图片背景等。

1 设置背景格式

打开PowerPoint 2013，新建一个演示文稿，单击【设计】选项卡下【自定义】组中的【设置背景格式】按钮，界面右侧弹出【设置背景格式】窗口，在填充下方用户可以选择【纯色填充】、【渐变填充】、【图片或纹理填充】和【图案填充】4种。

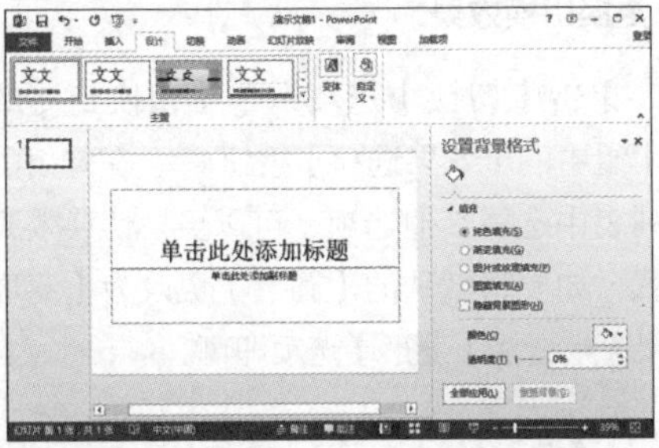

2 应用样式

如选择【渐变填充】选项，即可应用渐变填充背景格式，还可以设置渐变样式、类型、方向及颜色等。如果单击【全部应用】按钮，可应用到所有幻灯片中。

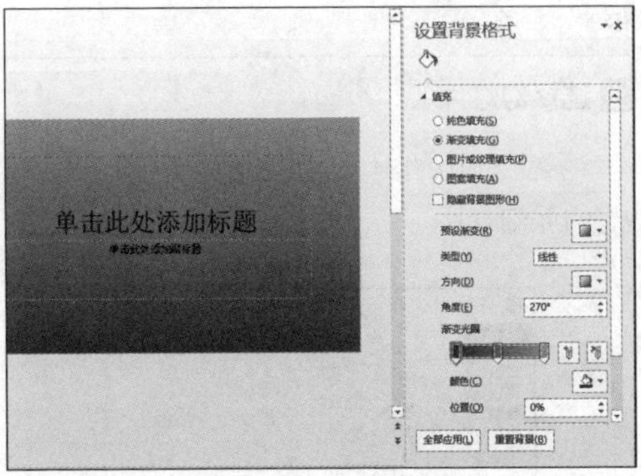

9.2 设置幻灯片的切换效果

本节视频教学时间 / 5分钟

幻灯片切换时产生的类似动画效果，可以使幻灯片在放映时更加生动形象。

9.2.1 添加切换效果

幻灯片切换效果是在演示期间，从一张幻灯片移到下一张幻灯片时，在【幻灯片放映】视图中出现的动画效果。幻灯片切换时产生的类似动画效果，可以使幻灯片在放映时更加生动形象。添加切换效果的具体操作步骤如下。

1 打开素材

打开随书光盘中的“素材\ch09\添加切换效果.pptx”文件，选择要设置切换效果的幻灯片，这里选择文件中的第1张幻灯片。

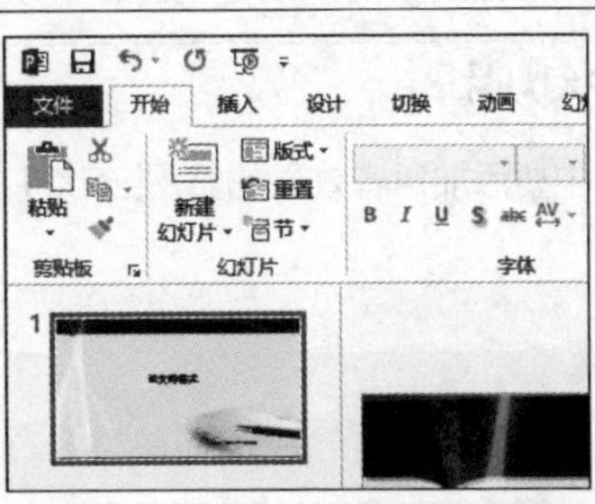

2 添加切换效果

单击【切换】选项卡下【切换到此幻灯片】组中的【其他】按钮，在弹出的下拉列表中选择【细微型】下的【形状】切换效果。使用同样的方法为其他幻灯片添加切换效果。

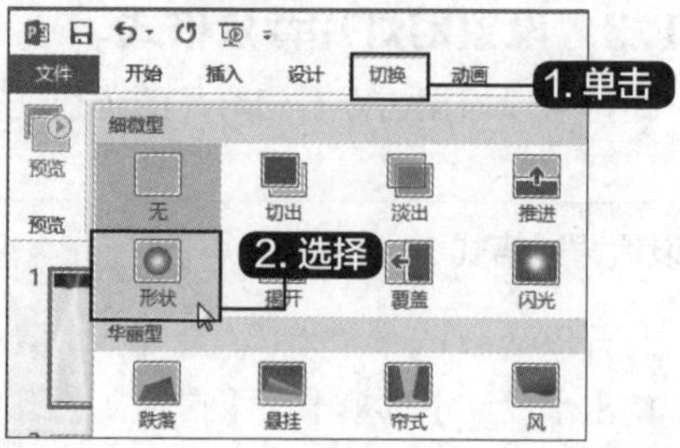

9.2.2 设置切换效果的属性

PowerPoint 2013中的部分切换效果具有可自定义的属性，我们可以对这些属性进行自定义设置。

1 选择幻灯片

接上一节的操作，在普通视图状态下，选择第1张幻灯片。

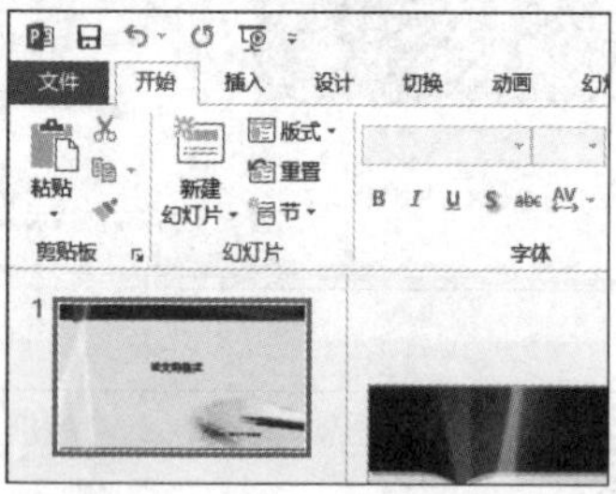

2 更换切换效果

单击【切换】选项卡下【切换到此幻灯片】组中的【效果选项】按钮，在弹出的下拉列表中选择其他选项，可以更换切换效果的形状，如要将默认的【圆形】更改为【菱形】效果，则选择【菱形】选项即可。

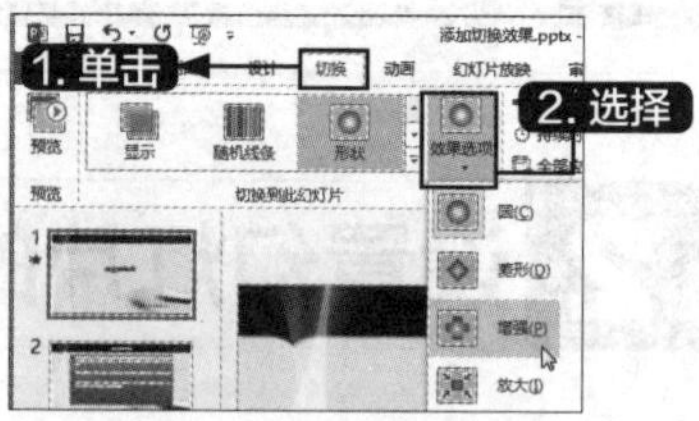

提示

幻灯片添加的切换效果不同，【效果选项】下拉列表中的选项是不相同的。本例中第1张幻灯片添加的是【形状】切换效果，因此单击【效果选项】可以设置切换效果的形状。

9.2.3 为切换效果添加声音

如果想使切换的效果更逼真，可以为其添加声音，具体操作步骤如下。

1 选中幻灯片

选中要添加声音效果的第2张幻灯片。

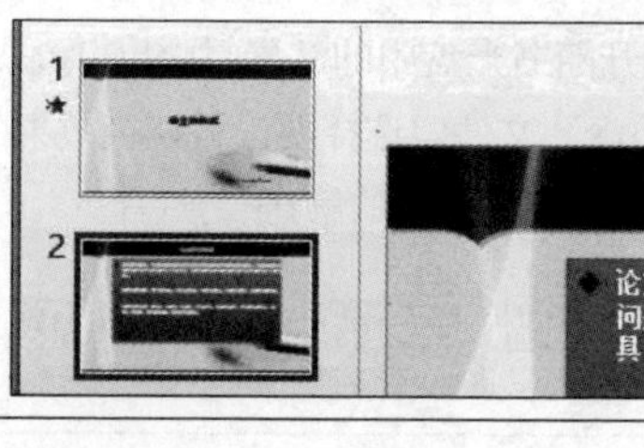

2 自动播放声音

单击【切换】选项卡下【计时】组中【声音】按钮右侧的下拉按钮▾，在其下拉列表中选择【疾驰】选项，在切换幻灯片时将会自动播放该声音。

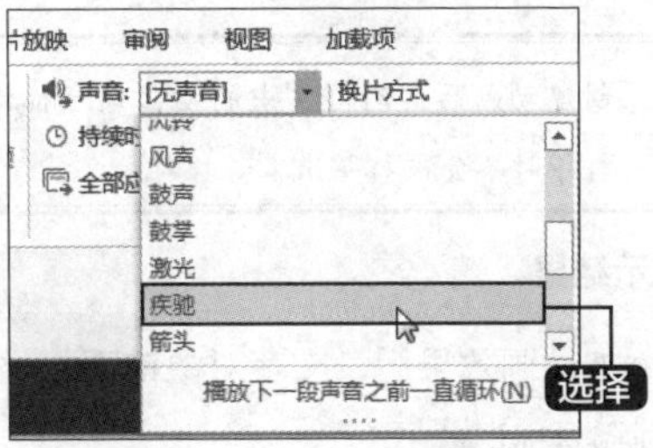

9.3 设置幻灯片的动画效果

本节视频教学时间 / 5分钟

用户可以将PowerPoint 2013演示文稿中的文本、图片、形状、表格、SmartArt图形和其他对象制作成动画，赋予它们进入、退出、大小或颜色变化，甚至移动等视觉效果。

9.3.1 添加进入动画

为对象可以创建进入动画。例如可以使对象逐渐淡入焦点，从边缘飞入幻灯片或者跳入视图中。

创建进入动画的具体操作方法如下。

1 打开素材

打开随书光盘中的“素材\ch09\设置动画.pptx”文件，选择幻灯片中要创建进入动画效果的文字。

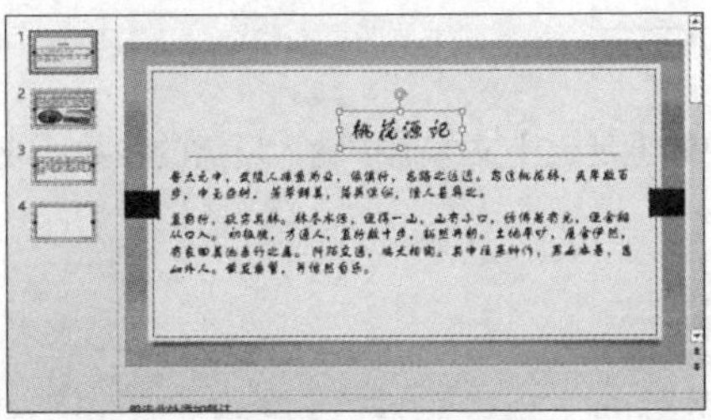

2 动画

单击【动画】选项卡【动画】组中的【其他】按钮，弹出下图所示的下拉列表。

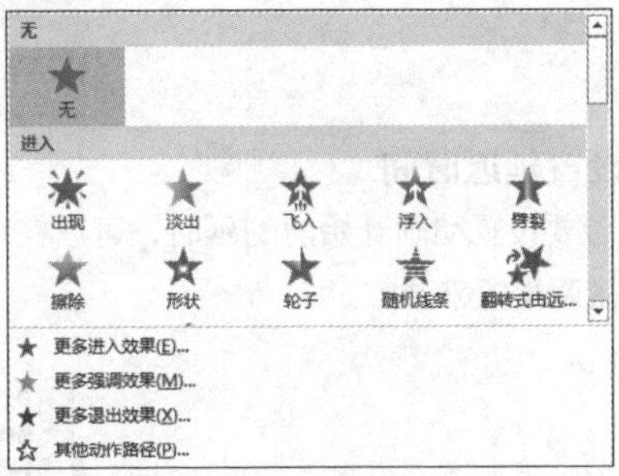

3 进入动画效果

在下拉列表的【进入】区域中选择【劈裂】路径，创建此进入动画效果。

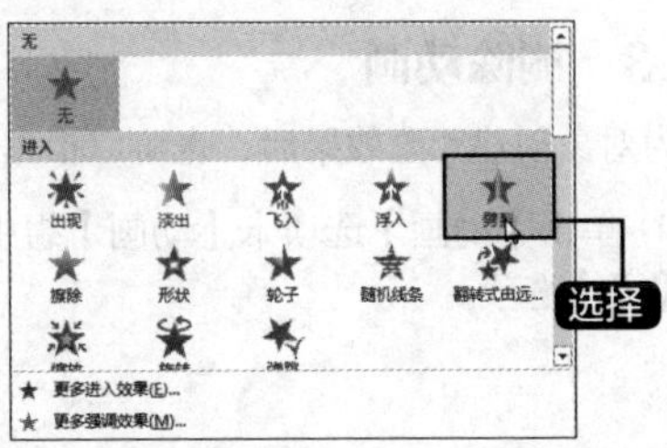

提示　创建动画后，幻灯片中的动画编号标记在打印时不会被打印出来。

4 显示结果

添加动画效果后，文字对象前面将显示一个动画编号标记 1 。

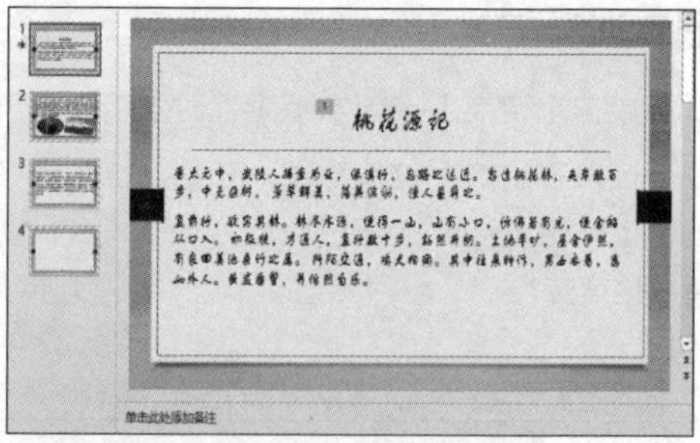

9.3.2 设置动画计时

创建动画之后，可以在【动画】选项卡上为动画指定开始、持续时间或者延迟计时。

1. 设置动画开始时间

若要为动画设置开始计时，可以在【动画】选项卡下【计时】组中单击【开始】菜单右侧的下拉按钮，然后从弹出的下拉列表中选择所需的计时。该下拉列表包括【单击时】、【与上一动画同时】和【上一动画之后】3个选项。

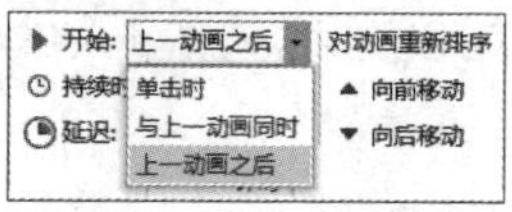

2. 设置持续时间

若要设置动画将要运行的持续时间，可以在【计时】组中的【持续时间】文本框中输入所需的秒数，或者单击【持续时间】文本框后面的微调按钮，来调整动画要运行的持续时间。

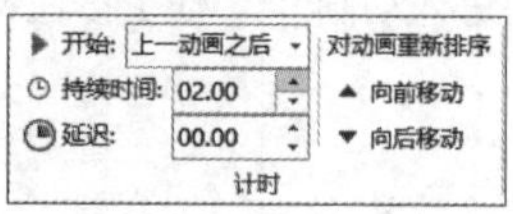

3. 设置延迟时间

若要设置动画开始前的延时，可以在【计时】组中的【延迟】文本框中输入所需的秒数，或者使用微调按钮来调整。

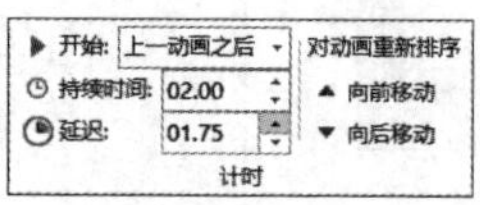

9.3.3 删除动画

为对象创建动画效果后，也可以根据需要移除动画。移除动画的方法有以下3种。

(1) 单击【动画】选项卡【动画】组中的【其他】按钮，在弹出的下拉列表的【无】区域中选择【无】选项。

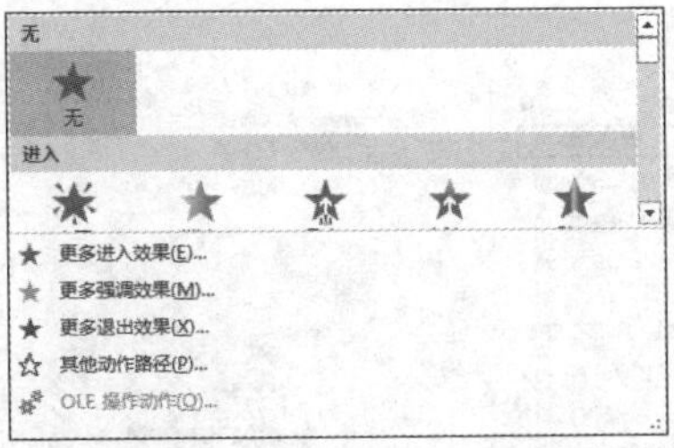

⑵ 单击【动画】选项卡【高级动画】组中的【动画窗格】按钮，在弹出的【动画窗格】中选择要移除动画的选项，然后单击菜单图标（向下箭头），在弹出的下拉列表中选择【删除】选项即可。

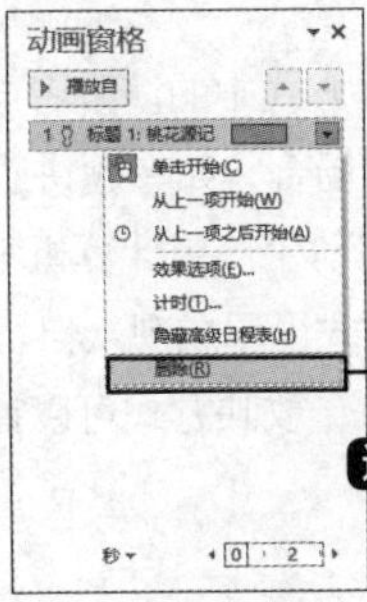

⑶ 选择添加动画的对象前的图标（如 1 ），按【Delete】键，也可以删除添加的动画效果。

9.4 设置幻灯片放映

本节视频教学时间 / 5分钟

在学习放映幻灯片前，首先介绍一下如何设置幻灯片放映。

9.4.1 设置幻灯片放映的类型

在PowerPoint 2013中，演示文稿的放映类型包括演讲者放映、观众自行浏览和在展台浏览3种。

具体演示方式的设置可以通过单击【幻灯片放映】选项卡【设置】组中的【设置幻灯片放映】按钮，然后在弹出的【设置放映方式】对话框中进行放映类型的设置。

在【幻灯片放映】选项卡的【设置】组中单击【设置幻灯片放映】按钮，弹出【设置放映方式】对话框，在【放映类型】区域中可以选择放映的类型。其中包括“演讲者放映（全屏幕）”“观众自行浏览（窗口）”和“在展台浏览（全屏幕）”，如单击【演讲者放映（全屏幕）】单选项，即可设置为演讲者放映类型。

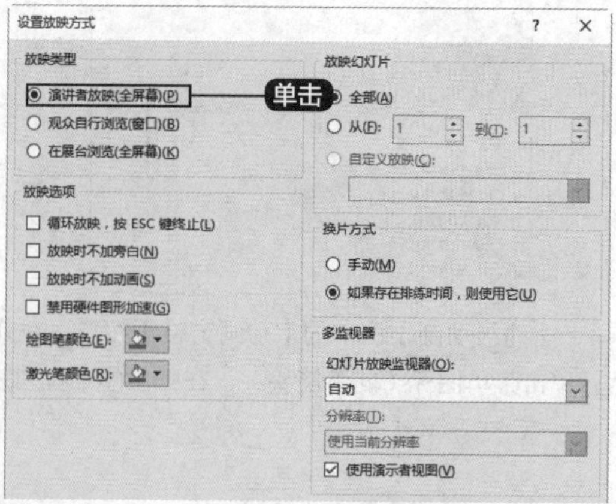

演讲者放映（全屏幕）：演示文稿放映方式中的演讲者放映方式是指由演讲者一边讲解一边放映幻灯片，此演示方式一般用于比较正式的场合，如专题讲座、学术报告等。

观众自行浏览（窗口）：指由观众自己动手使用计算机观看幻灯片。如果希望让观众自己浏览多媒体幻灯片，可以将多媒体演讲的放映方式设置成观众自行浏览。

在展台浏览（全屏幕）：在展台浏览这一放映方式可以让多媒体幻灯片自动放映，而不需要演讲者操作，例如放在展览会的产品展示等。

9.4.2 排练计时

作为一名演示文稿的制作者，在公共场合演示时，需要掌握好演示的时间，为此需要测定幻灯片放映时的停留时间。具体的操作步骤如下。

1 打开素材

打开随书光盘中的“素材\ch09\认动物.pptx”文件，单击【幻灯片放映】选项卡【设置】组中的【排练计时】按钮 排练计时 。

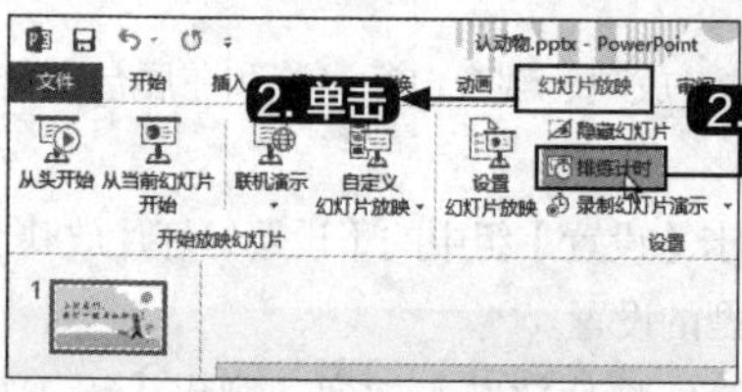

提示 如果对演示文稿的每一张幻灯片都需要“排练计时”，则可定位于演示文稿的第1张幻灯片中。

2 排练时间

系统会自动切换到放映模式，并弹出【录制】对话框，在【录制】对话框中会自动计算出当前幻灯片的排练时间，时间的单位为秒。

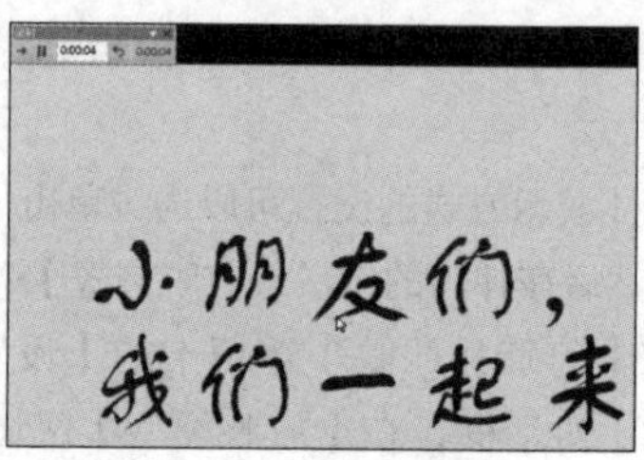

提示 放映的过程中，当需要临时查看或跳到某一张幻灯片时，可以通过【录制】对话框中的按钮来实现。

(1)【下一项】按钮：切换到下一张幻灯片。

(2)【暂停】按钮：暂时停止计时后，再次单击会恢复计时。

(3)【重复】按钮：重复排练当前幻灯片。

3 完成排练计时

排练完成，系统会显示一个警告消息框，显示当前幻灯片放映的总时间。单击【是】按钮，即可完成幻灯片的排练计时。

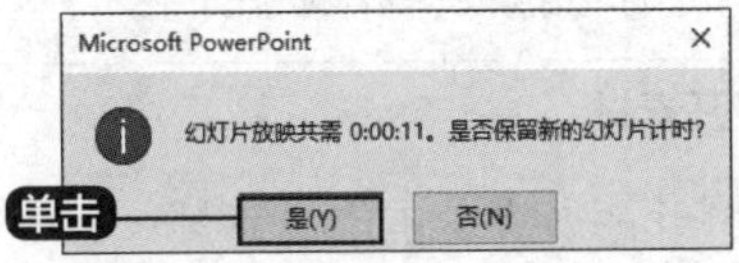

9.5 幻灯片的放映与控制

本节视频教学时间 / 8分钟

在了解了幻灯片的放映设置后，就可以放映设计的幻灯片，在放映过程中可以对幻灯片添加注释，设置绘图笔颜色等。

9.5.1 放映幻灯片

放映幻灯片的方式主要分为一般是从头开始放映、从当前幻灯片开始放映、联机演示和自定义放映4种方式。

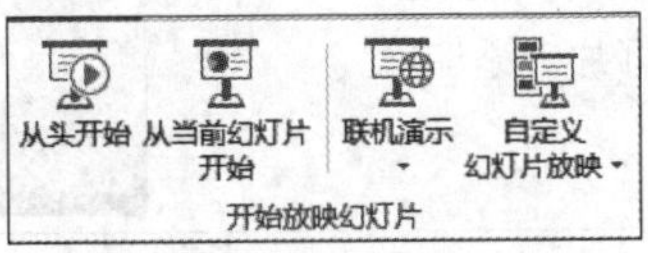

1. 从头开始

“从头开始”是指从第1张幻灯片开始放映，在【幻灯片放映】选项卡的【开始放映幻灯片】组中单击【从头开始】按钮或按【F5】键，系统将从头开始播放幻灯片。单击鼠标，按【Enter】键或空格键，均可切换到下一张幻灯片。

2. 从当前幻灯片开始

“从当前幻灯片开始”是指在放映幻灯片时可以从选定的当前幻灯片开始放映。选中某张幻灯片，在【幻灯片放映】选项卡的【开始放映幻灯片】组中单击【从当前幻灯片开始】按钮或按【Shift+F5】快捷键，系统将从当前幻灯片开始播放幻灯片。按【Enter】键或空格键可切换到下一张幻灯片。

3. 联机演示

用户在连接有网络的条件下，就可以在没有安装PowerPoint的电脑上放映演示文稿。

单击【幻灯片放映】选项卡下【开始放映幻灯片】组中的【联机演示】下拉按钮，在弹出的下拉列表中选择【Office演示文稿服务】命令，即可根据提示联机演示当前幻灯片。

4. 自定义幻灯片放映

利用PowerPoint的【自定义幻灯片放映】功能，可以为幻灯片设置多种自定义放映方式。

9.5.2　在放映中添加注释

要想使观看者更加了解幻灯片所表达的意思，就需要在幻灯片中添加标注以达到演讲者的目的。添加标注的具体操作步骤如下。

1 打开素材

打开随书光盘中的“素材\ch09\认动物.pptx”文件，按【F5】键放映幻灯片。

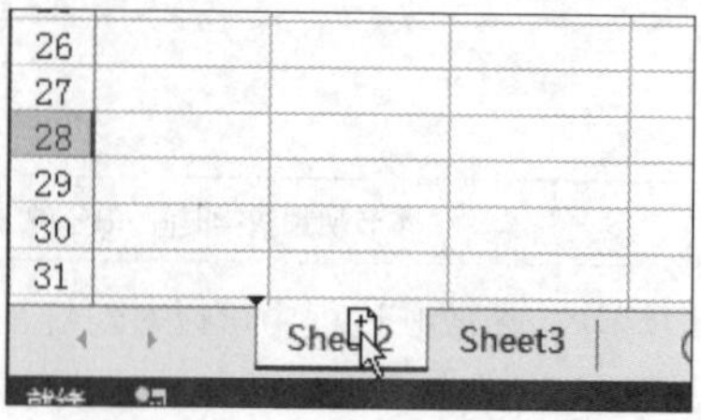

2 通过【笔】添加标注

单击鼠标右键，在弹出的快捷菜单中选择【指针选项】➤【笔】命令，当鼠标指针变为一个点时，即可在幻灯片中添加标注。

3 通过【荧光笔】添加标注

单击鼠标右键，在弹出的快捷菜单中选择【指针选项】➤【荧光笔】命令，当鼠标指针变为一条短竖线时，可以在幻灯片中添加标注。

9.5.3　设置笔的颜色

前面已经介绍在【设置放映方式】对话框中可以设置绘图笔的颜色，在幻灯片放映时，同样可以设置绘图笔的颜色。

1 选择颜色

使用绘图笔在幻灯片中标注，单击鼠标右键，在弹出的快捷菜单中选择【指针选项】➤【墨迹颜色】命令，在【墨迹颜色】列表中，单击一种颜色，如单击【深蓝】选项。

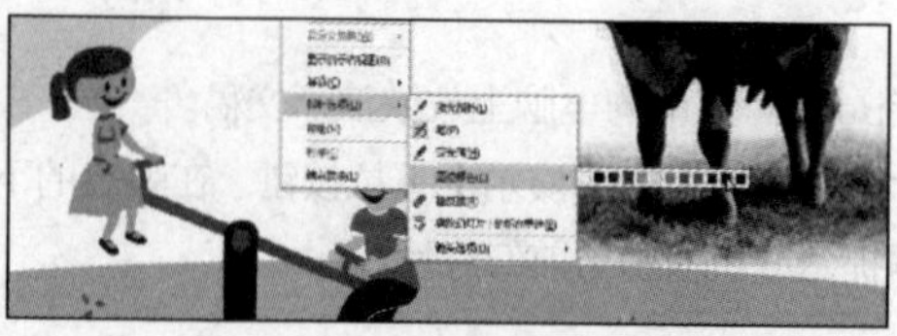

2 显示效果

此时绘笔颜色即变为深蓝色。

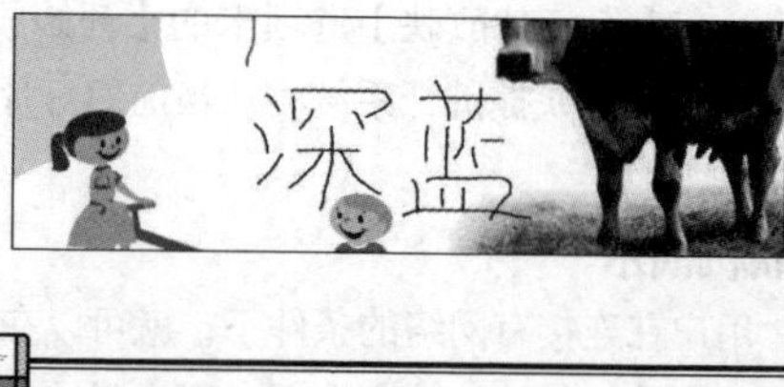

提示　使用同样的方法也可以设置荧光笔的颜色。

9.6 综合实战——设计并放映年终总结报告PPT

本节视频教学时间 / 14分钟

年终总结报告是人们对一年来的工作、学习进行回顾和分析，从中找出经验和教训，引出规律性认识，以指导今后工作和实践活动的一种应用文体。年终总结包括一年来的情况概述、成绩和经验、存在的问题和教训、今后努力方向等。一份美观、全面的年终总结PPT，既可以提高自己的认识，也可以获得观众的认可。

第1步：设置幻灯片的母版

设计幻灯片主题和首页的具体操作步骤如下。

1 选择主题样式

启动PowerPoint 2013，新建幻灯片，并将其保存为“年终总结报告.pptx”。单击【视图】➤【母版视图】➤【幻灯片母版】按钮，进入幻灯片母版视图。单击【幻灯片母版】➤【编辑主题】➤【主题】按钮，在弹出的下拉列表中选择【平面】主题样式。

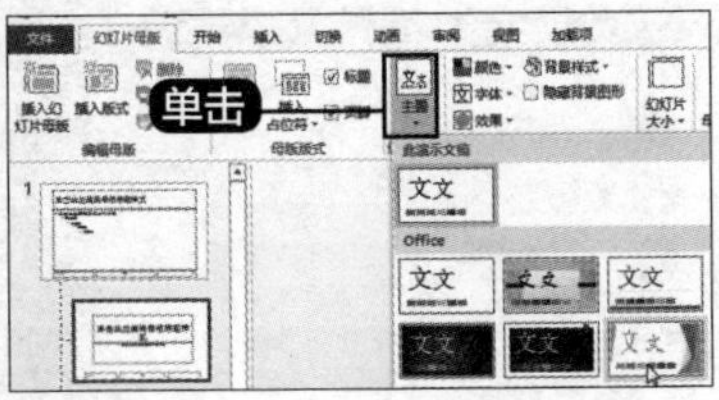

2 选择样色

即可设置为选择的主题效果，然后单击【背景】组中的【颜色】按钮，在下拉列表中，选择【蓝色Ⅱ】选项。

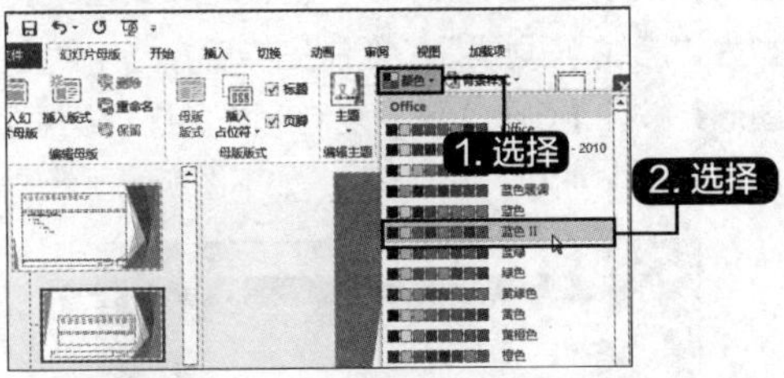

3 选择样式

单击【背景】组中的【背景样式】按钮，在下拉列表中选择“样式9”，幻灯片效果如下图所示。

4 绘制图形

使用“圆角矩形”工具，在“平面幻灯片母版”中，绘制一个矩形，并将其形状效果设置为“阴影 左上对角透视”和“柔化边缘 2.5磅”，然后将其“置于底层”，放置在【标题】文本框下，并将标题文字设置为“白色”，再退出幻灯片母版视图。

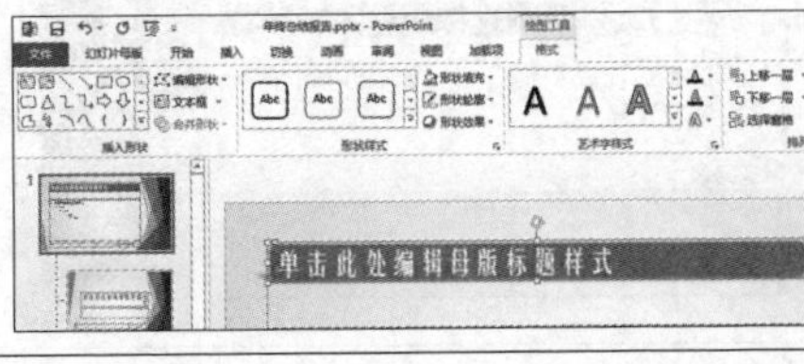

第2步：设置首页和报告概要页面

制作首页和报告概要页面的具体操作步骤如下。

1 设置标题字体

单击标题和副标题文本框，输入主、副标题。然后将主标题的字号设置为“72”，副标题的字号设置为“32”，调整主副标题文本框的位置，使其右对齐，如下图所示。

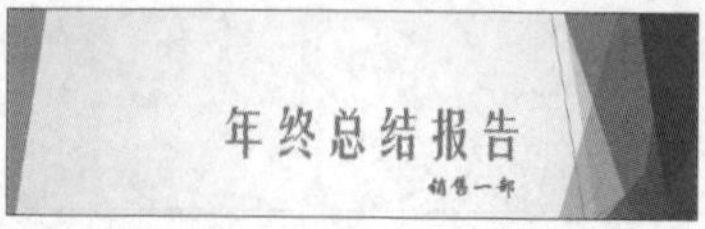

2 输入本文

新建【仅标题】幻灯片，在标题文本框中输入“报告概要”内容。

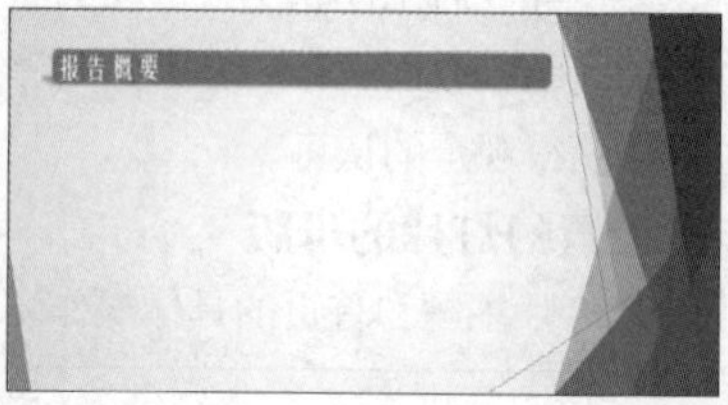

3 编辑文本

使用形状工具绘制1个圆形，大小为“2×2”厘米，并设置填充颜色，然后绘制1条直线，大小为“10厘米”，设置轮廓颜色、线型为“虚线 短划线”，绘制完毕后，选中两个图形，按住【Ctrl】键，复制3个，且设置不同的颜色，排列为“左对齐”，如下图所示。

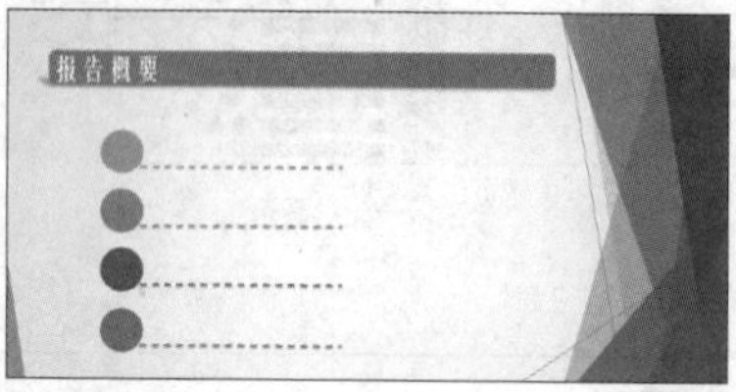

4 编辑序号

在圆形形状上，分别编辑序号，字号设置为“32”号，在虚线上，插入文本框，输入文本，并设置字号为“32”号，颜色设置为对应的图形颜色，如下图所示。

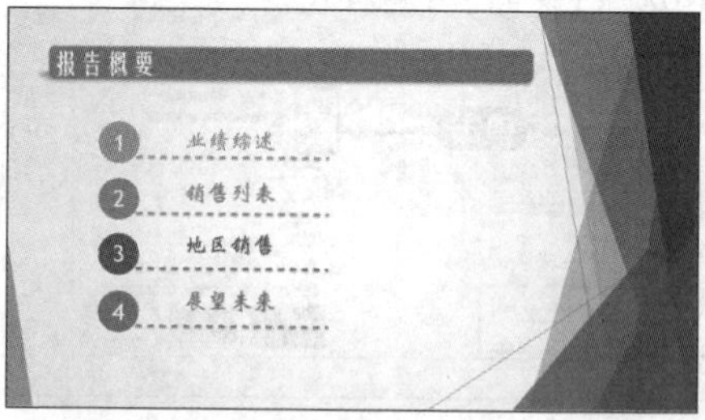

第3步：制作业绩综述页面

制作业绩综述页面的具体操作步骤如下。

1 新建幻灯片

新建1张【标题和内容】幻灯片，并输入标题“业绩综述”。

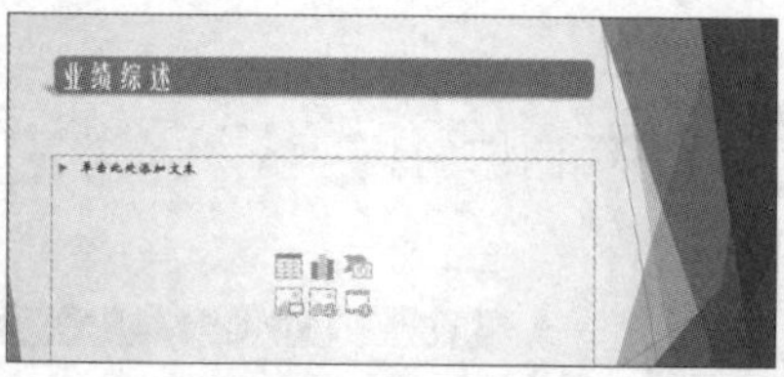

2 修改数据

单击内容文本框中的【插入图表】按钮，在弹出的【插入图表】对话框中，选择【簇状柱形图】选项，单击【确定】按钮，在打开的Excel工作簿中修改输入下图所示的数据。

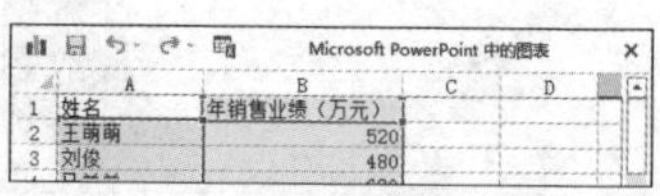

3 设置图表的格式

关闭Excel工作簿，在幻灯片中即可插入相应的图表。然后单击【布局】选项卡下【标签】组中的【数据标签】按钮，在弹出的下拉列表中选择【数据标签外】命令，并根据需要设置图表的格式，最终效果如下图所示。

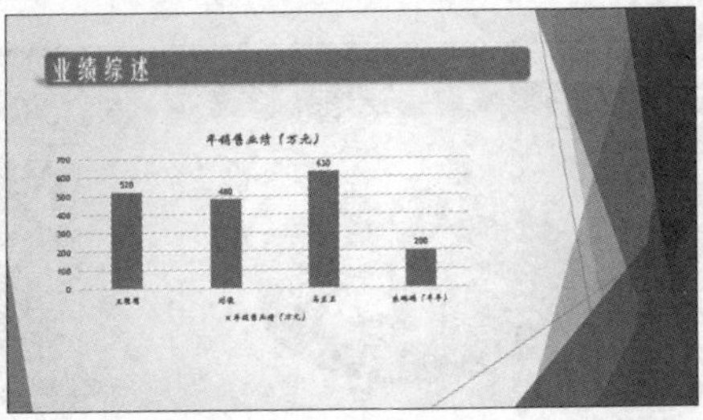

4 设置图表

选择图表，为其应用【擦除】动画效果，设置【效果选项】为“自底部”，设置【开始】模式为【与上一动画同时】，设置【持续时间】为“1.5”秒。

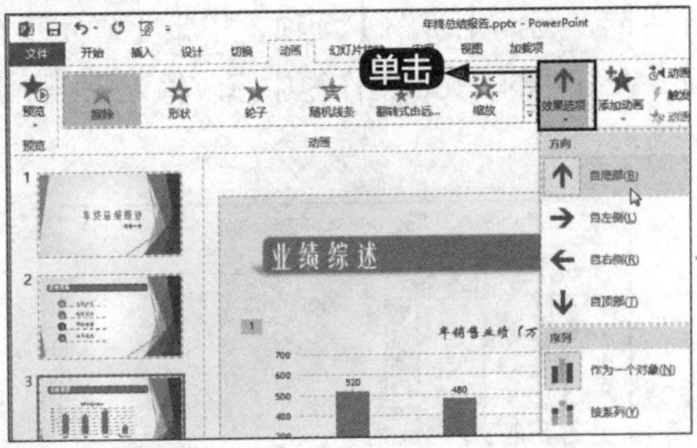

第4步：制作销售列表页面

制作销售列表页面的具体操作步骤如下。

1 新建幻灯片

新建1张【标题和内容】幻灯片，输入标题“销售列表”文本。

2 插入表格

单击内容文本框中的【插入表格】按钮▦，插入“5×5”表格，然后输入如图所示的内容。

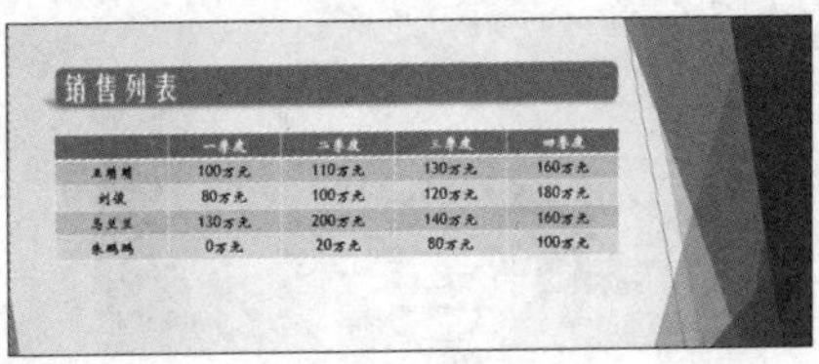

3 设置布局

根据表格内容，创建一个折线图表，并根据需要设置其布局，如下图所示。

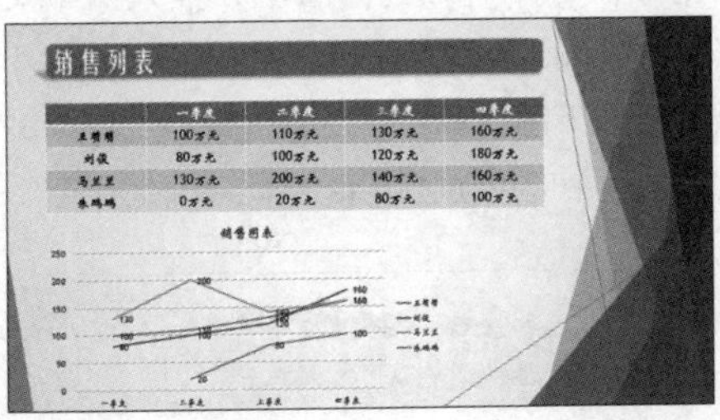

4 设置图表

选择表格，为其应用【擦除】动画效果，设置【效果选项】为“自顶部”。选择图表，为其应用【缩放】动画效果，并设置【开始】模式为【与上一动画同时】，设置【持续时间】为“1”秒。

第5步：制作其他页面

制作地区销售、未来展望及结束页幻灯片页面的具体操作步骤如下。

1 新建幻灯片

新建1张【标题和内容】幻灯片，并输入标题“地区销售”文本。然后打开【插入图表】对话框，选择【饼图】选项，单击【确定】按钮，在打开的Excel工作簿中修改输入下图所示的数据。

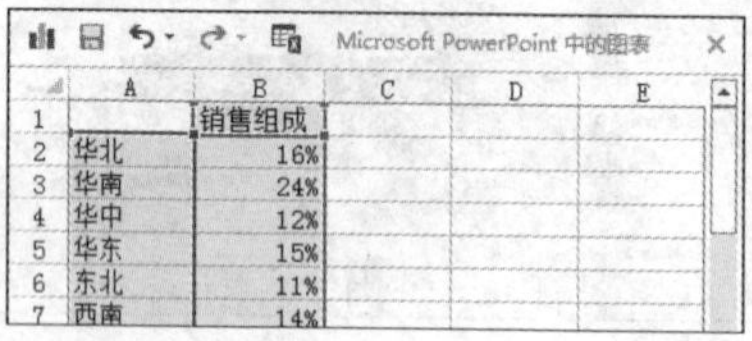

2 设置图表

关闭Excel工作簿，根据需要设置图表样式和图表元素，并为其应用【形状】动画效果，最终效果如下图所示。

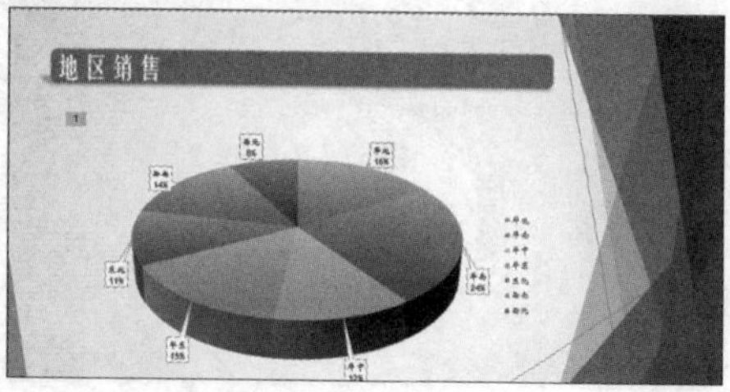

3 设置新建幻灯片

新建1张【标题和内容】幻灯片，并输入标题“展望未来”文本，绘制1个向上箭头和1个矩形框，设置它们的填充和轮廓颜色，然后绘制其他的图形，并调整位置，在图形中添加文字，并逐个为其设置为“轮子”动画效果，如下图所示。

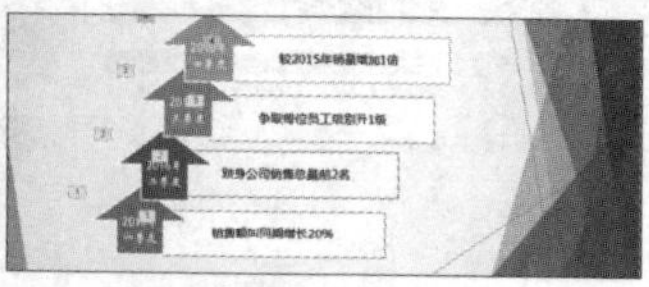

4 绘制图形

新建1张幻灯片，插入一个白色背景，遮盖背景，再绘制一个“青绿，着色1”矩形框，并选中该图形，单击鼠标右键，在弹出的快捷菜单中选择【编辑顶点】命令，即可拖动4个顶点绘制不规则的图形。

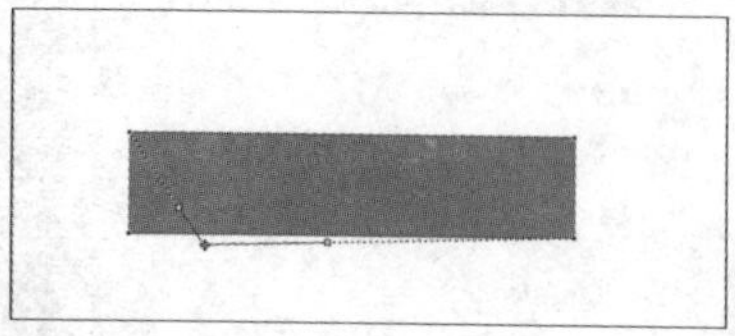

5 绘制一个不规则图形

拖动顶点，绘制一个如下的不规则图形。

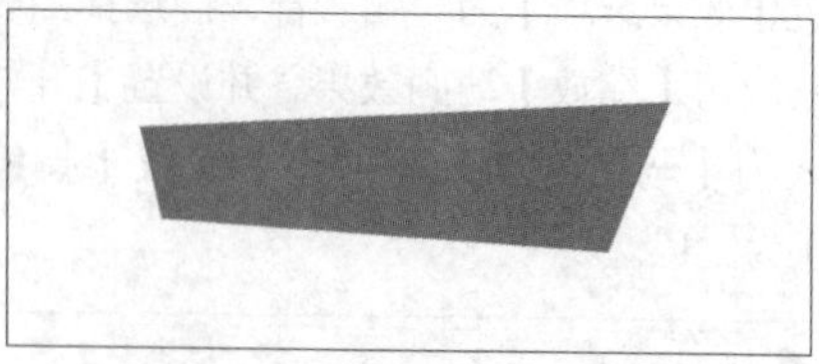

6 设置字体

插入两个“等腰三角形”形状，通过【编辑顶点】命令，绘制下图所示的两个不规则的三角形。在不规则的形状上，插入两个文本框，分别输入结束语和落款，调整字体大小、位置，如下图所示。然后分别为3个图形和2个文本框逐个应用动画效果。

第6步：放映幻灯片

幻灯片设计完成后，即可放映该幻灯片了。

1 设置放映方式

在【幻灯片放映】选项卡的【设置】组中单击【设置幻灯片放映】按钮，弹出【设置放映方式】对话框，将【绘图笔颜色】设置为“橙色”，换片方式设置为“手动”。

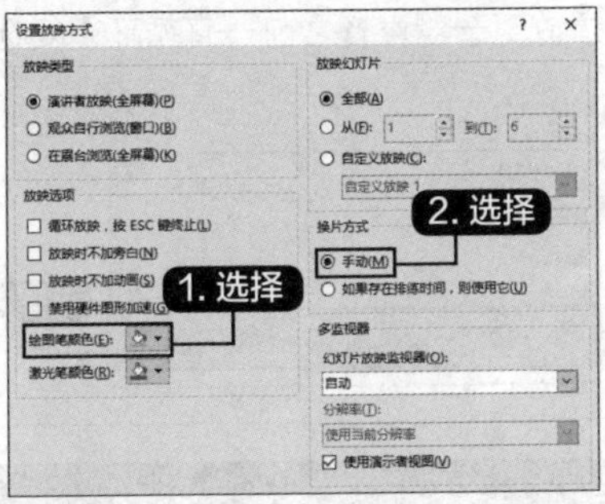

2 选择【笔】选项

按【F5】键进入幻灯片放映状态，单击鼠标右键，在弹出的快捷菜单中选择【指针选项】列表中的【笔】选项。

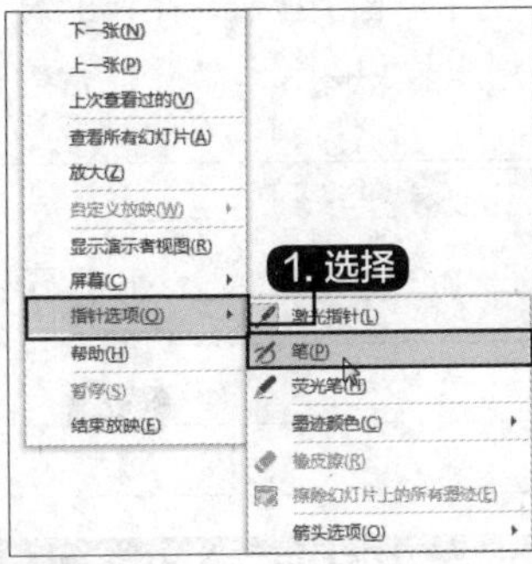

3 标记注释

当鼠标光标变为一个点时，即可以在幻灯片播放界面中标记注释，如图所示。

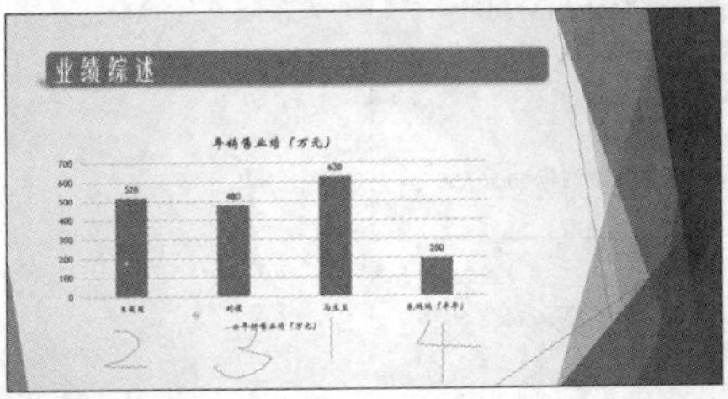

4 保留注释

幻灯片放映结束后，会弹出图中所示的对话框，单击【保留】按钮，即可将添加的注释保留到幻灯片中。

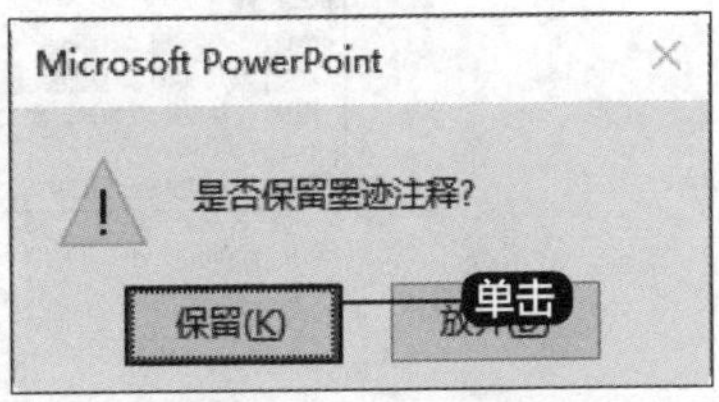

提示

保留墨迹注释，则在下次播放时会显示这些墨迹注释。

高手私房菜

技巧1：放映时跳转至指定幻灯

在播放PowerPoint演示文稿时，如果要快进到或退回到第6张幻灯片，可以先按数字【5】键，再按【Enter】键。若要从任意位置返回到第1张幻灯片，可以同时按下鼠标左右键并停留2秒钟以上。

技巧2：切换效果持续循环

不但可以设置切换效果的声音，还可以使切换的声音循环播放直至幻灯片放映结束。

1 选择【爆炸】效果

选择一张幻灯片，单击【切换】选项卡下【计时】组中的【声音】按钮，在弹出的下拉列表中选择【爆炸】效果。

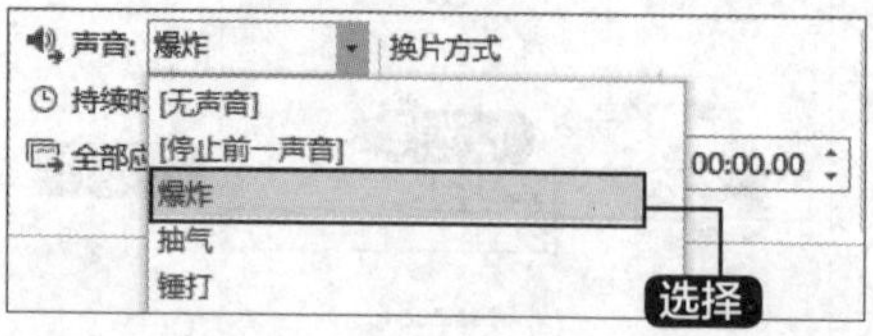

2 持续循环

再次单击【切换】选项卡下【计时】组中的【声音】按钮，在弹出的下拉列表中单击选中【播放下一段声音之前一直循环】复选框即可。

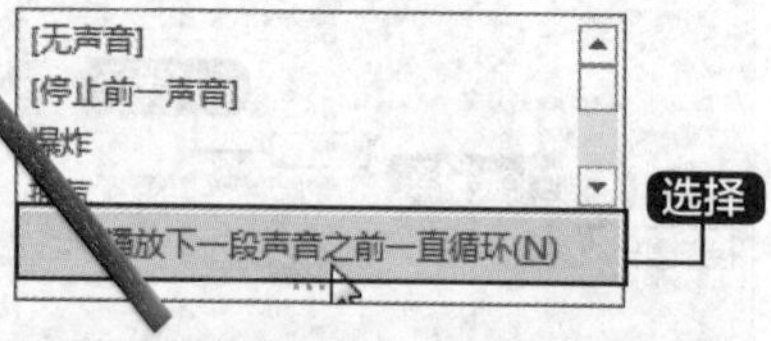

技巧3：单击鼠标不换片

幻灯片设置有排练计时，为了避免误单击鼠标而换片，可以设置其单击鼠标不换片，在打开的演示文稿中，在【切换】选项卡下【计时】组中撤销选中【单击鼠标时】复选框，即可在放映幻灯片时，单击鼠标不换片。

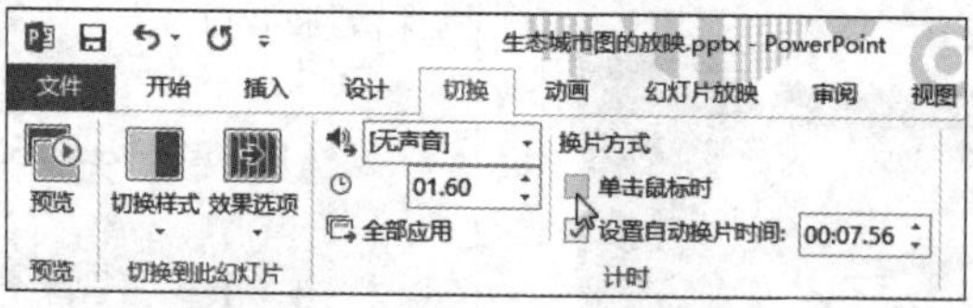

第10章

办公局域网的组建

重点导读

本章视频教学时间：39分钟

随着科学技术的发展，网络给人们的生活、工作带来了极大的方便。用户要想实现网络化协同办公和局域网内资源的共享，首要任务就是组建办公局域网。通过对局域网进行私有和公用资源的分配，可以更合理地利用办公资源，从而节省公司的开支，提高办公的效率。

学习效果图

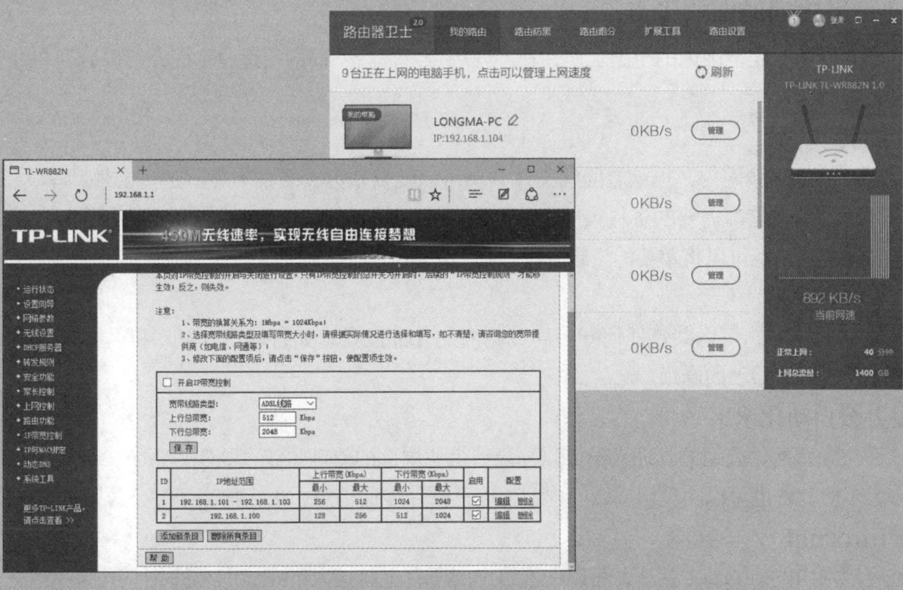

10.1 组建局域网的相关知识

本节视频教学时间 / 6分钟

按照网络覆盖的地理范围的大小将计算机网络分为局域网（LAN）、区域网（MAN）、广域网(WAN)、互联网(Internet) 4种，每一种网络的覆盖范围和分布距离标准都不一样，如下表所示。

网络种类	分布距离	覆盖范围	特点
局域网	10m	房间	物理范围小，具有高数据传输速率(10~1000Mbit/s)
	100m	建筑物	
	1000m	校园	
区域网（又称为城域网）	10km	城市	规模较大，可覆盖一个城市；支持数据和语音传输；工作范围为160km以内，传输速率为44.736Mbit/s
广域网	100km	国家	物理跨度较大，如一个国家
互联网	1000km	洲或洲际	将局域网通过广域网连接起来，形成互联网

从上表我们就可以看出，局域网就是范围在几米到几公里内，家庭、办公楼群或校园内的计算机相互连接构成的计算机网络。主要应用于连接家庭、公司、校园及工厂等电脑，以利于计算机间共享资源和数据通信，如共享打印机、传输数据等操作。

10.1.1 组建局域网的优点

局域网实现了一定范围内的电脑互连，在不同场合发挥着不同的用途，下面介绍局域网在办公应用中的优点。

1. 文件的共享

在公司内部的局域网内，电脑之间的文件共享可以使日常办公更加方便。通过文件共享，可以把局域网内每台电脑都需要的资料集中存储，不仅方便资料的统一管理，节省存储空间，有效地利用所用的资源，也可以将重要的资料备份到其他电脑中。

2. 外部设备的共享

通过建立局域网，可以共享任何一台局域网内的外部设备，如打印机、复印机、扫描仪等，减少了不必要的拆卸移动的麻烦。

3. 提高办公自动化水平

通过建立局域网，公司的管理人员可以登录到企业内部的管理系统，如OA 系统，可以查看每位员工的工作状况，也可以实现用局域网内部的电子邮件传递信息，大大提高了办公效率。

4. 连接Internet

通过局域网内的Internet 共享，可以使网络内的所有电脑接入Internet，随时上网查询信息。

10.1.2 局域网的结构演示

对于组建一般的小型局域网，接入电脑并不多，搭建起来并不复杂，下面介绍一下局域网的结构构成。

局域网主要由交换机或路由器作为转发媒介，提供大量的端口，供多台电脑和外部设备接入，实现电脑间的连接和共享，如下图所示。

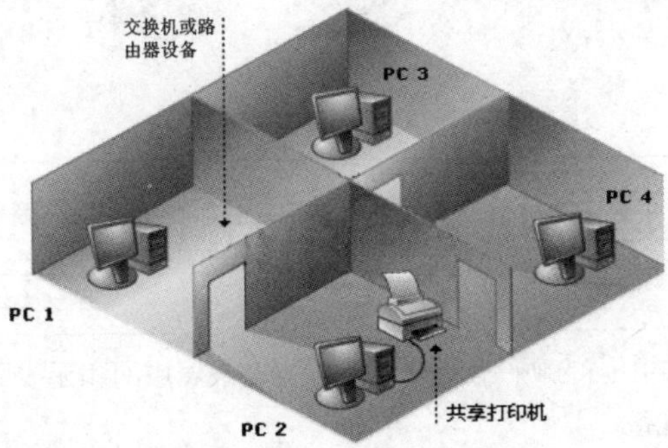

上图只是一个系统的展示，其实构建局域网就是将1个点转发为多个点，下面具体了解不同的接入方式，其连接结构的不同。

1. 通过ADSL建立局域网

下图是一个单台电脑连接的结构图。

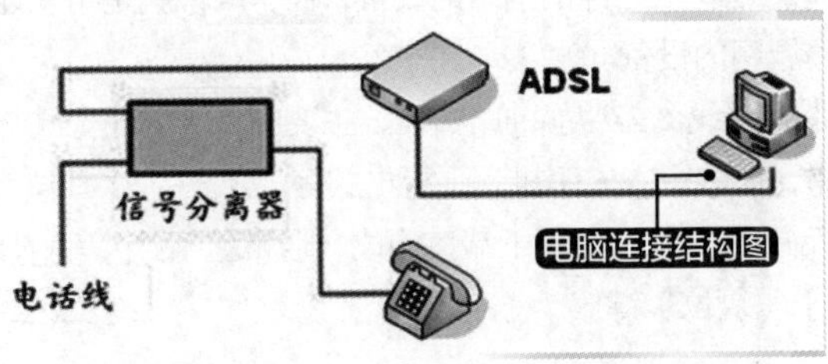

如果多台电脑连接成局域网，其结构图如下图所示。

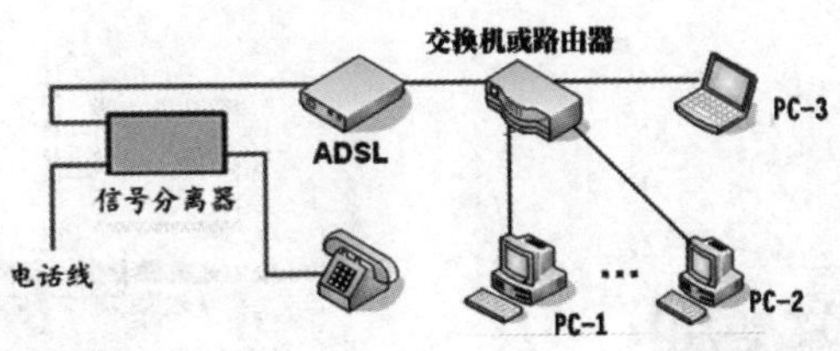

2. 通过小区宽带建立局域网

如果是小区宽带上网，在建立局域网时，只需将接入的网线插入交换机上，再分配给各台电脑即可。

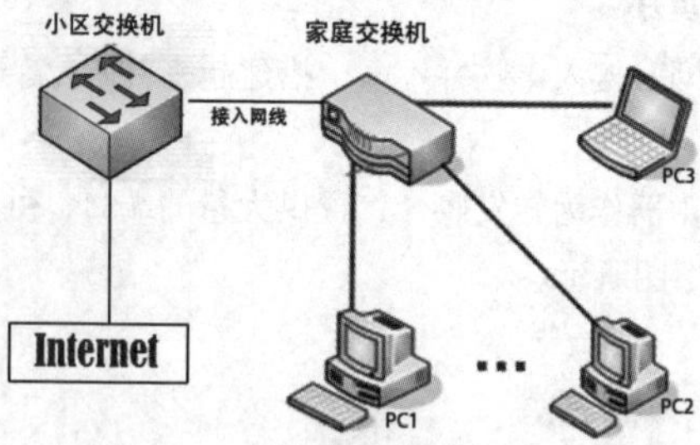

10.2 组建局域网的准备

本节视频教学时间 / 10分钟

组建不同的局域网需要不同的硬件设备，下面根据有线局域网和无线局域网的组建特点，介绍这两种组建方式所需要的准备。

10.2.1 组件无线局域网的准备

无线局域网目前应用最多的是无线电波传播，覆盖范围广，应用也较广泛。在组建中最重要的设备就是无线路由器和无线网卡。

(1) 无线路由器

路由器是用于连接多个逻辑上分开的网络的设备，简单来说就是用来连接多个电脑实现共同上网，且将其连接为一个局域网的设备。

而无线路由器是指带有无线覆盖功能的路由器，主要应用于无线上网，也可将宽带网络信号转发给周围的无线设备使用，如笔记本、手机、平板电脑等。

如下图所示，无线路由器的背面由若干端口构成，通常包括1个WAN口、4个LAN口、1个电源接口和一个【RESET】（复位）键。

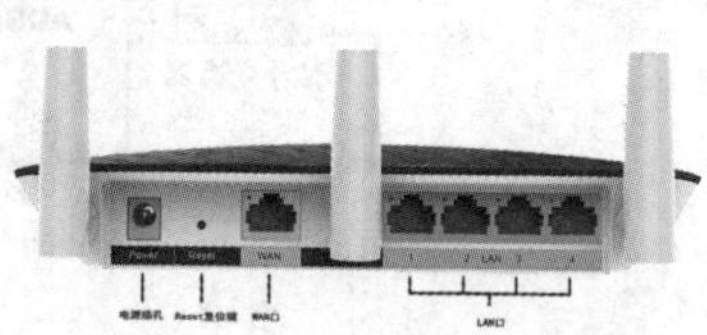

电源接口，是路由器连接电源的插口。

【RESET】键，又称为重置键，如需将路由器重置为出厂设置，可长按该键恢复。

WAN口，是外部网线的接入口，将从ADSL Modem连出的网线直接插入该端口，或者小区宽带用户直接将网线插入该端口。

LAN口，为用来连接局域网端口，使用网线将端口与电脑网络端口互联，实现电脑上网。

⑵ 无线网卡

无线网卡的作用、功能和普通电脑网卡一样，就是不通过有线连接，采用无线信号连接到局域网上的信号收发装备。而在无线局域网搭建时，采用无线网卡就是为了保证台式电脑可以接收无线路由器发送的无线信号，如果电脑自带有无线网卡（如笔记本），则不需要再添置无线网卡。

目前，无线网卡较为常用的是PCI和USB接口两种，如下图所示。

PCI接口无线网卡主要适用于台式电脑，将该网卡插入主板上的网卡槽内即可。PCI接口的网卡信号接收和传输范围广、传输速度快、使用寿命长、稳定性好。

USB接口无线网卡适用于台式电脑和笔记本电脑，即插即用，使用方便，价格便宜。

在选择上，如果考虑到便捷性，可以选择USB接口的无线网卡，如果考虑到使用效果和稳定性、使用寿命等，建议选择PCI接口无线网卡。

⑶ 网线

网线是连接局域网的重要传输媒体，在局域网中常见的网线有双绞线、同轴电缆、光缆3种，而使用最为广泛的就是双绞线。

双绞线是由一对或多对绝缘铜导线组成的，为了减少信号传输中串扰及电磁干扰影响的程度，通常将这些线按一定的密度互相缠绕在一起，双绞线可以传输模拟信号和数字信号，价格便宜，并且安装简单，所以得到广泛的使用。

一般使用方法是和RJ45水晶头相连，再接入电脑、路由器、交换机等设备中的RJ45接口。

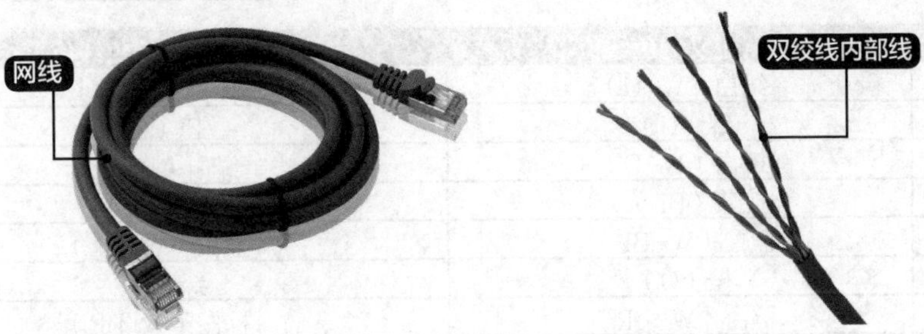

提示

RJ45接口也就是我们说的网卡接口，常见的RJ45接口有两类：用于以太网网卡、路由器以太网接口等的DTE类型，还有用于交换机等的DCE类型。DTE我们可以称做“数据终端设备”，DCE我们可以称做“数据通信设备”。从某种意义来说，DTE设备称为“主动通信设备”，DCE设备称为“被动通信设备”。

通常，在判定双绞线是否通路，主要使用万用表和网线测试仪测试，而网线测试仪是使用最方便、最普遍的方法。

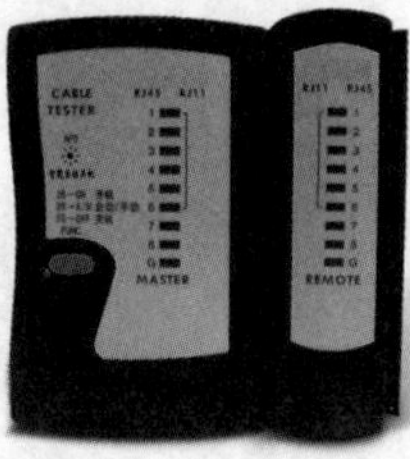

双绞线的测试方法，是将网线两端的水晶头分别插入主机和分机的RJ45接口，然后将开关调制到“ON”位置（“ON”为快速测试，“S”为慢速测试，一般使用快速测试即可），此时观察亮灯的顺序，如果主机和分机的指示灯1~8逐一对应闪亮，则表明网线正常。

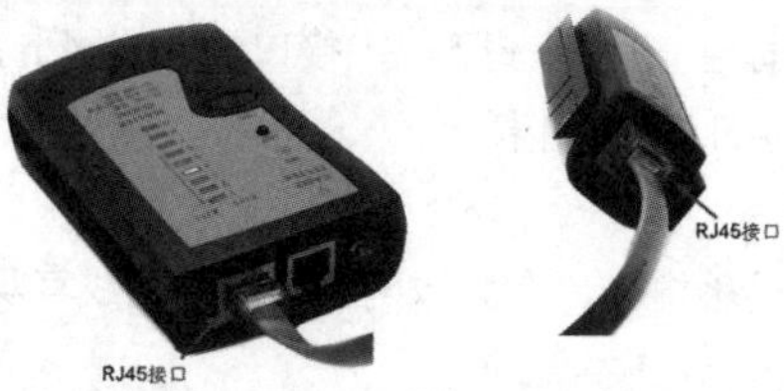

提示

如下表为双绞线对应的位置和颜色，双绞线一端按568A标准制作，一端按568B标准制作。

引脚	568A定义的色线位置	568B定义的色线位置
1	绿白（W-G）	橙白（W-O）
2	绿（G）	橙（O）
3	橙白（W-O）	绿白（W-G）
4	蓝（BL）	蓝（BL）
5	蓝白（W-BL）	蓝白（W-BL）
6	橙（O）	绿（G）
7	棕白（W-BR）	棕白（W-BR）
8	棕（BR）	棕（BR）

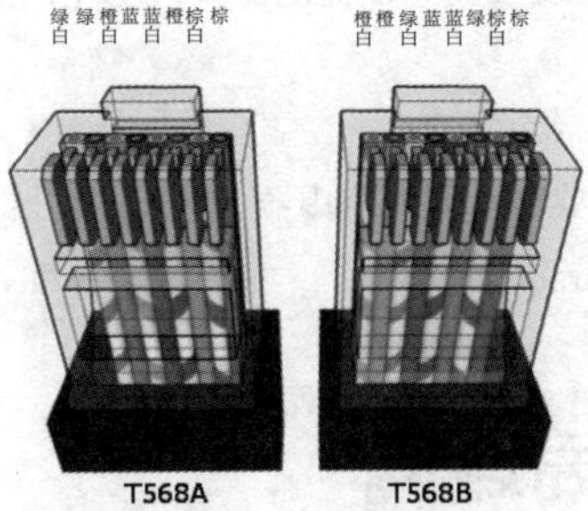

10.2.2 组建有线局域网的准备

组建有线局域网和无线局域网最大的差别是无线信号收发设备上，其主要使用的设备是交换机或路由器。下面介绍一下组件有线局域网的所需设备。

(1) 交换机

交换机是用于电信号转发的设备，可以简单地理解为把若干台电脑连接在一起组成一个局域网，一般在家庭、办公室常用的交换机属于局域网交换机，而小区、一幢大楼等使用的多为企业级的以太网交换机。

如上图所示，交换机和路由器外观并无太大差异，路由器上有单独一个WAN 口， 而交换机上全部是LAN 口，另外路由器一般只有4 个LAN 口，而交换机上有4~32 个LAN 口，其实这只是外观的一些对比，二者在本质上有明显的区别。

① 交换机是通过一根网线上网，如果几台电脑上网，是分别拨号，各自使用自己的带宽，互不影响。而路由器自带了虚拟拨号功能，是几台电脑通过一个路由器一个宽带账号上网，几台电脑之间上网相互影响。

② 交换机工作是在中继层（数据链路层），是利用MAC 地址寻找转发数据的目的地址，MAC 地址是硬件自带的，也是不可更改的，工作原理相对比较简单，而路由器工作是在网络层（第三层），是利用IP 地址寻找转发数据的目的地址，可以获取更多的协议信息，以做出更多的转发决策。通俗地讲，交换机的工作方式相当于要找一个人，知道这个人的电话号码（类似于MAC 地址），于是通过拨打电话和这个人建立连接；而路由器的工作方式是，知道这个人的具体住址××省××市××区××街道××号××单元××户（类似于IP 地址），然后根据这个地址，确定最佳的到达路径，然后到这个地方，找到这个人。

③ 交换机负责配送网络，而路由器负责入网。交换机可以使连接它的多态电脑组建成局域网，但是不能自动识别数据包发送和到达地址的功能，而路由器则为这些数据包发送和到达的地址指明方向和进行分配。简单说就是交换机负责开门，路由器给用户找路上网。

④ 路由器具有防火墙功能，不传送不支持路由协议的数据包和未知目标网络数据包的传送，仅支持转发特定地址的数据包，防止了网络风暴。

⑤ 路由器也是交换机，如果要使用路由器的交换机功能，把宽带线插到LAN口上，把WAN口空起来就可以。

(2) 路由器

组建有线局域网时，可不必要求为无线路由器，一般路由器即可使用，主要差别就是无线路由器带有无线信号收发功能，但价格较贵。

10.3 组建局域网

本节视频教学时间 / 9分钟

准备工作完成之后，就可以开始组建局域网。

10.3.1 组建无线局域网

随着笔记本电脑、手机、平板电脑等便携式电子设备的日益普及和发展，有线连接已不能满足工作和家庭需要，无线局域网不需要布置网线就可以将几台设备连接在一起。无线局域网以其高速的传输能力、方便性及灵活性，得到广泛应用。组建无线局域网的具体操作步骤如下。

1. 硬件搭建

在组建无线局域网之前，要将硬件设备搭建好。

1 连接电脑和路由器

通过网线将电脑与路由器相连接，将网线一端接入电脑主机后的网孔内，另一端接入路由器的任意一个LAN口内。

2 连接ADSL Modem和路由器

通过网线将ADSL Modem 与路由器相连接，将网线一端接入ADSL Modem 的LAN口，另一端接入路由器的WAN口内。

3 连接电源

将路由器自带的电源插头连接电源即可，此时即完成了硬件搭建工作。

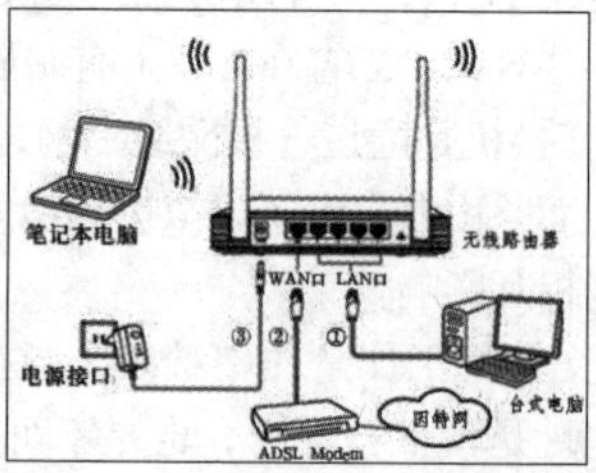

> **提示**
> 如果台式电脑要接入无线网，可安装无线网卡，然后将随机光盘中的驱动程序安装在电脑上即可。

2. 路由器设置

路由器设置主要指在电脑或便携设备端，为路由器配置上网账号、设置无线网络名称、密码等信息。

下面以台式电脑为例，使用的是TP-LINK品牌的路由器，型号为WR882N，在Windows 10操作系统、Microsoft Edge浏览器的软件环境下的操作演示。具体操作步骤如下。

1 设置密码

完成硬件搭建后，启动任意一台电脑，打开IE 浏览器，在地址栏中输入“192.168.1.1”，按【Enter】键，进入路由器管理页面。初次使用时，需要设置管理员密码，在文本框中输入密码和确认密码，然后按【确认】按钮完成设置。

> **提示** 不同路由器的配置地址不同，可以在路由器的背面或说明书中找到对应的配置地址、用户名和密码。部分路由器，输入配置地址后，弹出对话框，要求输入用户名和密码，此时，可以在路由器的背面或说明书中找到，输入即可。

另外用户名和密码可以在路由器设置界面的【系统工具】➤【修改登录口令】中设置。如果遗忘，可以在路由器开启的状态下，长按【RESET】键恢复出厂设置，登录账户名和密码恢复为原始密码。

2 单击【下一步】按钮

进入设置界面，选择左侧的【设置向导】选项，在右侧【设置向导】中单击【下一步】按钮。

3 设置自动选择

打开【设置向导】对话框选择连接类型，这里单击选中【让路由器自动选择上网方式】单选项，并单击【下一步】按钮。

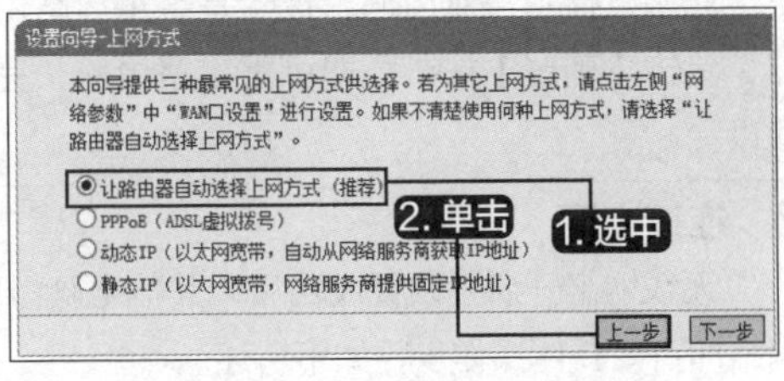

> **提示** PPPoE是一种协议，适用于拨号上网；而动态IP每连接一次网络，就会自动分配一个IP地址；静态IP是运营商给的固定的IP地址。

4 检测联网方式

如果检测为拨号上网，则输入账号和口令；如果检测为静态IP，则需输入IP地址和子网掩码，然后单击【下一步】按钮。如果检测为动态IP，则无需输入任何内容，直接跳转到下一步操作。

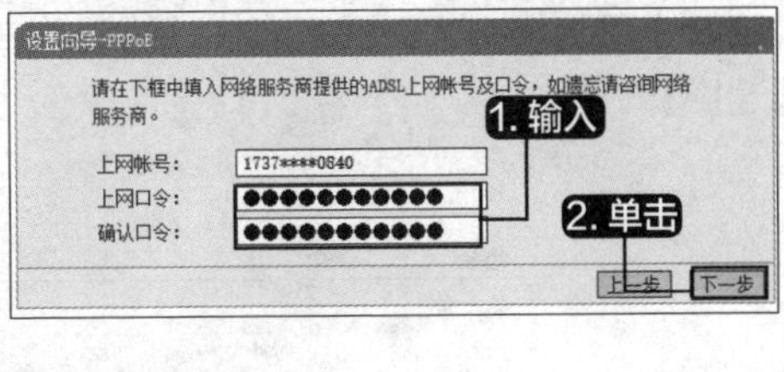

提示 此处的用户名和密码是指在开通网络时，运营商提供的用户名和密码。如果账户和密码遗忘或需要修改密码，可联系网络运营商找回或修改密码。若选用静态IP所需的IP地址、子网掩码等都由运营商提供。

5 无线设置

在【设置向导-无线设置】页面，进入该界面设置路由器无线网络的基本参数，单击选中【WPA-PSK/WPA2-PSK】单选项，在【PSK密码】文本框中设置PSK密码。单击【下一步】按钮。

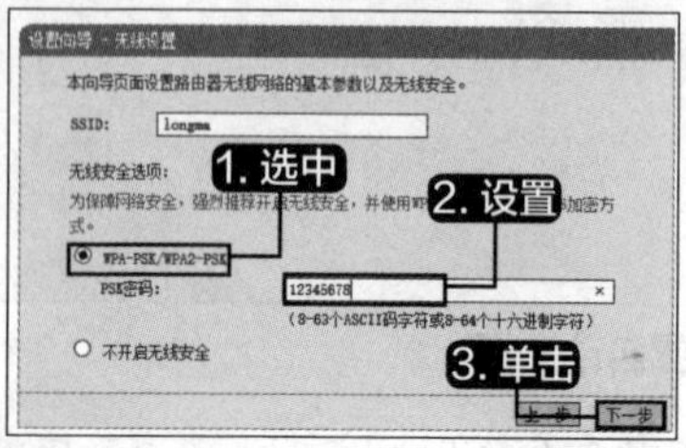

提示 用户也可以在路由器管理界面，单击【无线设置】选项进行设置。

SSID：是无线网络的名称，用户通过SSID号识别网络并登录。

WPA-PSK/WPA2-PSK：基于共享密钥的WPA模式，使用安全级别较高的加密模式。在设置无线网络密码时，建议优先选择该模式，不选择WPA/WPA2和WEP这两种模式。

6 完成

在弹出的页面单击【重启】按钮，如果弹出“此站点提示”对话框，提示是否重启路由器，单击【确定】按钮，即可重启路由器，完成设置。

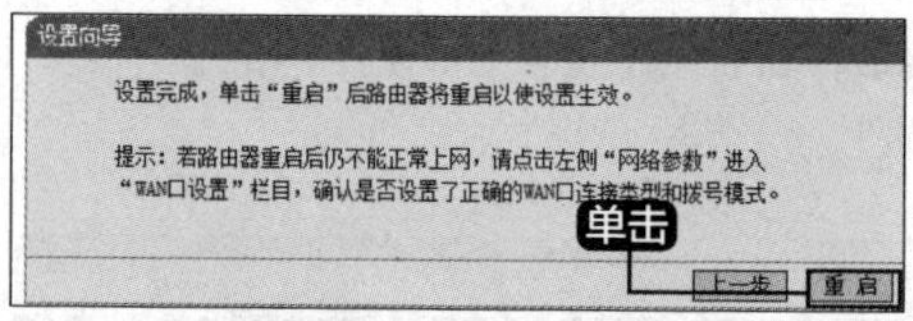

3. 连接上网

无线网络开启并设置成功后，其他电脑需要搜索设置的无线网络名称，然后输入密码，连接该网络即可。具体操作步骤如下所述。

1 链接无线网络

单击电脑任务栏中的无线网络图标，在弹出的对话框中会显示无线网络的列表，单击需要连接的网络名称，在展开项中，勾选【自动连接】复选框，方便网络连接，然后单击【连接】按钮。

2 输入网络安全密钥

网络名称下方弹出的【输入网络安全密钥】对话框中，输入在路由器中设置的无线网络密码，单击【下一步】按钮即可。

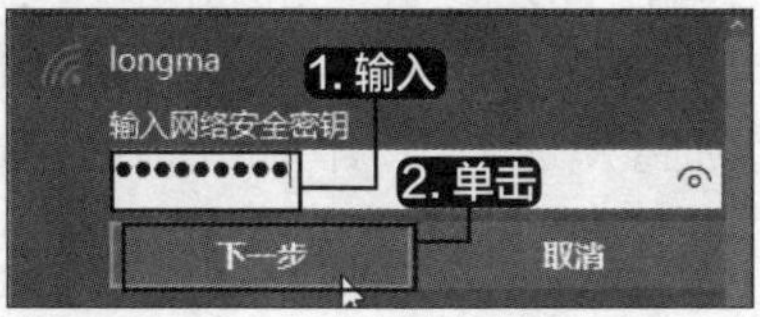

提示

如果忘记无线网密码，可以登录路由器管理页面，进行查看。

3 完成

密钥验证成功后，即可连接网络，该网络名称下，则显示“已连接”字样，任务栏中的网络图标也显示为已连接样式。

10.3.2 组建有线局域网

在日常生活和工作中，组建有线局域网的常用方法是使用路由器搭建和交换机搭建，也可以使用双网卡网络共享的方法搭建。本节主要介绍使用路由器组建有线局域网的方法。

使用路由器组建有线局域网，其中硬件搭建和路由器设置与组件无线局域网基本一致，如果电脑比较多的话，可以接入交换机，如下图的连接方式。

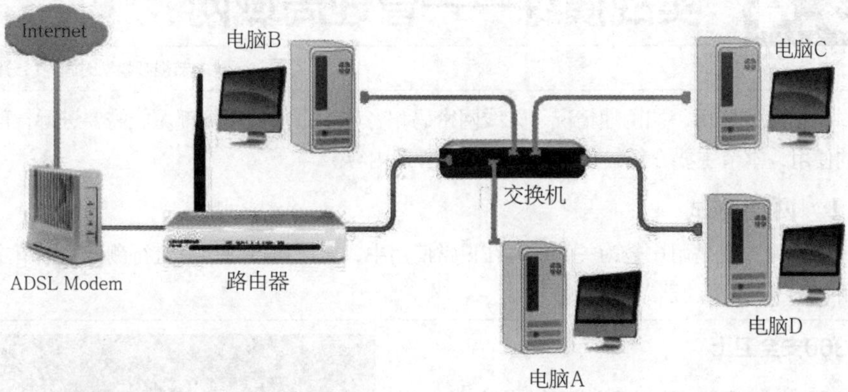

如果一台交换机和路由器的接口，还不能够满足电脑的使用，可以在交换机中接出一根线，连接到第2台交换机，利用第2台交换机的其余接口，连接其他电脑接口。以此类推，根据电脑数量增加交换机的布控。

路由器端的设置和无线网的设置方法一样，这里就不再赘述，为了避免所有电脑不在一个IP区域段中，可以执行下面操作，确保所有电脑之间的连接，具体操作步骤如下。

1 单击【以太网】超链接

在【网络】图标上单击鼠标右键，在弹出的快捷菜单中选择【打开网络和共享中心】命令，打开【网络和共享中心】窗口，单击【以太网】超链接。

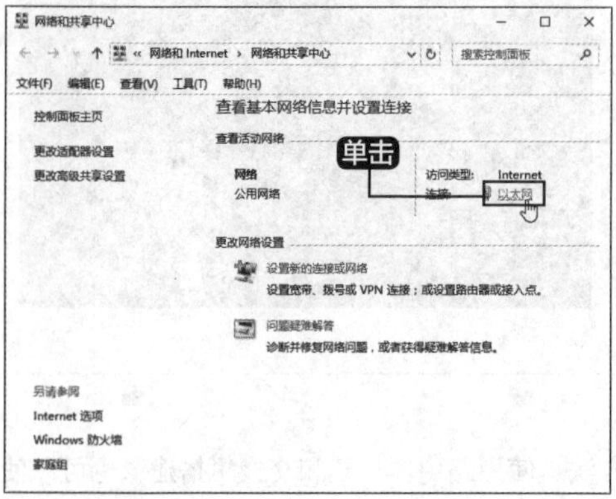

2 设置属性

弹出【以太网状态】对话框，单击【属性】按钮，在弹出的对话框列表中选择【Internet协议版本4（TCP/IPv4）】选项，并单击【属性】按钮。在弹出的对话框中，单击选中【自动获取IP地址】和【自动获取DNS服务器地址】单选项，然后单击【确定】按钮即可。

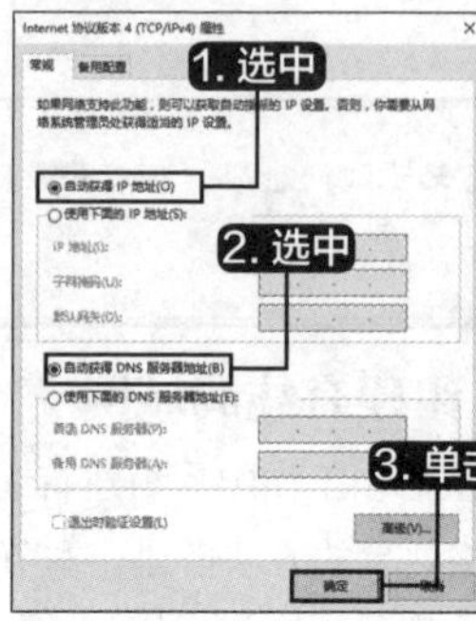

10.4 实战演练——管理局域网

本节视频教学时间 / 11分钟

局域网搭建完成后，如网速情况、无线网密码和名称、带宽控制等都可能需要进行管理，以满足公司的使用，本节主要介绍一些常用的局域网管理内容。

10.4.1 网速测试

网速的快慢一直是用户较为关心的，在日常使用中，可以自行对带宽进行测试，本节主要介绍如何使用“360宽带测速器”进行测试。

1 打开360安全卫士

打开360安全卫士，单击其主界面上的【宽带测速器】图标。

> **提示**
> 如果软件主界面上无该图标，请单击【更多】超链接，进入【全部工具】界面下载。

2 宽带测速

打开【360宽带测速器】工具，软件自动进行宽带测速，如下图所示。

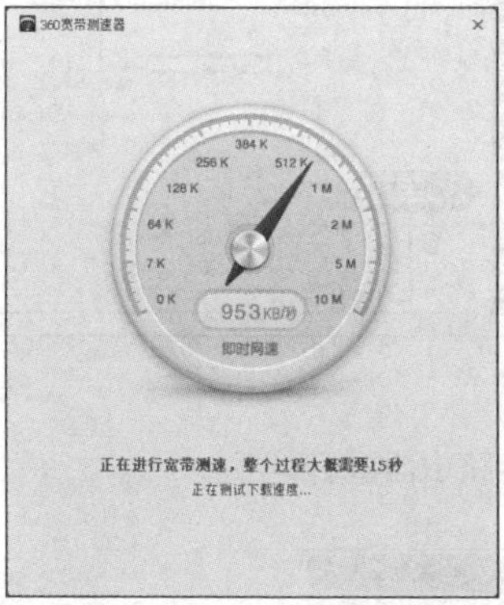

3 显示网速

测试完毕后，软件会显示网络的接入速度。用户还可以依次测试长途网络速度、网页打开速度等。

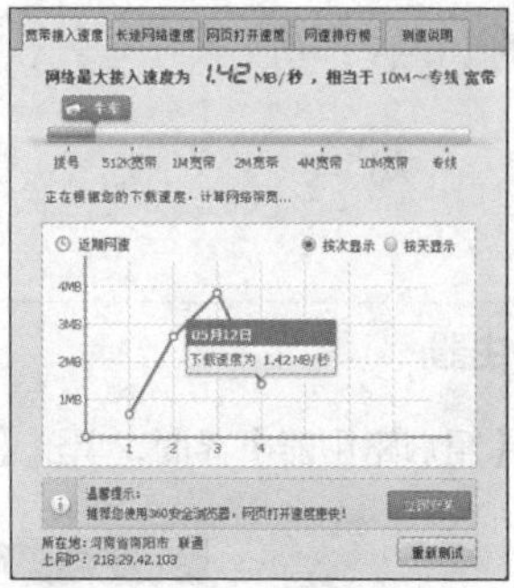

> **提示**
> 如果个别宽带服务商采用域名劫持、下载缓存等技术方法，测试值可能高于实际网速。

10.4.2 修改无线网络名称和密码

经常更换无线网名称有助于保护用户的无线网络安全，防止别人蹭取。下面以TP-Link路由器为例，介绍修改的具体步骤。

1 进入路由器登录界面

打开浏览器，在地址栏中输入路由器的管理地址，如http://192.168.1.1，按【Enter】键，进入路由器登录界面，并输入管理员密码，单击【确认】按钮。

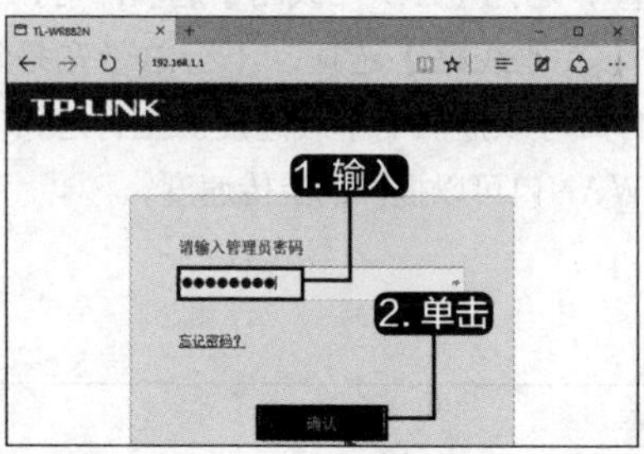

2 输入新网络名称

单击【无线设置】➤【基本设置】命令，进入无线网络基本设置界面，在SSID号文本框中输入新的网络名称，单击【保存】按钮。

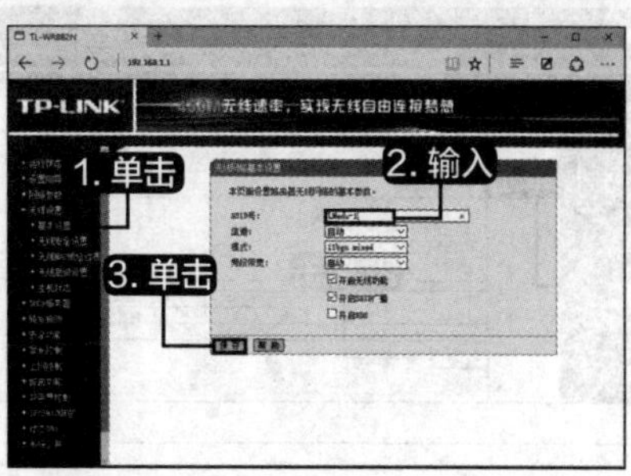

提示 如果仅修改网络名称，单击【保存】按钮后，根据提示重启路由器即可。

3 输入PSK密码

单击左侧【无线安全设置】超链接进入无线网络安全设置界面，在“WPA-PSK/WPA2-PSK”下面的【PSK密码】文本框中输入新密码，单击【保存】按钮，然后单击按钮上方出现的【重启】超链接。

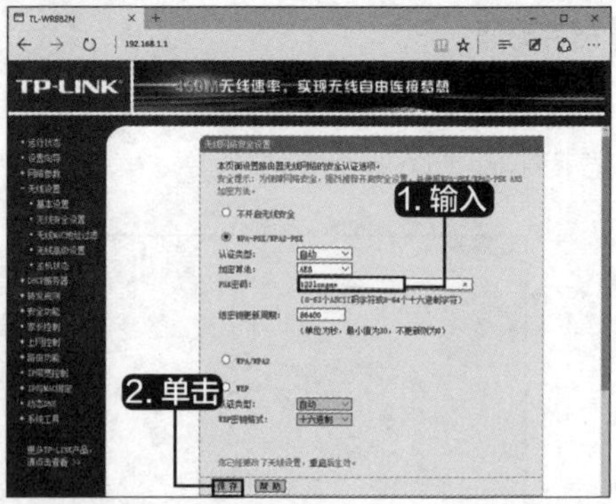

4 重启路由器

进入【重启路由器】界面，单击【重启路由器】按钮，将路由器重启即可。

10.4.3 IP的带宽控制

在局域网中，如果希望限制其他IP的网速，除了使用P2P工具外，还可以使用路由器的IP流量控制功能来管控。

1 进入后台管理界面

打开浏览器，进入路由器后台管理界面，单击左侧的【IP带宽控制】超链接，单击【添加新条目】按钮。

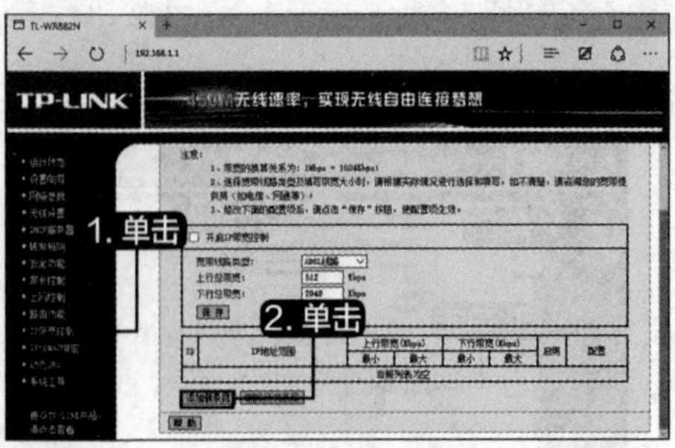

提示 在IP带宽控制界面，勾选【开启IP带宽控制】复选框，然后设置宽带线路类型、上行总带宽和下行总带宽。

宽带线路类型，如果上网方式为ADSL宽带上网，选择【ADSL线路】选项即可，否则选择【其他线路】选项。下行总带宽是通过WAN口可以提供的下载速度。上行总带宽是通过WAN口可以提供的上传速度。

2 设置条目规则配置

进入【条目规则配置】界面，在IP地址范围中设置IP地址段、上行带宽和下行带宽，如下图设置则表示分配给局域网内IP地址为192.168.1.100的计算机的上行带宽最小128Kbit/s、最大256Kbit/s，下行带宽最小512Kbit/s、最大1024Kbit/s。设置完毕后，单击【保存】按钮。

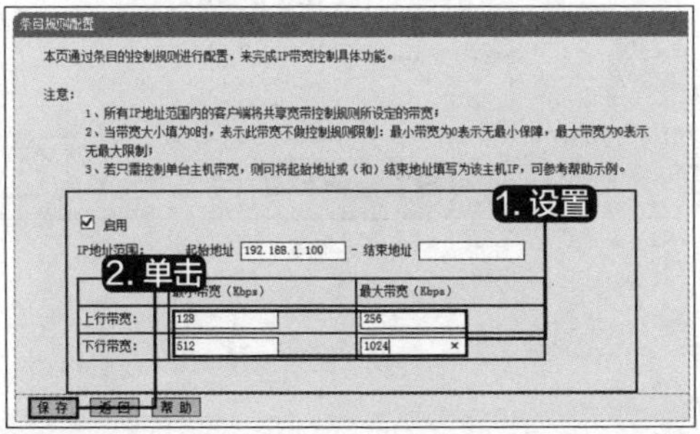

3 设置连续IP地址段

如果要设置连续IP地址段，如下图所示，设置了101~103的IP段，表示局域网内IP地址为192.168.1.101到192.168.1.103的3台计算机的带宽总和为上行带宽最小256Kbit/s、最大512Kbit/s，下行带宽最小1024Kbit/s、最大2048Kbit/s。

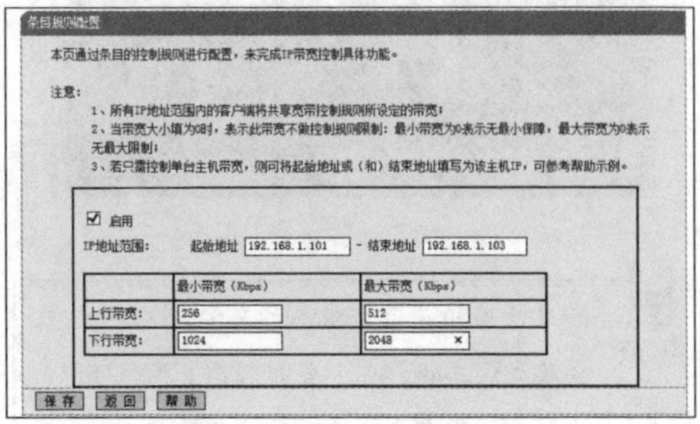

4 完成

返回IP宽带控制界面，即可看到添加的IP地址段。

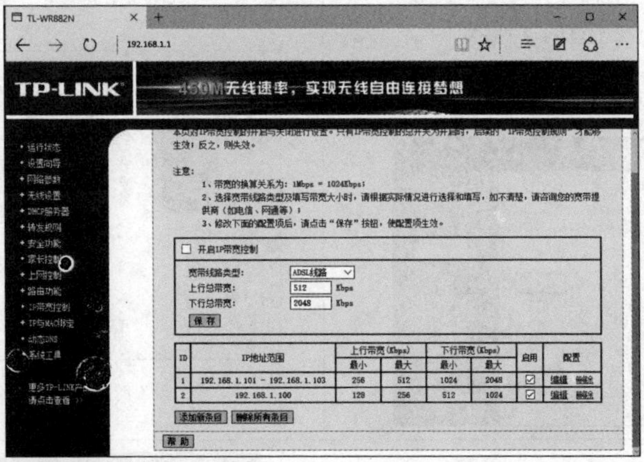

10.4.4 路由器的智能管理

智能路由器以其简单、智能的管优点，成为路由器市场上的香饽饽，如果用户现在使用的不是智能路由器，也可以借助一些软件实现路由器的智能化管理。本节介绍的360路由器卫士，可以让用户简单且方便地管理网络。

1 进入路由器卫士主页

打开浏览器，在地址栏中输入“http://iwifi.360.cn”，进入路由器卫士主页，单击【电脑版下载】超链接。

提 示

如果使用的是最新版本的360安全卫士，会集成该工具，在【全部工具】界面可以找到，则不需要单独下载并安装。

2 登录

打开路由器卫士，首次登录时，会提示输入路由器账号和密码。输入后，单击【下一步】按钮。

3 查看网速及连网设备

此时，即可进入到【我的路由】界面。用户可以看到接入该路由器的所有连网设备及当前网速。如果需要对某个IP进行带宽控制，在对应的设备后面单击【管理】按钮。

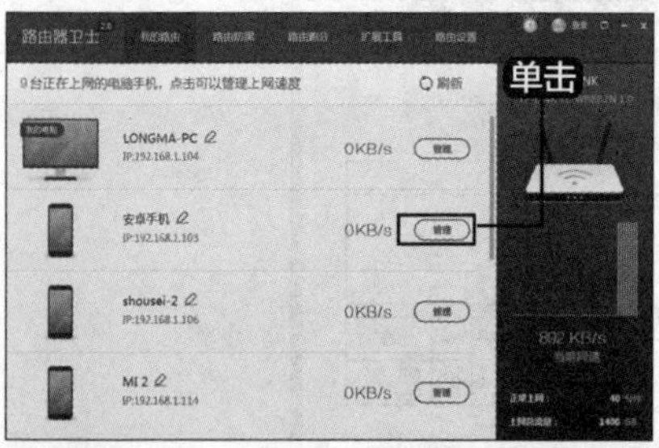

4 限制网速

打开该设备管理对话框，在网速控制文本框中，输入限制的网速，单击【确定】按钮。

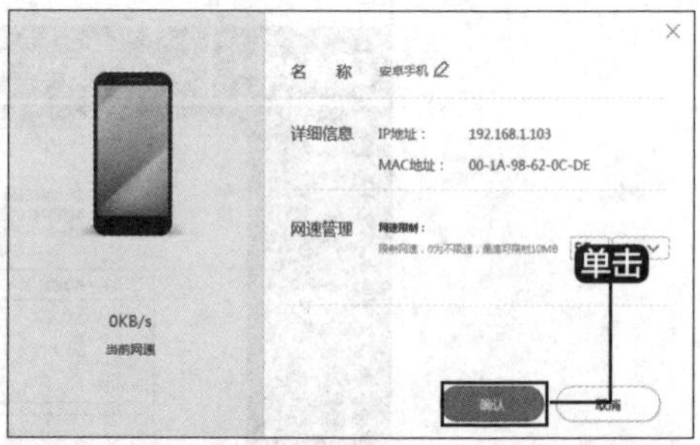

5 返回界面

返回【我的路由】界面，即可看到列表中该设备上显示【已限速】提示。

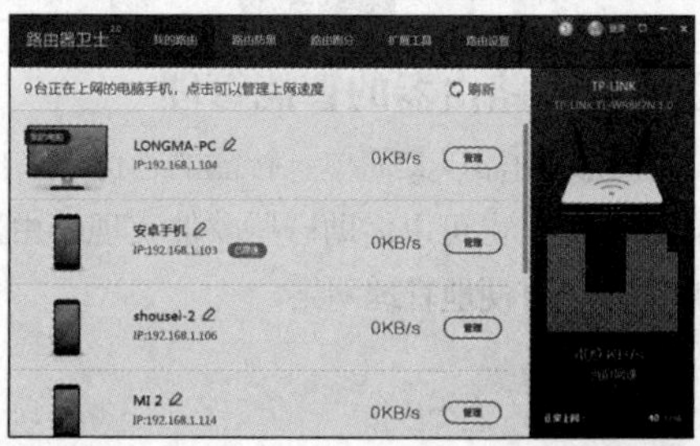

6 设置路由器功能

同样，用户可以对路由器做防黑检测、设备跑分等。用户可以在【路由设置】界面备份上网账号、快速设置无线网以及重启路由器功能。

高手私房菜

技巧1：安全使用免费Wi-Fi

黑客可以利用虚假Wi-Fi盗取手机系统、品牌型号、自拍照片、邮箱账号密码等各类隐私数据，类似的事件不胜枚举，尤其是盗号的、窃取银行卡、支付宝信息的、植入病毒等，在使用免费Wi-Fi时，建议注意以下几点。

在公共场所使用免费Wi-Fi时，不要进行网购，银行支付，尽量使用手机流量进行支付。

警惕同一地方，出现多个相同的Wi-Fi，很有可能是诱骗用户信息的钓鱼Wi-Fi。

在购物，进行网上银行支付时，尽量使用安全键盘，不要使用网页之类的。

在上网时，如果弹出不明网页，让输入个人私密信息时，请谨慎，及时关闭WLAN功能。

技巧2：将电脑转变为无线路由器

如果电脑可以上网，即使没有无线路由器，也可以通过简单的设置将电脑的有线网络转为无线网络，但是前提是台式电脑必须装有无线网卡，笔记本电脑自带有无线网卡，如果准备好后，可以参照以下操作，创建Wi-Fi，实现网络共享。

1 打开360安全卫士主界面

打开360安全卫士主界面，然后单击【更多】超链接。

2 添加工具

在打开的界面中，单击【360免费WiFi】图标按钮，进行工具添加。

3 设置Wi-Fi

添加完毕后，弹出【360免费WiFi】对话框，用户可以根据需要设置Wi-Fi名称和密码。

4 连接无线设备

单击【已连接的手机】选项，可以看到连接的无线设备，如下图所示。

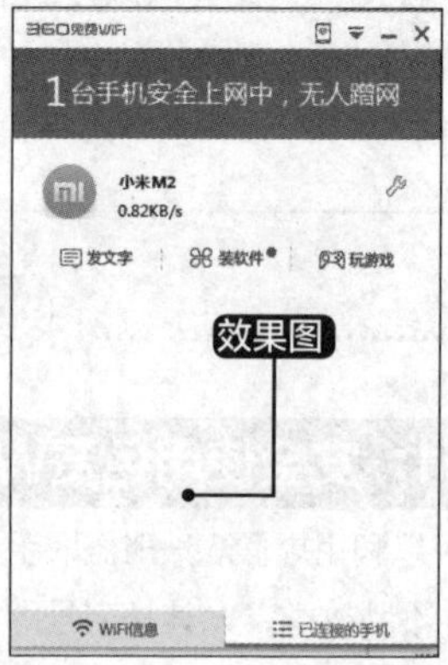

第11章 高效电脑办公

重点导读

本章视频教学时间：21分钟

在电脑办公中，不仅要熟练掌握办公软件的使用，而且要懂得工具、办公技巧，以实现提高工作效率。本章主要讲解一些高效办公的内容，如收/发邮件、下载资料、文件的共享、使用云盘等。

学习效果图

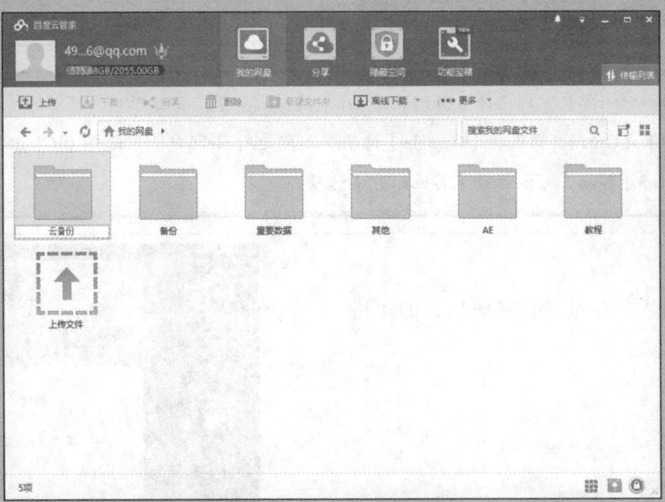

11.1 收/发邮件

本节视频教学时间 / 2分钟

邮件是办公中使用最为广泛的网络沟通方式之一，可以将文字、图像、声音等多种内容形式发送给对方，本节将主要介绍一下Windows 10自带邮件应用的使用。

1 打开邮件欢迎页面

单击【开始】按钮，弹出【开始】菜单，单击选择右侧“开始”屏幕上的【邮件】图标，打开电子【邮件】的欢迎页面，单击【开始使用】按钮打开账户窗口，如果用户没有登录Microsoft账户，则需要添加账户，这里单击【添加账户】按钮。

2 注册账户

如果用户已有Microsoft账户，则选择【Outlook.com】选项登录自己的账户；如果用户没有Microsoft账户，则打开【outlook.com】选项注册账户，这里单击【Outlook.com】选项。

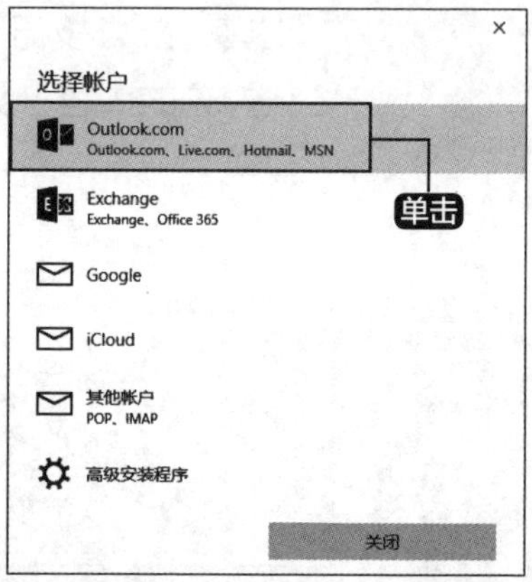

> **提示**
> 如果是Microsoft账户，则选择【Outlook.com】选项。如果是企业账户，可以选择【Exchange】选项。如果是Gmail，则选择【Google】选项。如果是Apple账户，则选择【iCloud】选项。如果是QQ、163等邮箱，可以选择【其他账户】选项。

3 登录

根据提示输入邮箱地址和密码后，即可进入【邮件】界面。

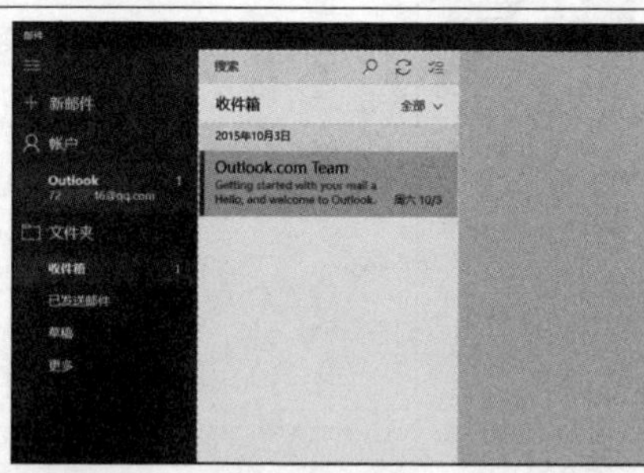

4 发送邮件

如果要发送邮件，单击【新邮件】按钮，界面右侧弹出邮件编辑窗口，编辑收件人、邮件主题和邮件内容等，在编辑正文时，可以使用格式工具栏设置字体格式、段落格式和样式等。如果需要插入表格、图片及附件，可单击【插入】按钮，进行添加。邮件编写完毕，单击【发送】按钮，即刻发送。

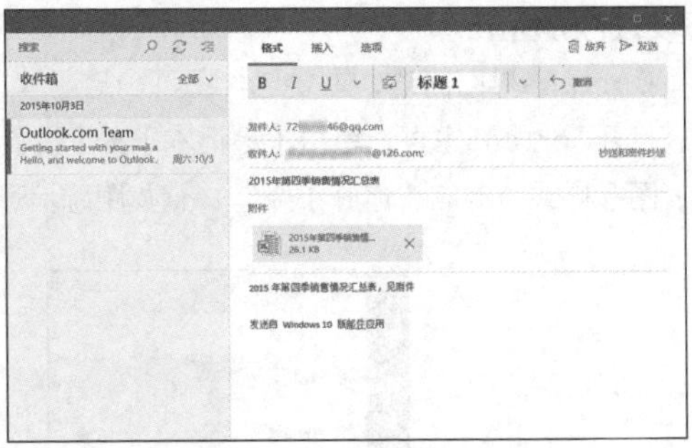

5 查收信件

如果要查收信件，单击【收件箱】选项，即可看到来信列表，单击即可查看。

除了使用【邮件】应用外，可以使用其他方式，如使用浏览器登录网页版邮箱，发送和查看邮件。还可以使用邮件客户端，如Foxmail，使用它也是极其方便的。

11.2 使用个人智能助理——Cortana

本节视频教学时间 / 2分钟

Cortana（小娜）是Windows 10中集成的一个程序，它不仅是语音助手，还可以根据用户的喜好和习惯，帮助用户进行日程安排、回答问题和推送关注信息等，如果能够熟练使用，在办公中可以帮助用户提高工作效率。本节主要介绍如何使用Cortana。

1. 启用并唤醒Cortana

在初次使用时，Cortana是关闭的，如果要启用Cortana，需要登录Microsoft账户，并单击任务栏中的搜索框，启动Cortana设置向导，并根据提示设置允许显示提醒、启用声音唤醒、使用名称或昵称等，设置完成后，即可使用Cortana。

虽然通过上面的设置启用了Cortana，但是在使用时，需要唤醒Cortana。用户可以单击麦克风图标，唤醒Cortana至聆听状态，然后就可以使用麦克风和它对话。另外用户也可以按【Win+C】快捷键，唤醒Cortana至迷你版聆听状态。

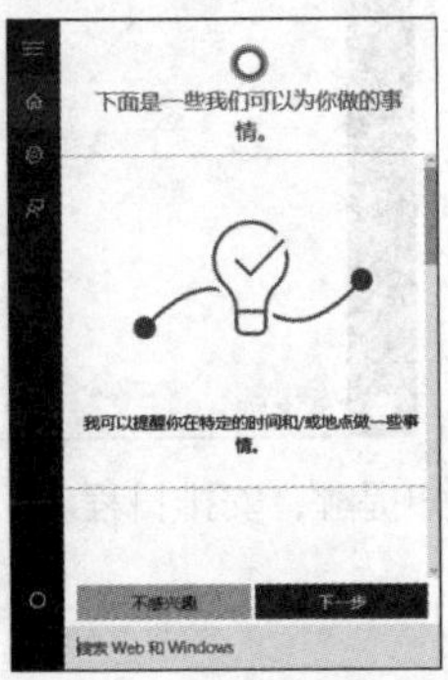

2. 设置Cortana

Cortana界面简洁，主要包含主页、笔记本、提醒和反馈4个选项。用户可按【Win+S】快捷键，打开Cortana主页，单击【笔记本】➤【设置】命令，打开设置列表，可以设置Cortana的开/关、图标样式、响应“你好小娜”、查找跟踪信息等。

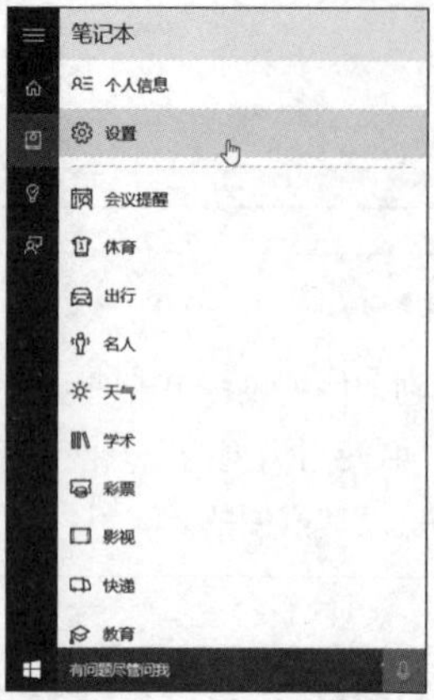

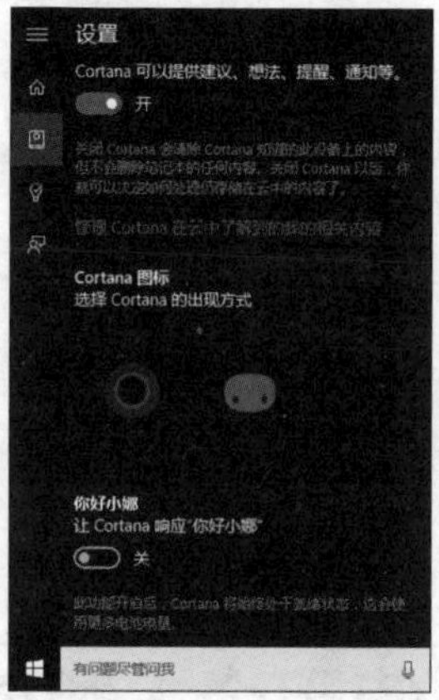

3. 使用Cortana

使用Cortana可以做很多事，如打开应用、查看天气、安排日程、快递跟踪等，用户可以在“笔记本”中设置喜好和习惯，使得Cortana带来更贴心的帮助。

Cortana的语音功能，十分好用，唤醒Cortana后，如对麦克风讲“明天会下雨吗”，Cortana会聆听并识别语音信息，准确识别后，即刻显示明天的天气情况。如果不能回答用户的问题，会自动触发浏览器，并搜索相关的内容。

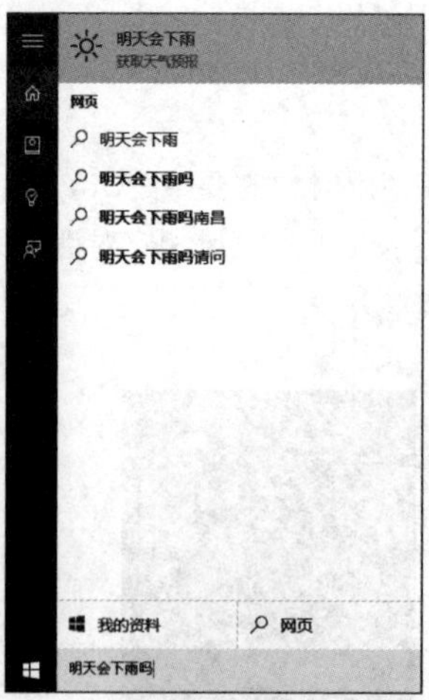

另外，用户也可以在“提醒”页面中，设置通知提醒，安排日程。

11.3 资料下载

本节视频教学时间 / 2分钟

在生活或工作中，我们可能需要搜索一些资料或文档，甚至下载下来方便使用，如下载一些Word、Excel或PPT模板，以百度文库为例，介绍是如何搜索并下载文档的。

1 登录百度文库

打开百度文库页面，单击【登录】超链接，登录百度账号，如果没有账号，可单击【注册】超链接，根据提示注册即可。

2 搜索

在搜索框中输入要搜索的文档关键字，然后单击【百度一下】按钮。

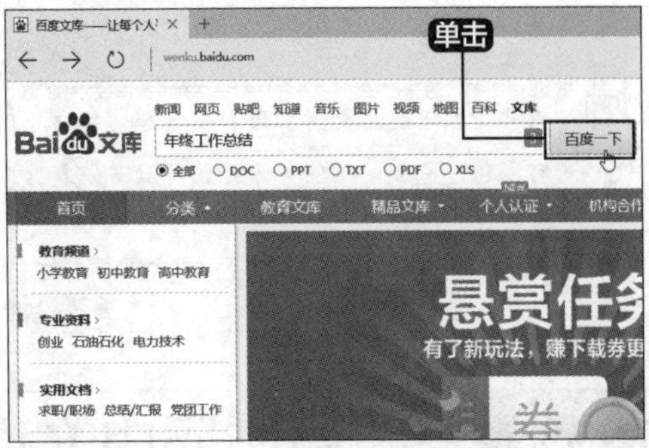

3 查看

在搜索结果中，可以筛选文档的类型、排序等，然后单击文档名称超链接，进行查看。

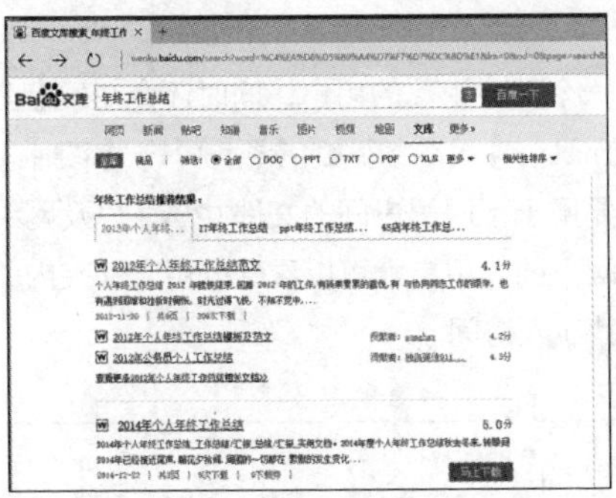

4 打开文档

打开文档，如果需要下载，单击【下载】按钮。

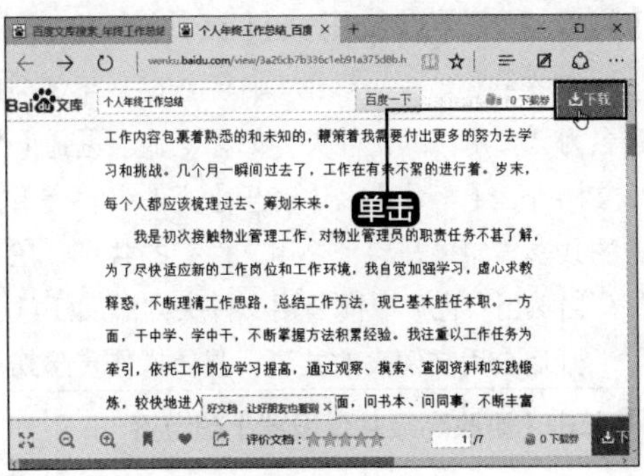

5 下载

在弹出的对话框中，单击【立即下载】按钮。

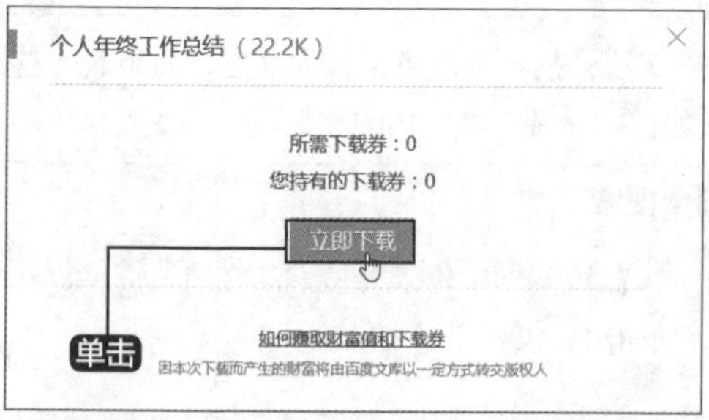

> **提示** 有些文档下载需要财富值和下载券，用户可以通过完成网站任务方式获得财富值或下载券，下载文档。

6 查看下载文档

下载完成后，单击【打开】按钮，打开文档，或单击【查看下载】按钮，查看并打开下载列表。

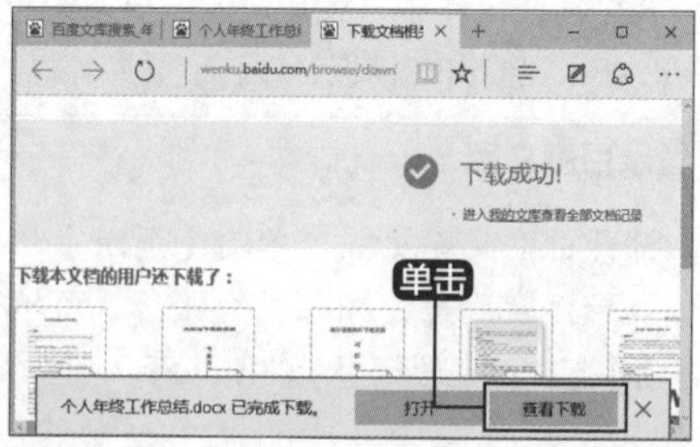

> **提示** 如果没有弹出该对话框，仅提示下载成功，可进入【我的文库】页面，进行保存即可。

11.4 局域网内文件的共享

本节视频教学时间 / 4分钟

组建局域网，无论是什么规模什么性质的，最重要的就是实现资源的共享与传送，这样可以避免使用移动硬盘进行资源传递带来的麻烦。

11.4.1 开启公用文件夹共享

在安装Windows 10操作系统时，系统会自动创建一个“公用”的用户，同时还会在硬盘上创建名为“公用”的文件夹，如在电脑上见到【Administrator】文件夹内的【视频】、【图片】、【文档】、【下载】、【音乐】文件夹。公用文件夹主要用于不同用户间的文件共享，以及网络资源的共享。如果开启了公用文件夹的共享，在同一局域网下的，用户就可以看到公用文件夹内的文件，当然用户也可以向公用文件夹内添加任意文件，供其他人访问。

开启公用文件夹的共享，具体操作步骤如下。

1 单击【更改高级共享设置】超链接

在【网络】图标上单击鼠标右键，在弹出的快捷菜单中选择【打开网络和共享中心】命令，打开【网络和共享中心】窗口，单击【更改高级共享设置】超链接。

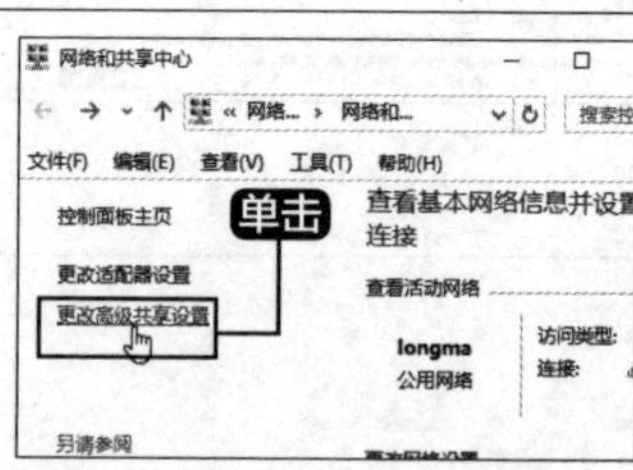

2 开启公用文件夹共享

弹出【高级共享设置】窗口，分别选中【启用网络发现】、【启用文件和打印机共享】，单击【所有网络】后的折叠按钮⊙，选中【启动共享以便可以访问网络的用户可以读取和写入公用文件夹中的文件】、【关闭密码保护共享】单选按钮，然后单击【保存更改】按钮，即可开启公用文件夹的共享。

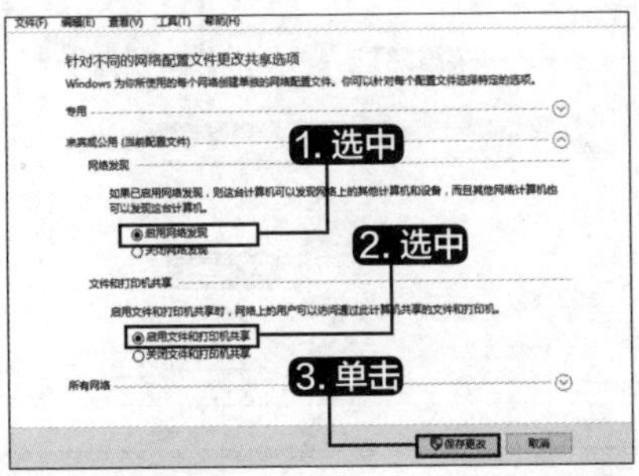

3 查看局域网内共享的电脑

单击电脑桌面的【网络】图标，打开【网络】窗口，即可看到局域网内共享的电脑，单击电脑名称即可查看。

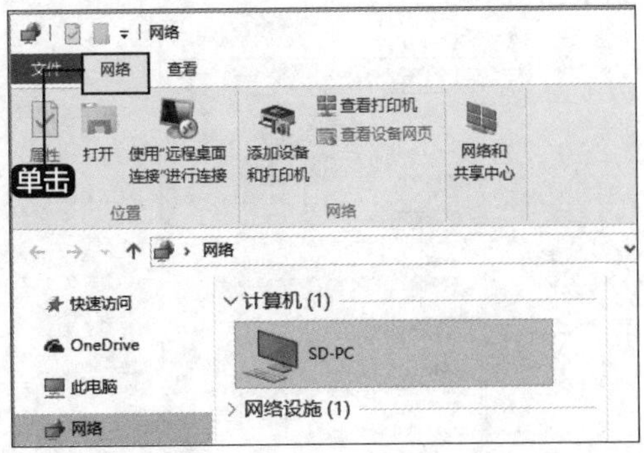

4 查看公用文件夹

此时，即可看到该计算机下共享的文件夹，也可在电脑用户路径下，查看公用文件夹。

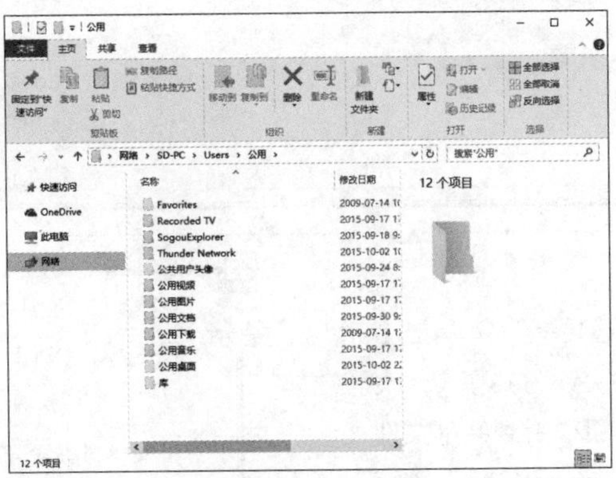

11.4.2 共享任意文件夹

公用文件夹的共享，只能共享公用文件夹内的文件，如果需要共享其他文件，用户需要将文件复制到公用文件夹下，供其他人访问，操作相对比较烦琐。此时，我们完全可以将该文件夹设置为共享文件，同一局域网的其他用户可以直接访问该文件。

共享任意文件夹的具体操作步骤如下。

1 选择共享的文件夹

选择需要共享的文件夹，单击鼠标右键，并在弹出的快捷菜单中选择【属性】命令，弹出【属性】对话框，选择【共享】选项卡，单击【共享】按钮。

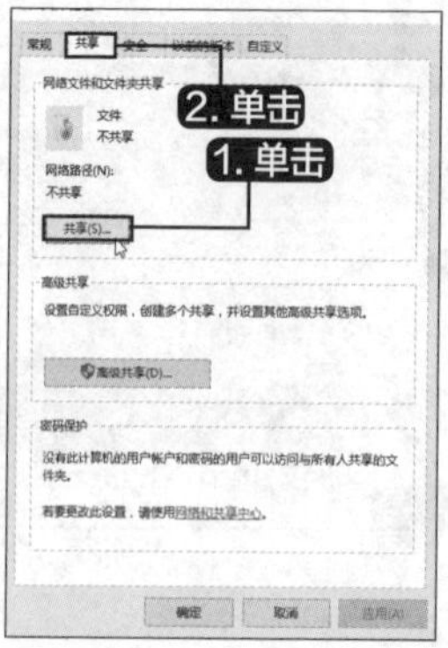

2 文件共享

弹出【文件共享】对话框，单击【添加】左侧的下拉按钮，选择要与其共享的用户，本实例选择每一个用户“Everyone”选项，然后单击【添加】按钮，再单击【共享】按钮。

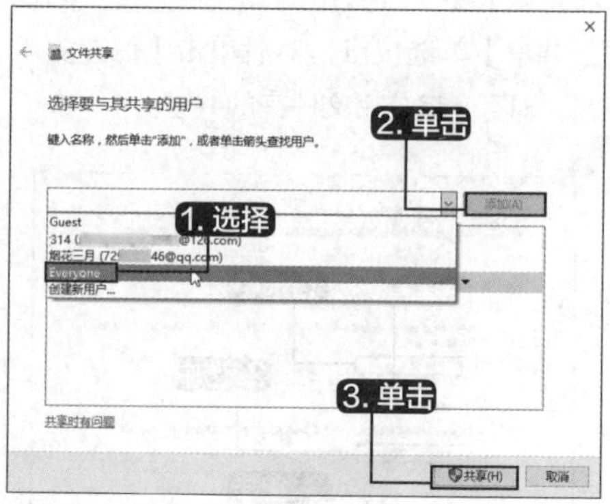

提示

文件夹共享之后，局域网内的其他用户可以访问该文件夹，并能够打开共享文件夹内部的文件；此时，其他用户只能读取文件，不能对文件进行修改。如果希望同一局域网内的用户可以修改共享文件夹中文件的内容，可以在添加用户后，选择改组用户，并且单击鼠标右键，在弹出的快捷菜单中选择【读取/写入】选项即可。

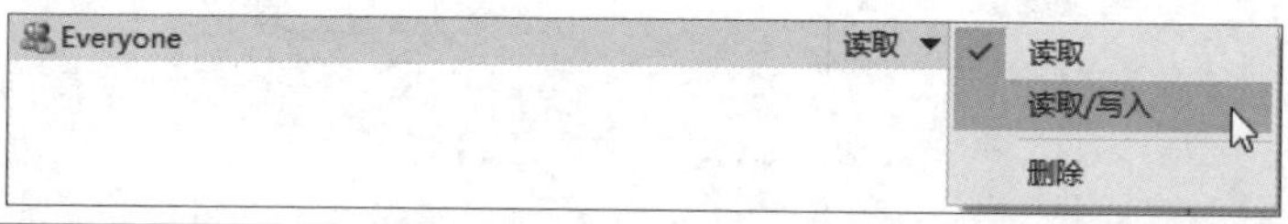

3 查看共享文件夹路径

提示“您的文件夹已共享”，单击【完成】按钮，成功地将文件夹设为共享文件夹。在【各个项目】区域中，可以看到共享文件夹的路径，如这里显示“\\Sd-pc\文件”为该文件共享路径。

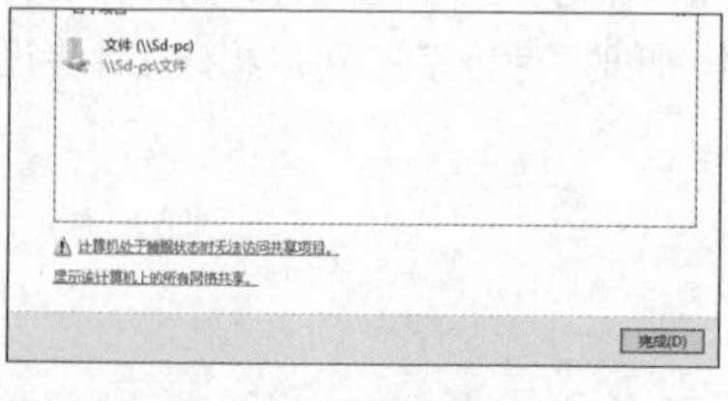

提示

\\Sd-pc\文件中，“\\”是指路径引用的意思，“Sd-pc”是指计算机名，而“\”是指根目录，\文件在【文件】文件夹根目录下。在【计算机】窗口地址栏中，输入“\\Sd-pc\文件”可以直接访问该文件。用户还可以直接输入电脑的IP地址，如果共享文件夹的电脑IP地址为192.168.1.105，则直接在地址栏中输入\\192.168.1.105即可。另外也可以在【网络】窗口中，直接进入该电脑，进行文件夹访问。

4 输入访问地址

输入访问地址后，系统自动跳转到共享文件夹的位置。

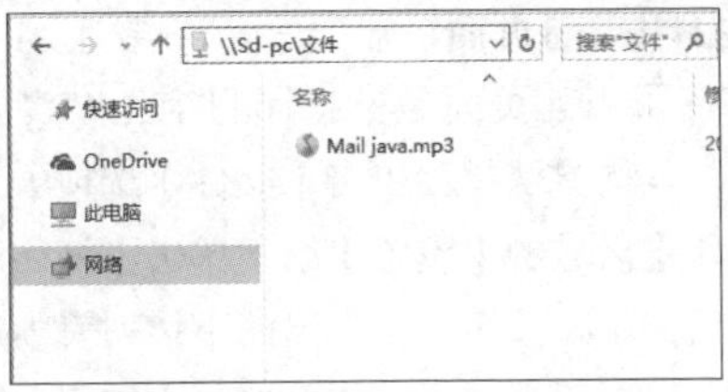

11.5 办公设备的使用

本节视频教学时间 / 4分钟

办公设备是自动化办公中不可缺少的组成部分，熟练掌握办公所需软件的知识，熟练操作常用的办公器材，例如打印机、复印机和扫描仪等，都是十分必要的，因为在日常办公中，随时都需要用到这些东西。

11.5.1 使用打印机打印文件

在日常办公中，我们主要使用打印机打印一些办公文档，如Word文档、Excel工作表、PPT演示文稿及图片等，其打印机的方法基本是打开要打印的文件，按【Ctrl+P】快捷键，进行打印。下面主要具体介绍一下Office文件的打印方法。

1. 打印预览

在进行文档打印之前，最好先使用打印预览功能查看即将打印文档的效果，以免出现错误，浪费纸张。在需要打印的文档、工作簿或演示文稿中查看打印效果的方法类似，这里以Word 2013为例。

在打开的Word文档中，单击【文件】选项卡，在弹出的界面左侧选择【打印】命令，在右侧即可显示打印预览效果。

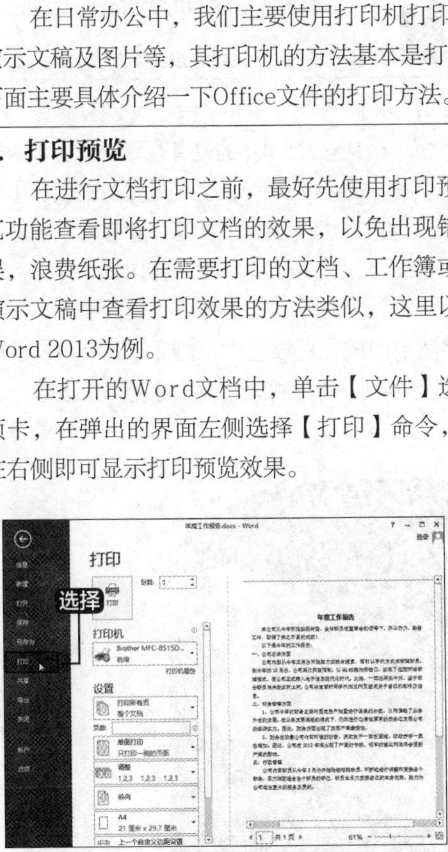

2. 打印当前文档

当用户在打印预览中对所打印文档的效果感到满意时，就可以对文档进行打印。具体方法是：单击【文件】选项卡，在弹出的界面左侧选择【打印】命令，在右侧【打印机】下拉列表中选择打印机。在【份数】微调框中设置需要打印的份数，如这里输入"3"，单击【打印】按钮即可进行打印。

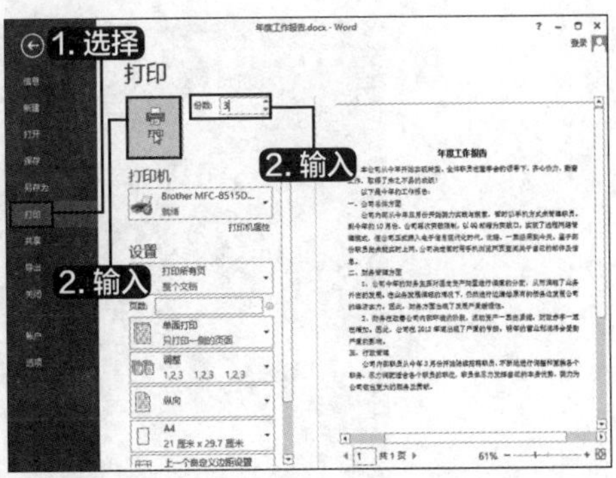

3. 打印当前页面

打印当前页面是指打印目前正在浏览的页面。具体方法是：单击【文件】选项卡，在【打印】区域的【设置】组下单击【打印所有页】后的下拉按钮，在弹出的下拉列表中选择【打印当前页】选项，然后单击【打印】按钮 即可进行打印。

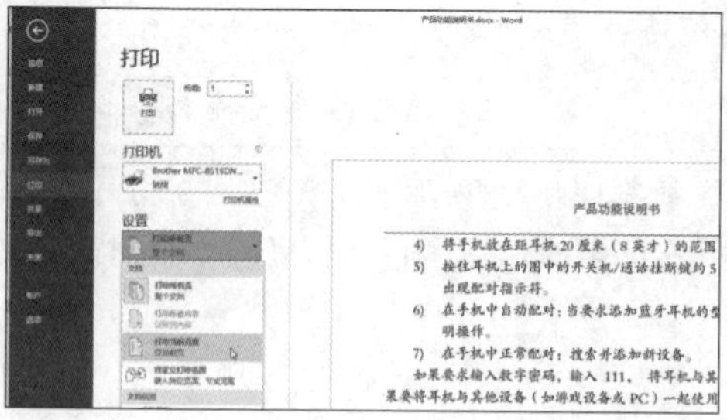

4. 自定义打印范围

用户可以自定义打印的页码范围，有目的性的打印。具体方法：单击【文件】选项卡，在【打印】区域的【设置】组下单击【打印所有页】后的下拉按钮，在弹出的下拉列表中选择【自定义打印范围】选项，然后在【页数】文本框中输入要打印的页码，如输入“5-9”，则表示打印第5页到第9页内容，如输入“5-9,11” 则表示打印第5页到第9页、第11页内容，单击【打印】按钮 即可进行打印。

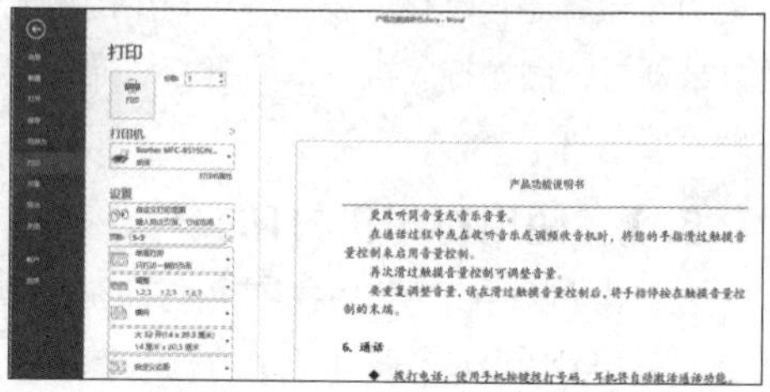

11.5.2 复印机的使用

复印机是从书写、绘制或印刷的原稿得到等倍、放大或缩小的复印品的设备。复印机复印的速度快，操作简便，与传统的铅字印刷、蜡纸油印、胶印等的主要区别是，无需经过其他制版等中间手段，而能直接从原稿获得复印品。复印份数不多时较为经济。复印机发展的总体趋势为从低速到高速、从黑白过渡到彩色（数码复印机与模拟复印机的对比），至今，复印机、打印机、传真机已集于一体。

复印机的使用方法主要是：打开复印机翻盖，将要复印的文件放进去，把文档有字的一面向下，盖上机器的盖子，选择打印机上的【复印】按钮进行复制。部分机器需要按【复印】按钮后，再按一下打印机的【开始】或【启用】按钮进行复制。

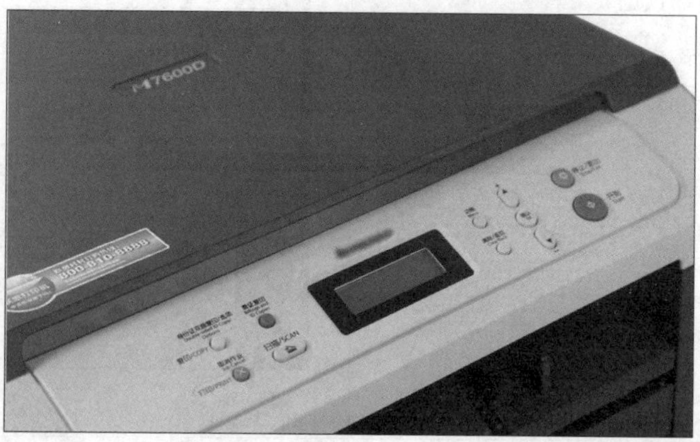

11.5.3 扫描仪的使用

在日常办公中，使用扫描仪可以很方便地把纸上的文件扫描至电脑中。

目前，大多数办公用的扫描仪都是一体式机器，包含了打印、复印和扫描3种功能，可以最大化地节约成本和办公空间。不管是一体机还是独立的扫描仪，其安装方法和打印机相同，将机器与电脑相连，并将附带的驱动程序安装到电脑上，即可使用。下面主要介绍一下如何扫描文件。

1 设置扫描仪

将需要扫描的文件放入扫描仪中，要扫描的一面向下，运行扫描仪程序，扫描仪会提示设置，如下图所示，用户可以对扫描保存的文件类型、路径、分辨率、扫描类型、文档尺寸等进行设置，然后单击【扫描】按钮。

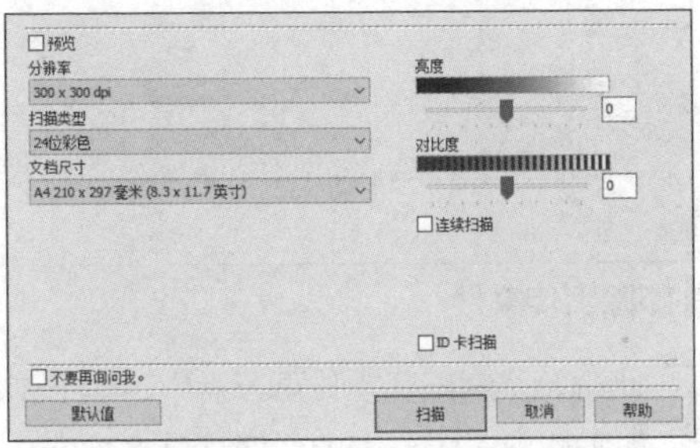

2 扫描

扫描仪即会扫描，扫描完成后会自动打开扫描的文件，如下图所示。

11.6 实战演练——使用云盘保护重要资料

本节视频教学时间 / 5分钟

随着云技术的快速发展，各种云盘也争相竞夺，其中使用比较广泛的有百度云管家、360云盘和腾讯微云等，它们不仅功能强大，而且具备了很好的用户体验。下表列举了3款软件的初始容量和最大免费扩容情况，方便读者参考。

	百度云管家	360云盘	腾讯微云
初始容量	5GB	5GB	2GB
最大免费扩容容量	2055GB	36TB	10TB
免费扩容途径	下载手机客户端送2TB	1.下载电脑客户端送10TB 2.下载手机客户端送25TB 3.签到、分享等活动赠送	1.下载手机客户端送5GB 2.上传文件，赠送容量 3.每日签到赠送

上传、分享和下载是各类云盘最主要的功能，用户可以将重要数据文件上传到云盘空间，可以将其分享给其他人，也可以在不同的客户端下载云盘空间上的数据，方便不同用户、不同客户端直接的交互，下面介绍百度云盘如何上传、分享和下载文件。

1 下载百度云管家

下载并安装【百度云管家】客户端后，在【此电脑】中，双击设备和驱动器列表中的【百度云管家】图标，打开该软件。

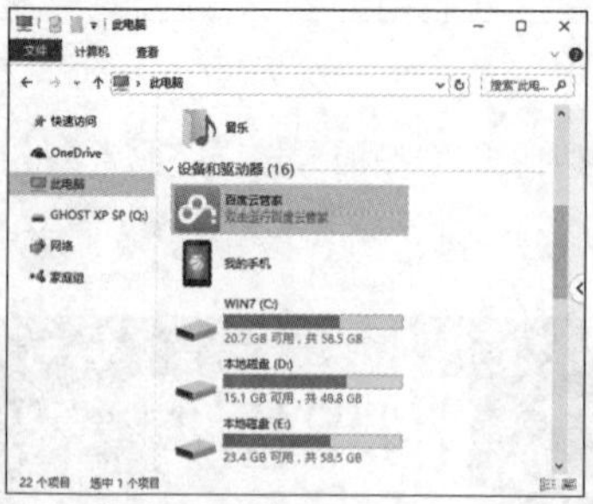

提示　一般云盘软件均提供网页版，但是为了有更好的功能体验，建议安装客户端版。

2 新建分类目录

打开百度云管家客户端，在【我的网盘】界面中，用户可以新建目录，也可以直接上传文件，如这里单击【新建文件夹】按钮，新建分类目录，并命名。下图所示为新建的“云备份”目录。

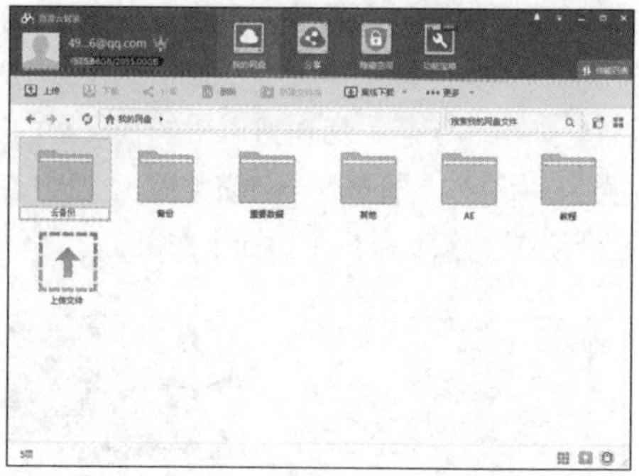

3 上传资料

打开新建目录文件夹，单击【上传】按钮，在弹出的【请选择文件/文件夹】对话框中，选择电脑中要上传的文件或文件夹，单击【存入百度云】按钮。

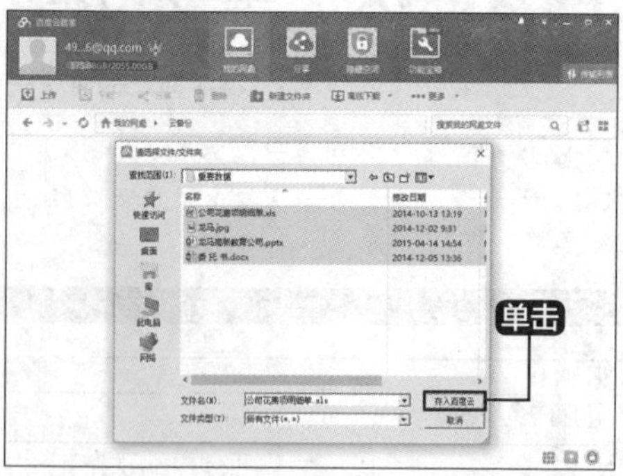

提示　用户也可以单击【上传】按钮，通过选择路径的方式上传资料。

4 删除上传文件

此时，资料即会上传至云盘中，如下图所示，如需删除未上传完的文件，单击对应文件右上角的按钮即可。另外也可以单击【传输列表】按钮，查看具体传输情况。

5 完成上传

上传完毕后，选择要分享的文件，单击【分享】按钮。

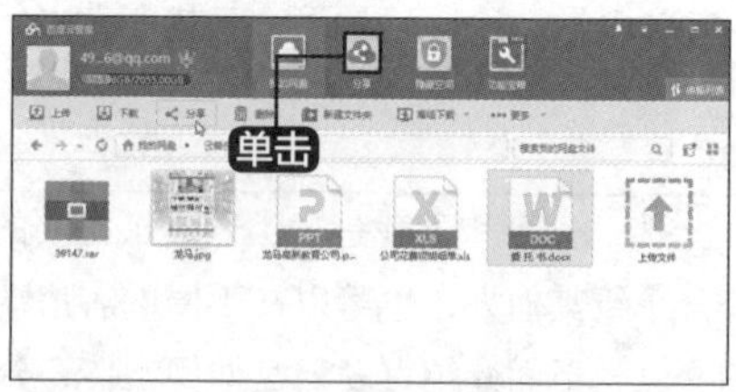

6 分享文件

弹出分享文件对话框，显示了分享的两种方式：公开分享和私密分享。如果创建公开分享，该文件会显示在分享主页，其他人都可下载；而私密分享，系统会自动为每个分享链接生成一个提取密码，只有获取密码的人才能通过连接查看并下载私密共享的文件。如这里单击【私密分享】选项卡下的【创建私密链接】按钮，即可看到生成的链接和密码，单击【复制链接及密码】按钮，即可将复制的内容发送给好友进行查看。

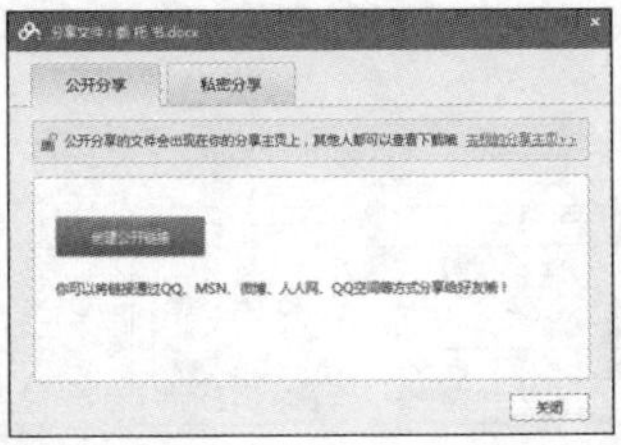

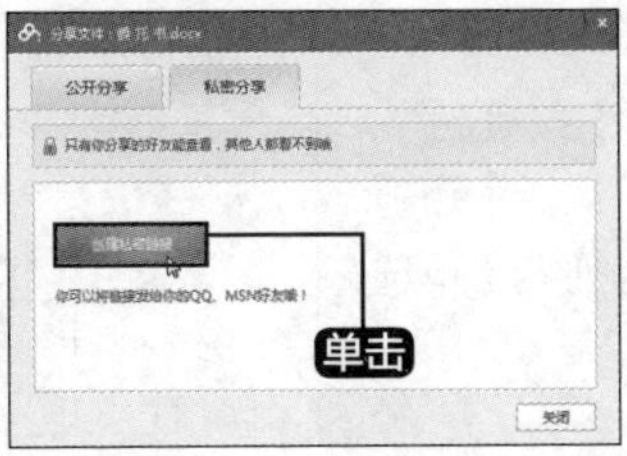

7 取消分享

在【我的云盘】界面，单击【分类查看】按钮，并单击左侧弹出的分类菜单【我的分享】选项，弹出【我的分享】对话框，列出了当前分享的文件，带有标识，则表示为私密分享文件，否则为公开分享文件。勾选分享的文件，然后单击【取消分享】按钮，即可取消分享的文件。

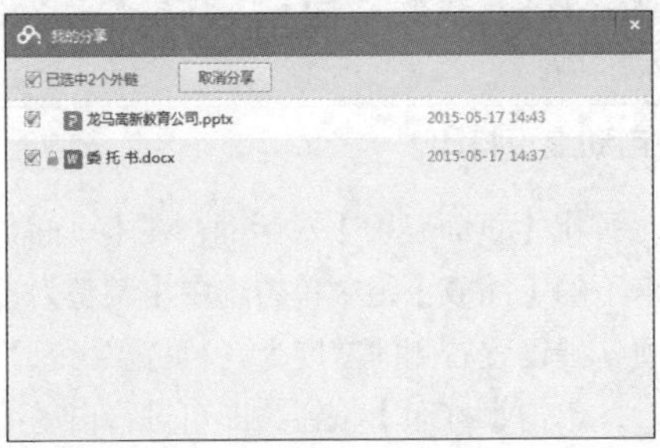

8 下载网盘文件

用户可以将网盘中的文件下载到电脑、手机或平板电脑上，以电脑端为例，选择要下载的文件，单击【下载】按钮，可将该文件下载到电脑中。

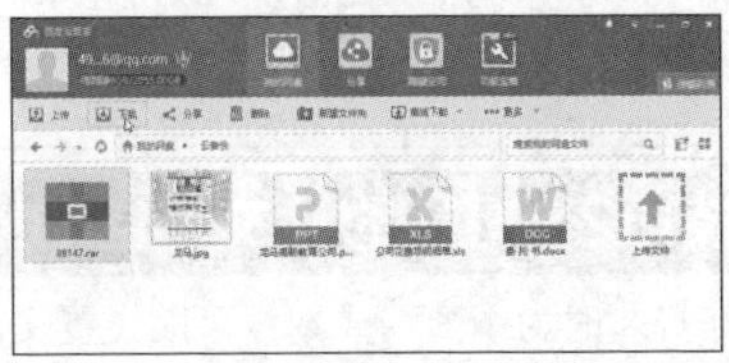

提示

单击【删除】按钮，可将其从云盘中删除。另外单击【设置】按钮，可在【设置】➤【传输】对话框中，设置文件下载的位置、任务数和传输速度等。

9 传输列表

单击界面右上角的【传输列表】按钮，可查看下载和上传的记录，单击【打开文件】按钮，可查看该文件；单击【打开文件夹】按钮，可打开该文件所在的文件夹；单击【清除记录】按钮，可清除该文件传输的记录。

高手私房菜

技巧1：打印行号、列标

在打印Excel表格时可以根据需要将行号和列标打印出来，具体操作步骤如下。

1 页面设置

在Excel 2013中，单击【页面布局】选项卡下【页面设置】组中的【打印标题】按钮，弹出【页面设置】对话框，在【工作表】选项卡下【打印】组中单击选中【行号列标】单选项，单击【打印预览】按钮。

2 查看效果

此时即可查看显示行号列标后的打印预览效果。

	A	B	C	D	E
1	考试成绩表				
2	姓名	班级	考号	科目	分数
3	李洋	三（1）班	2013051	语文	88
4	刘红	三（1）班	2013052	语文	86
5	张二	三（1）班	2013053	语文	88

提示

在【打印】组中单击选中【网格线】复选框，可以在打印预览界面查看网格线。单击选中【单色打印】复选框，可以以灰度的形式打印工作表。单击选中【草稿品质】复选框，可以节约耗材，提高打印速度，但打印质量会降低。

技巧2：打印时让文档自动缩页

在打印时为了节约成本，可以设置文档在打印时自动缩页。

1 单击【页面设置】按钮

在打开的工作簿中，单击【页面布局】选项卡下【页面设置】组中的【页面设置】按钮。

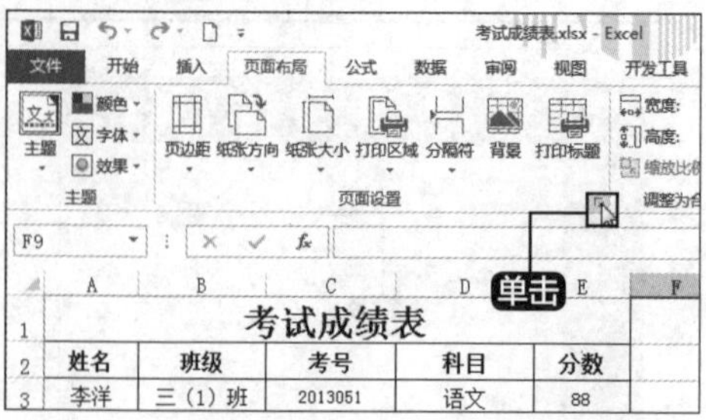

2 自动缩页打印。

弹出【页面设置】对话框，在【页面】选项卡下的【缩放】组中单击选中【调整为】单选项，并设置右侧的宽度为“1页宽”和“1页高”，单击【打印】按钮，即可进行自动缩页打印。

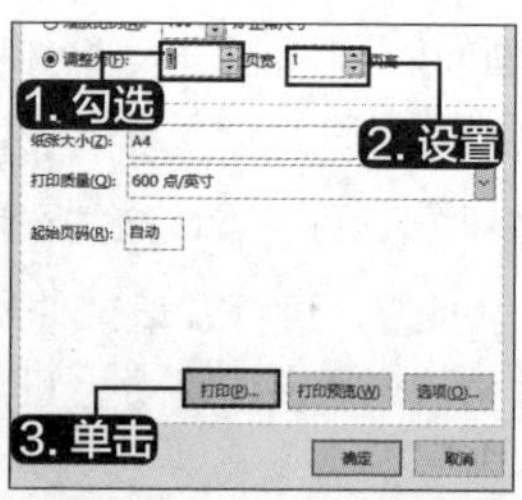

第12章 电脑的优化与维护

重点导读

本章视频教学时间：17分钟

在使用电脑中，不仅需要对电脑的性能进行优化，而且需要对病毒木马进行防范、对电脑系统进行维护等，以确保电脑的正常使用。本节主要介绍对电脑的优化和维护内容，包括系统安全与防护、优化电脑、备份与还原系统和重新安装系统等内容。

学习效果图

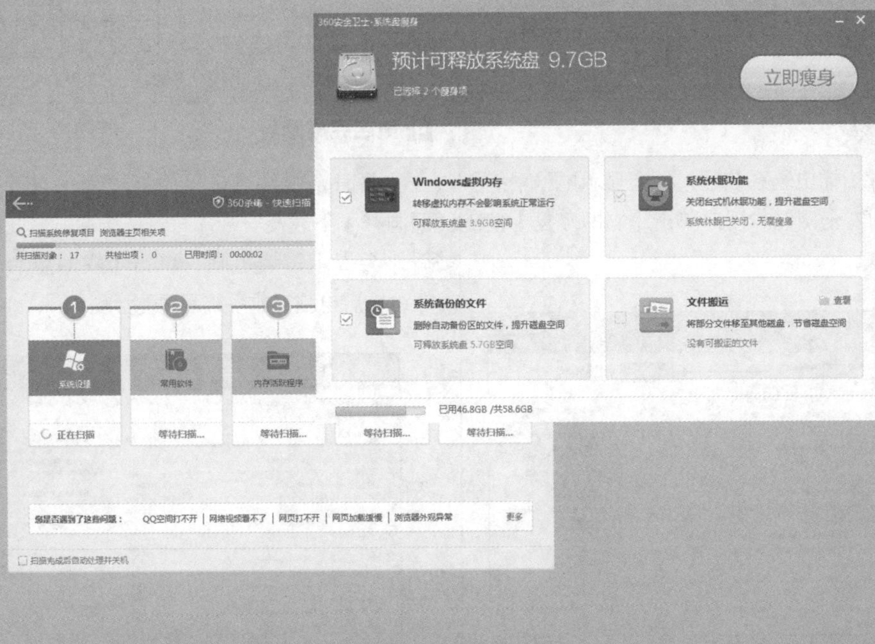

12.1 系统安全与防护

本节视频教学时间 / 5分钟

当前，电脑病毒十分猖獗，而且更具有破坏性、潜伏性。电脑染上病毒，不但会影响电脑的正常运行，使机器速度变慢，严重的时候还会造成整个电脑的彻底崩溃。本节主要介绍系统漏洞的修补与查杀病毒。

12.1.1 修补系统漏洞

系统本身的漏洞是重大隐患之一，用户必须要及时修复系统的漏洞。下面以360安全卫士修复系统漏洞为例进行介绍，具体操作步骤如下。

1 打开360安全卫士

打开360安全卫士软件，在其主界面中单击【查杀修复】图标按钮。

2 漏洞修复

单击【漏洞修复】图标按钮。

3 立即修复

软件扫描电脑系统后，即会显示电脑系统中存在的安全漏洞，用户单击【立即修复】按钮。

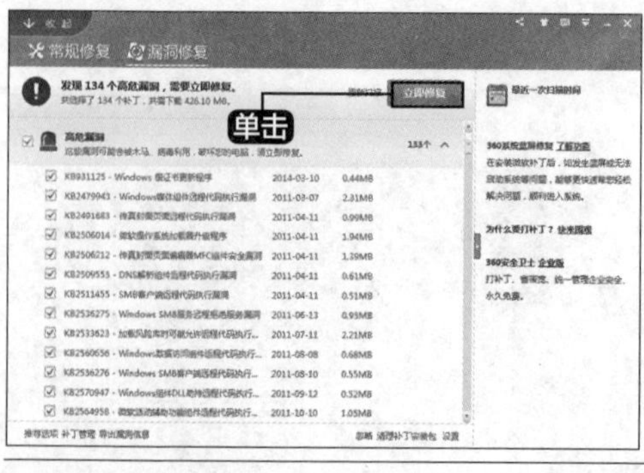

4 重启完成修复

此时，软件会进入修复过程，自行执行漏洞补丁下载及安装。有时系统漏洞修复完成后，会提示重启电脑，单击【立即重启】按钮，重启电脑完成系统漏洞的修复。

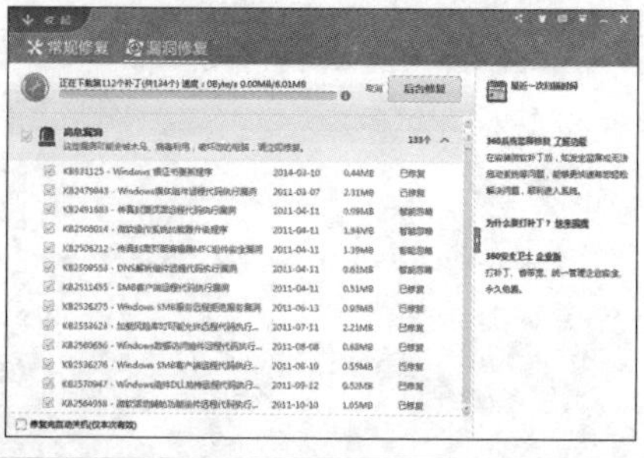

12.1.2 查杀电脑中的病毒

电脑感染病毒是很常见的，但是当遇到电脑故障的时候，很多用户不知道电脑是否是感染病毒，即便知道了是病毒故障，也不知道该如何查杀病毒。下面以“360杀毒”软件为例，具体操作步骤如下。

1 打开360杀毒软件

打开360杀毒软件，单击【快速扫描】按钮。

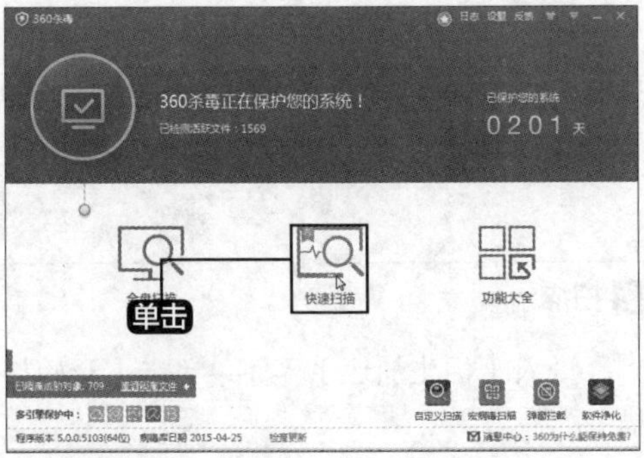

2 系统关键位置查杀

软件只对系统设置、常用软件、内存及关键系统位置等进行病毒查杀。

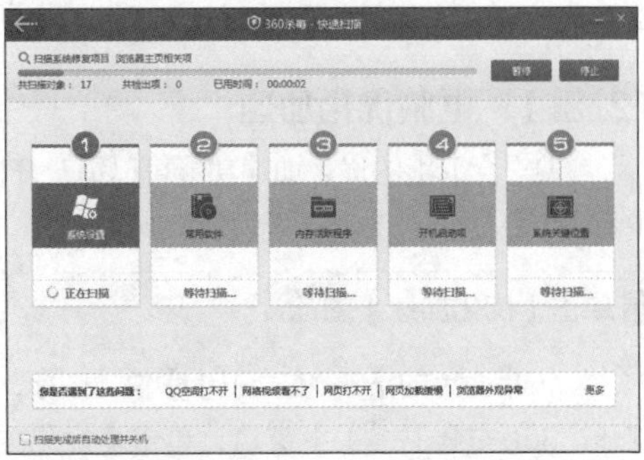

3 系统提示

查杀结束后，如果未发现病毒，系统会提示“本次扫描未发现任何安全威胁”。

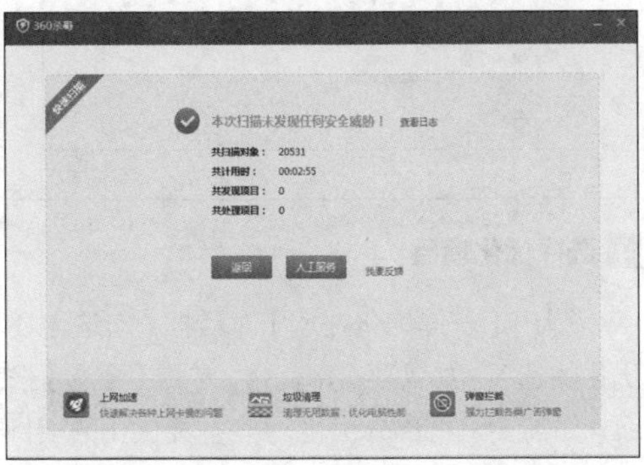

4 处理威胁对象

如果发现安全威胁，单击选中威胁对象，单击【立即处理】按钮，360杀毒软件将自动处理病毒文件，处理完成后，单击【确认】按钮，完成本次病毒查杀。

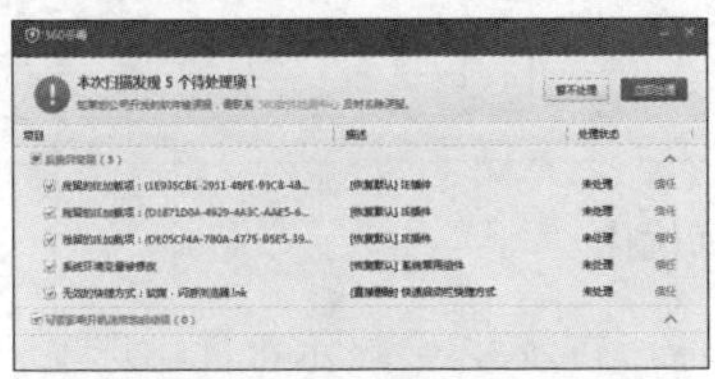

另外，用户还可以使用全面扫描和自定义扫描，对电脑进行病毒检测与查杀。

12.2 使用360安全卫士优化电脑

本节视频教学时间 / 4分钟

本章主要介绍了IE浏览器的工作界面、如何通过IE浏览器浏览网页、保存网页、设置IE浏览器的安全等内容。下面再来介绍一些在网上冲浪过程中所遇到的相关经验。

使用软件对操作系统进行优化是常用的优化系统的方式之一。目前，网络上存在多种软件都能对系统进行优化，如360安全卫士、腾讯电脑管家、百度卫士等，本节主要讲述如何使用360优化电脑。

12.2.1 电脑优化加速

360安全卫士的优化加速功能可以提升开机速度、系统速度、上网速度和硬盘速度，具体操作步骤如下。

1 单击【优化加速】图标

双击桌面上的【360安全卫士】快捷图标，打开【360安全卫士】主窗口，单击【优化加速】图标。

2 扫描

进入【优化加速】界面，单击【开始扫描】按钮。

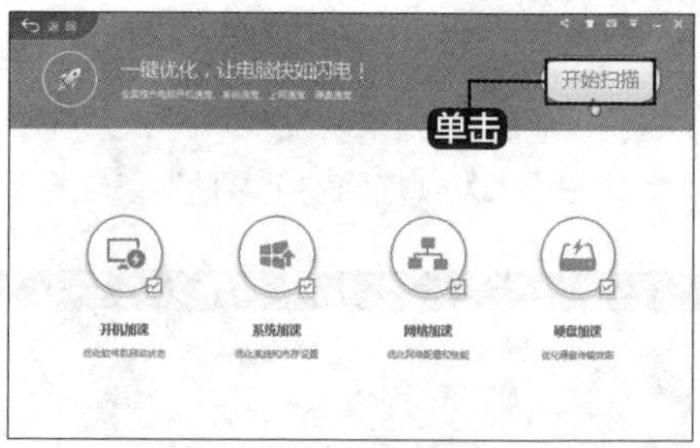

3 立即优化

扫描完成后，会显示可优化选项，单击【立即优化】按钮。

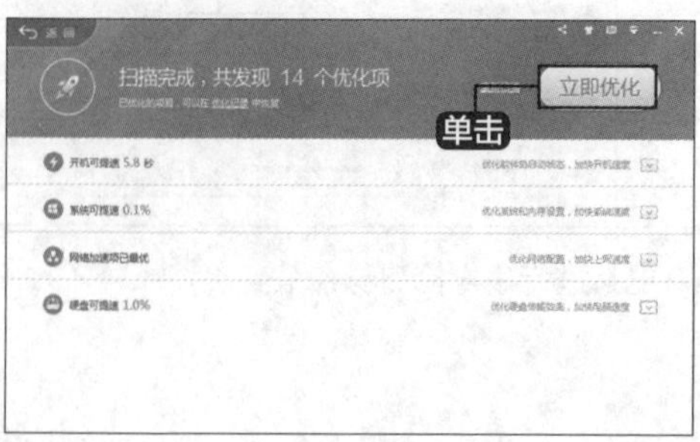

4 选择优化项目

弹出【一键优化提醒】对话框，勾选需要优化的选项。如需要全部优化，单击【全选】按钮；如需要进行部分优化，在需要优化的项目前，单击复选框，然后单击【确认优化】按钮。

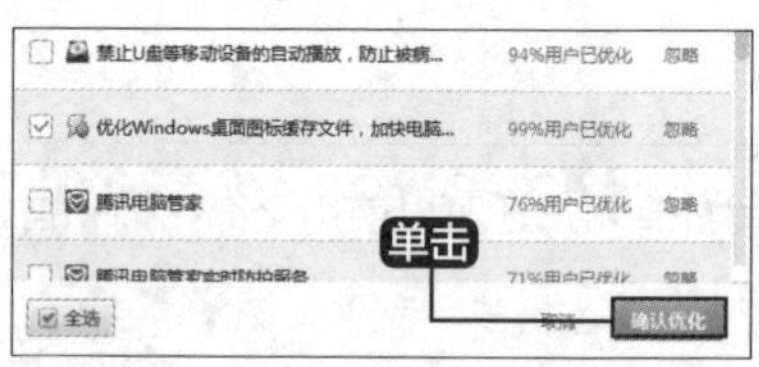

5 显示优化项目

对所选项目优化完成后，即可提示优化的项目及优化提升效果，如下图所示。

6 加速

单击【运行加速】按钮，则弹出【360加速球】对话框，可快速实现对可关闭程序、上网管理、电脑清理等管理。

12.2.2 系统盘瘦身

如果系统盘可用空间太小，则会影响系统的正常运行，本节主要讲述使用360安全卫士的【系统盘瘦身】功能，释放系统盘空间。

1 单击【更多】超链接

双击桌面上的【360安全卫士】快捷图标，打开【360安全卫士】主窗口，单击窗口右下角的【更多】超链接。

2 添加工具

进入【全部工具】界面，在【系统工具】类别下，将鼠标指针移至【系统盘瘦身】图标上，单击显示的【添加】按钮。

3 系统瘦身

工具添加完成后，打开【系统盘瘦身】工具，单击【立即瘦身】按钮，即可进行优化。

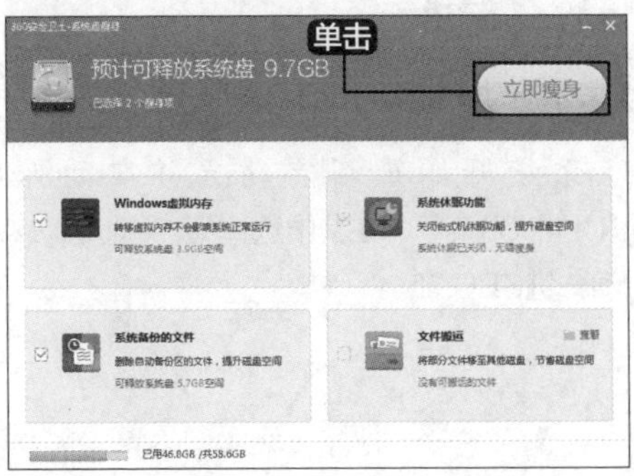

4 重启完成优化

完成后，即可看到释放的磁盘空间。由于部分文件需要重启电脑后才能生效，单击【立即重启】按钮，重启电脑。

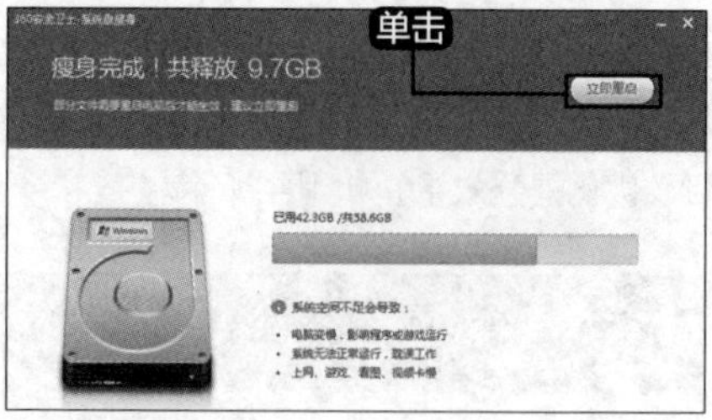

12.3 一键备份与还原系统

本节视频教学时间 / 4分钟

虽然Windows 10操作系统中自带了备份工具，但操作较为麻烦，下面介绍一种快捷的备份和还原系统的方法——使用GHOST备份和还原。

12.3.1 一键备份系统

使用一键GHOST备份系统的操作步骤如下。

1 安装一键GHOST

下载并安装一键GHOST后，即可打开【一键恢复系统】对话框，此时一键GHOST开始初始化。初始化完毕后，将自动选中【一键备份系统】单选项，单击【备份】按钮。

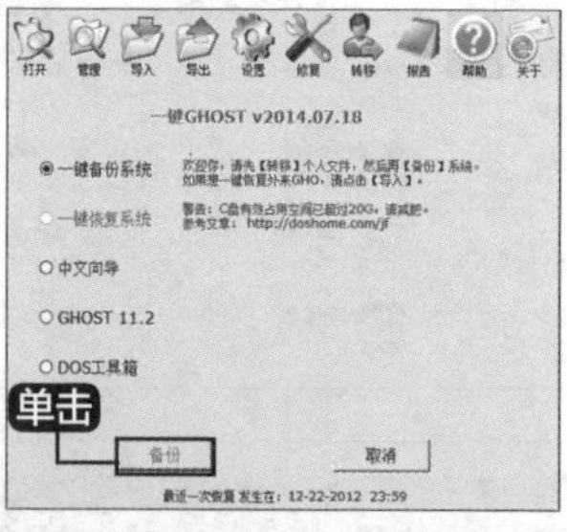

2 【一键Ghost】提示框

打开【一键Ghost】提示框，单击【确定】按钮。

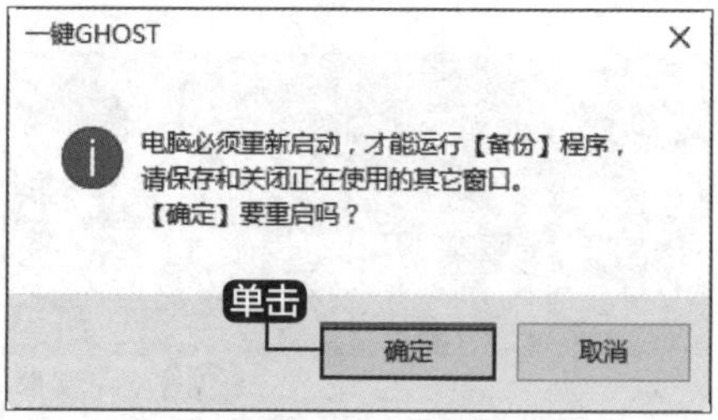

3 表示启动一键GHOS

系统开始重新启动，并自动弹出GRUB4DOS菜单，在其中选择第1个选项，表示启动一键GHOST。

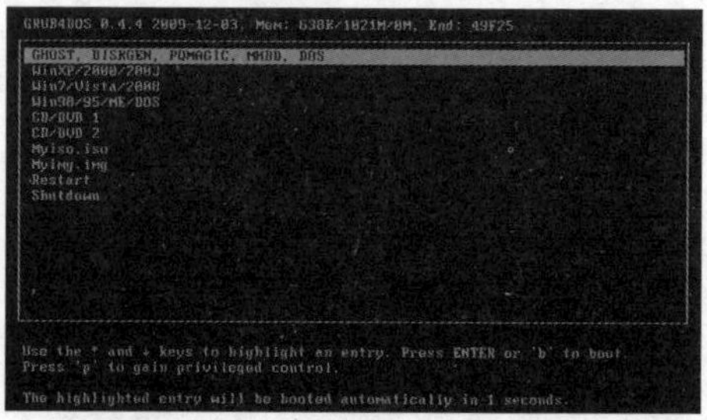

4 运行GHOST 11.2

系统自动选择完毕后，接下来会弹出【MS-DOS一级菜单】界面，在其中选择第1个选项，表示在DOS安全模式下运行GHOST 11.2。

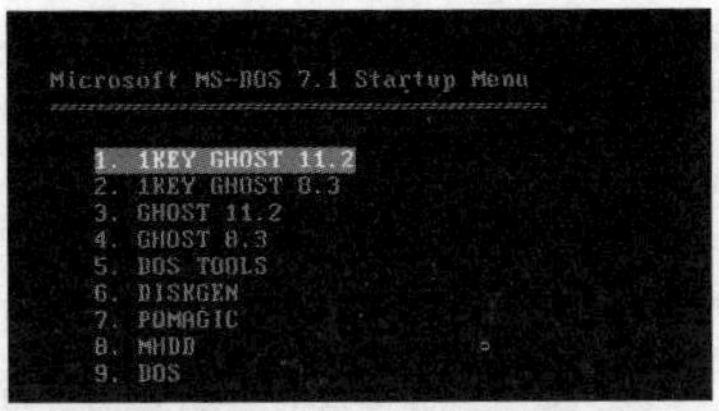

5 支持IDE、SATA兼容模式

选择完毕后，接下来会弹出【MS-DOS二级菜单】界面，在其中选择第1个选项，表示支持IDE、SATA兼容模式。

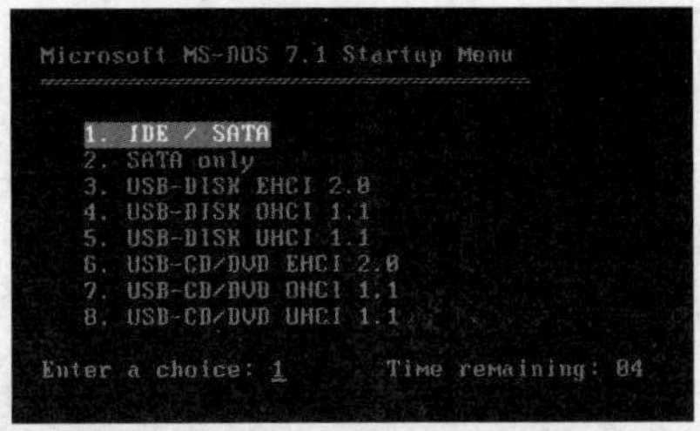

6 备份

根据C盘是否存在映像文件，将会从主窗口自动进入【一键备份系统】警告窗口，提示用户开始备份系统，单击【备份】按钮。

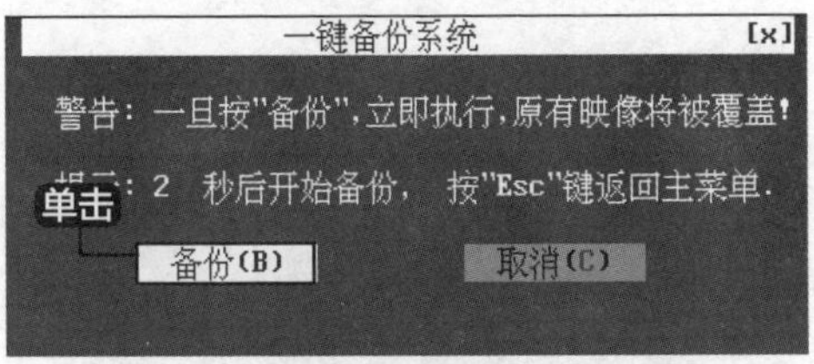

7 显示效果

此时，开始备份系统，如下图所示。

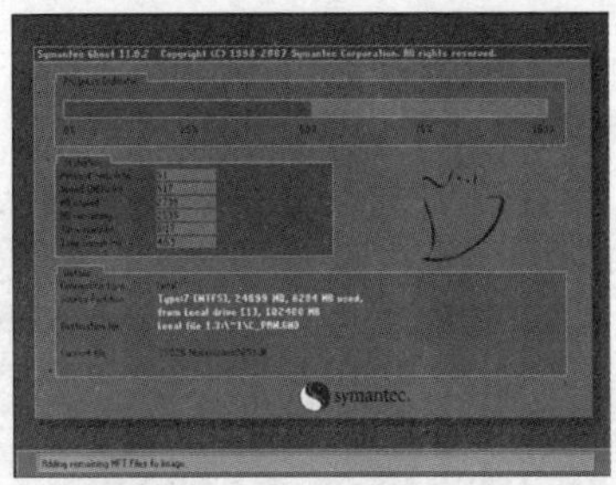

12.3.2 一键还原系统

使用一键GHOST还原系统的操作步骤如下。

1 恢复

打开【一键GHOST】对话框，单击【恢复】按钮。

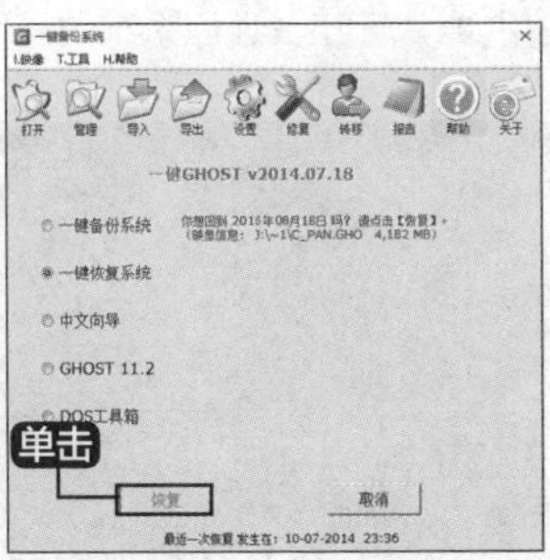

2 重新启动

打开【一键GHOST】对话框，提示用户电脑必须重新启动，才能运行【恢复】程序，单击【确定】按钮。

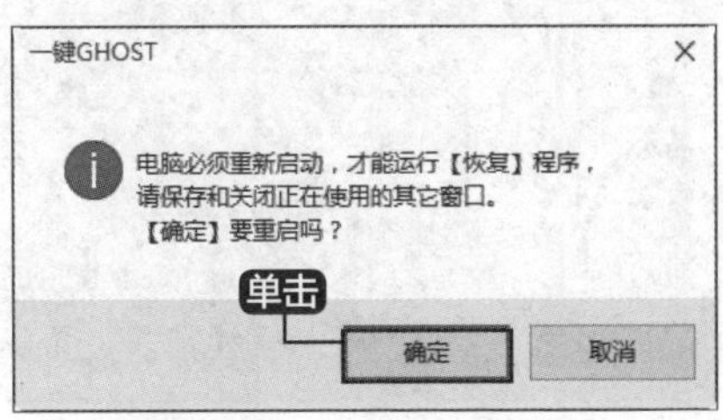

3 启动一键GHOST

系统开始重新启动，并自动弹出GRUB4DOS菜单，在其中选择第1个选项，表示启动一键GHOST。

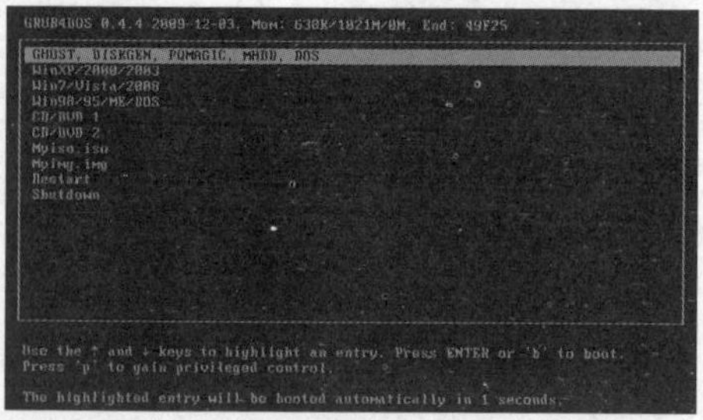

4 运行GHOST 11.2

系统自动选择完毕后，接下来会弹出【MS-DOS一级菜单】界面，在其中选择第1个选项，表示在DOS安全模式下运行GHOST 11.2。

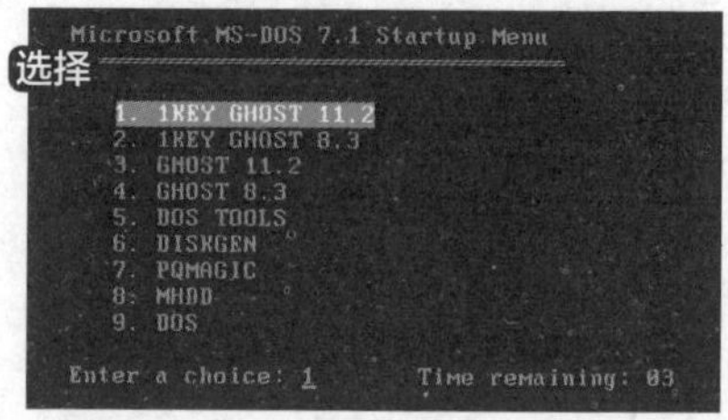

5 支持IDE、SATA兼容模式

选择完毕后，接下来会弹出【MS-DOS二级菜单】界面，在其中选择第1个选项，表示支持IDE、SATA兼容模式。

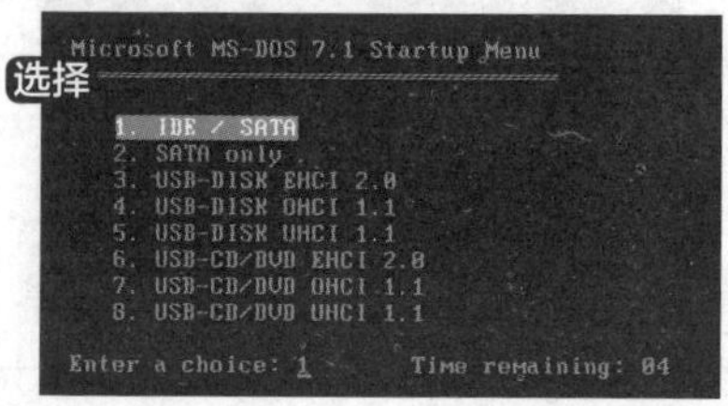

6 恢复系统

根据C盘是否存在映像文件，将会从主窗口自动进入【一键恢复系统】警告窗口，提示用户开始恢复系统。单击【恢复】按钮，即可开始恢复系统。

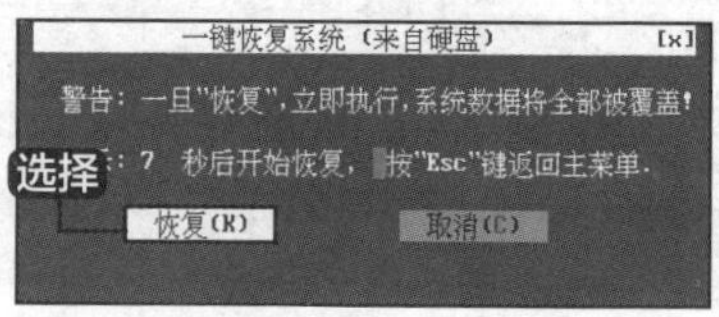

7 效果图

此时，开始恢复系统，如下图所示。

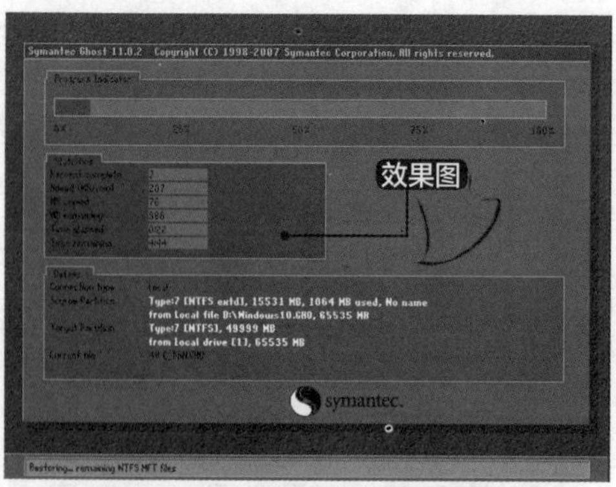

8 完成

在系统还原完毕后，将弹出一个信息提示框，提示用户恢复成功，单击【Reset Computer】按钮重启电脑，然后选择从硬盘启动，即可将系统恢复到以前的系统。至此，就完成了使用GHOST工具还原系统的操作。

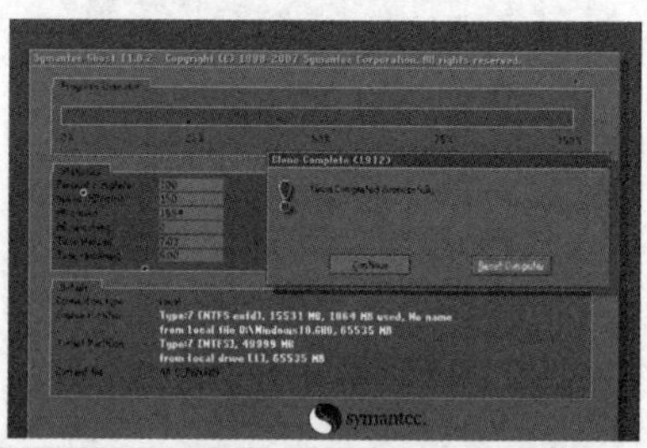

12.4 实战演练——重置电脑

本节视频教学时间 / 2分钟

Windows 10操作系统中提供了重置电脑功能，用户可以在电脑出现问题、无法正常运行，或者需要恢复到初始状态时，重置电脑，具体操作如下。

1 单击【开始】按钮

按【Win+I】快捷键，打开【设置】界面，单击【更新和安全】➤【恢复】选项，选择【恢复】选项，在右侧的【重置此电脑】区域单击【开始】按钮。

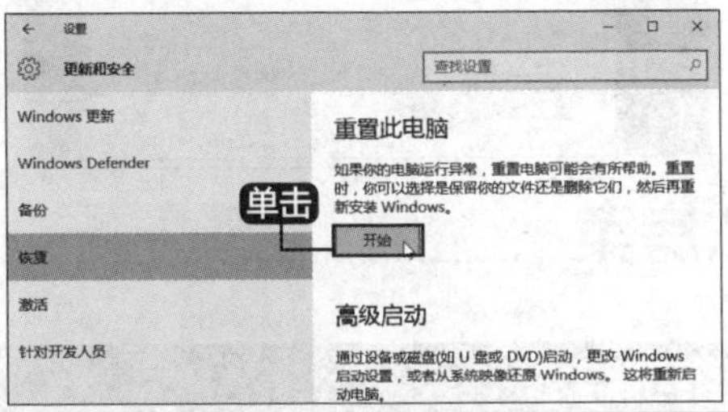

2 保留文件

弹出【选择一个选项】界面，单击选择【保留我的文件】选项。

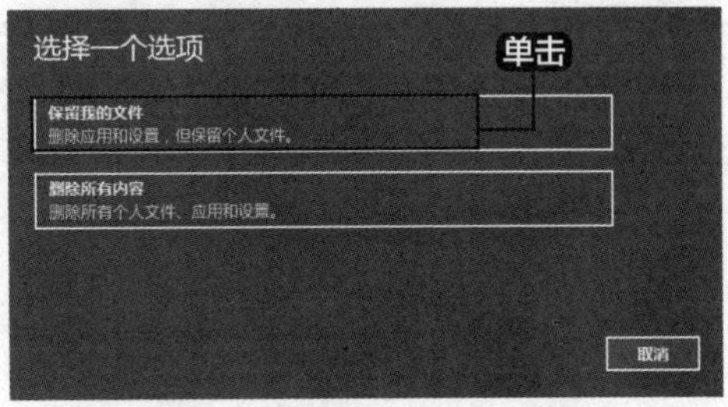

3 删除应用

弹出【将会删除你的应用】界面，单击【下一步】按钮。

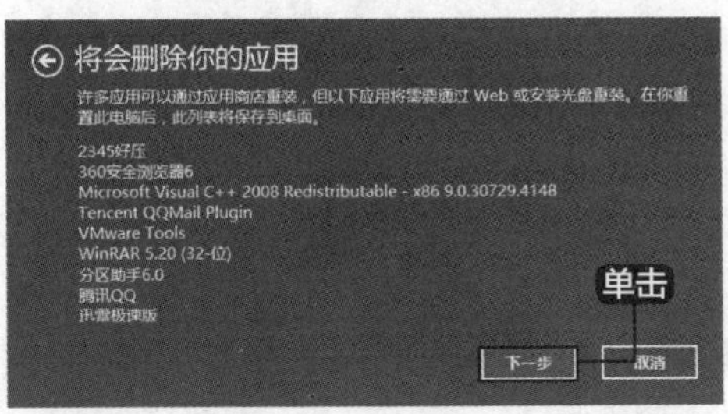

4 弹出界面

弹出【警告】界面，单击【下一步】按钮。

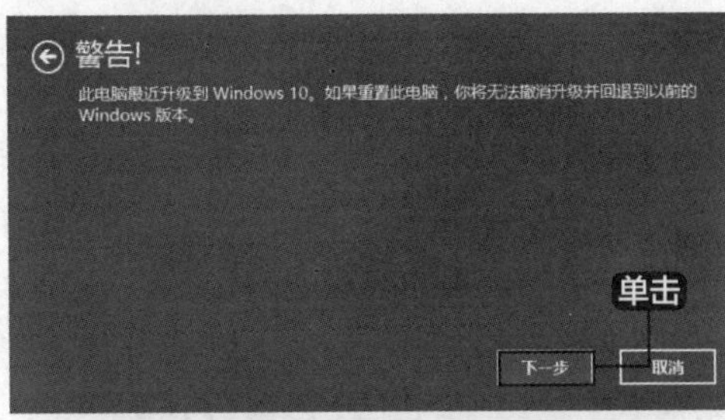

5 重置

弹出【准备就绪，可以重置这台电脑】界面，单击【重置】按钮。

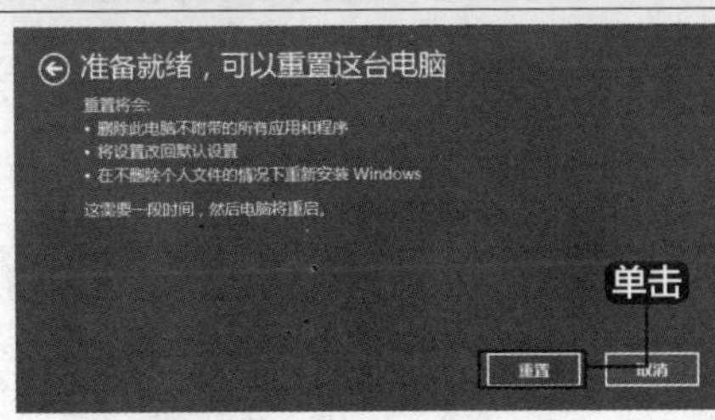

6 重新启动

电脑重新启动，进入【重置】界面。

7 进入安装界面

重置完成后，会进入Windows 安装界面。

8 完成安装

安装完成后自动进入Windows 10桌面，看到恢复电脑时删除的应用列表。

高手私房菜

技巧：回退到升级Windows 10前的系统版本

使用Windows 7或者Windows 8.1升级到Windows 10系统之后，如果对升级后的系统不满意，还可以回退到升级Windows 10系统之前的系统。回退后的Windows 7或Windows 8.1系统仍然保持激活状态。可以使用系统自带的回退功能，或者使用360升级助手回退。

1. 回退需要满足的条件

如果要回退到升级到Windows 10系统前的Windows 7或者Windows 8.1系统，要满足以下条件。

(1) 升级到Windows 10操作系统时产生的$Windows.~BT 和 Windows.old 文件夹，也就是说，如果希望回退到Windows 7或者Windows 8.1，这两个文件夹不能删除。

(2) 在升级到Windows 10系统后，回退功能有效期为一个月。

2. 使用系统自带的回退功能

按【Win+I】快捷键，打开【设置】界面，单击【更新和安全】➤【恢复】命令，在右侧【回退到Windows 7】区域中单击【开始】按钮，即可根据提示进行回退。

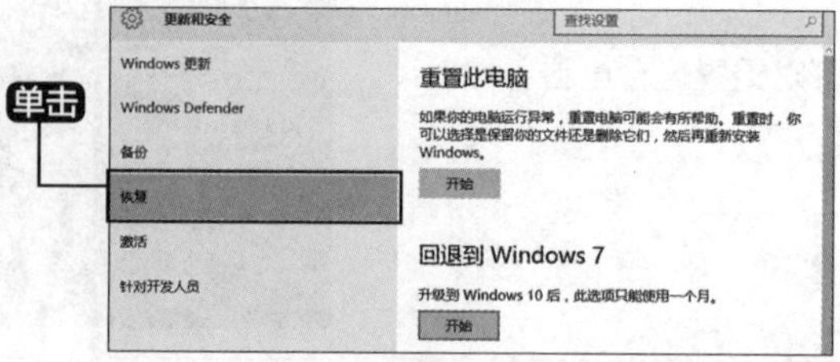

第13章 办公实战秘技

重点导读

本章视频教学时间：21分钟

学习了前面的内容后，读者已经掌握了电脑办公的主要知识，通过后续工作中的使用与积累，会更为熟练。在本书的最后，为读者提供了几个办公实战秘技，以更加丰富读者的知识。

学习效果图

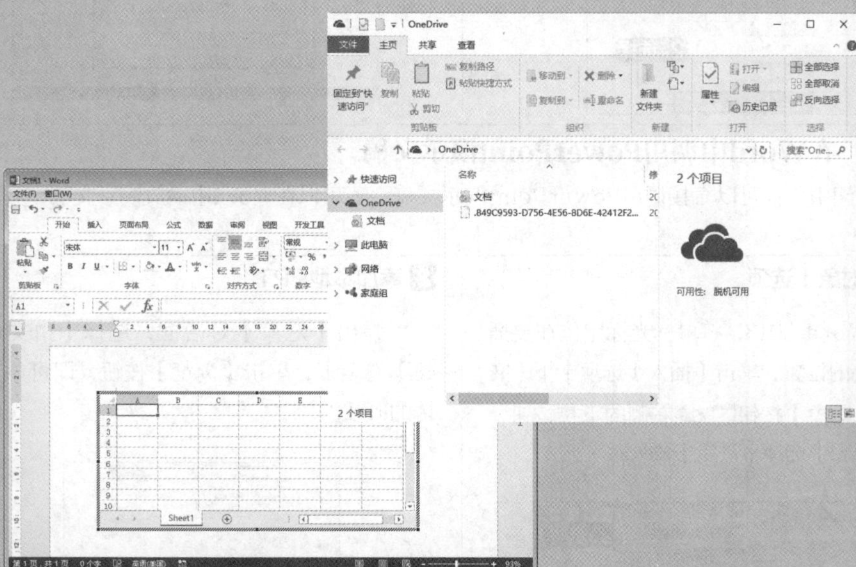

13.1 Office组件间的协作

本节视频教学时间 / 11分钟

在使用比较频繁的办公软件中，Word、Excel和PowerPoint之间可以通过资源共享和相互调用提高工作效率。

13.1.1 在Word中创建Excel工作表

在Word 2013中可以创建Excel工作表，这样不仅可以使文档的内容更加清晰、表达的意思更加完整，还可以节约时间，具体操作步骤如下 。

1 插入Excel电子表格

打开Word 2013，将鼠标光标定位在需要插入表格的位置，单击【插入】选项卡下【表格】组中的【表格】按钮，在弹出的下拉列表中选择【Excel电子表格】命令。

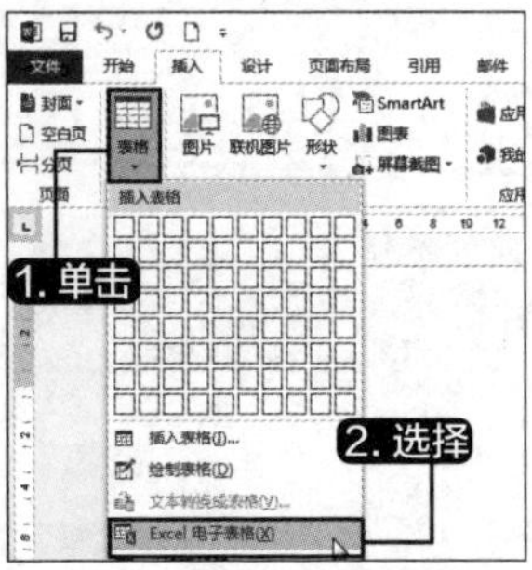

2 进入编辑状态

返回Word文档，即可看到插入的Excel电子表格，双击插入的电子表格，即可进入工作表的编辑状态，即可在Excel电子表格中输入下图所示数据。

13.1.2 在Word中调用PowerPoint演示文稿

在Word中不仅可以直接调用PowerPoint演示文稿，还可以在Word中播放演示文稿，具体操作步骤如下。

1 选择【对象】选项

打开Word 2013，将鼠标光标定位在要插入演示文稿的位置，单击【插入】选项卡下【文本】组中【对象】按钮 对象右侧的下拉按钮，在弹出的列表中选择【对象】命令。

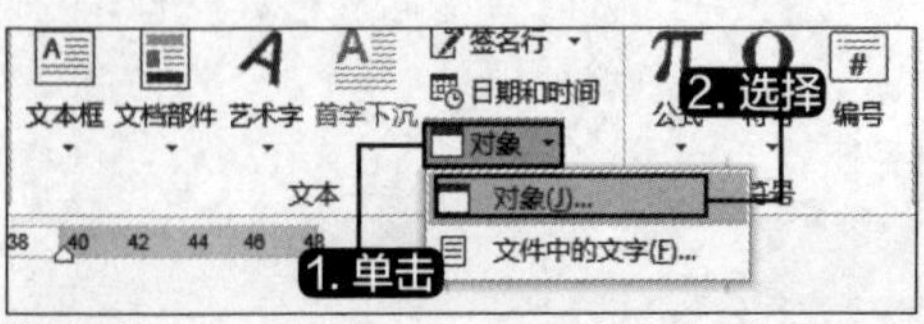

2 添加本地PPT

弹出【对象】对话框，选择【由文件创建】选项卡，单击【浏览】按钮，即可添加本地的PPT。

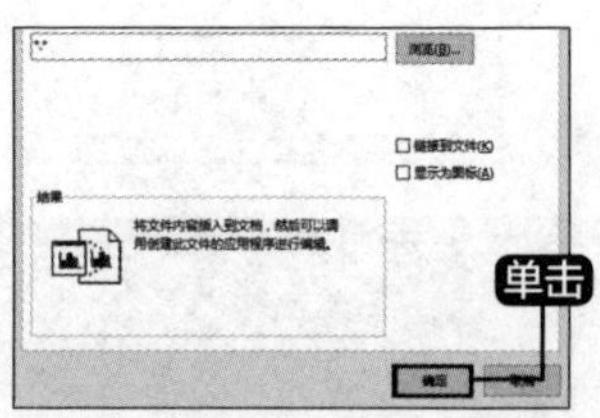

> **提示**
> 插入PowerPoint演示文稿后，在演示文稿中单击鼠标右键，在弹出的快捷菜单中选择【“演示文稿”对象】➤【显示】命令，弹出【Microsoft PowerPoint】对话框，单击【确定】按钮，即可播放幻灯片。

13.1.3 在Excel中调用PowerPoint演示文稿

在Excel 2013中调用PowerPoint演示文稿的具体操作步骤如下。

1 新建Excel工作表

新建一个Excel工作表，单击【插入】选项卡下【文本】组中【对象】按钮。

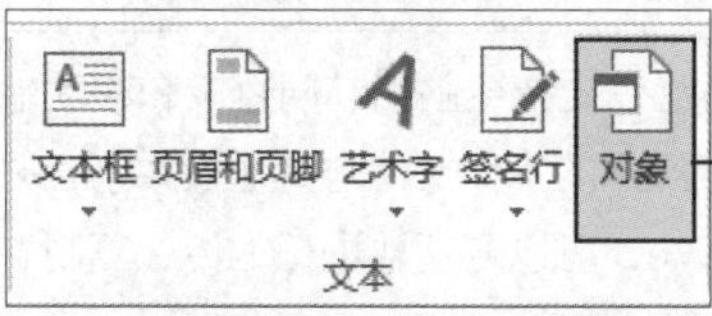

2 播放演示文稿

弹出【对象】对话框，选择【由文件创建】选项卡，单击【浏览】按钮，选择将要插入的PowerPoint演示文稿。插入PowerPoint演示文稿后，双击插入的演示文稿，即可播放插入的演示文稿。

13.1.4 在PowerPoint中调用Excel工作表

在Excel 2013中调用PowerPoint演示文稿的具体操作步骤如下。

1 单击【浏览】按钮

打开PowerPoint 2013，选择要调用Excel工作表的幻灯片，单击【插入】选项卡下【文本】组中的【对象】按钮，弹出【插入对象】对话框，单击选中【由文件创建】单选项，然后单击【浏览】按钮。

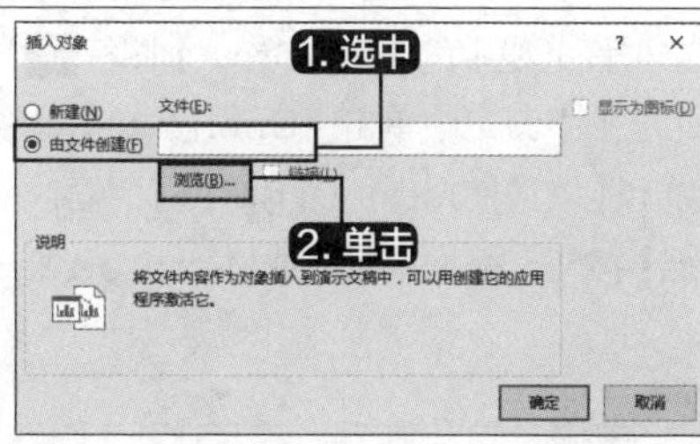

2 演示文稿中插入Excel表格

在弹出的【浏览】对话框中选择要插入的Excel工作簿，然后单击【确定】按钮，返回【插入对象】对话框，单击【确定】按钮。此时就在演示文稿中插入了Excel表格，双击表格，进入Excel工作表的编辑状态，调整表格的大小。

13.1.5 将PowerPoint转换为Word文档

用户可以将PowerPoint演示文稿中的内容转化到Word文档中，以方便阅读、打印和检查。在打开的PowerPoint演示文稿中，选择【文件】➤【导出】➤【创建讲义】➤【创建讲义】命令，在弹出的【发送到Microsoft Word】对话框中，单击选中【只使用大纲】单选项，然后单击【确定】按钮，即可将PowerPoint演示文稿转换为Word文档。

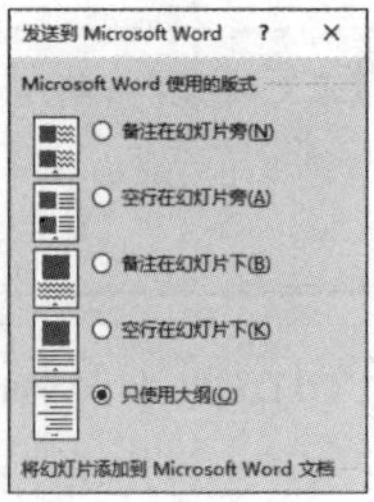

13.2 使用OneDrive同步数据

本节视频教学时间 / 5分钟

OneDrive是微软推出的一款个人文件存储工具，也叫网盘，支持电脑端、网页版和移动端访问网盘中存储的数据，还可以借助OneDrive for Business，将用户的工作文件与其他人共享，并与他们进行协作。Windows 10操作系统中集成了桌面版OneDrive，可以方便地进行上传、复制、粘贴、删除文件或文件夹等操作。本节主要介绍OneDrive同步数据。

1 账户设置

单击任务栏中的【OneDrive】图标，或在【此电脑】窗口中单击【OneDrive】命令，将会弹出【欢迎使用OneDrive】对话框，单击【开始】按钮，根据提示完成Microsoft账户的设置。

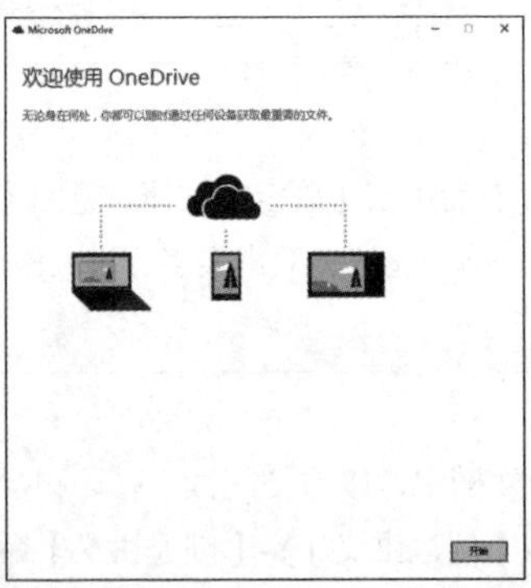

2 完成

设置完成后，图标变成白色云朵，在该图标上单击鼠标右键，在弹出的快捷菜单中选择【打开你的OneDrive文件夹】命令，打开【OneDrive】窗口，即可对文件或文件夹进行上传、复制、粘贴、删除、重命名等操作。

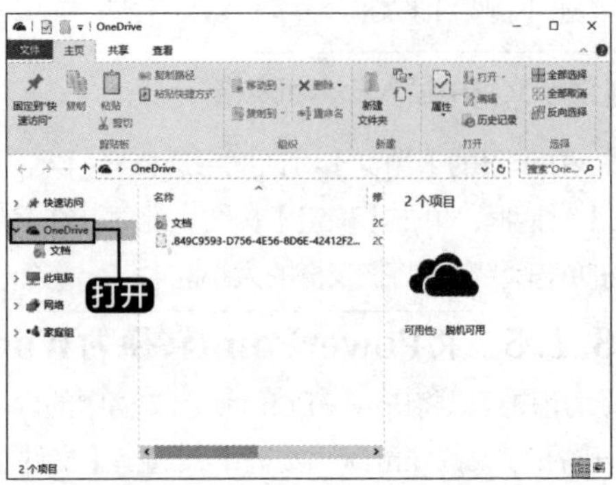

3 OneDrive同步

当进行操作时，OneDrive即会自动同步，状态栏中的图标会显示为上传状态，单击该图标即会显示上传的进度条。

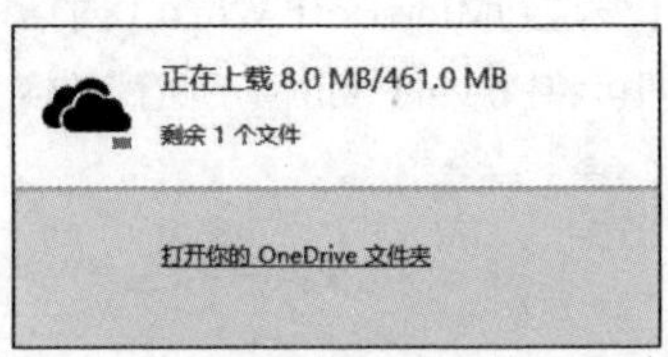

4 OneDrive设置

用户也可以用右键单击OneDrive图标，在弹出的快捷菜单中选择【设置】命令，即可打开OneDrive设置对话框，用户可以在该对话框中，设置OneDrive的常规设置、自动保存、同步文件夹，以及批量上传功能等。

13.3 使用手机/平板电脑办公

本节视频教学时间 / 5分钟

随着移动信息产品的快速发展、移动通信网络的普及，人们只需要一部智能手机或者平板电脑就可以随时随地进行办公，工作更加简单，更加方便了。

Office办公常用软件有WPS Office、Office 365，以及iPad端的iWorks系列办公套件，用户可以通过手机自带的邮箱或QQ邮箱实现邮件发送。

13.3.1 修改文档

本节以WPS Office为例，介绍如何在手机和平板电脑上修改Word文档。

1 打开文档

将随书光盘中的“素材\ch13\工作报告.docx”文档传送到手机中，然后下载并安装WPS Office办公软件。打开WPS Office进入其主界面，单击【打开】按钮，进入【打开】页面，单击【DOC】图标，即可看到手机中所有的Word文档，单击打开要编辑的文档。

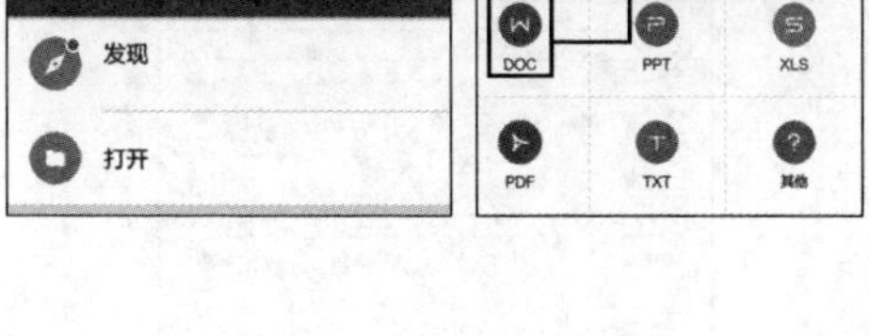

2 单击【进入修订模式】按钮

打开文档，单击界面左上角的【编辑】按钮，进入文档编辑状态，然后单击底部的【工具】按钮，在底部弹出的功能区中，选择【审阅】➤【批注与修订】➤【进入修订模式】命令。

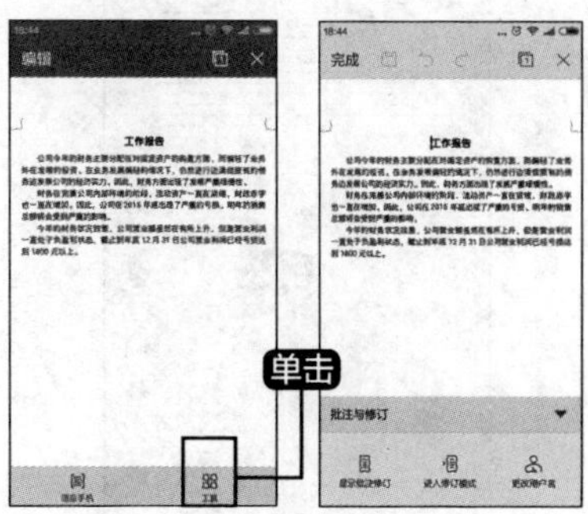

3 修订并保存

进入修订模式，长按手机屏幕，在弹出的提示框中，单击【键盘】按钮，可以对文本内容进行修改了。修订完成之后，关闭键盘，修订后的效果如下图所示，将其保存即可。

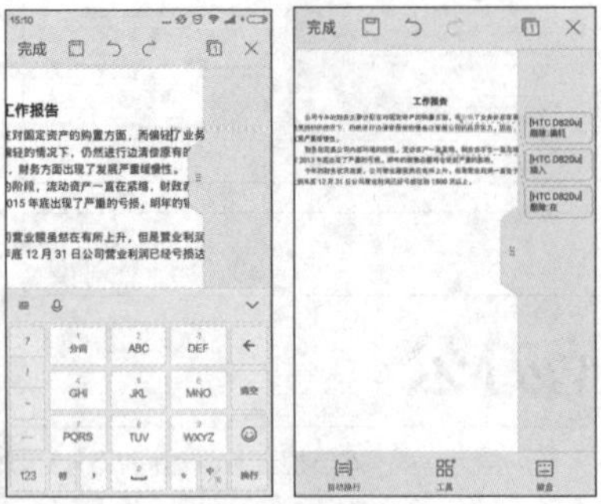

4 是否接受修订

若希望接受修订，单击【批注与修订】选项组中的【接受所有修订】按钮，如果逐个审阅，确定是否接受修订，可以单击右侧的修订记录，则显示【接受修订】和【拒绝修订】按钮。

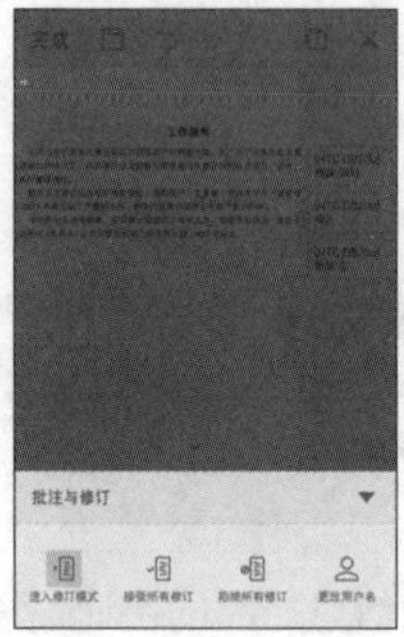

13.3.2 制作销售报表

本节以WPS Office为例，介绍如何在手机和平板电脑上制作销售报表。

1 输入公式并计算结果

将随书光盘中的“素材\ch13\销售报表.xlsx”文档传送到手机中，并在手机中打开该工作簿，选择E3单元格，单击【键盘】按钮，输入“=”，按【C3】单元格，并输入“*”，再按【D3】单元格，按【Enter】键确认，即可得出计算结果。

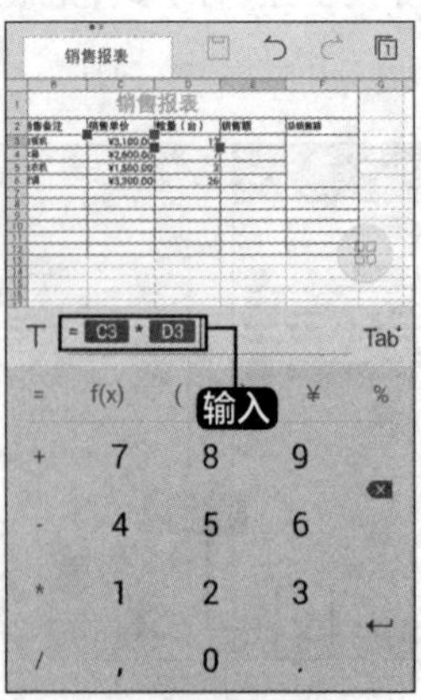

2 填充

选中E3:E6单元格区域，单击【工具】按钮，在底部弹出的功能区，选择【单元格】➤【填充】➤【向下填充】命令，即可得出E4:E6单元格区域的结果。

3 计算总销售额

选中F3单元格，打开键盘，单击【F(X)】键，选择【SUM】函数，然后选择E3:E6单元格区域，按【Enter】键 ↵，即可得出总销售额。

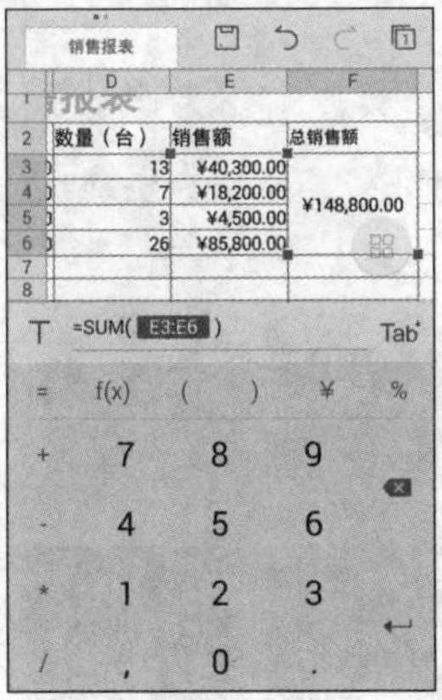

4 插入图表

单击【工具】按钮 ，在底部弹出的功能区中选择【插入】➤【图表】命令，选择插入的图表类型和样式，单击【确定】按钮即可插入图表。

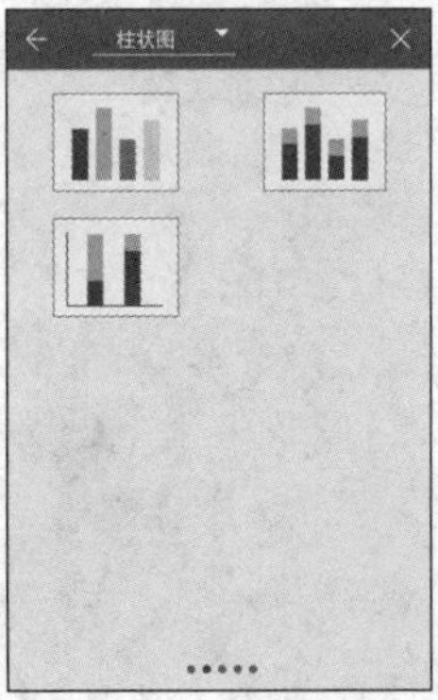

5 调整图表

从下图即可看到插入的图表，用户可以根据需求调整图表的位置和大小。

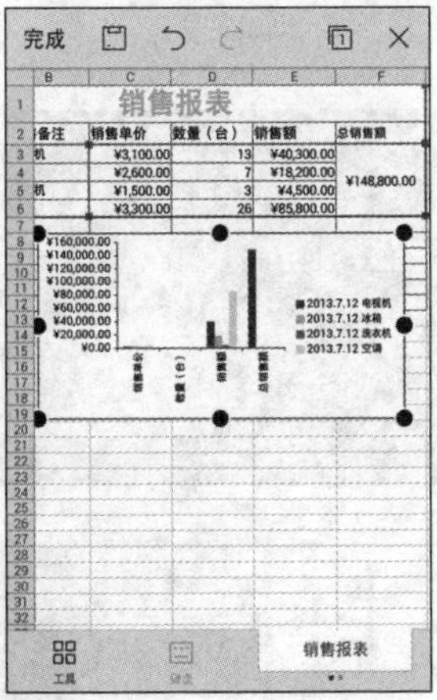

6 分享

单击【工具】按钮 ，在底部弹出的功能区中选择【文件】➤【分享】命令，可以通过邮件、QQ、微信等发送给其他人。

13.3.3 制作PPT

本节以WPS Office为例，介绍如何在手机和平板电脑上创建并编辑PPT。

1 选择【新建演示】选项

打开WPS Office软件，进入其主界面，单击右下角的【新建】按钮⊕，在弹出的创建类型中，选择【新建演示】选项。

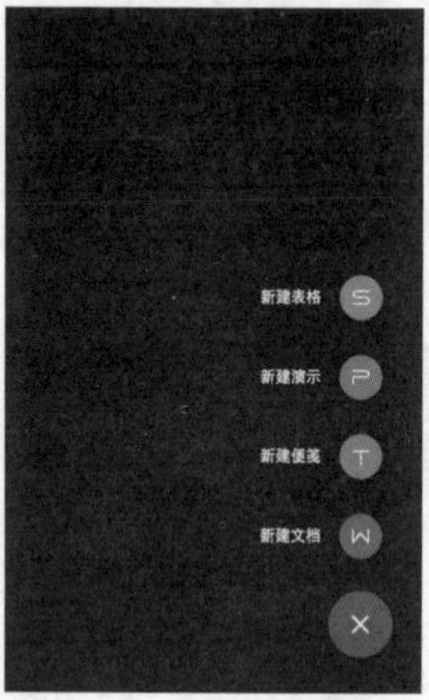

2 创建演示模板

进入【新建演示】页面，选择要创建的演示模板，如选择【工作报告】模板。

3 下载模板

手机即会在联网的情况下，下载并打开该模板，如下图所示。单击缩略图，即可打开不同页面的幻灯片。

4 编辑

选择模板中的文本框，即可打开键盘进行编辑，如下图所示。用户可根据需要对模板进行修改，然后保存即可。